21世纪高等学校规划教材 | 电子信息

电气设备绝缘在线监测

余成波 陈学军 雷绍兰 王士彬 编著

清华大学出版社

北 京

内 容 简 介

电气设备绝缘在线监测是当前电力行业最具活力的技术领域之一。本书是作者多年来讲授"电气设备在线监测"及相关课程以及长期从事电气设备绝缘状态的在线监测研究的工作经验总结,介绍了相关的在线监测的原理和技术。本书主要内容包括电气设备中固态、液态和气态绝缘材料的电性质;电气设备绝缘状态的在线监测的系统构成;电气设备绝缘材料各状态参量在线监测的原理和方法。

本书注重从系统的角度描述电气设备绝缘状态在线监测的基本原理和实现方法,注重知识体系的全局性、完整性,注重基本概念的阐述和基本原理的分析。适合作为高等学校电气工程大类专业课程的教学用书,也可作为电力行业相关技术人员的参考用书。

图书在版编目(CIP)数据

电气设备绝缘在线监测/余成波等编著. —北京:清华大学出版社,2013(2024.7重印)
21 世纪高等学校规划教材·电子信息
ISBN 978-7-302-33134-6

Ⅰ. ①电… Ⅱ. ①余… Ⅲ. ①电器绝缘—绝缘监测—高等学校—教材 Ⅳ. ①TM505

中国版本图书馆 CIP 数据核字(2013)第 158589 号

责任编辑:魏江江　薛　阳
封面设计:傅瑞学
责任校对:梁　毅
责任印制:杨　艳

出版发行:清华大学出版社
网　　　址:https://www.tup.com.cn,https://www.wqxuetang.com
地　　　址:北京清华大学学研大厦 A 座　　　　　　　邮　　编:100084
社 总 机:010-83470000　　　　　　　　　　　　　邮　　购:010-62786544
投稿与读者服务:010-62776969,c-service@tup.tsinghua.edu.cn
质量反馈:010-62772015,zhiliang@tup.tsinghua.edu.cn
课件下载:https://www.tup.com.cn,010-83470236
印 装 者:三河市龙大印装有限公司
经　　销:全国新华书店
开　　本:185mm×260mm　　　　印　张:18.5　　　　字　数:464 千字
版　　次:2014 年 1 月第 1 版　　　　　　　　　　　印　次:2024 年 7 月第 8 次印刷
印　　数:3801~4600
定　　价:49.00 元

产品编号:037096-02

出版说明

　　随着我国改革开放的进一步深化,高等教育也得到了快速发展,各地高校紧密结合地方经济建设发展需要,科学运用市场调节机制,加大了使用信息科学等现代科学技术提升、改造传统学科专业的投入力度,通过教育改革合理调整和配置了教育资源,优化了传统学科专业,积极为地方经济建设输送人才,为我国经济社会的快速、健康和可持续发展以及高等教育自身的改革发展做出了巨大贡献。但是,高等教育质量还需要进一步提高以适应经济社会发展的需要,不少高校的专业设置和结构不尽合理,教师队伍整体素质亟待提高,人才培养模式、教学内容和方法需要进一步转变,学生的实践能力和创新精神亟待加强。

　　教育部一直十分重视高等教育质量工作。2007 年 1 月,教育部下发了《关于实施高等学校本科教学质量与教学改革工程的意见》,计划实施“高等学校本科教学质量与教学改革工程”(简称“质量工程”),通过专业结构调整、课程教材建设、实践教学改革、教学团队建设等多项内容,进一步深化高等学校教学改革,提高人才培养的能力和水平,更好地满足经济社会发展对高素质人才的需要。在贯彻和落实教育部“质量工程”的过程中,各地高校发挥师资力量强、办学经验丰富、教学资源充裕等优势,对其特色专业及特色课程(群)加以规划、整理和总结,更新教学内容、改革课程体系,建设了一大批内容新、体系新、方法新、手段新的特色课程。在此基础上,经教育部相关教学指导委员会专家的指导和建议,清华大学出版社在多个领域精选各高校的特色课程,分别规划出版系列教材,以配合“质量工程”的实施,满足各高校教学质量和教学改革的需要。

　　为了深入贯彻落实教育部《关于加强高等学校本科教学工作,提高教学质量的若干意见》精神,紧密配合教育部已经启动的“高等学校教学质量与教学改革工程精品课程建设工作”,在有关专家、教授的倡议和有关部门的大力支持下,我们组织并成立了“清华大学出版社教材编审委员会”(以下简称“编委会”),旨在配合教育部制定精品课程教材的出版规划,讨论并实施精品课程教材的编写与出版工作。“编委会”成员皆来自全国各类高等学校教学与科研第一线的骨干教师,其中许多教师为各校相关院、系主管教学的院长或系主任。

　　按照教育部的要求,“编委会”一致认为,精品课程的建设工作从开始就要坚持高标准、严要求,处于一个比较高的起点上。精品课程教材应该能够反映各高校教学改革与课程建设的需要,要有特色风格、有创新性(新体系、新内容、新手段、新思路,教材的内容体系有较高的科学创新、技术创新和理念创新的含量)、先进性(对原有的学科体系有实质性的改革和发展,顺应并符合 21 世纪教学发展的规律,代表并引领课程发展的趋势和方向)、示范性(教材所体现的课程体系具有较广泛的辐射性和示范性)和一定的前瞻性。教材由个人申报或各校推荐(通过所在高校的“编委会”成员推荐),经“编委会”认真评审,最后由清华大学出版社审定出版。

目前,针对计算机类和电子信息类相关专业成立了两个"编委会",即"清华大学出版社计算机教材编审委员会"和"清华大学出版社电子信息教材编审委员会"。推出的特色精品教材包括:

(1) 21世纪高等学校规划教材·计算机应用——高等学校各类专业,特别是非计算机专业的计算机应用类教材。

(2) 21世纪高等学校规划教材·计算机科学与技术——高等学校计算机相关专业的教材。

(3) 21世纪高等学校规划教材·电子信息——高等学校电子信息相关专业的教材。

(4) 21世纪高等学校规划教材·软件工程——高等学校软件工程相关专业的教材。

(5) 21世纪高等学校规划教材·信息管理与信息系统。

(6) 21世纪高等学校规划教材·财经管理与应用。

(7) 21世纪高等学校规划教材·电子商务。

(8) 21世纪高等学校规划教材·物联网。

清华大学出版社经过三十多年的努力,在教材尤其是计算机和电子信息类专业教材出版方面树立了权威品牌,为我国的高等教育事业做出了重要贡献。清华版教材形成了技术准确、内容严谨的独特风格,这种风格将延续并反映在特色精品教材的建设中。

清华大学出版社教材编审委员会
联系人:魏江江
E-mail:weijj@tup.tsinghua.edu.cn

前　　言

对电力设备进行在线监测是实现设备故障诊断、预知性维修的前提,是保证设备安全可靠运行的关键,也是对传统的离线预防性试验的重大补充和拓展。近几十年来,在线监测技术在世界各国得到了迅速发展和广泛应用。国内出版了多部相关的教材和著作,对于普及和推动我国电气设备状态监测技术起到重要作用,特别是对高等学校电气工程专业的教学和研究发挥了积极作用。为了适应本技术的发展需要,作者在多年讲授"电气设备在线监测"及相关课程以及长期从事电气设备绝缘状态的在线监测研究工作的基础上,编写了本教材。

本教材从较为新颖的角度介绍了电气设备绝缘状态在线监测的知识体系,首先介绍了电气设备绝缘状态在线监测的理论基础,分别对固态、液态和气态绝缘材料在电作用下的微观和宏观表现进行阐述;其次介绍电气设备状态在线监测的系统构成,并描述在线监测系统的组成模块及各模块的功能;最后介绍电气设备绝缘材料各状态参量在线监测的原理和方法,即对局部放电、泄漏电流、介质损耗角正切值以及电阻和温度等状态参量的监测原理和方法进行详细介绍。

本教材在编写过程中遵循以下原则。

1. 知识体系创新

本书创新了电气设备绝缘状态在线监测教材的内容体系,提出了从原理到系统构成到实现方法的知识结构,有利于电气工程大类学生对于该专业课程内容的吸纳,以及相关专业教师在教学活动中使用。

2. 理论联系实际

本书将电气绝缘的理论与电气设备绝缘状态的在线监测技术联系起来,将电气设备绝缘状态的在线监测技术与相应的工程实例联系起来,有利于学生从系统的角度,从实用化的角度理解和掌握该专业课程。

3. 内容更加全面

本书针对电气设备绝缘的各种相关状态参量的在线监测技术和实现方法进行较为完备的归纳、综述,适当引入该领域中的新方法和新成果,有助于读者从宏观上把握技术发展的方向和趋势,并在分析现有技术成果的基础上对未来的发展进行判断。

4. 面向教学

本书从教学活动的实际要求出发,一方面从系统和应用的角度,提出相对完备而合理的知识体系;另一方面是注重对于基本概念和基本原理的透彻讲解和分析。本书提供了电子课件和相关教学资料。

本教材的特点是:注重从系统的角度描述电气设备绝缘状态在线监测的基本原理和实

现方法，注重知识体系的全局性、完整性，注重基本概念的阐述和基本原理的分析。适合作为高等学校电气工程大类专业课程的教学用书，也可作为电力行业相关技术人员的参考用书。

本书作者的研究工作得到了国家科技型中小企业技术创新基金项目（No. 09C26225115524）、重庆市科技攻关计划项目（No. CSTC2011AC2179）、重庆市科学技术委员会自然科学基金重点项目（No. CSTC2007BA2023，No. CSTC2007BA3001）、重庆市科学技术委员会自然科学基金项目（No. CSTC2005BB2077）、重庆市教育委员会科学技术研究项目（No. KJ070605，No. KJ060613）等的资助，在此表示谢意！

本书由余成波负责全书的统稿和审校。其中，第1，2章，第5章和第8章由雷绍兰负责；第3，4章，第6，7章和第9，10章由陈学军负责；绪论和第11～14章由王士彬、余斐负责。参加各章节编写的还有李彦林、李洪兵、熊飞、唐海燕、余磊、谭俊、李芮、何强、刘天宝、曾一致、晏绍奎、田引黎、赵西超、代琪怡、肖丹、杨翼驹、柯艳红、王帅等。

本书在编写过程中参考了大量文献和资料，在此对原作者深表感谢，恕不一一列举。同时，本书在编写过程中得到了众多高等学校、科研单位、厂矿企业等的大力支持和帮助，并获得了许多宝贵的意见，在此一并表示衷心的感谢。

本书内容全面而实用，适用面广，不仅适合作为高等学校电气工程大类专业课程的教学用书，也可作为电力行业相关技术人员的参考用书。

热忱地期望各位读者和同仁对本书中的疏漏和不足提出指正和建议。

编著者

2013 年 2 月

目　　录

第 0 章　绪论 ……………………………………………………………… 1

0.1　电气设备绝缘预防性试验的重要性 ……………………………… 1

0.2　绝缘预防性试验的回顾和不足 …………………………………… 2

0.3　电气设备在线监测和状态维修的必要性和意义 ………………… 4

0.4　电气设备在线监测技术的国内外发展概况及趋势 ……………… 6

第 1 章　绝缘材料的基本概念 …………………………………………… 8

1.1　绝缘材料的概念及性能 …………………………………………… 8

　　1.1.1　绝缘材料的定义 …………………………………………… 8

　　1.1.2　绝缘材料的特性 …………………………………………… 8

　　1.1.3　绝缘材料的主要性能指标 ………………………………… 10

　　1.1.4　绝缘材料的耐热等级 ……………………………………… 10

1.2　固体绝缘材料 ……………………………………………………… 11

　　1.2.1　固态绝缘材料的分类 ……………………………………… 11

　　1.2.2　缺陷状态下的固态绝缘材料 ……………………………… 13

1.3　液体绝缘材料 ……………………………………………………… 14

　　1.3.1　液体绝缘材料类型及特性 ………………………………… 14

　　1.3.2　污染后的液态绝缘材料 …………………………………… 15

　　1.3.3　提高液体绝缘材料绝缘的主要措施 ……………………… 17

1.4　气体绝缘材料 ……………………………………………………… 17

　　1.4.1　气体绝缘材料的类型及特性 ……………………………… 17

　　1.4.2　空气 ………………………………………………………… 18

　　1.4.3　六氟化硫 …………………………………………………… 18

　　1.4.4　氮气 ………………………………………………………… 19

第 2 章　电介质的老化和击穿 …………………………………………… 20

2.1　电介质老化及其类型 ……………………………………………… 20

　　2.1.1　概述 ………………………………………………………… 20

　　2.1.2　电介质老化的类型 ………………………………………… 21

　　2.1.3　固体电介质的老化 ………………………………………… 22

2.1.4 液体电介质的老化 ……………………………………………… 25
2.1.5 电介质老化试验 ………………………………………………… 26
2.2 电介质的击穿及其类型 ……………………………………………… 31
2.2.1 概述 ……………………………………………………………… 31
2.2.2 气体电介质的击穿 ……………………………………………… 31
2.2.3 液体电介质的击穿 ……………………………………………… 37
2.2.4 固体电介质的击穿 ……………………………………………… 40

第3章 在线监测系统 …………………………………………………… 43

3.1 系统组成及分类 ……………………………………………………… 43
3.1.1 系统的组成 ……………………………………………………… 43
3.1.2 系统的分类 ……………………………………………………… 44
3.2 变电站在线监测系统 ………………………………………………… 48
3.2.1 变电站主要设备的在线监测 …………………………………… 49
3.2.2 变电站其他监测系统 …………………………………………… 52

第4章 传感器 …………………………………………………………… 55

4.1 温度传感器 …………………………………………………………… 55
4.1.1 热敏传感器 ……………………………………………………… 55
4.1.2 数字温度传感器 ………………………………………………… 59
4.1.3 红外温度传感器 ………………………………………………… 62
4.1.4 光纤温度传感器 ………………………………………………… 64
4.2 湿度传感器 …………………………………………………………… 70
4.2.1 湿度的定义 ……………………………………………………… 70
4.2.2 湿度传感器的分类 ……………………………………………… 71
4.2.3 湿度传感器的应用 ……………………………………………… 74
4.2.4 湿度传感器的发展方向 ………………………………………… 75
4.3 电流传感器 …………………………………………………………… 75
4.3.1 互感器型电流传感器 …………………………………………… 75
4.3.2 霍尔电流传感器 ………………………………………………… 76
4.3.3 光电式电流传感器 ……………………………………………… 77
4.4 电压传感器 …………………………………………………………… 77
4.4.1 电阻式电压传感器 ……………………………………………… 78
4.4.2 电容分压式电压互感器 ………………………………………… 78
4.4.3 电磁感应式电压互感器 ………………………………………… 78
4.5 振动传感器 …………………………………………………………… 79
4.5.1 振动传感器的力学原理 ………………………………………… 79
4.5.2 振动传感器分类 ………………………………………………… 80
4.6 超声传感器 …………………………………………………………… 81

4.6.1 超声波特性 ··· 81

4.6.2 超声波传感器 ·· 83

4.7 超高频传感器 ··· 85

4.7.1 天线接收原理 ·· 85

4.7.2 超高频传感器的设计原则 ··································· 87

4.8 光敏传感器 ··· 88

第5章 电磁兼容及其抗干扰技术 ······································ 89

5.1 电磁兼容概述 ··· 89

5.1.1 电磁兼容的定义 ·· 89

5.1.2 电磁兼容主要技术术语 ····································· 89

5.1.3 电磁干扰的三要素 ·· 90

5.1.4 电磁干扰的危害 ·· 92

5.2 电磁干扰抑制措施 ··· 93

5.2.1 滤波技术 ·· 93

5.2.2 屏蔽技术 ·· 97

5.2.3 接地技术 ·· 99

5.3 电力系统的电磁兼容技术 ··· 102

5.3.1 电力系统中电磁干扰的三要素 ······························ 102

5.3.2 电力系统的电磁兼容问题 ··································· 103

第6章 局部放电在线监测 ··· 106

6.1 局部放电特征 ··· 106

6.1.1 局部放电机理 ·· 106

6.1.2 局部放电特征 ·· 108

6.2 局部放电在线监测的系统要求 ····································· 111

6.2.1 硬件 ·· 111

6.2.2 软件 ·· 112

6.2.3 抗干扰 ·· 113

6.3 局部放电分析及模式识别 ··· 114

6.3.1 局部放电分析 ·· 114

6.3.2 局部放电模式识别系统 ····································· 115

6.3.3 模式识别方法 ·· 116

6.3.4 模式识别的应用 ·· 117

6.4 局部放电定位 ··· 118

6.4.1 电气定位法 ·· 118

6.4.2 超声定位法 ·· 120

6.4.3 光定位 ·· 121

6.4.4 热定位 ·· 121

6.4.5 超高频定位 ·· 122
6.5 220kV/600kVA 电力变压器局部放电在线监测系统 ·············· 122

第7章 介质损耗角正切值的在线监测 ······························· 127

7.1 介损的参量特征 ·· 127
7.1.1 电介质的极化现象 ·· 127
7.1.2 电介质的极化类型 ·· 127
7.1.3 电介质极化的意义 ·· 129
7.1.4 电介质损耗及介质损耗角正切 ···························· 129
7.2 介损在线监测的系统要求 ·· 130
7.2.1 电场干扰对介损测试结果的影响 ·························· 130
7.2.2 介质损耗测量时电场干扰的抑制 ·························· 131
7.3 介损的在线测量方法 ·· 133
7.3.1 测量原理 ·· 133
7.3.2 介损测试电桥 ·· 134
7.4 220kV 电流互感器介损的在线监测系统 ·························· 137
7.4.1 基本概念 ·· 137
7.4.2 正立式电容型电流互感器介质损耗因数及电容量测量 ········ 140

第8章 泄漏电流的在线监测 ··· 141

8.1 泄漏电流的参量特征 ·· 141
8.1.1 泄漏电流的定义 ·· 141
8.1.2 表征污秽绝缘子的特征量 ·································· 142
8.2 泄漏电流在线监测的系统要求 ···································· 143
8.2.1 硬件要求 ·· 143
8.2.2 软件要求 ·· 144
8.3 泄漏电流的在线测量方法 ·· 144
8.3.1 绝缘子污秽在线监测 ······································ 144
8.3.2 氧化锌避雷器在线监测 ···································· 146

第9章 特殊气体的在线监测 ··· 156

9.1 油中气体的产生机理 ·· 156
9.1.1 油劣化及气体产生 ·· 156
9.1.2 固体绝缘材料的分解及气体 ································ 157
9.1.3 气体的其他来源 ·· 157
9.2 油中溶解气体分析与检测 ·· 158
9.2.1 油气分离技术 ·· 158
9.2.2 混合气体检测技术 ·· 159
9.2.3 在线监测产品 ·· 160

9.3 变压器油色谱在线监测系统 ·········· 160

  9.3.1 气相色谱法的原理 ·········· 160

  9.3.2 在线监测系统 ·········· 161

9.4 变压器油中溶解气体在线监测与故障诊断 ·········· 164

  9.4.1 溶解气体 ·········· 164

  9.4.2 故障诊断 ·········· 165

  9.4.3 应用意义 ·········· 175

9.5 SF_6 气体参量的在线监测 ·········· 176

  9.5.1 SF_6 气体 ·········· 176

  9.5.2 SF_6 测试技术 ·········· 176

  9.5.3 在线监测系统 ·········· 177

第 10 章 微水的在线监测 ·········· 179

10.1 微水的来源及危害 ·········· 179

  10.1.1 变压器油中的微水 ·········· 179

  10.1.2 SF_6 中的微水 ·········· 181

10.2 微水的监测方法 ·········· 182

  10.2.1 变压器油中含水量的测量方法 ·········· 182

  10.2.2 纸绝缘含水量测量方法 ·········· 183

  10.2.3 SF_6 含水量测量方法 ·········· 184

10.3 变压器油微水在线监测系统 ·········· 185

  10.3.1 基本原理 ·········· 185

  10.3.2 湿度传感器及安装 ·········· 186

  10.3.3 在线监测系统 ·········· 187

  10.3.4 在线监测系统应用产品案例 ·········· 188

第 11 章 温度的在线监测 ·········· 192

11.1 温度监测的方法 ·········· 192

  11.1.1 接触式测量 ·········· 192

  11.1.2 非接触式测温 ·········· 196

11.2 温度监测系统的要求 ·········· 198

  11.2.1 多通道温度巡回检测系统 ·········· 198

  11.2.2 智能化温度检测系统 ·········· 199

11.3 600MW 发电机定子温度在线监测系统 ·········· 201

  11.3.1 监测系统的工作原理 ·········· 201

  11.3.2 系统的整体结构 ·········· 202

第 12 章 电阻及阻抗的在线监测 ·········· 213

12.1 直流电阻 ·········· 213

12.1.1　直流电阻的定义 ……………………………… 213
12.1.2　直流电阻检测 ………………………………… 213

12.2　绝缘电阻 …………………………………………………… 218
12.2.1　绝缘电阻的定义 ……………………………… 218
12.2.2　绝缘电阻测量 ………………………………… 219

12.3　接地电阻 …………………………………………………… 223
12.3.1　接地电阻的定义 ……………………………… 223
12.3.2　接地电阻测量的基本原理 …………………… 224
12.3.3　接地阻抗测量方法 …………………………… 225

12.4　接触电阻 …………………………………………………… 226
12.4.1　接触电阻的定义及形成原理 ………………… 226
12.4.2　接触电阻测试原理 …………………………… 227
12.4.3　影响接触电阻的因素 ………………………… 228
12.4.4　接触电阻的问题研讨 ………………………… 229

12.5　短路阻抗 …………………………………………………… 230
12.5.1　短路阻抗的定义 ……………………………… 230
12.5.2　变压器短路阻抗与绕组结构的关系 ………… 231
12.5.3　造成短路的主要原因 ………………………… 231
12.5.4　短路阻抗的测量方法 ………………………… 232
12.5.5　测量仪器的选择 ……………………………… 234

12.6　交流阻抗 …………………………………………………… 235
12.6.1　交流阻抗的定义 ……………………………… 235
12.6.2　交流输出阻抗的测试 ………………………… 235

12.7　10kV 电力电缆绝缘电阻在线监测系统 ………………… 238
12.7.1　差频法在线监测技术原理及方法 …………… 238
12.7.2　两正弦电压叠加的超低频调幅特性分析 …… 239

第 13 章　电容型设备的在线监测 …………………………………… 241

13.1　概述 ………………………………………………………… 241

13.2　常规在线检测方法 ………………………………………… 242
13.2.1　电桥法 ………………………………………… 242
13.2.2　电压电流表法 ………………………………… 243
13.2.3　双电压表法 …………………………………… 244
13.2.4　数字电容表法 ………………………………… 244

13.3　三相电容型设备不平衡信号的在线检测 ………………… 244
13.3.1　几个绝缘特性参数分析 ……………………… 244
13.3.2　三相电流之和的在线检测工作原理 ………… 246
13.3.3　中性点不平衡的电压在线检测 ……………… 248

13.4　电容型电流互感器的在线监测系统 ……………………… 248

X

　　　13.4.1　谐波分析法原理及检测系统结构 ················ 249

　　　13.4.2　AD7656 性能及主控芯片 ·················· 250

　　　13.4.3　硬件电路设计 ······················· 250

　　　13.4.4　软件设计 ························· 253

第 14 章　其他相关参量的在线监测 ····················· 254

　14.1　振动 ····························· 254

　　　14.1.1　旋转机械振动监测和分析 ··············· 254

　　　14.1.2　变压器振动监测和分析 ················ 262

　　　14.1.3　大跨越导线测振及监测技术 ············· 265

　14.2　紫外光 ···························· 269

　　　14.2.1　方法原理 ························ 269

　　　14.2.2　紫外验电仪 ······················ 270

　　　14.2.3　试验与结果分析 ···················· 271

　14.3　光声光谱 ··························· 272

　　　14.3.1　光声光谱技术的物理机制 ··············· 273

　　　14.3.2　气体中的光声效应 ·················· 274

　　　14.3.3　光声光谱技术在电气设备 SF_6 气体检测中的应用 ······· 275

参考文献 ······························· 279

第0章　绪　论

0.1　电气设备绝缘预防性试验的重要性

高压电气设备主要是由两类不同材料构成的：一类为金属材料，包括铜、铝等导电材料，硅钢片等导磁材料，铸铁、钢板等外壳或结构材料；另一类为绝缘材料，如绝缘纸（及纸筒、纸板）、塑料薄膜、层压板（及筒）、电瓷、绝缘油等。相对于金属材料而言，绝缘材料容易损坏，特别是有机绝缘材料，如绝缘纸、塑料、绝缘漆或胶等，很容易老化变质而使机电强度显著降低。因而绝缘结构的机电性能的好坏往往成为决定整个电气设备寿命的关键所在。例如，对 110kV 及以上的电力变压器的 93 次事故原因分析，其中由于匝绝缘、引线及对地绝缘、套管绝缘引起的各事故约占 43%、23%、15%；而铁心、分接开关等非绝缘事故仅占 20% 以下。

因此，高压电气设备不仅在出厂前，应按有关标准进行严格而又合理的试验（型式试验及例行试验）；而且在投运前也要进行交接试验，在运行过程中要定期进行预防性试验，这样才能较好地保证该设备的安全运行。

关于预防性试验的项目，我国已经积累了一套比较成熟的试验内容，对于各类设备，现行的预防性试验内容可大致归纳为如表 0-1 所示。

表 0-1　我国现行的绝缘预防性试验项目的主要内容

试验项目（是否试验，设备名称）	电力变压器	电力电缆	高压套管	断路器 充 SF$_6$	断路器 充　油	发电机
1. 测量绝缘电阻 R_i	√	√	√	√	√	√
2. 测量直流泄漏电流 I_1	√	√	—	√	√	√
3. 直流耐压试验	—	√	—	—	—	√
4. 测量介质损耗角正切值 tgδ	√	√	√	◎	√	◎
5. 绝缘油试验	√	√	●	—	√	√
6. 微量水分测定	◎	—	●	√	—	—
7. 油中溶解气体色谱分析	◎	—	●	—	—	—
8. 局部放电试验	—	—	●	—	—	—
9. 交流耐压试验	○	—	○	○	√	○

注："√"进行；"—"不进行；"◎"仅电压高或容量大时进行；"●"必要时进行；"○"大修后进行。

可见那些非破坏性试验项目，如测量绝缘电阻 R_i、测量介质损耗因数 tgδ、测量直流高压下的泄漏电流 I_1 等，几乎被广泛用作各种高压电气设备的预防性试验项目；而像交流耐压那样的可能引起残余破坏的破坏性试验项目,仅在必要时、大修后等情况下才进行,而且要在非破坏性试验项目通过后才可进行。

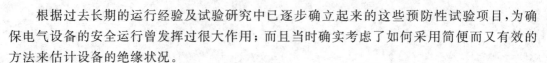

0.2 绝缘预防性试验的回顾和不足

根据过去长期的运行经验及试验研究中已逐步确立起来的这些预防性试验项目,为确保电气设备的安全运行曾发挥过很大作用;而且当时确实考虑了如何采用简便而又有效的方法来估计设备的绝缘状况。

例如,当绝缘总体受潮或严重损坏时,往往引起绝缘电阻 R_i 的下降或直流泄漏电流 I_1 的上升。而采用兆欧表是一种最简便的测量高电阻的方法,兆欧表常采用流比计原理——电流及电压线圈安装在同一转轴上,当通电流后两者产生的转矩正好反向。这样巧妙的布置减少了由于电压波动等引起的电阻测值的波动,方便易行,深受用户欢迎。

如果感到兆欧表的直流电压太低(一般为 1kV 或 2.5kV),还可采用加以直流高压来测量泄漏电流 I_1。便于观察随着外施电压的上升,I_1 是否也基本按比例上升。因为当存在有某些缺陷时,高压直流下的绝缘电阻(由泄漏电流换算而得)R_i 往往比低压下用兆欧表测得的小得多。

由于测到的绝缘电阻 R_i 或泄漏电流 I_1,与被试品的绝缘尺寸(电极间的绝缘距离、截面等)紧密相关,因此在绝缘试验时应对这些数据进行“纵比”——与同一设备过去的测量数据作比较,或“横比”——与同类被试品进行互相对比(例如求取三相不平衡系数等),才能作出比较正确的分析。在预防性试验时,对绝缘电阻测量时要求测其吸收比($R_{60''}/R_{15''}$)或弱点比($R_{10'}/R_{1'}$),也正是为了消除因绝缘尺寸不同带来的影响,而改以观察同一被试品在吸收过程中的相对变化。采用这些简便易行的方法在确定被试品是否存在普遍受潮等缺陷方面已起到了很好的作用。

然而,当前大量使用的是交流高压电气设备,在测绝缘电阻 R_i 或泄漏电流 I_1 时所加的是直流电压,其等效性如何?以串联介质组成的绝缘结构为例,一般情况下加交流时其电位分布是按该串联层的电容大小呈反比分布,而在稳态直流时,是按电阻大小呈正比分布,显然两者会有很大差异;而且施加同样幅值的直流高压或交流高压,绝缘中的损耗、局部放电过程,在交流下都比直流下严重得多。因此在交流高压下运行的设备最好仍测量其交流下的参数变化,这显然更真实些。当然如进行提高电压的交流耐压试验,会更加严格,但对由油纸绝缘材料构成的绝缘结构所带来的残余损伤也将比直流高压试验时严重得多。

在被试品的电容量很大的情况下,如电力电缆、发电机绝缘,当用直流耐压试验时试验设备容量可以小得多;而且外施直流试验时又易于发现高压旋转电机端部的缺陷,因此过去在预防性试验中直流耐压的方法仍相当广泛地被采用(如表 0-1 中项目 3 所示)。

用西林电桥法来测量交流下的介质损耗因数 tgδ,是一种很有价值的试验方法。首先,测到的真正是反映交流下损耗大小的特征参数,即它与绝缘的几何尺寸无关,便于直接由此来判断绝缘的介质损耗(上述测到的 R_i 及 I_1,均与绝缘尺寸有关)。其次,对于高压电气设备的结构而言,总的介质损耗功率相对于此绝缘的无功功率总是只占一个很小的比例,如仍用瓦特计往往难以得到准确的测值,采用电桥原理,就可方便地调节电桥上的电阻、电容而使电桥平衡,从而读得较准确的 C_x 及 tgδ。

对于油浸电力设备,测量绝缘油的击穿场强、水分、酸值等也是相当有意义的。因为在油-纸(或塑料)组合绝缘中,如仅仅是油质受潮,那一般在经过换油或干燥处理后,绝缘性能很快可以恢复。例如,久置不用的油浸电力变压器有可能受潮,如要重新启用时,不宜马上经耐压试验,而是先做非破坏性试验;若只是受潮,干燥后性能就可恢复。

气相色谱分析方法的引入,在发现油浸设备潜伏性故障的灵敏度方面往往比测量绝缘电阻及 tgδ 等高得多,因此正在修订中的预防性试验规程中准备将它列为对电力变压器绝缘预试项目中的首位。虽然各国在油中溶解气体的判断标准上有些差异,但都在实践中发挥了很好的作用。实际上,我国地域辽阔、各地运行条件不同,各制造厂所用的材料、工艺也有差异,色谱等的判断标准也宜因地制宜。前几年,通过调查研究,国内对色谱判断标准提出了相应的"注意值"。与其他的预防性试验的判据一样,今后仍然需要进一步积累运行经验,特别是事故前各次预防性试验的数据及其发展过程,都极有实用价值。

另外,当前运行的高压电气设备中大量采用了油-纸(塑料)组合绝缘。这些有机绝缘材料的寿命曲线相当陡峭:即它在短暂的高场强下绝缘强度极高;而在交流电压的长期作用下,材料逐渐劣化,其长时击穿场强仅为其短时的百分之几。在这里,因局部放电所伴随而来的电、热、机械、化学方面的作用,对有机绝缘的老化(不可逆变化)起了决定性作用。但其表现形式是多样化的:如油浸变压器中的围屏放电、电力电容器的膨胀破裂、塑料挤压成形的电缆中的树枝状放电等。因而对高压电气设备进行局部放电试验不仅要在制造厂里进行,而且逐渐发展到也在运行现场进行。但在变电所,外界干扰强,要从中分辨出被试品中较微弱的局部放电信号相当困难。

我国现行的绝缘预防性试验方法的主要项目如表 0-1 所示:在停电以后,主要是测量直流下的绝缘电阻 R_i 或泄漏电流 I_1,测量交流下的介质损耗因数 tgδ 等。对于油浸电气设备要取油样进行绝缘油试验,容量大或电压等级高的电气设备还要进行油中气体的色谱分析等,然后对该设备的绝缘状况作出综合判断。今后必将陆续有新的、有效的方法补充进去。

过去进行的预防性试验的方法及经验是前人多年工作的总结,它已经发挥过不少积极作用;但近年来越来越多的电力工作者从实践中意识到,过去的试验项目如今效果欠佳,例如,一台 220kV 油纸电容式电流互感器,在停电预试时,按规程加 10kV 电压,测出 tgδ 为 1.4%,小于规程规定的指标 1.5%,但投运后就爆炸了。人们最关心的是绝缘结构的残余电气强度,但至今还未找到它与绝缘电阻 R_i、泄漏电流 I_1 及介质损耗因数 tgδ 等非破坏性试验参数之间的直接函数关系。

这是因为所测得的绝缘参数往往是反映整体绝缘性能的宏观参数,而在多条并联通道中只要有一条贯穿通道的绝缘强度下降,就足以导致整个电气设备出现故障。

近年来,在可能的情况下尽量进行"分解试验":例如,将将小套管引出的电容式套管与变压器本体分开来测试,对断路器进行大修时将灭弧室等一一分开来试验等。对难以分解的,采用多端测量的方法,例如,对三绕组变压器,就宜用几种不同的接线方式测量后,分辨出缺陷在哪一部分。

另外,由于停电后进行非破坏性的预防性试验时,按现行规程规定,所加的交流试验电压一般不超过 10kV;如再要加高试验电压来测 tgδ,所用的标准电容器以及当用反接法测量时所用的电桥的绝缘必须另行加强。现行的变电设备中有很大部分的运行相电压为

$110/\sqrt{3} \sim 500/\sqrt{3}\,\text{kV}$，即工作电压已远高于其预防性试验电压（10kV），以致即使在绝缘中的气隙甚至油隙于工作电压下发生放电，但在这样低的试验电压下试验仍被通过了。因此，对高压、超高压电气设备中的这些缺陷，再加很低的试验电压意义不大。例如，安徽某电业局一台 $OY110\sqrt{3} - 0.0066$ 耦合电容器，停电试验全合格，但运行不到三个月却发生了爆炸。

从上述的预试到维修统称为"预防性维修"体系，在我国已沿用四十多年，无疑在防止设备事故的发生，保证安全可靠地供电方面已起着很好的作用。但长期的工作经验也表明，这样，一个维修体系有它的局限性。

(1) 从经济角度，定期试验和大修均需停电，不仅要损失电量，而且增加了工作安排的难度。加以定期大修和更换部件也需投资，而这种投资是否必要尚不好肯定。因为设备的实际状态可能完全不必作任何维修而仍能继续长时期运行，若维修水平不高，反而可能使设备越修越坏，从而产生新的经济损失。英国的 P.J. 达夫勒曾提到定期检查和维修的计划维修方式的经济效益问题[10]，他乐观地估计认为其中 60% 维修费用是该花的，另一种估计则认为定期维修中更换下来的设备中有 90% 是没有必要更换的。不论怎么估计这种维修体系不是最经济的方式。

(2) 从技术角度分析，离线的定期预防性试验有以下两方面的局限性。

① 试验条件不同于设备运行条件，多数项目是在低电压下进行检查。例如，介质损耗角正切 $\tan\delta$ 是在 10kV 下测试的，而设备的运行电压特别是超高压设备远比 10kV 要高。另外，运行时还有诸如热应力等其他因素的影响无法在离线试验时再现。这样就很可能发现不了绝缘缺陷和潜在的故障。

② 绝缘的劣化、缺陷的发展虽然具有统计性，发展速度有快有慢，但总是有一定的潜伏和发展时间，在此期间会发出反映绝缘状态变化的各种信息。而预试是定期进行的，常不能及时准确地发现故障。从而出现：a.漏报，即预试通过后仍有可能发生故障，甚至严重事故，例如，一台 220kV 变压器爆炸起火事故，该变压器自 1982 年大修后预试结果一直正常，然而却在 1991 年年底突然爆炸起火烧毁；b.误报或早报，例如，预试结果虽超标，但若故障不进一步发展，可不必马上停电检修而仍可继续运行，只需加强监视即可，若按预试结果作出诊断，就会损失停电检修的费用。

0.3　电气设备在线监测和状态维修的必要性和意义

如能利用运行电压来对高压设备绝缘状况进行试验，则可大大提高试验的真实性与灵敏度，这是在线检测的主要着眼点。此外，这样的带电监测就不必再安排停电计划了，这显然给电力系统的运行带来方便。过去一般是一年左右进行一次停电试验，现在完全可以根据设备绝缘状况的好坏来选择不同的在线检测周期，使试验的有效程度明显提高。而且由于试验数据将远比一年一次为多，从而便于对数据进行统计分析等而减小由于仅仅一次试验所带来的误差。

在线检测将成为预防性试验中的一个重要组成部分，它将在很多方面弥补仅靠定期停电预试的不足之处。但不能认为，将原有的停电预试项目全改为在线检测就可万无一失了。如前所述，过去所用的非破坏性试验所得的结果还往往难以全面、真实地反映绝缘状况，特别是其电气强度。近年来，色谱分析、局部放电等试验的引入，对发现某些缺陷相当有效，但对另外一些缺陷仍难以在早期发现；因此，继续研究新的预防性试验参数及方法是势在必行的。

另外，对被试设备的当前试验数据（包括停电及带电监测），结合过去的数据及经验，用先进的方法及时而全面地进行综合分析判断，也将为捕捉早期缺陷、确保安全运行带来好处。现正在修订中的预防性试验规程中也比过去更加强调了对试验数据的对比分析。

从国外情况来看也是这样，在线检测的推广还有利于从定期维修制（计划维修制）过渡到更合理的状态维修制（预知维修制）。我国目前执行的大多是定期维修制，一般都要求"到期必修"，没有充分考虑设备实际状态如何，以致超量维修，造成了人力及物力的大量浪费。

各国在早期都曾采用的是事后维修（Breakdown Maintenance）。美国在 20 世纪 40 年代、日本在 20 世纪 50 年代曾经改用定期维修，即按事先制订的检修周期按期进行停机检修，因而也称"时间基准维修"（Time Based Maintenance）。这虽对提高设备可靠性起到了一定作用，但由于未考虑设备的具体状况，而且制订的周期往往比较保守，以致出现了过多不必要的停机及维修，甚至因拆卸、组装等过多而出现过早损坏。

20 世纪 50 年代，美国通用电气公司等已提出要从以时间为基准的维修方式发展到以状态为基准的维修方式，即状态维修（Condition Based Maintenance）。日本等在 20 世纪 70 年代左右也转向采用状态维修。

20 世纪 70 年代以来，随着世界上装机容量的迅速增长，对供电可靠性的要求越来越高。考虑到原有预防性的局限性，为降低停电和维修费用，提出了预知性维修或状态维修这一新概念。其具体内容就是对运行中的电气设备的绝缘状况进行连续的在线监测（或状态监测），随时测得能反映绝缘状况变化的信息，对进行分析处理后的设备的绝缘状况作出诊断，根据诊断的结论安排必要的维修，也即做到有的放矢地进行维修。故状态维修包括三个步骤，即在线监测→分析诊断→预知性维修。状态维修具有以下优点。

（1）可更有效地使用设备，提高了设备利用率。

（2）降低了备件和更换部件以及维修所需费用。

（3）有目标地进行维修可提高维修水平，而维修越好，设备运行越安全、可靠。

（4）可系统地对设备制造部门提供信息，用以提高产品的可靠性。

图 0-1 所示为状态维修的组成及相互关系的框图。可见在线监测系统是状态维修的基础和根源。当然，为设备建立一套在线监测系统也需要投资，故对某电气设备建立在线监测系统是否必要应进行经济核算，根据其经济效益来确定。

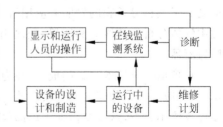

图 0-1　状态维修体系方框图

那么建立一套在线监测系统需要多少投资呢？当然这和设备本身的价值有关。英国达夫勒认为电机的监测系统对一般工业部门而言约是设备费的5%。美国麻省理工学院（MIT）为单台价值 100 万美元的大型变压器建立一套完整的监测和诊断系统需 8 万美元，并认为该系统的经济效益将超过两百万美元。在我国仍以一台三相 500kV、360MVA 变压器为例，其价值在 2000 万左右，为其建立一套监测系统，投资不会超过 5%，何况一套在线监测系统除传感器等部分单元外可巡回监测多台电气设备，这样投资的实际比例还将降低。另外,在线监测和状态维修带来的经济效益是十分显著的。例如,美国某发电厂统计,过用状态维修体系每年可得利 126 万美元。英国中央发电局(CEGB)的统计表明,利用气相色谱分析对充油电气设备进行诊断的效益,是使变压器的年维修费用从 1000 万英镑减少为 200 万英镑。日本有资料介绍,监测和诊断技术的应用,使每年维修费用减少 25%~50%,故障停机时间则可减少 75%。有资料报道,若以 100 万千瓦的火电或核电机组的电厂为例,应用监测和诊断技术使设备可用率提高 1%,则每年可增收电费约 400 万美元。我国有人针对电容性电气设备采用在线监测后的经济效益作以下的估计:以全国售电量为 6000 亿度为例,若每座 110kV 及以上变电站用于电容性设备(包括电容型套管、耦合电容器、电容式电压互感器、电流互感器等)的停电维修时间为 10 天,则每年将少送电量 164 亿度。当运用在线监测技术后,可减少不必要的停电,若减少其中的 10%,则可多送电 16.4 亿度;直接效益为 1.64 亿元,间接效益按全国平均水平每度电 4 元计为 65.6 亿元。随着电力系统向超高压、大容量、高度自动化方向的发展,电力和工业企业迫切要求对现行的维修体系进行根本性变革,其发展趋势是以在线监测为基础的"状态维修体系"逐渐取代"预防性维修体系"。

"电气设备绝缘在线监测及故障诊断技术"是定时或实时在线监测反映电气设备绝缘运行状态的特征量,通过"纵比"、"横比"及不断完善的故障诊断系统对绝缘的状态进行诊断,及时地反映出绝缘的劣化程度并告警,从而决定设备是否需要停电维修,由此避免事故和解决上述存在的问题。因此,它是实现"状态维修"的基础和关键技术。

0.4 电气设备在线监测技术的国内外发展概况及趋势

20 世纪 60 年代,美国最先开发监测和诊断技术,成立了庞大的故障研究机构,每年召开一或两次学术交流会议。例如 20 世纪 60 年代初美国即使用可燃性气体总量(TCG)检测装置来测定变压器储油柜油面上的自由气体以判断变压器的绝缘状态。但在潜伏性故障阶段,分解气体大部分溶于油中,针对这一局限性,日本等国研究使用气相色谱仪在分析自由气体的同时,也可分析油中溶解气体,有利于发现早期故障。其缺点是要取油样,需在实验室进行分析,试验时间长,故不能在线连续监测。20 世纪 70 年代中期由于能使油中气体分离的高分子塑料渗透膜的发明和应用解决了在线连续监测问题,加拿大于 1975 年研制成功了油中气体分析的在线监测装置,随之由 Syprotec 公司开发为正式产品,称为变压器早期故障监测器。

气相色谱分析技术已日趋成熟,并为长期的实践所证明是一种行之有效的监测和诊断技术,广泛应用于各种充油电气设备的监测。其局限性是气体的生成有一个发展过程,故对突发性故障不灵敏,这就要借助于局部放电的监测。但实现局部放电的在线监测难度较大,数十年来一直限制了它的发展。随着传感器技术、信号处理技术、电子和光电技术、计算机技术的发展,提高了其监测灵敏度和抗干扰水平。例如,近二十年来由于压电元件灵敏度的提高和低噪声集成放大器的应用大大提高了声传感器的信噪比和监测灵敏度,使其得以广泛用于局部放电的在线监测。故到 20 世纪 80 年代局部放电的监测技术已有较大发展。加拿大安大略水电局研制了用于发电机的局部放电分析仪(PDA),并已成功地用于加拿大等国的水轮发电机上,1981—1991 年间共装备了 500 台。魁北克水电局研究所(IREQ)研制了一套多参数的监测系统(AIM),除可对735kV变压器监测其局部放电外,还可分析油中的溶解气体组分线路过电压,并具有初步的自动诊断功能。

日本的在线监测技术起步并发展于20世纪70年代;1975年由基础研究进入开发研究阶段,并推广应用。20世纪70年代末以来研制了油中氢气的监测装置、三组分(H_2,CO,CH_4)和六组分(H_2,CO,CH_4,C_2H_4,$C_2H_2C_2H_6$)的油中气体监测装置。日本东京电力公司于20世纪80年代研制了变压器局部放电自动监测仪,用光纤传输信号和声电联合监测来抑制干扰并可对放电源定位。

苏联自20世纪70年代以来在线监测技术发展也很快,特别是电容性设备绝缘监测和局部放电的在线监测。

20世纪80年代以来,我国的在线监测技术也得到了迅速发展,各单位都相继研制了不同类型的监测装置,特别是各省电力部门,如安徽、吉林、内蒙古、广东、湖南等地都研制了电容性设备的监测装置,主要监测介质损耗、电容值、三个不平衡电流。电力部电力科学研究院、重庆大学、武汉高压研究所、东北电力试验研究院等单位除电容性设备的监测外还研制各种类型的局部放电监测系统;重庆大学、电力科学研究院、西安交通大学还结合油中气体分析开展了用于绝缘诊断的专家系统的研究工作;自1985年以来由电力部主持先后二次(分别在安徽、湖北、广东三省)召开了"全国电力设备绝缘带电测试、诊断技术交流会",不仅进行了学术交流,而且就如何发展和推广在线监测技术进行了讨论。

从以上国内外发展情况的总体来看,多数监测系统的功能比较单一,例如,仅对一种设备或多种设备的同类参数进行监测,分析诊断仅限于超标报警而基本上要由试验人员来完成。故今后在线监测技术的发展趋势如下。

(1) 多功能多参数的综合监测和诊断,即同时监测能反映某电气设备绝缘状态的多个特征参数,类似于加拿大的AIM系统。

(2) 对电站或变电站的整个电气设备实行监测和诊断,形成一套完整的在线监测系统。

(3) 不断提高监测系统的可靠性和灵敏度。

(4) 在不断积累监测数据和诊断经验的基础上发展人工智能技术,建立人工神经网络和专家系统实现绝缘诊断的自动化。

例如,美国的麻省理工学院研制了对早期失效有较高灵敏度的多功能(包括油中气体、局部放电、水分的监测)的变压器在线监测系统,并正在配置相应的专家系统以形成一套完整的变压器在线监测和诊断系统。日本正在发展配有高灵敏度传感器和专家系统的包括变压器、全封闭式组合电器(GIS)和其他设备在内的变电站多功能集中监控式的在线监测系统,并计划用于正在兴建的超高压变电站。这些都代表了在线监测技术的发展趋势。重庆大学也进行了多参量、多功能的绝缘在线监测及故障诊断技术的长期研究,技术水平已处国际先进。

第1章 绝缘材料的基本概念

1.1 绝缘材料的概念及性能

1.1.1 绝缘材料的定义

对电阻率为 $10^{10} \sim 10^{23} \, \Omega \cdot cm$ 或电导率小于等于 $10^{-10} \, S/m$ 的物质所构成的材料,在电工技术上称为绝缘材料,也称为电介质。通常绝缘材料的电阻率越大,绝缘性能就越好。绝缘材料在电工产品中是必不可少的、能使带电体与其他部分隔离的材料。即对于直流电流有非常大的阻力,在直流电压作用下除了有极微小的表面泄漏电流外,几乎是不导电的;对于交流电流仅有电容电流通过,也认为是不导电的。除此之外,电气设备在运行中还不可避免地会受到温度、电、机械应力、振动、化学物质、潮湿、灰尘和辐照等各种因素的作用,导致绝缘材料变质劣化,致使电工设备损坏。因此,绝缘材料在不同的电工产品中往往还起着储能、散热、冷却、灭弧、防潮、防霉、防腐蚀、防辐照、机械支承和固定、保护导体等作用。一般情况下,绝缘材料包括气体绝缘材料、液体绝缘材料和固体绝缘材料,涉及电工、石化、轻工、建材、纺织等诸多行业领域。

1.1.2 绝缘材料的特性

与导电材料相比,绝缘材料的主要特性大致分为导电、机械、热、湿气及化学性质等5类。

1. 导电性质

对绝缘材料,通常重点关心的是绝缘电阻及绝缘耐力(或绝缘破坏强度),其值越高越佳,同时人们也希望绝缘体本身的电能不引起损失。特别是对交流电源,绝缘材料在使用时其介质损失少是必备条件。

除此之外,绝缘材料的导电性质还包括表面漏电问题、温度系数及耐电弧性质问题等。总之,绝缘材料的导电性质可概括如下。

(1) 绝缘电阻高(或体积电阻率大)。

(2) 表面漏电小(或表面电阻率大)。

(3) 绝缘耐力(或耐电压)高。

(4) 介质损耗正切($\tan\delta$)值小。

(5) 比介质常数值适当。

(6) 温度系数小。

(7) 耐电弧性优越。

2. 机械性质

对用于高压大容量机械的绝缘材料,其导电性和机械强度均是需要重点考虑的条件。有关固体绝缘材料的主要机械性质如下。

(1) 抗拉强度(或抗拉力)大。

(2) 抗压强度(或抗压力)大。

(3) 抗桡曲强度大(或抗弯曲强度)。

(4) 抗剪强度(或抗剪力)大。

(5) 硬度适当。

(6) 弹性限度适当。

(7) 加工容易。

(8) 黏度(液体情况)适当。

3. 热性质

在设备或导线通电后,导体部分的焦耳热和绝缘介质损耗都有发热现象,使其温度上升。由于导体电阻的温度系数几乎都为正值,当温度上升时,电阻将逐渐增大而导致电力损失增加,同时,因为焦耳热有再度促进温度上升趋势。另外,如果绝缘部分存在漏电和介质损失,绝缘本身发热,其温度会随之增加,严重时会使绝缘发生老化或击穿,因此应注意其温度上升。

对于绝缘材料所要求的热性质,主要有耐热性、导热率等。

1) 耐热性好

当温度上升时,绝缘材料的导电性质与机械性质会同时降低,随着加热时间的延长,会逐渐引起材料变质,并导致绝缘劣化;即使温度恢复正常,也不能恢复原有状态。

2) 导热率良好

一般情况下,多数绝缘材料是热不良导体,因此无法使金属材料的热迅速传导与逸散。由于热的累积,绝缘材料温度会迅速上升,结果导致绝缘劣化。由此,导热率不得不加以重视,人们都希望获得热迅速逸散的材料。导热率单位以 cal/(cm·s·℃)表示。

3) 热膨胀系数小(固体绝缘材料)及热膨胀系数适当大(气体与液体绝缘材料)

固体绝缘材料通常由两种以上原料组合而成,机械应力分配常受到影响,其热膨胀系数值遂受到重视,应尽可能使其值小;当以气体与液体作为绝缘材料时,由于材料的对流效果良好,因此希望热膨胀系数可适当大。

4) 比热大

气体与液体绝缘材料,除担负有作为机械绝缘物的任务外,也兼有冷却媒质的责任。因此,绝缘材料除导热要求良好外,其比热值以大为宜,比热越大,则温度上升越小。

5) 沸点高和凝点低(液体绝缘材料)

对液体绝缘材料的机械性能在高温时尽可能保持其原有特性,希望液体具有高沸点,在低温时希望凝点低。

4. 湿气性质

大多数绝缘材料多少都具有吸湿性,绝缘材料所要求的湿气性质包括吸湿性良好、吸湿容量小和湿气扩散率大等。其中,吸湿性以吸湿量与大气湿度或水蒸气压及气温关系表示,吸湿容量由水蒸气压变化所产生吸湿量多少表示,湿气扩散率表示湿气扩散难易。

5. 化学性质

作为绝缘材料所要求的化学性质包括不腐蚀金属、燃烧困难和不溶于水、酸、碱及油等。

1.1.3 绝缘材料的主要性能指标

1. 绝缘电阻和电阻率

绝缘电阻是电气设备和电气线路最基本的绝缘指标,指将直流电压加于电介质,经过一定时间的极化过程后,流过电介质的泄漏电流对应的电阻。电阻率是用来表示各种物质电阻特性的物理量,指在常温下(20℃时)单位体积内的电阻。材料导电量越小,其电阻越大,对绝缘材料来说,总是希望电阻率尽可能高。

2. 相对介电常数和介质损耗角正切

相对介电常数(relative dielectric constant),是表征介质材料的介电性质或极化性质的物理参数,也是材料储电能力的表征。不同材料在不同温度下的相对介电常数不同,当绝缘材料用作电网各部件的相互绝缘时要求相对介电常数小,用作电容器的介质(储能)时要求相对介电常数大,而两者都要求介质损耗角正切值小,尤其是在高频与高压下应用的绝缘材料,为使介质损耗小,都要求采用介质损耗角正切值小的绝缘材料。

3. 击穿电压和电气强度

绝缘材料在某一强电场下发生破坏,失去绝缘性能变为导电状态,称为击穿。击穿时的电压称为击穿电压(介电强度)。电气强度是指材料能承受而不致遭到破坏的最高电场强度,即在规定条件下发生击穿时电压与承受外施电压的两电极间距离之商,也就是单位厚度所承受的击穿电压。对于绝缘材料而言,一般其击穿电压、电气强度的值越高越好。

4. 拉伸强度

拉伸强度指材料产生最大均匀塑性变形的应力,即在拉伸试验中,材料承受的最大拉伸应力。它是绝缘材料力学性能试验应用最广、最有代表性的试验。

5. 耐燃烧性

耐燃烧性指绝缘材料接触火焰时抵制燃烧或离开火焰时阻止继续燃烧的能力,耐燃烧性越高,其安全性越好。随着绝缘材料的广泛应用,对其耐燃烧性要求越来越重要,并通过各种手段来改善和提高绝缘材料的耐燃烧性。

6. 耐电弧性

耐电弧性指绝缘材料在规定的试验条件下抵抗高压电弧作用引起变质的能力,通常用标准电弧焰在材料表面引起炭化至表面导电而电弧消失所需时间来表示,时间值越大,其耐电弧性越好。试验时采用交流高压小电流,借高压在两电极间产生的电弧作用,使绝缘材料表面形成导电层所需的时间来判断绝缘材料的耐电弧性。

7. 密封度

对油质、水质的密封隔离比较好。

1.1.4 绝缘材料的耐热等级

绝缘材料的绝缘性能与温度有直接的关系,温度越高,绝缘材料的绝缘性能越差。为保证绝缘强度,每种绝缘材料都有一个适当的最高允许工作温度,在此温度以下,可以长期安全地使用,超过这个温度就会迅速老化。按照耐热程度,把绝缘材料分为 Y、A、E、B、F、H、

C 等级别。

1. Y 级

极限工作温度：90℃。绝缘材料有木材、棉花、纤维等天然的纺织品，以醋酸纤维和聚酰胺为基础的纺织品，以及易于分解和熔化点较低的塑料。

2. A 级

极限工作温度：105℃。绝缘材料有工作于矿物油中用油或油树脂复合胶浸过的 Y 级材料，漆包线、漆布、漆丝的绝缘及油性漆、沥青漆等。

3. E 级

极限工作温度：120℃。绝缘材料有聚酯薄膜和 A 级材料复合、玻璃布、油性树脂漆、聚乙烯醇缩醛高强度漆包线、乙酸乙烯耐热漆包线。

4. B 级

极限工作温度：130℃。绝缘材料有聚酯薄膜、经合适树脂黏合式浸渍过的云母、玻璃纤维、石棉等，聚酯漆、聚酯漆包线。

5. F 级

极限工作温度：155℃。绝缘材料有以有机纤维材料补强的云母制品、玻璃丝和石棉、玻璃棉布、以玻璃丝和石棉纤维为基础的层压制品、以无机材料作为补强和石带补强的云母粉制品、化学热稳定性较好的聚酯或醇酸类材料、复合硅有机聚酯漆。

6. H 级

极限工作温度：180℃。绝缘材料有无补强或以无机材料为补强的云母制品、加厚的 F 级材料、复合云母、有机硅云母制品、硅有机漆、硅有机橡胶、聚酰亚胺复合玻璃布、复合薄膜、聚酰亚胺漆等。

7. C 级

极限工作温度：200℃及以上。绝缘材料有不采用任何有机黏合剂级浸剂的无机物，如石英、石棉、云母、玻璃和电瓷材料等。

在 A、E 级绝缘最高允许温度下持续运行，寿命为 10 年，若低于此温度，寿命延长，可安全运行 20～25 年，若超过最高允许温度，绝缘加速老化，寿命缩短。对 A 级绝缘每增加 8℃，寿命缩短一半左右，称为热老化的 8℃规则。对 B、H 级绝缘材料，当温度分别超过 10℃和 12℃时，其绝缘寿命也将缩减一半。实际上，设备的工作温度将随负荷、季节等因素而变化，可采用在夏季低负荷运行、冬季允许一定的过负荷原则来控制设备的运行温度。

1.2　固体绝缘材料

1.2.1　固态绝缘材料的分类

固体绝缘材料按形态分为不发生形变的固体绝缘材料、通过添加和堆叠制成的片状固体绝缘材料和以液态形式填充或黏合的固态绝缘材料；按其化学性质不同，可分为无机绝缘材料、有机绝缘材料和混合绝缘材料。常用的无机绝缘材料由硅、硼及多种金属氧化物组成，以离子型结构为主，主要特点为耐热性强，稳定性好，耐大气老化性、耐化学药品性及长期在电场作用下的老化性能好,但脆性高,耐冲击强度低,耐压高而抗张强度低,例如有云母、石棉、大理石、瓷器、玻璃、硫黄等,主要用作电机、电器的绕组绝缘、开关的底板和绝缘子等;有机绝缘材料一般为聚合物,其耐热性通常低于无机材料,比如有绝缘漆、树脂、橡胶、棉纱、纸、麻、人造丝、塑料等,大多用以制造绝缘漆、绕组导线的被覆绝缘物等;混合绝缘材料为由以上两种材料经过加工制成的各种成型绝缘材料,用作电器的底座、外壳等。

如果根据国际电工委员会标准 IEC15,按用途分,固体绝缘材料可分为无机材料(如陶瓷和玻璃)、塑料膜、云母制品、纤维材料、柔软绝缘套管、树脂和漆、刚性纤维增强型层压板、压敏胶黏带、混合柔性材料、织物绝缘、人造橡胶和热塑性塑料等。下面简单介绍几种。

1. 无机材料

无机固体绝缘材料主要有云母、玻璃、陶瓷及其制品,由硅、硼及多种金属氧化物组成,以离子型结构为主,主要特点为耐热性高,工作温度一般大于 180℃;稳定性好,表面受到破坏时仍能保持其绝缘特性;高介电强度;耐化学药品性、耐大气老化性及长期在电场作用下的老化性能好;但脆性高,耐冲击强度低,耐压高而抗张强度低。主要应用在高压输电线路悬式绝缘子及干式变压器和开关设备的套管上,通过法兰盘状串联相接的形式增大沿整个绝缘了表面的爬电距离。

2. 塑料膜

塑料膜是由可熔或可溶的聚合物通过成型加工制成柔软、均匀、非常薄的片层材料。电绝缘用塑料薄膜具有高的机械强度和一定的伸长率、高的击穿强度和热态绝缘电阻,并有相应的耐热性。例如,在电机槽绝缘中用聚酯薄膜代替黄蜡布后,提高了绝缘的耐热性并减小了绝缘的厚度;在电力电容器中用聚丙烯薄膜部分或全部取代电容器纸,能缩小电容器的体积,提高电容器的比特性(单位体积的电容)。

3. 云母制品

云母制品由一层或多层薄片云母或云母纸用合适的胶黏剂黏合而成的材料,可加或不加补强材料,通常用作高压电机线圈主绝缘和电机、电器的主绝缘材料。

云母除具有优良的热性质与电性质外,还具有良好的耐压力和耐化学阻抗能力,热膨胀系数小,即使温度激变也能承受。因此,云母被应用于多种用途的绝缘,如整流子片绝缘、电热器绝缘、电容器、填空管电极隔板及绝缘填片等。云母的缺点如含碱质,因温度上升而表面电阻率降低,油中较空气中的绝缘破坏强度低。

4. 纤维材料

电工领域用的纤维材料包括天然纤维(如植物纤维和动物纤维)、无机纤维(如石棉、玻璃纤维)和合成纤维(如聚酯纤维、聚芳酰胺纤维等)三大类。其中,天然纤维或合成纤维可以制成纤维纸或各种纺织品直接用作绝缘材料;也可将纸浸以液体介质后成为浸渍纸用作电容器介质和电缆绝缘或浸(涂)以绝缘树脂(胶)后经热压,卷制成绝缘层压制品用作绝缘材料;还可以用绝缘漆浸渍制成绝缘漆布(带)、漆绸等用于电绝缘。无机纤维则可以单独使用,也可以同植物纤维或合成纤维结合使用,作为耐高温绝缘。

在超导磁体线圈中,纤维材料还能使冷却剂浸透所有的截面,增加传热面积,保证浸渍漆或包封胶直接与超导纤维及复合层接触。因此,纤维材料还广泛用作超导和低温绕组线的绝缘材料。原则上,天然丝、玻璃纤维和合成纤维都可作为低温用丝包绝缘材料。但实际上,在超导磁体线圈中广泛使用的是聚己内酰胺和聚酯纤维等合成纤维。

5. 柔软绝缘套管

该类绝缘柔软、介质强度高、耐高温和腐蚀,适用于高、低压绝缘及各种温度条件下的绝缘。即主要应用于绕线的主绝缘或次绝缘、电缆保护及捆扎,还可应用于电机、变压器、照明装置、开关设备等的动力连线。

6. 树脂和漆

绝缘漆是以高分子聚合物为基础,能在一定的条件下固化成绝缘膜或绝缘整体的重要绝缘材料,按使用范围及形态分为浸渍漆、覆盖漆、硅钢片漆、防电晕漆4种。绝缘树脂则是很多绝缘材料(例如,板材、拉挤杆材、绝缘子、预浸材料以及SMC、BMC等)的基体主材,固化的绝缘树脂的性能高低如阻燃、耐热、耐腐蚀性等将直接影响到绝缘工业的发展水平,影响到电机电器的质量。

漆和树脂因具有填充、涂敷基本绝缘材料的性能,可显著延长设备的工作寿命,提高抗灰尘和抵御潮气的能力。因此,树脂和漆除应用于层压产品外,还广泛应用于电气设备的浸渍和涂层,以改善设备对工作环境的抵御能力,提高其电气特性并延长工作寿命。

1.2.2 缺陷状态下的固态绝缘材料

绝缘材料的作用是在电气设备中把电势不同的带电部分隔离开来。因此,绝缘材料首先应具有较高的绝缘电阻和耐压强度,并能避免发生漏电、击穿等事故。其次,耐热性能要好,避免因长期过热而老化变质;最后,还应有良好的导热性、耐潮、防雷性和较高的机械强度以及工艺加工方便等特点。然而,常用的固体绝缘材料中通常会含有杂质和气隙等绝缘缺陷,这时即使处于均匀电场中,绝缘内部的电场分布也是不均匀的,最大电场强度集中在气隙处,使击穿电压下降。

设备中的绝缘缺陷,有的是先天性的,即在制造过程中由于材料、工艺等原因潜伏下来的;有的是后天性的,在运行过程中由于电应力、机械应力、大气影响(如光照、潮湿、脏污影响)、温度、化学等因素造成的。从影响的范围来讲,绝缘缺陷又大致可分为集中或局部性的缺陷,如内部的气隙、局部的开裂等;分布性的缺陷或整体绝缘性能的降低,如绝缘材料的整体受潮、劣化变质等。研究显示,造成固体绝缘材料失效或绝缘性能降低的主要原因有绝缘材料本身的内在原因,比如制作时材料的纯度不够以及固体内部产生了一些结构缺陷等;外电场的场强过大或者电场两极间距离太小;导体发热造成的绝缘材料老化引起绝缘失效;酸、碱、盐、湿度以及交变磁场和交变应力、冷热冲击等环境因素。

因此,为防止固体电介质绝缘失效,应避免绝缘材料受到振动、冲击、压力和其他环境因素所产生的应力,防止固体绝缘材料变形、移位;应使固体绝缘材料远离酸、碱等腐蚀性很强的液体,或免受强烈射线的照射;绝缘材料所处环境温度不能过高,这就要求电气设备超负荷工作时间不能过长。此外,应尽量避免在不均匀电场使用固体绝缘材料或直接改善电场分布,防止固体绝缘材料的电击穿,同时改进绝缘设计和制造工艺。在选择绝缘材料时也应有所侧重,比如聚合物绝缘体在高温环境下趋向于加速退化,而热固性塑料绝缘材料如酚醛塑料比ABS、聚碳酸酯、聚丙烯或乙缩醛树脂等工作性能好。

1.3 液体绝缘材料

1.3.1 液体绝缘材料类型及特性

1. 液体绝缘材料的定义和性质

液体绝缘材料指用来隔绝不同电位导电体的液体,又称绝缘油。它主要取代气体,填充或浸渍固体材料内部或极间的空隙,以提高其介电性能,并改进设备的散热能力,主要用在变压器、断路器、电容器和电缆等油浸式的电器设备中。例如,在油浸式变压器中,它不仅显著地提高了绝缘性能,还增强散热作用;在少油断路器中除绝缘作用外,还起灭弧作用;在电容器中,绝缘油的相对介质常数大,并具有储能作用。

根据机械种类、目的及用途,液体绝缘材料应具有的共同性质如下。

(1)电气性能好,如绝缘电阻率高,击穿强度高,介质损耗角正切($tg\delta$)小,相对介电常数 ε 小(电容器中为了增大储能则要求 ε 大)。

(2)物理和化学性能好,如汽化温度高,引火点高,尽量难燃或不燃。

(3)热稳定性好,耐氧化。

(4)热导率大,凝固点低,如黏度和黏度-温度特性合适。

(5)劣化小,化学性质稳定,产生氧化沉淀物难,机械不被腐蚀。

2. 液体绝缘材料的类型及特性

液体绝缘材料按材料来源可分为矿物油、合成油和植物油三大类。工程技术上最早使用的是植物油,如蓖麻油、大豆油、菜子油等,至今仍在使用。合成油是为满足各种电工设备的不同要求而诞生的,并得到广泛应用,如供高温下使用的硅油以及聚丁烯油等。目前,在工程上使用最多的是矿物油。

1)矿物油

绝缘用矿物油是由石油精制而成,即将原油蒸馏获得石油与沥青,再将石油分馏精制而成的基础油。其主要成分由链烷系碳氢化合物(CH)及环烷系(CH)碳氢化合物组成,具有很好的化学稳定性和电气稳定性,属于弱极性介质。在石油精制过程中,常含有少量的不饱和烃、水分、硫、氧等杂质,使绝缘矿物油变质,凝固点升高,给绝缘矿物油的性能带来不利影响。因此,需要采取一定的方法清除油中的杂质和水分,以提高油的绝缘性能,常用的方法是用白土、硅胶或活性氧化铝等吸附剂进行吸附精制,也可用溶剂精制或电净化。

天然矿物油产量多,具有价廉及经济等优点,但具有引火点低、氧化时容易引起劣化、温度易使其性质变化大、当用作电容器油时其相对介质常数小等缺点。

2)合成油

合成油是人工合成的液体绝缘材料。它克服了矿物油难以除净降低绝缘性能的组分、工艺复杂、易燃烧、耐热性低、介电常数不高等缺点,开发了性能优良的合成绝缘油。

现已使用的合成油有芳烃合成油、硅油、酯类油、醚类和砜类合成油、聚丁烯等,主要应用于电容器与变压器绝缘,其他电子装置及特殊机械的冷却和绝缘也有使用。例如,合成油用于电缆的主要有十二烷基苯(用于自容式充油电缆)、聚丁烯(用于钢管充油电缆)和少量难燃电缆用的硅油;用于变压器的主要有十二烷基苯(与矿物油混合)、硅油及酯类合成油;

用于电容器的主要有聚丙烯薄膜(PP膜),其吸气性强、击穿场强高、与PP膜相容性优良。

(1) 芳烃合成油。

也称为十二烷基苯(DDB),◯—C₁₂H₂₅,是一种烷基侧链含9~15个碳原子的混合物,可分为软质烷基苯和硬质烷基苯,我国大多采用软质烷基苯。

芳烃合成油属于弱极性材料,具有优良的电气性能,其热、氧老化稳定性好,吸气性较好,击穿电场强度高,除铅之外,铝、铜、钢、锌等金属对其几乎不起催化、老化作用。因此,主要用于电缆、电容器和变压器的浸渍纸或纸膜复合绝缘介质,但因与PP膜的相容性欠佳,不宜用于全膜电容器。

(2) 硅油。

硅油的分子结构常以R作为碳氢基,如

$$R\text{—}Si\text{—}O\text{—}Si\text{—}O\cdots\text{—}Si\text{—}R$$

其中,R为普通甲基(CH₃),偶尔为乙基(CH)。

硅油的特点是耐热性优良,工作温度可达150~200℃,属难燃性绝缘油,尤其在高温情况下,它是一种适合所要求安全稳定运行寿命的注油电容器。除此之外,硅油的黏度与温度特性平坦,富耐寒性,即在较大温度范围内其黏性变化小,化学性质稳定,难氧化,故其电特性优越。总之,硅油不仅可用于电缆、变压器和电容器用作绝缘油,还可用作油扩散。但硅油价格高,所以仅用于防火要求较高的场所。

(3) 酯类油。

酯类油是综合性能较好,开发应用最早的一类合成油,根据分子中的酯基多少和位置,酯类油可分为双酯、多元醇酯和复酯。酯类油低温性能好,具有良好的高温性能,氧化稳定性好,良好的黏度与温度特性,电性能优良。因酯类油属极性液体介质,易吸附杂质和水分,较难净化,且黏度较高,不易浸渍。

3) 植物油

天然植物油的主要成分是甘油三脂肪酸酯,此外还有种类繁多、但含量少能溶于油脂的类脂物。植物油来源于天然的油料作物经压榨、精炼和改性等工艺获得,具有良好的电气性能,几乎可以完全生物降解,闪点高于300℃,介电常数在3.0~3.2之间,高于矿物油的平均值2.2,这有利于缩小绝缘纸和绝缘油介电常数之间的差值,减小加在油隙上的电场强度值,有效提高油纸绝缘耐受电压能力。同时,植物油的工频击穿电压值明显比其他绝缘油高,对水分有较强的吸收能力。因此,在变压器运行中,植物油能吸收纸中的水分,使绝缘纸的含水量较低,从而可延缓绝缘纸的老化速度。但植物油存在凝点高、抗氧化性能差、黏度大等缺点,仅被用作电容器的浸渍剂。

1.3.2 污染后的液态绝缘材料

液体绝缘材料的电气强度比标准状态下气体的要高得多,若油中含有水分等杂质,其电气强度将严重下降,极易发生击穿现象。应保持液体绝缘材料的纯净度,防止杂质混入。例如,在配制蓄电池电解液时,应选用蓄电池用硫酸和纯水,盛装电解液的容器必须是陶瓷、玻璃、耐酸塑料或纯铅容器,切不可用铜、铁容器盛装电解液。同时,调配和加注电解液时应严防杂质混入。这就相对减少了绝缘材料中的自由离子,从而降低了绝缘材料工作时的电流密度。

1. 杂质对绝缘油击穿电压的影响

油中的杂质主要来自两方面,即外来的杂质和内部分解的杂质。外来的杂质是设备中固体绝缘纤维及空气中的灰尘等,内部杂质为油中的不饱和烃类分解出的氧化物、可溶性树脂、油泥以及由于电弧所形成的油离碳等所造成。当油中的悬浮杂质越多以及油离碳有显著存在量时,油中含水的可能性也越大。水分的来源除空气的潮湿气侵入外,也来自于设备内的有机物(包括绝缘油)因温度而造成的分解。此外,绝缘油中的水分含量还受到油中烃类如芳香烃的影响,油中芳香烃含量越多,温度越高,其能溶解水分的性能也越显著。这些水分几乎都是显微状析出,因而就更增加了悬浮(包括乳化和粗分散状态)及可溶性,显著降低绝缘油的绝缘水平,特别是水分对绝缘油的击穿电压影响更大。

若绝缘油中含有微量的水分(特别是悬浮状态),击穿电压急剧下降,研究显示,当油中含水量仅为 0.03% 时,其击穿电压就已下降了 25%;当含水量继续增大到一定值后,其击穿电压基本稳定,不再显著下降,这是因为过多的水分沉至油的底部,离开了高压电场区,且绝缘发生击穿后,过多的水分只是增加了几条击穿的并联桥路,击穿电压不再继续下降。另外,绝缘油中的水滴在强电场力的作用下会变成椭圆形,其介电系数较大,易极化,并会在两极间形成"水桥",导致油品的击穿。因此,在绝缘油的储运、保管或运行中应特别注意防止水、汽的侵入,若运行中油有水时应及时除去。

影响绝缘油介电强度大小的主要因素是温度、水分及杂质,特别是含有杂质及水分的油,温度对介电强度的影响更为显著。对不含杂质并经干燥无水分的油,其介电强度主要靠油的中性粒子的游离性来决定,因此在一定电场强度及温度下,它的离子质量比较大。若温度继续上升(如超过 70~80℃),则油的内分子状况将起很大的变化,其黏度显著减小,扩大了离子碰撞游离的可能性,使绝缘油发生击穿。如果绝缘油内含有水分和杂质,则温度对于油的击穿电压的影响就不同于纯净干燥的油品了。在温度较低时,水分悬溶于油中呈乳浊状,在电场作用下电子很容易沿着乳浊体的体积电阻通过。因而在温度较低时,其击穿电压值较小。当温度升高时,由于黏度值减小,则水分乳浊体的活性变大,并借助电场作用疏散于油的中性分子之中,较不易结成桥路。温度再继续升高,则水分子乳浊体的活性更大,其击穿电压值也随温度上升而增加。当温度继续上升,油的黏度值达到极小值时,水分乳浊体就很难借油的黏度阻力而逃脱电场的束缚,又重新结成桥路,造成击穿。所以含有水分的绝缘油的击穿电压最大值相对于温度的影响,比不含水分的油要低。

当绝缘油在运行中受到电弧的作用时,电弧的高温使绝缘油分解,产生气体(主要为氢气和烃类气体)、液体(主要为低分子烃类),以及碳粒等固体物质。碳粒本身为导体,它散布在油中,使碳粒附近局部电场增强,从而使油的电气强度降低;同时,新生的活性碳粒有很强的吸附水分和气体的能力,使水分和气体的一部分失去游离性的活动能力,从而提高绝缘油的电气强度。此外,碳粒逐渐沉淀到电气设备的固体介质表面,形成油泥,极易造成绝缘油中沿固体介质表面的放电,同时也影响散热。

2. 杂质对介质损耗因数值的影响

在含有杂质的绝缘油中,杂质在电场作用下将形成电场偶极化损失,因而使油的介质总损耗增加。因品质非常纯净的油为非极性分子,其介质损耗因数主要决定于油的电导。

水分是影响介质损耗因数的重要因数,即使对于品质十分纯净、没有发生氧化的油,当含有水分时,其对介质损耗因数的影响也十分显著。一般来讲,水分造成介质损害的增大是基于绝缘油的电导值的增大,但绝缘油中的水,因溶解了某些低分子有机酸类会形成良导体。

1.3.3 提高液体绝缘材料绝缘的主要措施

1. 提高并保持绝缘油的品质

1) 过滤

用滤纸过滤可除去绝缘油中的纤维和部分水分、有机酸等杂质。也可先在绝缘油中加一些白土、硅胶等吸附剂,吸附油中的杂质,然后过滤。在运行过程中,也常用过滤的方法来恢复油的绝缘性能。

2) 防潮

首先,在设备制造过程中要防止水分、杂质侵入。其次,绝缘件在浸油前必须烘干,有的还要进一步采用抽真空法去除水分,在制成后要与大气隔绝。但有些产品中的液体绝缘,不可能与大气完全隔绝时,则要在空气进口处采用带有干燥剂的吸湿器,防止潮气与油面直接接触。

3) 脱气

常用的脱气办法是将油加热,喷成雾状,并抽真空,以除去其中的水分及气体;并在真空状态下将油灌入高压电气设备中。

4) 采用油和固体介质组合

如覆盖、绝缘、屏障等,以减小杂质的影响。

5) 防尘

制造绝缘件、绕组以及特殊要求的产品装配车间,必须有防尘措施,使产品在注油后,不让灰尘入侵而降低油的绝缘性能。

2. 改进绝缘结构以减小杂质的影响

绝缘油在储存、运输和运行使用过程中必须防止污染、老化,以保证设备安全运行,延长设备的检修周期。防止绝缘油的老化一般可采用加强散热以降低油温、用氮或薄膜使绝缘油与空气隔绝、添加抗氧化剂、防止日光照射等措施;除此之外,还必须经常检查充油电气设备的温升、油面高度及油的表面张力、闪点、酸值、击穿强度和介质损耗正切值等。

在使用过程中若油面下降,则需补充油液,要求补充油的主要理化指标应与设备中的原油液相同或接近,以保证两者混合后的安定度合格,未经处理的运行使用油不能与绝缘油混合使用,且运行油的质量应符合国家标准的规定要求。

1.4 气体绝缘材料

1.4.1 气体绝缘材料的类型及特性

在如架空线、空气电容器、断路器、充气电力电缆和通信电缆等电气设备中,气体作为主绝缘,其他固体绝缘材料则起支撑作用。气体绝缘材料除了有绝缘作用外,还有灭弧、冷却和保护作用,在固体或液体绝缘中或多或少会存在一定量的气体空隙。因此,气体是重要的绝缘材料。

气体绝缘材料指用以隔绝不同电位导电体的气体。在常温、常压、低于气体起始电离电压下,各种气体都是相当理想的绝缘材料。空气、氮气和六氟化硫是常用的气体绝缘材料。

气体绝缘材料的主要特点如下。

(1) 介电性能优良,具有高的电离场强和击穿场强,击穿后能迅速恢复绝缘性能。

(2) 化学稳定性好,不燃、不爆、不老化,无腐蚀性,不易为放电所分解。

(3) 热稳定性好,比热容大,导热性、流动性均好。

(4) 价廉物美,易获取。

1.4.2 空气

空气是用得最广泛的气体绝缘材料,是氧气、氮气、氩气、二氧化碳、氢气、氖气等多种气体的混合物。根据各地区的不同气候、海拔高低,空气的组成和杂质的含量不同,因此其介电性能也不同。

1. 空气的介电常数

绝缘材料在外加电场时会产生感应电荷而削弱电场,真空中的外加电场与最终介质中电场的比值称为介电常数。空气的相对介电常数大约是 1(约为 1.000 585),并随着温度而改变,但变化不大。当空气处于干燥时,其介电常数受温度的影响很小;当空气含湿气时,因水分具有强偶极性,其介电常数将发生明显变化。

2. 空气的击穿电压

电介质在足够强的电场作用下将失去其介电性能成为导体,称为电介质击穿,对应的电压称为击穿电压。影响空气击穿电压的因素主要有电压种类、电极形状、极性接法、气压、间隙大小、电源功率和电极材料等。除此之外,频率也是影响空气击穿电压的重要因素,随着电压频率的增大,空气的击穿电压将降低。在 6MHz 时,由于空间电荷易使电场畸变,则空气的击穿电压最低。当超过此值时,由于电压半周期缩短,使撞击电离过程削弱,击穿电压上升。

1.4.3 六氟化硫

六氟化硫(SF_6)是由卤族元素中最活跃的氟原子和硫原子结合而成,分子结构是 6 个氟原子位于顶点位置而硫原子处于中心位置的正八面体,属于超价分子,无极性,如图 1-1 所示。

六氟化硫在常温常压下是一种无色、无臭、无毒、不燃、无腐蚀的惰性气态物质,其化学稳定性强,500~600℃时不分解,在电弧作用下(即几千摄氏度)分解为 S 和 F 的原子气,一旦电弧解除立即复合成 SF_6,和酸、碱、盐、氨、水等不反应。

图 1-1 六氟化硫分子结构示意图

六氟化硫具有良好的电气绝缘性能和灭弧性能,被广泛应用于电器工业,如断路器、高压开关、高压变压器、气封闭组合电容器、高压传输线、互感器等。六氟化硫的电气特性如下。

1. SF₆ 具有较强的电负性

SF₆ 的电子亲和能大,很容易吸附自由电子,形成负离子,但在一定电场下,这些离子很难积累足够的能量导致气体电离。同时,气体中自由电子的减少,降低了气体被击穿的危害。因此,SF₆ 气体具有良好的绝缘性能,是一种优于空气和油的新一代高压绝缘介质材料。在均匀电场中,SF₆ 的绝缘强度比空气大 2~3 倍,在 0.3MPa 压力下,绝缘强度超过变压器油。但在不均匀电场中,其绝缘强度会下降,因此六氟化硫断路器的部件多呈同心圆状,以使电场均匀。

2. SF₆ 具有强大的灭弧能力

SF₆ 在吸附自由电子后变为负离子,和正离子复合后形成中性分子,使电弧空间的导电性能很快消失,其灭弧能力在电弧电流接近零值时更加显著。由于 SF₆ 气体灭弧能力强,从导电电弧向绝缘体变化速度特别快,因此 SF₆ 断路器的开断电流大,开断时间短。在同一电压等级,同一开断电流和相同的条件下,SF₆ 断路器的串联断口较少。

3. SF₆ 分子能吸收电子能量

SF₆ 气体是多原子的分子气体,其结构复杂,分子量和分子尺寸较大,电子与该分子产生非弹性碰撞,使电子自由程缩短,电子动能转化为热能,即分子吸收电子能量。

4. SF₆ 可减小操作过电压

在电弧形成过程中,SF₆ 气体中弧心部分导热率低、温度高、电导率大,其外焰部分导热率高、温度低、电导率小,因此电弧电流几乎集中在弧心部分。当电弧电流减小趋近于零值时,SF₆ 分子电负性显著,从而使电流保持连续,可使细小的弧心一直存在到极小的电流范围。SF₆ 电弧的这种特点,使断路器开断小电流时,也不会因截流作用而产生操作过电压。

5. SF₆ 气体的含水危害

SF₆ 作为气体绝缘材料时,要求纯度高,不宜混入活性气体,并严格控制水分含量。以防 SF₆ 发生放电分解或热分解时的生成物与水作用,生成亚硫酸、氢氟酸,腐蚀电极和容器材料。因此,为避免水分的浸入,不得使用吸湿性高的共存材料,SF₆ 在注入前,容器必须真空干燥以排除潮气,或通过吸附剂吸附。

1.4.4 氮气

氮气是一种无色、无味、无臭、无毒的气体,占大气总量的 78.12%(体积分数),是空气的主要成分。具有优良的热稳定性和化学稳定性,与空气相比,具有较好的化学惰性,与其共存的材料难起化学反应。因此,目前常用压缩氮气取代压缩空气作为绝缘材料。压缩气体多用在均匀或稍不均匀的电场中,使气体分子密度增大,电子平均自由程缩短,达到提高气体击穿场强的目的。

压缩气体的击穿电压不仅与气压、电极形状、电极间距有关,还与电极材料和电压波形等有关。在同样条件下,如果电机材料不同,气体击穿电压随气压的增加差异加大。

绝缘材料的基本概念

第2章 电介质的老化和击穿

2.1 电介质老化及其类型

2.1.1 概述

1. 电介质老化的定义

电气设备在制造、运输、安装和运行过程中难免会产生绝缘缺陷,同时在长期的运行过程中,由于电场、温度、机械力、湿度、周围环境等因素的长期作用,使电气设备产生绝缘性能不可逆性劣化、结构逐渐损坏的现象,称为电介质老化。电介质老化的结果是导致绝缘失效,电气设备不能继续运行,其老化的速度与绝缘结构、材料、制造工艺、运行环境、所受电压、负荷情况等有密切关系。

2. 电介质老化的原因

通常为延长电气设备的使用寿命,需针对引起老化的原因,在电力设备绝缘制造和运行时,采取相应的措施,减缓绝缘老化的过程。通常老化的原因大致有电介质中的绝缘缺陷和性能劣化。

电介质的绝缘缺陷包括集中缺陷和分布性缺陷。集中缺陷指缺陷集中在绝缘的某一个或某几个部分,如局部受潮、绝缘内部气泡、局部机械损伤或裂纹等,该类缺陷的发展速度快,具有较大的危险性;分布性缺陷指因受潮、过热、动力负荷及长时间过电压作用导致电气设备整体绝缘性能下降,是一种普遍性的缓慢演化的劣化。

电介质在运行过程中会产生特性劣化,其中有些经过处理可以得到恢复的称为可逆性,不可恢复原有特性的称为不可逆性,不可逆性是导致绝缘老化的直接原因。它使绝缘材料在各种因素下发生一系列的化学和物理变化,最终导致电力设备绝缘击穿。

3. 电介质老化的特征量

电介质老化是时间和老化因子(如电、热、机械应力、环境因素等)的函数,其老化的程度需根据其性能的变化来确定。当绝缘性能指标达到某些极限值时,绝缘不能在工作电压下正常使用,其寿命是以达到使用的阈值极限。

电介质老化的特征量指表征绝缘材料劣化的程度。它包括表征绝缘剩余寿命的直接特征量(如耐电强度、机械强度等)和间接特征量(如绝缘电阻、介质损耗角正切、漏电电流、局部放电量、油中气体含量、油中微水含量等)。随着研究的深入,也提出了一些新的特征量,如第二电流激增点、直流分量、超高频放电频谱、超声振动特性等。直接特征量可通过破坏性试验方法得到,如高压耐压试验等,而间接特征量可以通过非破坏性试验方法得到。绝缘检测的目的就是检测出这些特征量,并据此判断绝缘状况的好坏,提前做好设备的维护和更换。因此,运行中的电气设备需要采用定期或在线检测的方法监视电气设备的现有绝缘性能,在绝缘性能指标达到阈值之前更换绝缘或对损坏进行维修,以确保电力设备的正常运行而不至于酿成事故。

2.1.2 电介质老化的类型

根据老化机理和不同的老化因子,导致电介质老化的主要因素有电、热、化学、机械力、湿度等。

1. 电老化

电老化指电气设备绝缘在运行过程中长期受到高电压或高电场强度的作用而引起的老化,主要来源于局部放电,除此之外电晕放电、电弧放电、火花放电、电树枝化等都是引起电老化的不同形式。因放电产生的带电质点会直接轰击绝缘材料,使绝缘材料分解,同时在放电点会产生很高的温度,使材料发生热裂解或炭化,放电还可能产生各种新的生成物(如臭氧等)腐蚀材料,并发出各种射线及声波,对材料起破坏作用,这些都会引起绝缘材料老化。随着外施加电压的增加,绝缘系统中的放电加强,放电量和放电重复率增加,导致电老化速度加快,绝缘寿命降低。

2. 热老化

电气设备绝缘在运行过程中由于周围环境温度过高,或设备本身发热引起绝缘温度升高,造成绝缘的机械强度下降,结构变形,并因氧化、聚合导致绝缘材料丧失弹性或裂解,最终造成绝缘击穿。随着温度的上升,绝缘的热老化速度迅速增加,不同的绝缘材料受温度的影响程度不一样,在室温下绝缘材料的老化极其缓慢。

以电缆和导线为例,随着温度升高,绝缘体变软,其抗剪强度就会丧失。当温度超过绝缘体的额定值时,绝缘寿命将缩短,还可能造成塑变或炭化,引起过度退化。如果高温下的绝缘材料被其他物体挤压并弯曲,就有可能出现裂纹。如果温度低于绝缘体的额定值,冷导线或电缆受到剧烈弯曲或冲击时,绝缘体也会破裂。

3. 化学老化

化学老化是一种不可逆的化学反应,绝缘材料在水分、溶剂、酸、碱、臭氧、氮的氧化物等作用下,其物质结构和化学性能会发生改变,以致降低电气和机械性能。例如,塑料的脆化、橡胶的龟裂、纤维的变黄,以及变压器油在空气中会因氧化产生有机酸,使介质损耗角增加,并形成固体沉淀物,堵塞油道,影响对流散热,使绝缘的温度上升导致绝缘性能下降。

化学老化可以分为降解和交联两种类型。降解是指高分子绝缘材料受紫外线、热、机械力等因素的作用而发生分子链的断裂,其结果使高分子分子量下降,材料变软发黏,抗拉强度和模量降低。交联是指高分子碳-氢键断裂,产生的高分子自由基相互结合,形成网状结构,使得高分子绝缘材料变硬变脆,伸长率下降等。

4. 机械力老化

机械力老化指绝缘材料在机械负荷、电磁力、自重、振动、撞击和短路电流的电动力等作用下,使绝缘层发生变形、剥落、龟裂及磨损等,不仅机械强度下降,而且在强电场作用下易引发局部放电。例如,电机槽口处的绝缘由于长期振动、高温作用,很容易开裂分层,最终损坏。

5. 湿度老化

对于运行在湿度较大的环境中的设备,湿度对绝缘材料尤其是潮气敏感材料(如聚酯等)老化过程的影响不可忽视。环境的相对湿度对绝缘材料耐受表面放电的性能有影响,如果水分侵入绝缘内部,将会造成介质电损耗增加或击穿电压下降。

2.1.3 固体电介质的老化

1. 固体电介质的热老化

绝缘材料按其相对分子质量的高低可分为高分子绝缘材料和低分子绝缘材料,其中合成的高分子绝缘材料是目前应用广泛和重要的绝缘材料,也是人们常说的高分子绝缘材料。高分子化合物又称高聚物或聚合物,是由一种或数种类型的结构单元按有规或无规重复特征构成的相对分子质量很大的物质。

大多数聚合物的热老化是由热、氧和光共同作用所引起的降解和交联反应。降解是聚合物分子聚合度显著变小的化学变化,进而导致材料的机械性能和电性能降低,出现材料变软、发黏等现象。而交联引起聚合物相对分子质量增加,在一定程度上能改善聚合物的物理机械性能和耐热性能,但随着交联的增多会使材料变硬、发脆。例如,顺丁橡胶的热老化会使其交联、变硬而失去弹性。因此,固体绝缘材料的热老化过程分为热降解、氧化降解、交联以及低分子挥发物的逸出,主要表现为机械强度降低和电性能变差。

1) 热降解

导致聚合物降解的因素有外因和内因两方面,其中聚合物的组成及其链结构、聚合物所处的聚集态及在聚合和加工过程中引入的添加剂、杂质等为内因;外因指环境因素,如机械破坏、热、光、水等的作用。聚合物的热降解在单纯热作用下通常不如热氧共同作用引起的降解普遍,但在某些情况下也不容忽视,可能是导致聚合物性能变差的主要或唯一原因。

聚合物的热降解过程可按无规降解和连锁降解进行,这取决于聚合物的结构特点,其热降解反应的第一阶段均是聚合物大分子中弱键断裂形成大分子自由基。在无规降解过程中,在热作用下大分子中任一化学键都可能断裂,产生低相对分子质量的聚合物,其主要特点是相对分子质量迅速下降,初期聚合物质量基本保持不变。当反应进行到一定程度时,产生大量的低分子挥发物,从而聚合物质量迅速损失。例如,聚乙烯的热降解:

$$—CH_2—CH_2—CH_2—CH_2—CH_2— \xrightarrow{\Delta} —CH_2—CH=CH_2 + CH_3—CH_2—$$

如果聚合物的热降解过程按连锁降解进行,将包括链引发、解聚、链传递、降解和链终止几个阶段。高聚物热降解后生成单体的产率,除与高聚物的化学结构有关外,还与其形成方法、降解速率、降解温度、相对分子质量、催化剂、阻聚剂等有关。

2) 氧化降解

氧化降解指在高聚物材料的加工、储存和使用过程中,当高聚物与氧气接触时,发生氧化反应并导致高聚物中含氧基团的增加,进而发生降解反应。

氧化降解是聚合物制品物理机械性能变坏的主要原因,其降解过程为氧气在热或其他因素影响下与高分子中的弱键起反应,形成过氧化氢物,并生成大分子自由基。此外,在链引发阶段,若聚合物中的杂质、催化剂的残留物以及机械力、光、辐射等的作用也会导致自由基的形成,从而加剧对聚合物的破坏作用,使其发生更为复杂的降解反应。随之大分子自由基被氧化生成过氧化自由基(ROO)和大分子氢过氧化物(ROOH),氢过氧化物再分解产生自由基,使连锁反应增长。最后大分子自由基相互结合生成稳定的产物,使链反应终止。

3) 交联

交联是指在聚合物大分子链之间产生化学反应,从而形成化学键的过程。聚合物交联后,其力学性能、热稳定性、耐磨性、耐溶剂性及抗蠕变性都有不同程度的提高。如果交联反应发生在不同聚合物尤其是互不相容的聚合物之间,可大大提高两种聚合物的相容性,甚至使不相容组分变为相容组分。但交联点太多会得到硬而脆的高分子。

交联主要分为化学交联、辐射交联、光交联、热交联及盐交联等。化学交联是指交联剂在一定温度下分解产生自由基,引发聚合物大分子之间发生化学反应,从而形成化学键的过程。化学交联需要有交联剂存在,并在一定温度下进行。辐射交联是指在高辐射能量和常温常压下,高分子结构发生变化,产生自由基,进而在大分子链之间形成化学键的过程。与化学交联相比,辐射交联不用交联剂,可以不引入其他物质,也可在室温中常压下进行。

同时,固体绝缘材料受热后,其内部质点的热运动加剧,并产生更多的载流子,使其电导增加。同时,因为温度的上升可能使极化加剧,引起电导和极化损耗增加。如果此时散热不佳,不仅会加速热老化,还可能导致绝缘烧焦、熔融、开裂等破坏现象,引起热击穿。

因此,固体电介质为保证其绝缘性能和必要的较长寿命,通常规定了各电介质的最高温度,其容许温度范围是由绝缘体的热老化特性来决定的。

2. 固体绝缘材料的电老化

由于固体绝缘材料不可避免地存在气泡、气隙等缺陷,以及不均匀绝缘材料或不均匀绝缘结构,使其各部分的电导或介电常数不同,造成电场局部增强,当其超过一定值时,就会发生局部放电。这种局部放电并不立即形成贯穿通道,绝缘并不会击穿,但长期局部放电带来的机械作用、热作用、氧化作用使绝缘逐渐老化。即在局部放电时,其放电产生的带电粒子会轰击绝缘引起破坏,造成裂解,并且强烈的离子复合也将产生 X 射线和紫外线等辐射线,进而引起材料分解;另外,放电能量的一部分将转换为热能,使绝缘材料的温度升高引起热裂解,若在气隙中含有氧和氮时,放电还将形成臭氧和硝酸,使纤维、树脂、浸渍剂等绝缘材料产生化学破坏。随着老化程度的加剧,绝缘强度下降严重时可使绝缘在工作电压下发生击穿或沿面放电闪络。因此,对于高电压和超高电压电气设备,局部放电是引起绝缘老化的主要原因,必须予以高度重视。

局部放电通常会引起绝缘的局部损伤,如在绝缘中产生凹坑或针孔,并在其中沉积炭化物,致使出现新的高场强区和新的局部放电。对于不同的绝缘材料和不同结构的绝缘材料,在局部放电下的破坏机理或破坏原因是不同的。

1) 交联聚乙烯电缆的电老化

交联聚乙烯(XLPE)电缆由于敷设容易、运行维护简便,目前已成为 $10\sim220\mathrm{kV}$ 供电电缆的主流。从实际运行经验和研究显示,交联聚乙烯电缆的老化原因和老化形态主要归咎于局部放电、电树枝、水树枝,降低了电缆及其附件的绝缘性能。

在交流运行电压下,当绝缘中存在微孔或绝缘层与内、外半导电层间有孔隙等缺陷时,局部放电存在于电树枝、孔隙、裂纹、杂质以及剥离的界面上,侵蚀绝缘使绝缘性能降低,以致发生老化形态,表现为绝缘击穿。

当绝缘材料中含有杂质,并形成尖端电极时,施加电压后,在尖端处产生电场局部集中

电介质的老化和击穿

现象,进而发生局部放电,局部放电的电子雪崩使材料产生分解和气化,在放电路径留下树枝状痕迹,并逐步伸展至全部路径最终击穿的老化形态,称为电树枝老化。对于 XLPE 电缆绝缘,在导电芯的凸起部位易产生电树枝放电,其中充满材料的分解气体,形成类似树枝、刷状或扇状,如图 2-1 所示。通常由电树枝出现到全部路径击穿的时间较短,这是电树枝与水树枝有所区分的一个特点。

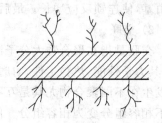

图 2-1 交联聚乙烯电缆芯旁的电树枝放电

水树枝是在电场和水联合作用下在高分子聚合物中产生的树枝状痕迹,是由材料中的微量水分引起的。在实际运行的交联聚乙烯电缆和聚乙烯导线中曾发现了水树枝。大量试验也显示,水树枝是在较低的电场下发生的,不伴随放电现象,在高温下水树枝可能发生显著的氧化,导致吸水性增大,导电性增高,最终热击穿;在低温下水树枝经较长时间氧化和局部应力增高,可转变为电树枝,导致绝缘材料的老化和击穿。通常诱发水树枝的外施电压比诱发电树枝的电压低得多。

2) 油浸纸绝缘的电老化

油浸纸绝缘是绝缘油浸渍纤维纸而成的复合绝缘材料,被广泛应用于变压器、充油电缆、电容器等电气设备中。由于纤维纸含有大量的孔隙,降低了击穿强度、耐潮性及老化性能,而绝缘油的浸渍和填充消除了绝缘层中的气隙,从而提高了绝缘的电气强度,使得绝缘具有长期可靠性,因此油浸绝缘被认为是性能最为稳定的结构。

由于油和纸均易吸附杂质、气体和水分,严重降低了油浸纸的电绝缘性能。另外,油浸纸绝缘耐局部放电的性能较差,在工作电压下如有局部放电发生,则会因长期受电、热、化学等的腐蚀作用大大降低其电气性能。因此,油浸纸必须采用真空干燥浸渍工艺,并在密封条件下使用。通常油浸纸绝缘的局部放电过程是,首先在表面不光滑或纸带包缠不紧密的导电缆芯附近的油隙或气隙,当电场强度达到最大时将发生局部放电,使浸油剂发生分解,气隙变大,并且放电带电粒子的碰撞释放所含的浸渍剂,使纸带细孔显现,部分纤维断裂,形成小洞。随后放电可穿过孔、洞继续发展,在长期的局部放电作用下,浸渍剂将放出氢气和碳粒子,附着在放电通道上,并被拉入绝缘层内部,使局部放电发展为树枝状滑闪放电,进而最终击穿油浸纸绝缘。

油浸纸的脉冲击穿场强随纸密度的增大和纸张厚度的减薄而升高,故高压电缆内层高场强区和电容器中多采用高密度薄纸。而浸纸的交流击穿场强随压力的增大而上升,直流、脉冲击穿电场强度则与压力几乎无关。随着技术发展,出现了多种合成纤维纸、混抄纸以及纤维纸和塑料薄膜相间制成的复合纸,进一步降低了浸渍纸的介电常数和介质损耗角正切,用于高压和超高压电缆及变压器。

3) 电机绝缘的电老化

运行中的电机除受热老化外,还会在工作电压和暂态过电压下因局部放电而引起电老化。因此,电机绝缘材料通常选用云母、玻璃纤维等耐电晕无机材料以及耐局部放电性能优良的树枝作黏合剂、浸渍剂等,以降低电老化速度。但要完全消除高压电机中的局部放电很困难,可限制其放电量使绝缘不引起显著老化,尤其在制造线棒或线圈时应特别注意。另外,在工艺上可使线棒或线圈绝缘保持整体性和均一性,避免接缝造成绝缘弱点,在绝缘结构上也应采取措施提高槽部和端部的电晕电压。

2.1.4　液体电介质的老化

液体电介质分为矿物油、合成油和植物油三大类,因此液体电介质的老化也即绝缘油的老化。所谓油的老化是指油的性质变坏,如油色变成深暗、浑浊;油的黏度、酸度、灰分都增加;绝缘性能减弱;并出现破坏绝缘和腐蚀金属层的低分子酸以及出现影响变压器冷却的沉淀物,还可能出现酸味及烧焦的气味。在正常运行电压下,绝缘油的老化包括氧化老化、局部过热老化和局部放电老化,危害最大的是局部过热老化和局部放电老化,并且很难通过绝缘试验发现,目前常用方法是色谱分析。

1. 氧化老化

绝缘油的老化大多均指油的热老化,即高温下油的氧化,是氧气和高温同时作用下氧化的结果,氧化所需氧气为油箱中残留的空气或油中纤维因热分解产生氧气。绝缘油氧化后酸价升高,颜色加深,粒度增大,氧化严重时还析出油泥和水分,油泥沉淀在固体绝缘表面将影响散热,降低绝缘性能。油老化过程与绝缘温度有关,绝缘油温度低于 60~70℃时,热老化速度很慢,高于此温度热老化作用显著,大约温度每升高 10℃,油的氧化速度增大一倍。当温度超过 115~120℃时,不仅出现氧化进一步加速,还伴随油本身的热裂解,这个温度称为油的临界温度,温度对油的老化起主要作用。因此,绝缘油运行或处理应避免油温过高。

油的氧化程度由水溶性酸或碱、酸价等的含量来反映,不同酸均能破坏油的电气性能,使绝缘介质正切值增大,同时油污染对击穿电压也有较大影响,如在金属、纤维、水分、灰分等触媒及光照、电场的作用下,油的氧化加速。当油和氧隔离后,油的氧化将减弱或终止,若在新油或再生油中加入抗氧化剂可减缓油的氧化过程。

2. 局部过热老化

设备内部发生局部过热的因素很多,如接触不良、多点接地、局部短路等,绝缘油与空气接触后,加速绝缘油的老化,使油的绝缘介质损耗角正切值增大,产生大量油泥,油泥的产生堵塞油道,影响散热,也会造成局部过热。另外,在变压器运行的过程中,因铁心中漏磁通的存在,会使变压器油箱箱壁和钢夹件等产生大量的涡流损耗,甚至有些部位产生严重的局部过热,这种局部过热可超过正常温度数倍,甚至数百摄氏度,若超过容许的程度,会使变压器油的温度过高而分解出大量的气体,使气体含量超标,甚至导致瓦斯继电器动作,也会使变压器内局部温度过高,影响局部绝缘件的寿命,加速变压器绝缘老化。

局部过热使油老化的主要原因是油分解产生多种溶于油中的微量气体,例如,在 300℃ 及以上时,油裂解产生 CH_4(甲烷)、C_2H_6(乙烷)、C_2H_4(乙烯)等烃类气体,也有少量 H_2(氢气)、CO(一氧化碳)、CO_2(二氧化碳)产生,油温越高,产气速率及溶解浓度也越大。

在充油设备中,也有因固体绝缘材料如纸、纸板等在长期过负荷或冷却不佳时产生过热现象,导致固体绝缘材料普遍老化或局部老化,严重时炭化,同时会发生热分解,产生 CO 和 CO_2 等气体。充油设备内部故障时,不同故障类型的产气特征如表 2-1 所示。

因此,尽管某些电气设备进行或通过了温升试验,但由于结构件上的局部过热,往往会造成重大的事故,因此在设备制造过程中要采取措施防止局部过热。

表 2-1　绝缘油中不同故障类型产生的气体组分

故障类型	主要气体组分	次要气体组分
油过热	CH_4、C_2H_4	H_2、C_2H_6
油和纸过热	CH_4、C_2H_4、CO、CO_2	
油纸绝缘局部放电	H_2、CH_4、C_2H_2、CO	C_2H_6、CO_2
油中火花放电	C_2H_2、H_2	
中电弧	H_2、C_2H_2	CH_4、C_2H_4、C_2H_6
油和纸中电弧	H_2、C_2H_2、CO、CO_2	
受潮或油中气泡	H_2	

3. 局部放电老化

通常引起局部放电老化的机理包括带电质点轰击、热效应、反应生成物、辐射效应和机械效应等。如果设备内部存在局部放电,则局部放电产生的带电粒子撞击油分子使局部温度升高,可达 1000℃,引起绝缘油裂解,分解出大量的气体。如果是弱放电性故障,油裂解主要产生氢气和甲烷;如果是火花放电或电弧放电,主要产生乙炔和氢气,若含有固体绝缘,还将产生一氧化碳和二氧化碳。同时,绝缘油局部放电还可能产生聚合蜡状物,附着在固体绝缘材料表面影响散热,进而加快固体绝缘的热老化。

常用设备绝缘油中溶解气体含量的注意值,如表 2-2 所示。注意值并不是划分设备油污故障的唯一标准,为对故障作出正确的判断,还需要测定产气速率和溶解度等,分析故障点能耗大小、故障部位与温度的相互关系等。

表 2-2　常用设备绝缘油中溶解气体含量的注意值

设备	主要气体组分	含量/ppm
互感器	总烃	100
	乙炔	3
	氢气	150
套管	甲烷	100
	乙炔	5
	氢气	500
变压器和电抗器	总烃	150
	乙炔	5
	氢气	150

2.1.5　电介质老化试验

1. 热老化试验

1)热老化试验原理

有机电介质在热的作用下发生氧化、热裂解、热氧化裂解等反应的速率决定了材料的热老化寿命。绝缘材料的热寿命指电介质在一定温度下长期使用其性能不劣化,不产生热损坏的工作期限。因此,热老化试验原理可采用材料的寿命与温度的关系,即:

$$\ln\tau = A + \frac{B}{T} \tag{2-1}$$

式中，τ 为电介质的寿命(h)；T 为热力学温度(K)；A、B 为常数。

式(2-1)表明寿命 τ 的对数与绝对温度 T 的倒数成线性关系，也即当提高试验温度时，将加速电介质的老化。因此，电介质的加速老化试验是在比使用温度高时求取寿命和温度的关系曲线，然后用外推法获得工作温度下的寿命，或在规定寿命指标下获得其耐热指标，即温度指数。

在进行热老化试验前，必须首先研究寿命的对数与绝对温度的倒数是否存在线性关系。因为式(2-1)的线性关系是根据单一的一级反应获得的，而通常一般绝缘材料的老化过程很复杂，在同一时期可能有多种反应同时存在，例如，热裂解和热氧化裂解同时进行；在漆膜老化时，贯穿着氧的扩散和漆膜氧化等。因此，试验时可在较宽的温度范围内，根据不同温度进行热暴露试验，应用统计法验证寿命的对数和温度倒数之间是否存在线性关系。

2) 热老化试验条件

(1) 老化恒温箱。

老化恒温箱是电介质进行热老化试验的主要设备。由于电介质的热老化寿命对温度很敏感，因此要求老化恒温箱温度上下波动小，其波动范围和空间偏差在试验温度的±(2~3℃)内，温度分布均匀。另外，空气中的氧气对一般材料的热老化有影响，在试验过程中恒温箱内的空气应经常更换，比如可配备鼓风装置。

(2) 试验的试样形式和数量。

在进行绝缘系统的热老化试验时，试样应尽可能模拟实际绝缘结构，而在进行电介质的热老化试验时，可用单一材料作试样，根据需要也可用几种材料的简单组合作试样，例如浸漆的漆布和绞线等。

在热老化试验中，由于温度对寿命影响极大，试验条件又不可能完全一致，经常会导致老化结果有较大的分散性。因此，要获得可靠的结果就必须要有足够多的试验数据。根据试验经验，每个热暴露温度下每经过一个周期最少取 5 个试样进行试验，总的试样数也可根据试验要求来计算。

(3) 老化因子的选择。

通常热、机械应力、潮湿、电场及周围媒质的作用都是促使绝缘老化的主要因素，而老化因子的选择需要根据绝缘的实际工作条件来决定，绝缘在使用中所遇到的并影响其寿命的主要因素应尽可能包括在试验规程内。在电介质的热老化试验中，对一般用途的电介质，只以热作为老化因子，但如果材料在特殊条件下使用或材料本身的性质特殊，则将相应的老化因子考虑在试验规程内，对其他因子则维持在工作条件下的最高水平，在热暴露温度改变时也应保持不变。

(4) 寿终标准的确定。

寿终标准指电介质在老化过程中绝缘性能恶化到丧失其功能的临界值。电介质的热老化试验要求必须选择一个参数来评定它的寿命，不同电介质应根据不同的使用场合来选择合适的参数作为评定寿终的标准。例如，对绝缘漆布可选取击穿电压作为寿终标准，因为老化过程中发生的重量损失、厚度减薄和裂缝等都可在击穿电压上反映出来；对聚酯薄膜可选取延伸率或抗拉强度作为评定寿终的标准。对于不同电介质，究竟选取什么性能参数来评定老化是一个很复杂的问题，需在理论和实践相结合的基础上对具体材料作具体分析。

寿命终止标准的数值确定关系到被评定材料的寿命长短，其选定的终点值应是绝缘在使用中必须具备的。具体确定方法必须通过由该材料制成的电气设备或模型的功能性试验，或同时对已有使用经验的老材料进行比较试验，最终确定新材料的绝对寿命或温度指数。

3）热老化试验方法

常规热老化试验方法是通过提高温度使绝缘加速老化，通常在三个或四个温度下求取绝缘的寿命，为避免试验温度过高导致老化机理的改变，以及温度过低导致试验时间过长，要求必须限制最高与最低试验温度。一般规定最高试验温度下的热老化寿命不得小于100h，最低试验温度下的寿命不小于5000h，或者最低试验温度不能超过工作温度20～40℃。

（1）绝缘结构的热老化试验。

绝缘结构的热老化试验可选用模拟样品（如模型线圈）或实样（如小电机）作试样，并根据材料的主要用途采用试样在试验中的某一关键功能参数（例如绝缘被击穿）来标志寿终。在热老化过程中，经过一定时间间隔把绝缘结构从恒温箱中取出，进行性能变化的测定。通常把整个老化过程分为若干周期，即除提高运行温度外，常增加热冲击、机械振动、受潮等组成老化周期，如以升温→热暴露→降温→机械振动→受潮试验为一个循环。为使热以外的因素保持恒定，不同老化温度下的循环数应相等或接近相等。

（2）绝缘材料的热老化试验。

绝缘材料的热老化试验可选用单一材料（如薄膜）或材料的简单组合（如漆包线）作试样。在老化试验时，绝缘材料的老化周期以升温→热暴露→降温→试验为一个循环，并选用绝缘材料在使用中所承担的主要功能参数作为寿终的判据，当所选评定寿命的参数下降到规定值时，试验所经历的时间即为该温度下的寿命。通常材料的寿命试验一般只能求取相对寿命，并用已知耐热等级的材料与之同时进行试验并进行对比才能求得其耐热等级。例如，用耐热等级为B级（130℃）的材料K与被测材料M同时进行热老化试验，得出热寿命曲线（如图2-2所示）。由图可知，材料M的耐热等级为180℃，即H级。

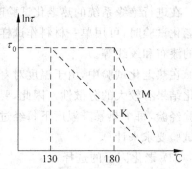

图 2-2　热寿命图及相对温度指数

由于常规热老化试验需要约一年的时间，费时太长。经研究开发了一些新的加速热老化试验方法，如能量分析法和质量分析法，其中较为成熟的是质量分析法中的热重法，其依据是材料热老化过程中因化学或物理变化会引起重量或热量的变化。它利用热分析技术求得热老化反应的活化能，并求得寿命曲线的斜率，同时选一高温点做功能性寿命得到热寿命图，或配合一常规试验可求出材料的温度指数。该方法的优点是所需试验时间短（约需一个月），所需试样量少，但可靠性不如常规法。

2. 电老化试验

1）电老化试验原理

电介质在制作过程中通常会存在气隙，如云母等无机材料，而且很难在理想均匀电场下工作。因此，绝缘材料的气隙在电场作用下会产生电晕，以致绝缘表面产生漏电痕迹现象，使其绝缘性能下降。更严重的是，当邻近或包含在材料或系统内部的气体或液体介质内的场强超过击穿场强时将产生局部放电效应，它会腐蚀绝缘，并在被腐蚀绝缘处，电场会更加不均匀,使局部放电进一步增强,腐蚀面继续扩大,直到绝缘破坏。由此,在电老化试验中主要讲述局部放电的电老化试验方法。

对不同电介质,局部放电对材料破坏的原因各不相同,例如,对聚乙烯绝缘材料,裂解是导致破坏的主要原因;对发电机的云母线圈绝缘,离子轰击是主要的。因此绝缘材料在局部放电下的老化机理很复杂,不同结构材料的老化机理不同,目前电老化试验仅作为一定条件下电介质耐放电性的比较,或者求取材料的相对寿命。国际上评定电介质耐局部放电性能的方法主要为击穿法,也即在试样上施加一定电压,直到试样击穿,记录所经历的时间,则最后击穿时间即为失效时间;然后根据不同电压或场强下获得的材料失效时间绘制场强与寿命关系曲线。因此,电介质在恒定场强下寿命与场强的函数关系为:

$$t_E = L = \frac{K}{E^n} \tag{2-2}$$

式中,t_E 为场强 E 下的寿命;K 为常数;n 为寿命系数。

式(2-2)是根据电介质击穿的概率分布函数属于威布尔分布得到的,称为电老化寿命定律。电老化寿命试验以该定律为基础,在强电场强度下测量寿命与场强的关系曲线,求出寿命系数 n。通常 n 不总是恒定不变的,有些材料在较宽场强范围内变化时,n 是变化的,表明测量数据在威布尔坐标上的绘制不是直线。

2) 电老化试验条件

(1) 试样与电极装置。

由于局部放电可以在材料的不同部位发生,如绝缘的表面、绝缘内部气隙、电极与绝缘之间、绝缘层与绝缘层之间等,因此,为了模拟实际情况,试样与电极可以采用不同的装置。大多数情况下,两个试验电极中的一个电极是放电极,另一个电极是不放电的,它与绝缘试样紧密接触,而且比放电电极大得多,在其周围不发生放电,而绝缘试样则位于两电极之间,如图 2-3 所示。图中,第 I 类电极直接与试样接触,在介质表面形成半导电膜,金属电极的触媒作用可影响试验结果;第 II 类电极与试样不接触,不会发生放电自熄现象;第 III 类电极装置表示放电在绝缘材料之间发生;第 IV 类电极表示电极与绝缘材料之间的内部放电;第 V 类电极表示绝缘材料之间的内部放电情况。

(2) 试验要求。

在进行电介质的耐放电性试验时,电介质在放电作用下的老化速率除材料本身的结构外,还受电场强度、频率、温度、相对湿度和机械应力等的影响,因此为缩短试验时间,可强化某些老化因子,如提高试验电压以增加场强或增加试验频率等。在采用提高频率进行电老化试验前,必须先获得寿命与频率的关系,证实寿命与频率成反比,同时还需注意介质的发热情况。在采用提高场强加速老化的方法时,需获得一组寿命与场强的关系曲线数据,并要求规定最低和最高试验场强。

除此之外,试验还需在标准环境温度和低湿度下进行,如果为了模拟实际运行情况,可在最高工作温度下进行。

3) 电老化试验方法

由于目前的电老化试验方法存在试验时间长,试验费用高和试验结果分散性大等缺点,一些专家学者研究出新的评定绝缘材料电老化的方法,如介电强度法、等效老化法和骤死法等。

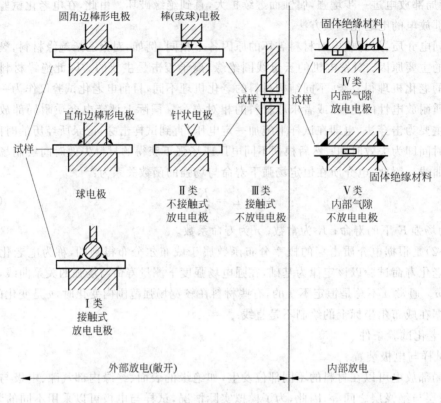

图 2-3 试样电极装置分类

（1）介电强度法。

高压绝缘中,介电强度是最重要的性能,当材料的介电强度下降到它应承受的场强时,绝缘会被击穿,材料的寿命终止。因此,通常选用介电强度来评定老化的程度。

根据介电强度对时间的关系对受过同样场强 E 但时间不同的试样进行介电强度的测量,具体方法为将一套试样分成几组,每组经受不同时间的恒定场强的老化,每组试样的老化结束后,对改组试样用连续升压法进行击穿试验,测定其击穿场强的平均值,获得介电强度与老化时间曲线或曲线的大部分,再与介电强度和老化时间的理论曲线相比较,最后确定出 n。

该试验方法与通常的老化试验方法相比,具有以下优点。

① 试验时间短,因老化试验在试样击穿前停止。

② 试验结果的分散性低,由于时间不变时击穿场强的分散性远比电压不变时时间的分散性低。

③ 对材料的老化可进行更完善的分析,在试验过程中可对其他性能进行测试。

介电强度法的主要缺点是对材料具有破坏性;要求寿命与场强的关系具有幂反比定律的形式。否则,获得的曲线关系与理论不符,n 不是恒定值。

（2）等效老化法。

等效老化法与介电强度法的破坏性试验不同的是,运用测量材料的非破坏性性能随老化时间的变化来评定材料的老化。将测量材料置于两个不同的场强下,分别测出某一性能

P 与时间 t 的两条曲线 $F(P) = k(E_1)t$ 和 $F(P) = k(E_2)t$，且 $E_1 \neq E_2$。如果 $F(P)$ 与场强无关，在场强 E_1 下老化时间 t_1 所产生的老化总量与在场强 E_2 下老化时间 t_2 所产生的相等，即：

$$E_1^n t_1 = E_2^n t_2 \tag{2-3}$$

式(2-3)为等效老化原理。在试验时，选择两个不同的场强 E_1、E_2，求出时间 t_1 和 t_2，代入式(2-3)求出绝缘材料的耐电老化特征值 n。

2.2 电介质的击穿及其类型

2.2.1 概述

电介质的击穿主要指电介质在强电场下，其电流密度按指数规律随电场强度增强而增大，当电场进一步增强到某个临界值时，电介质便由绝缘状态变为导电状态。发生击穿时的临界电压称为电介质的击穿电压，若对应的是电场强度称为电介质的击穿场强。电介质的击穿场强决定了电介质在电场作用下保持绝缘性能的极限能力，是电介质的基本电性能之一。

电介质击穿的实质是电介质在强电场作用下丧失电绝缘能力的现象，其击穿的标志是通过电介质的电流急剧增加，介质伏安特性的斜率趋于无穷大。通常电介质击穿分为固体电介质击穿、液体电介质击穿和气体电介质击穿三种。

2.2.2 气体电介质的击穿

气体电介质具有良好的绝缘，是因为气体中带电粒子极少，其电导也极小。当加在气体间隙上的电场强度达到某一临界值后，流过气体间隙的电流将急剧增加，此时气体电介质已失去绝缘性能。因此，气体电介质由绝缘状态变为良导电状态的过程称为气体电介质的击穿或气体放电。使气体间隙击穿的临界电压称为气体间隙的击穿电压。

1. 气体中带电质点的产生和消失

1) 气体中带电质点的产生

中性状态的气体在正常情况下是不导电的，只有当气体中有带电质点时才可能导电，并在电场作用下发展成电晕放电、火花放电、电弧放电等多种气体放电形式。在击穿或放电时，气体电介质由原来极少量的带电质点发展为大量的带电粒子，气体中带电质点主要来源于气体分子本身发生游离和放在气体中的金属发生表面游离。游离是指外界能量足够大时电子完全脱离原子核的吸引力成为自由电子，原子核失去电子成为正离子的过程。

根据引起游离的外界能量形式的不同，游离有碰撞游离、光游离、热游离和金属表面游离等几种形式。

(1) 碰撞游离。

气体电介质中的带电粒子在电场力的作用下作加速运动，途中不断地和中性质点相碰撞。当带电粒子的运动速度 v 足够高，动能 $mv^2/2$ 足够大时，就可能使中性质子发生游离形成自由电子和正离子，这种现象称为碰撞游离。新形成的自由电子也作加速运动，同样地会与中性质点碰撞而发生游离。总之，碰撞游离发生的首要条件是碰撞质点所具有的总能量至少要大于被碰撞质点在该状态下所需的游离能。

当不存在电场时,质点的动能就是该质点的热运动固有的能量。当存在电场时,带电质点受电场力的作用得到加速,积聚动能。由于电子的体积小,其自由行程比正离子大得多,在电场中获得的动能比正离子大得多。但电子的质量远小于质点,当电子的动能不足以使中性质点游离时,电子会被弹射几乎不损失动能。另外,正离子的质量与被碰撞的中性质点相近,每次碰撞将使其速度减小而影响其动能的积累,因此在电场中造成碰撞游离的主要原因是自由电子。

(2) 光游离。

光游离是指气体分子或原子受光的辐射引起的游离。通常引起气体游离的光可来自外界,也可来自气体本身,但必须是波长很短的高能射线,如 χ 射线、γ 射线等。另外,当处于高能级的激发态原子恢复到正常状态或者异号离子复合成中性原子时都能辐射出导致光游离的射线。对普通的可见光,因其能量小不大可能使气体产生游离。

(3) 热游离。

气体在热状态下引起的游离过程称为热游离。热游离的本质仍是高速运动的气体分子碰撞游离和光游离,其能量来源于气体分子本身的热能,在常温下气体分子的内能远低于需要的游离能,只有当温度很高,如产生电弧放电时才发生热游离。

(4) 金属表面游离。

在外界各种因素作用下,电子从金属电极表面逸出来的过程称为表面游离。游离的结果在气体中只得到带负电的自由电子,而使电子从金属电极表面逸出的能量可以是各种形式的,例如金属阴极加热、正离子碰撞阴极、短波射线照射和强电场作用等都可以使阴极发射电子。电子逸出时所需的能量大小与金属材料及表面状况有关,并且比气体空间游离所需游离能小得多。

2) 气体中带电质点的消失

在发生气体放电时,除了存在不断产生带电粒子的游离外,同时还存在使带电粒子消失的去游离过程。在气体放电时,游离过程远强于去游离过程,当导致气体游离的条件消失后,去游离过程使气体中的带电粒子迅速消失并恢复绝缘性能。气体中带电粒子消失的方式有扩散、复合和电子被吸附三种。

(1) 带电粒子的扩散。

气体中的带电粒子因热运动从浓度大的区域向浓度小的区域运动而造成原区域中带电粒子的消失或减弱,称为扩散。带电粒子的扩散规律与气体扩散规律相似,即气压越高、温度越低、扩散越弱。当气体放电结束时,放电通道中高浓度的带电粒子迅速向周围扩散,使气体间隙恢复原来的绝缘状态。

(2) 带电粒子的复合。

复合是正、负离子相互结合后成为中性原子(或分子)的过程。复合是游离的逆过程,在复合过程中会以光辐射的形式释放能量,该能量在一定条件下可能引起其他中性原子或分子的光游离。

(3) 附着效应。

某些气体(如 SF_6、水蒸气)分子易吸附气体中的自由电子成为负离子,从而使气体中的自由电子(负的带电粒子)消失。

2．均匀电场的气体放电理论

1）汤逊放电理论

20世纪初,英国物理学家汤逊(J. S. Townsend)根据大量的试验,提出了比较系统的气体放电理论,阐述了气体放电过程,并在一定假设条件下提出了气体放电电流和击穿电压的计算公式。根据汤逊理论,电子碰撞游离是气体放电时电流倍增的主要原因,而金属表面游离则是维持气体自持放电的必要条件。

(1) 非自持放电与自持放电。

如图 2-4(a)所示,在外部光源照射下,在两平行平板电极间加上从零开始并逐渐升高的直流电压 U 后,回路中有电流 I,间隙中电流 I 和极板间电压 U 之间的关系,如图 2-4(b)所示。图中 OA 段电流随电压升高而上升,在 AB 段电流趋于稳定,因外游离因素产生的带电粒子全部落入电极,此时气体间隙处于良好的绝缘状态,在 BC 段因出现了新的游离因素,电流又随电压升高而增加,这就是电子的碰撞游离过程。

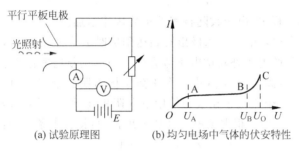

(a) 试验原理图　　　　(b) 均匀电场中气体的伏安特性

图 2-4　均匀电场中气体间隙的伏安特性

当外施电压小于临界值 U_0 时,间隙电流较小,若取消外游离因素,电流将消失,这种依靠外游离因素才能维持的放电称为非自持放电。此时气体本身的绝缘性能还未完全被破坏,因此整个间隙尚未击穿。当电压达到 U_0 后,气体发生了强烈电离,电流急剧增加,并且气体中的游离过程可只依靠自身电场的作用自行维持,不再依靠外游离因素来维持,这种放电称为自持放电。因此,U_0 是平板间隙的击穿电压。对于均匀电场的气体间隙,当电压达到起始放电电压时,间隙即被击穿。对于不均匀电场的气体间隙,在放电起始电压下电场强度大的区域将发生电晕放电,此时整个间隙并未击穿,则其放电起始电压小于间隙的击穿电压。

(2) 电子崩与电子游离系数。

由于外界游离因素的作用,在气体间隙中通过阴极光电发射所产生的自由电子在电场作用下向阳极加速运动,并获得动能。若电压升高,电场强度足够大,电子动能达到足够数值后,将引起气体的碰撞游离。游离后新产生的电子和原有电子一起从电场获得动能,在气体中继续产生碰撞游离。如此下去,气体中电子数目一代一代地倍增,如同冰山上发生雪崩一样,形成电子崩,如图 2-5 所示。

在电子碰撞游离过程中,电子和正离子是成对产生的,而游离出来的电子运动速度远大于游离出来的正离子速度,因此电子总是位于整个电子崩的

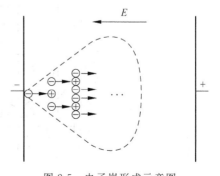

图 2-5　电子崩形成示意图

头部,随着电子的扩散,头部半径逐渐增大。由于正离子移动缓慢,电子崩中除头部外的大部分为正离子,因此电子崩的外形似外部为球状的圆锥体。

在强电场中出现的电子崩过程也称为 α 过程。α 称为碰撞游离系数,表示一个电子沿电场方向运动 1cm 长度平均发生的碰撞游离次数,若每次碰撞游离只产生一个新电子,则 α 为在单位行程内新游离出的电子数。

假设在外界游离因素的作用下,在阴极附近产生的初始自由电子向阳极运动并不断产生碰撞游离。设初始电子数为 n_0,到达 x 处时电子数为 n 个,再经过 dx 距离后电子数新增 dn 个,根据碰撞游离系数 α 定义有:

$$\mathrm{d}n = n\alpha\,\mathrm{d}x \tag{2-4}$$

式(2-4)的积分为

$$\int_{n_0}^{n} \frac{1}{n}\mathrm{d}n = \int_{0}^{x} \alpha\mathrm{d}x \tag{2-5}$$

$$n = n_0\,\mathrm{e}^{\alpha x} \tag{2-6}$$

因此,在电子崩发展的过程中,电子数随行程按指数规律增加。

当 $n_0 = 1$ 时,即一个初始电子从阴极出发到达阳极时电子个数为 $\mathrm{e}^{\alpha t}$,t 为阴极与阳极间的距离,除原始的一个初始电子外新增电子数为($\mathrm{e}^{\alpha t}-1$),则新增的正离子数为($\mathrm{e}^{\alpha t}-1$)。

设阴极金属表面的游离系数为 γ(指一个正离子撞击阴极金属表面时从金属表面游离出来的电子数)则($\mathrm{e}^{\alpha t}-1$)个正离子在电场作用下向阴极运动并最终撞击阴极表面,从表面游离出的电子数为 γ($\mathrm{e}^{\alpha t}-1$)。根据汤逊气体放电理论,自持放电条件为:

$$\gamma(\mathrm{e}^{\alpha t}-1) \geqslant 1 \tag{2-7}$$

式(2-7)表明,当初始电子因碰撞游离产生的正离子撞击阴极表面时,从阴极表面至少能释放出一个有效电子,该电子可替代初始电子,而不需要外界游离因素来维持便可达到自持。在均匀电场中,式(2-7)也是气隙击穿的条件。

(3)巴申定律。

巴申早在汤逊理论之前就从大量的试验中总结出间隙击穿电压 U_F 与气体压力 P 和间隙电极间距离 t 乘积的关系曲线,称为巴申定律。即

$$U_F = f(Pt) \tag{2-8}$$

在均匀电场中,几种气体间隙的击穿电压 U_F 与 Pt 的关系曲线如图 2-6 所示。曲线呈 U 形,有极小值,每种气体在某一个 Pt 值下有一个最低的击穿电压。

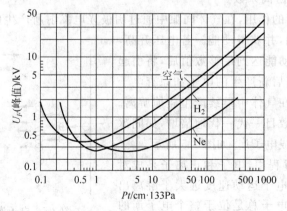

图 2-6 均匀电场中几种气体的击穿电压 U_F 与 Pt 的关系曲线

根据击穿电压 U_F 与 Pt 的关系，将 Pt 分成固定电极间距离 t 改变气压 P 和固定气压 P 改变电极间距离 t 两种情况来讨论。首先，假定电极间距离 t 固定改变气压 P，如果气压很低，则气体密度小，电子运动时碰撞的机会就少，这时只有提高电压来增加电子的能量才能产生足够的碰撞游离，使气体击穿，因此击穿电压随气压的降低而增加，如 U 形曲线左半支；如果气压很高，气体密度大，电子碰撞机会就多，但过于频繁的碰撞使电子积聚的动能不足以引起气体分子游离，只有提高电压才能使气体发生碰撞游离，因此气体击穿电压随气压的升高而增加，如 U 形曲线的右半支。其次，假定气压 P 固定改变电极间距离 t，如果电极间距离 t 太大，只能增加电压才能使电场强度达到使气体发生碰撞游离的数值；如果距离太小，并与电子自由行程接近时，电子在经过间隙时发生碰撞游离的次数很少，进而达不到放电条件，此时需要提高电压来增加电子的能量，才能使发生碰撞游离的机会增多，相应的击穿电压也随之提高。

（4）汤逊气体放电理论的实用范围。

汤逊气体放电理论是在低气压、Pt 较小的条件下进行放电试验的基础上建立起来的。Pt 过大或过小，汤逊放电机理都将偏离试验结果而出现变化，这时汤逊放电理论就不再适用了。因此，汤逊气体放电理论只适用于一定 Pt 范围内的气体放电。当 Pt 过小时，气压极低，碰撞游离来不及发生，则击穿电压不断上升，但当电压 U_F 达到一定程度后，汤逊的碰撞游离理论不再适用，击穿电压也不再上升。相反，当 Pt 过大时，气压高，气体击穿试验现象不能在汤逊理论范围内解释，因为汤逊理论没有考虑放电过程中空间电荷畸变电场的作用。

2）流注放电理论

流注放电理论以电子碰撞电离为基础，考虑了放电过程中空间光电离的重要因素，并强调气隙中空间电荷畸变电场的作用。

当外电场足够强时，从阴极出发的初始电子，在向阳极运动过程中不断发生碰撞游离形成初始电子崩，如图 2-7(a)所示。当初始电子崩发展到一定程度后，电子崩头的电子成为负空间电荷，加强崩头的电场；崩尾的正离子成为正空间电荷，加强崩尾的电场；而崩中部正、负电荷混合区域似一个等离子区，电场被削弱。因此，崩头和崩尾的强电场使碰撞游离过程更为强烈，有利于发生分子和离子的激励现象，并在恢复到正常状态时发射出光电子；电子崩中部电场的削弱有助于发生复合过程，发射出光电子，使空间光游离作用加强，产生许多新电子，电子被主电子崩头部的正空间电荷吸引，在加强并畸变的电场中又与中性原子发生碰撞游离，形成新的电子崩，称为二次电子崩，如图 2-7(b)所示。

新形成的二次电子崩与原来的电子崩迅速汇合构成正、负带电质点混合的通道，称为流注。二次电子崩中的电子进入主电子崩头部的正空间电荷区，形成负离子，大量的正、负带电质点构成等离子体，称为正流注。流注通道的导电性良好，根据流注发展方向，其头部有二次电子崩留下的正电荷，崩头的电场强度大大加强。同时，流注头部的游离放射出大量的光电子，继续引起空间光游离，产生新的二次电子崩，新产生的电

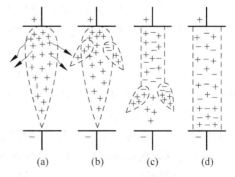

图 2-7　流注的形成和发展

(a) 初始电子崩；(b) 二次电子崩；

(c) 流注的发展；(d) 间隙击穿

电介质的老化和击穿

子被吸引向流注头部,延长流注通道。随着流注接近阴极,流注头部的电场越来越强,流注通道发展也越来越快,当流注发展到阴极时,间隙被导电良好的等离子通道贯穿,此时间隙被击穿,如图 2-7(c)和图 2-7(d)所示。

如果外施电压较低时,电子崩需经过整个间隙才能形成流注,当电压较高时,电子崩不需经过整个间隙,其头部的游离程度已足以形成流注。由于主电子崩头部的电离很强烈,光电子射到主电子崩前方,在前方产生新的电子崩,主电子崩头部的电子和二次电子崩崩尾的正离子形成混合通道,并向阳极推进,称为负流注。间隙中的正、负流注同时向两极发展,从而加速间隙的击穿。

初始电子崩转为流注的基本条件是初始电子崩头部电荷必须达到一定数量,才能使电场畸变并加强到一定程度,造成足够的空间光游离。当初始电子崩转变为流注后,放电可由本身产生的空间光游离自行维持,转入自持放电。

3. 不均匀电场的气体放电

气体间隙的击穿电压与所加电压的种类、电场的均匀程度、气体的种类、气体的状态等因素有关。在均匀电场中,当电压低于击穿电压时,间隙中的游离过程可忽略不计,但在不均匀电场中,在电压不足以导致击穿前,大曲率电极电场最强处产生相当强烈的游离现象,空间电荷的大量积聚使间隙中电场畸变,对放电过程的发展产生很大影响。电气设备和线路的绝缘结构中,电场大多是不均匀的,如各种带电金属件的尖角和高压架空输电线等,通常间距越大,电场分布极不均匀。根据电场不均匀的程度,不均匀电场分为稍不均匀电场和极不均匀电场。考虑到实际绝缘结构、电极形状的多样性,常用棒-棒、棒-板间隙的电场作为极不均匀电场,用球-球、球-板间隙作为稍不均匀电场来研究。

1)极不均匀电场中气体间隙的放电特性

极不均匀电场中的气体放电存在明显的电晕放电,其击穿电压与电极的正负极性有关。电晕放电是极不均匀电场特有的一种自持放电形式,把开始出现电晕时的电压称为电晕起始电压,它小于间隙的击穿电压,电场越不均匀,两者的差别就越大。

在极不均匀电场中,气体间隙的最大场强位于曲率半径小的电极表面(如棒电极)附近。当加于间隙上的电压升高时,在曲率半径小的棒电极附近空间的局部场强首先达到引起游离的数值,间隙达到自持放电条件形成自持放电。但其余部分的场强较小,达不到游离限值,自持放电就仅局限在棒电极附近的强电场范围内。在发生游离时,伴随存在的复合和激发会发出大量的光辐射,在电极周围散发出薄薄的淡紫色发光层,称为电晕放电。由于游离层不会向外扩展,因而电晕放电并未击穿整个间隙,要使间隙击穿,必须继续升高电压。

随着电压的升高,在棒电极附近形成电晕后,空间电荷在不同极性下对放电所起作用与电晕放电会有所不同,也即同一气体间隙在电极的正负极性下其击穿电压与电晕起始电压时不同。当棒为正极性时,在电压达到电晕起始电压后,棒电极附近游离产生的电子形成电子崩。电子崩的电子迅速进入棒电极,正离子则缓慢向板极移动,在棒电极附近积聚正空间电荷,使紧贴棒极附近的电场削弱,但加强了流注等离子体的头部电场,使强电场区向前推进,流注通道逐渐向阴极发展,进而导致击穿,此时所需击穿电压较低。

当棒为负极性时,棒极附近的强电场使气体游离产生电子崩,电子崩中的电子迅速向板极移动,正空间电荷缓慢向棒极移动,因此朝向棒端的电场强度得到了加强,在棒极附近形成自持放电。在间隙深处,正空间电荷产生的附加电场与原电场方向相反,削弱了朝向板极方向的电场强度,放电发展较困难,因此其击穿电压较高。

2)不均匀电场气体间隙的击穿特性

对不均匀电场的气体间隙,电场越不均匀,平均击穿场强越低。因为电场越不均匀,间隙中最高电场强度与平均电场强度差别越大,当在较低的平均场强下,局部区域中的电场强度已超过自持放电电压,形成电子崩和流注。随着流注通道向间隙深处发展,间隙距离逐渐缩短,击穿就更容易,平均击穿场强也越低。

在直流电压作用下,棒-棒间隙的击穿电压介于两种极性不同的棒-板间隙的击穿电压之间。由于棒-棒间隙有两个尖端,即两个强电场区域,其电场均匀程度增加,则棒-棒间隙的最大场强比正棒-负板间隙低,因此击穿电压比正棒-负板间隙的高,而比负棒-正板间隙击穿电压低。在工频电压作用下,棒-板间隙在工频电压作用下的击穿总是在棒的极性为正、电压达到幅值时发生,其击穿电压与直流电压下正棒-负板的击穿电压相近。

3)提高气体间隙电气强度的方法

(1)改变电极的形状。

电极表面及其边缘尽量避免毛刺及尖利棱角,并保持电极表面的光洁度以消除较高的局部场强,例如,在高压电气装置的高压出线端加装金属屏蔽罩以增加电极的曲率半径,进而改善电场的分布。

(2)极不均匀电场中采用极间屏蔽体。

在极不均匀电场的空气间隙中,放入一薄片固体绝缘材料可在一定条件下显著提高间隙的击穿电压。在直流电压下,当棒为正极性时,由于屏蔽体机械地阻挡了正离子向负极板的运动,使其积聚在屏蔽体向着棒电极的一侧,并均匀分布在屏蔽体整个表面,因而屏蔽体与棒电极间的电场被削弱,提高了整个间隙的击穿电压。屏蔽体离棒电极越近,屏与板间较均匀电场部分比例越大,击穿电压就越高,但离得太近将减弱屏蔽的效应。当棒为负极性时,电子形成负离子积聚在屏蔽体上,使屏蔽体与板电极间形成比较均匀的电场,在屏蔽体与棒电极间距离不大时能提高击穿电压,但屏蔽体与棒电极间的距离较大时,整个间隙的击穿电压反而比无屏蔽体时低。

在工频电压下,击穿总是发生在棒电极为正的半周内,其作用与直流下棒电极为正极性时相同。

(3)采用高气压方法。

气体压力提高后,气体密度增大,电子平均自由行程缩短,游离过程削弱,从而使气体间隙的击穿电压提高。

2.2.3 液体电介质的击穿

液体电介质的击穿指在足够强的电场作用下,液体电介质由绝缘状态突变为良导电状态而失去绝缘能力的过程。液体电介质的击穿与其含气、杂质密切有关,对纯净液体电介质,可用电击穿理论和气泡击穿理论来解释其击穿过程,对工程液体电介质的击穿过程可用气体桥理论来阐述,对液体电介质和固体电介质分界面存在的放电现象称为液体电介质中的沿面放电,并有着自己的规律性。

1. 气泡击穿理论

纯净液体电介质的击穿过程与气体电介质的击穿过程相似,由液体中带电质点的碰撞游离导致击穿。在强电场作用下,液体电介质由于阴极场致发射或热发射的电子被加速获得能量,与液体电介质分子碰撞导致液体分子解离产生气泡,或在电极的突出物处发生电晕放电使液体气化生成气泡,液体电介质中出现气泡后,在交变电压下气泡与液体电介质的电场强度与介质介电常数成反比,则气体的击穿场强比液体电介质低得多,因此气泡内的气体首先发生游离,气泡温度升高,体积膨胀,游离进一步发展。与此同时,带电粒子又不断撞击液体分子,使液体分解出气体,扩大了气体通道。当游离的气泡在电极间形成连续小桥,或畸变了液体电介质中的电场分布时,会导致液体电介质击穿。

由于液体电介质的密度远比气体大,分子之间的距离比气体小得多,电子在两次碰撞游离间的自由行程短得多,因此要获得足够能量来发生碰撞游离就需要更高的电场强度。由此液体电介质的击穿强度比气体高得多。

2. 液体电介质的电击穿理论

液体电介质的分子因电子发生碰撞而游离是电击穿理论的基础。在纯净的液体电介质中总会存在一些离子,当对其施加电压时,液体中的离子在电场作用下运动并形成电流。在电场较弱时,随电压的上升,电流呈线性增加。当电场逐渐增强时,参与导电的离子会越来越多,但由于液体仍具有较高的电阻率,此时液体电介质中虽有电流流过,但数值甚微。当电场足够强,超过 1MV/cm 时,液体电介质中原有的少量自由电子,以及因场致发射或因强电场作用增强了的热电子发射而脱离阴极的电子,在电场作用下加速运动,积累能量,与液体分子发生碰撞,并以一定的概率使液体电介质的分子产生游离。原来电子和新产生的电子向阳极运动,并不断发生碰撞和游离,使电子迅速增加。而产生的正离子则向阴极附近移动,增强了阴极表面的场强,促使阴极发射的电子数增多,从而使电流急剧增加,液体电介质失去绝缘能力,发生击穿。

3. 液体电介质的气体桥理论

纯净的液体电介质在注入电气设备过程中难免会混入杂质,当液体电介质与大气接触时,会逐渐被氧化,并吸收大气中的水分,同时固体绝缘材料中的各种纤维还可能脱落到液体电介质中来。工程用液体电介质中通常含有水分、纤维和金属末等固体杂质,而水滴、潮湿纤维等介电常数比液体电介质大,此类杂质在电场作用下很容易被极化,受电场力吸引被拉长,并顺着电场方向头尾相连排列起来,在电极间局部地区构成杂质小桥。杂质小桥的电导和介电常数都比液体电介质的大,使电场的分布产生畸变,因此液体电介质的击穿场强下降,如杂质足够多,小桥还可能贯通电极间的整个间隙,使流过小桥的泄漏电流增大,发热增加,进而使液体电介质及所含水分局部汽化,击穿将沿此气体桥发生。

对液体电介质中杂质形成小桥的影响因素主要基于电场和电压种类两方面。在直流电压下,杂质逐渐向电极间靠拢,并形成连续小桥,最终导致击穿。在交流电压下,杂质也将被吸入电极间隙,但杂质的运动速度小于电极上电压极性的变动速度,因此在长间隙中较难形成连续小桥。此外,杂质向电极附近聚集,使电场分布产生畸变,降低了液体电介质的击穿场强。在冲击电压作用下,其影响远不如直流电压下和交流电压下严重,因在短时间内杂质还来不及运动。

在均匀或稍不均匀的电场中,杂质的影响特别明显;在极不均匀电场中,电极间隙中电场强度较强区域的液体会强烈扰动,杂质不可能形成小桥,因此对液体电介质击穿的影响较弱。

4. 液体电介质中的沿面放电

沿面放电是指在液体电介质中沿着液体与固体电介质分界面发生的电晕、滑闪、闪络放电现象,其规律性与气体中沿面放电相似。在液体电介质中发生的放电,不仅使液体变质、劣化,而且放电产生的热作用和剧烈的压力变化将会在某些固体电介质内产生气泡,而固体电介质里的气泡容易产生局部放电或在气隙中形成击穿放电。同时,随着放电次数的增多,固体电介质会出现分层、开裂现象,其绝缘结构可能因累积效应而使其击穿电压下降。因此,在设计固体绝缘结构时应保证一定的绝缘裕度。

5. 影响液体电介质击穿强度的因素

对纯净的液体电介质,其击穿电压较高,但电气设备在制造和运行过程中难免会混入杂质,使其击穿电压下降。因此,液体电介质的击穿强度不仅决定于自身品质的优劣,也与外界的温度、压力、电压作用时间和电场均匀程度等有关。

1) 液体电介质的品质

(1) 水分的影响。

液体电介质中的含水量对击穿电压有重要的影响。当含水量极微小时,水分溶解于液体电介质中,对击穿电压影响不大;当含水量增加到超过溶解度时,多余水分处于悬浮状态,悬浮状态的小水滴在电场作用下极化形成小桥而击穿,使击穿电压明显下降。另外,如果水与纤维杂质同时存在,则水分的影响更严重。

(2) 固体杂质的影响。

当液体电介质中有悬浮固体杂质微粒时,由于固体悬浮微粒的介电常数比液体的大,在电场作用下,微粒向电场强度最大的区域移动,并在电极表面电场集中处逐渐积累,使击穿场强降低。对于含纤维的固体杂质,由于纤维具有很强的吸水能力,纤维极化后易形成小桥,击穿电压降低。

2) 温度

温度对液体电介质的影响与含水量有很大关系,当液体电介质中不含水分时,其击穿电压与温度关系不大。对含有水分的液体介质,当温度低于 0℃ 时,由于水分已凝结成冰粒,其介电系数与油接近,电场畸变减弱,则击穿电压随温度的下降而提高;当温度在 0~80℃ 附近时,由于水分在油中的溶解随温度的上升而增加,使悬浮状的水分减少,因此液体介质的击穿电压随温度的升高而提高。当温度继续升高时,液体中的水分汽化,击穿电压降低。

3) 电压作用时间

在大多数情况下,液体电介质的击穿属于热击穿,其击穿电压随电压作用时间的增加而降低,即当电压作用时间较长时,油中杂质有足够时间在电极间形成小桥,击穿强度降低;相反在电压作用时间较短时,因来不及形成小桥,其击穿电压显著提高。

4) 电场均匀性

液体电介质纯度较高时,改善电场均匀性可提高击穿电压,当液体电介质存在杂质时,杂质的聚集和排列会使液体内的电场发生畸变,电场越均匀,杂质对击穿电压的影响越大,击穿电压的分散性也越大。在不均匀电场中,杂质微粒在电场作用下移动到电场强度最大处,从而削弱了强电场,使杂质对击穿电压的影响变弱。对冲击电压,由于杂质来不及形成小桥,杂质的影响较小。

电介质的老化和击穿

6. 提高液体电介质击穿强度的措施

由于杂质对液体电介质的击穿强度影响大,因此提高其击穿强度的首要措施是减少杂质。目前,常用的主要方法有过滤、防潮、祛气等,过滤方法是将绝缘油在压力下通过过滤机,将油中的碳粒和纤维等杂质滤去,而且油中部分水分及有机酸也会被吸收,同时放置干燥剂和烘干在一定程度上可防止潮气进入或去除水分。常用的脱气方法是将油加热,喷成雾状,并抽成真空,除去其中的水分和气体。

减少杂质的影响还可以采取固体电介质的方法。即在电极表面覆盖一层很薄的绝缘材料,如电缆纸、漆布、黄蜡布等,以限制泄漏电流,阻止杂质小桥的形成,提高工频击穿电压。当覆盖层厚度增大时,除具有阻止杂质小桥的形成外,还能降低不均匀电场中电极附近绝缘油中最大场强的作用,进而提高绝缘油的工频和冲击击穿电压。另外,也可在绝缘油间隙中放置尺寸较大、具有一定厚度的纸板或布板,一方面阻止杂质小桥的形成,另一方面改善不均匀电场中的电场分布。

2.2.4 固体电介质的击穿

固体电介质的击穿与气体、液体电介质的击穿相比,固体电介质的击穿场强较高,且击穿后材料中会留下不能恢复的痕迹,如烧穿的孔道、裂缝等,撤掉外施电压后不能像气体、液体电介质那样恢复绝缘性能。

固体电介质的击穿有热击穿、电击穿和电化学击穿三种形式。

1. 固体电介质的电击穿

固体电介质的电击穿与气体相似,通过碰撞游离形成电子崩,当电子崩足够强时,破坏介质晶格结构导致击穿。在发生电击穿时,击穿电压高,击穿过程快。击穿前发热不显著,在一定温度范围内,击穿场强随温度升高而增大,但变化不大。当介质损耗小、散热条件良好、介质内部不存在局部放电时,施加电压后即导致的击穿称为电击穿。

固体电介质的电击穿通常有本征击穿、电子崩击穿和电致机械应力击穿几种不同的击穿理论,通常以本征击穿代表电击穿,因此电击穿有时又称本征击穿。固体电介质内总会存在少量自由传导电子,它们在外电场作用下被加速获取能量,单位时间内获取的能量大小与电场强度、电子本身能量和点格温度有关,如图 2-8 中曲线 $A(E_2)$、$A(E_c)$、$A(E_1)$,且 $E_2 > E_c > E_1$;同时,在电子运动过程中又与晶格相互作用而激发晶格振动,并把电场的能量传递给晶格,进而导致传导电子失去能量,其单位时间内失去的能量与电子本身能量和点格温度有关,如曲线 B。在一定的温度和场强下,传导电子获取的能量和失去能量达到平衡,固体电介质有稳定的电导,不会击穿;当传导电子单位时间内从电场获取的能量始终大于失去的能量,如外加电场 E_2 大于临界状态 E_c,电子被加速,碰撞点格时产生电离,使处于导带的电子不断增加,电流急剧上升,最终导致固体电介质击穿。

2. 固体电介质的热击穿

热击穿是由于电介质内部热不稳定过程造成的。当加在固体电介质上的电压未达到临界值时,因介质损

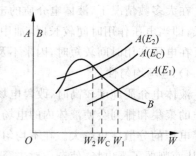

图 2-8 固体电介质内电子获得能量和失去能量与电子本身能量的关系曲线

耗引起发热,并导致温度升高,当升到一定温度时,发热量等于散热量,达到热平衡,温度不再上升,电介质不会击穿。当电压增加到某一临界值时,发热量大于散热量,电介质温度将持续上升,引起介质的局部分解、融化、炭化等,导致电介质的击穿,称为热击穿。

电介质的热击穿不仅与材料的性能有关,在一定程度上还与绝缘结构、电压种类、环境温度等有关。因此,热击穿的主要特点为:在热击穿时,电介质温度尤其是击穿通道处的温度很高,击穿电压与电压频率、电压作用时间、周围温度及散热条件有关。

当固体电介质承受的电场强度不足以发生电击穿时,固体电介质在电场作用下将因电导和极化损耗而发热,其电介质内部会不断积累热量,造成温度过高而导致失去绝缘能力,从而使固体电介质由绝缘状态突变为良导电状态。通常固体电介质在单位时间内的发热量与作用电压、介质温度有关,如图2-9中曲线1、2、3,且有 $U_1 > U_2 > U_3$。另外,固体电介质也将向四周散发热量,其单位时间内的散热量与通道平均温度和周围介质的温度差有关,如图2-9中曲线4。在一定电场强度和电压下,固体电介质中的发热量始终大于散热量(如图2-9中曲线2高于曲线4),介质温度不断上升,最终介质被烧焦、烧熔或烧裂,丧失绝缘性能,发生热击穿;当固体电介质中的发热量与散热量相等,达到热平衡(如图2-9中所示a、b、c点),固体电介质能正常工作,不会发生热击穿,但如果热平衡不稳定(如图2-9中所示b、c点),温度略有升高,发热量大于散热量,最终仍然会发生热击穿。

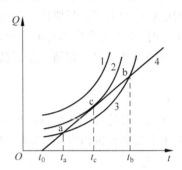

图 2-9 固体电介质的发热量与散热量的关系曲线

3. 固体电介质的电化学击穿

电化学击穿指固体电介质在电场、温度等长期作用下,电介质发生缓慢的化学变化,性能逐渐劣化,其击穿场强不断下降最终丧失绝缘能力。电化学击穿是在其绝缘性能下降之后的击穿,其击穿电压要比电击穿和热击穿的击穿电压低。另外,温度和电压作用时间对电击穿的影响小,对热击穿和电化学击穿的影响大;电场局部不均匀性对热击穿的影响小,对其他两种影响大。因此,对固体电介质的老化和因老化引起的电化学击穿应给予足够的重视。

固体电介质发生缓慢化学变化的原因多种多样。在直流电压下,固体电介质因离子电导而发生电解,在电极附近形成导电的金属树枝状物,严重时将从一个电极伸展到另一个电极。如果在固体电介质内部有气泡,或在不同固体电介质之间有气隙或油隙,以及与固体电介质接触的电极边缘场强较强的局部区域内如有气体或液体电介质,在电场作用下都会发生局部放电,局部放电的长期作用会使固体电介质逐步损坏。同时,空气中的放电将形成臭氧、氮的氧化物等化学物质,使固体电介质发生化学变化。电场越强,温度越高,电压作用时间越长,固体电介质的化学变化进行得越强烈,其性能的劣化也越严重。

4. 影响固体电介质击穿的因素

1) 电压作用时间和电压频率

对于大多数固体电介质,其击穿电压随电压作用时间的延长明显地下降,并存在临界点。根据电工纸板的击穿试验可知,当电压作用时间小于微秒时,击穿电压随电压作用时间的缩短而升高;当击穿时间增加时,击穿电压显著下降,如果电压作用时间更长,击穿电压仅为工频 1min 击穿电压的几分之一。

电压频率越高，介质损耗越大，热击穿电压越低。因此，电压频率会影响到热击穿电压。

2）电压的种类

在同一固体电介质和相同电场下，直流电压作用下的击穿电压比工频交流电压下的击穿电压高，因为在直流电压下介质损耗主要为电导损耗，而工频交流电压下还包括极化损耗和游离损耗等。通常冲击电压作用时间越短则冲击击穿电压越高，比如雷电冲击电压作用下的击穿电压通常大于工频击穿电压。

3）电场均匀程度与介质厚度

击穿场强决定于物质的内部结构，与外界因素的关系较小。均匀、致密的固体电介质在均匀电场中的击穿场强要比不均匀电场高，电场越不均匀，击穿场强下降越多。当电介质厚度增加时，由于电介质本身的不均匀性，击穿场强会下降。

电场局部加强处容易产生局部放电，在局部放电的长时间作用下，固体电介质将产生化学击穿。

4）温度

如果固体绝缘介质周围温度越高，其散热条件越差，热击穿电压就越低。当温度较低，并处于电击穿范围内时，固体电介质的击穿场强与温度基本无关。

5）受潮

固体电介质受潮后，击穿电压将下降，下降程度与材料的吸水性有关，受潮越严重其击穿电压下降越多。因此，高压电气设备的绝缘在制造时要注意防潮，并定期进行检查。

第 3 章

在线监测系统

随着电力系统朝着高电压、大容量方向发展,电力设备的安全运行显得更为重要。一旦发生停电事故,将给生产和生活带来巨大的影响和经济损失。因此,迫切需要对电力设备运行状态进行实时或定时在线监测,及时反映设备的劣化程度,以便采取预防措施,避免停电事故发生。

高压电气设备绝缘在线监测是指在电气设备处于运行状态中,利用其正常信号和异常信号,包括电压、电流、局部放电量、介质损耗值、泄漏电流以及设备电容值等多种信号来监测设备绝缘状况。基于现代传感器技术、智能信息处理技术、计算机技术和通信技术等,所监测到的信号特征参数能够真实地反映电气设备绝缘运行工况,从而对绝缘状况作出及时准确的判断。目前,高压电气设备绝缘在线监测通常采用的有:绝缘油在线色谱分析、交流泄漏电流、介质损耗角正切、局部放电量及放电位置、设备电容值和绝缘子动态污秽等在线监测。

3.1 系统组成及分类

3.1.1 系统的组成

在线监测系统从广义上说包含硬件和软件两部分。所以,一般在线监测系统应包含信号传感、信号预处理、数据采集、信号传输、数据处理、分析与诊断等基本单元(如图 3-1 所示)。

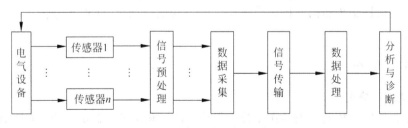

图 3-1 在线监测系统组成框图

1. 信号传感

在线监测系统要对被监测对象进行监测,首先要获取被监测对象的状态信号,通常需要相应的传感器来完成该任务。传感器是一种检测装置,能感受到被测量的信息,并能将检测感受到的信息,按一定规律变换成为电信号或其他所需形式的信息输出。其主要是从电气设备上检测出那些能反映设备状态的物理量,如电流、电压、温度、压力、气体成分等,是实现在线监测的首要环节,对监测信号起着观测和读数的作用,直接影响着监测技术的发展。

2. 信号预处理

因被监测对象环境往往比较复杂,存在严重的干扰信号,以至于经传感器后的信号很微弱或很强,无法满足后续单元对信号的要求,这就需要对其进行预处理。预处理电路把传感器输出的信号幅值进行放大或衰减至合适的幅值。另外,对混叠的干扰信号进行滤波等电路抑制,以提高系统的信噪比,满足测量系统对信号的要求。

3. 数据采集

为了获取数字信号,需对经过预处理的信号进行数据采集,即利用一定采集装置对其进行信号转换。该步骤通常最常用的就是 A/D 转换装置,并对采集的数据进行锁存记录。

4. 信号传输

信号传输的目的是将采集到的数据传送到后续处理单元。在监测系统中,对于处理中心远离监测现场,则需配置专门的信号传输单元;而对于便携式监测系统,仅需对信号进行适当的隔离和变换。

5. 数据处理

对所获取的各种原始数据进行分析、整理、计算、编辑等的加工和处理。在监测系统中,往往所获取的数据在未加工处理的情况下是无法体现信号的特征的,常常需要对信号进行相应的时域或频域等变换,并利用软件滤波和数字信号处理等技术,对信号作进一步的处理,以提高信噪比,从而获取能够反映信号的特征值,为进一步诊断提供有效的数据和信息。

6. 分析与诊断

监测系统处理中心将对前面单元提供的数据和信息进行进一步分析,例如,与历史数据、判断依据或其他信息进行比较分析;接着运用相应的算法或阈值等对设备状态或故障类型及部位作出诊断。有时,将提供进一步反馈计划,比如电气设备停运、进一步检测、维修等建议结论。

在线监测系统并不是所有的系统都包含上述几种单元,有时是某几个单元集合在一起。在专业领域,有时把在线系统分为三个子系统,其中电气设备和传感器为现场信号变送子系统,信号预处理、数据采集和信号传输为数据采集子系统,而数据处理和分析与诊断为处理和诊断子系统。

3.1.2 系统的分类

1. 按监测作用分类

电力设备在线监测按其监测的作用分为保护性监测和维护性监测两类,其中,运行人员将保护性监测数据作为工作重点,而检修人员则将维护性监测数据作为工作重点。

1) 保护性监测

保护性监测即设备故障监测,通过对常规运行参数(如电流、电压、功率、温度、流量、压力等)的监测,得出电力设备正常运行工况的数据。同时还在故障敏感的部件设置一些专用监测器,通过对反应异常的特征量的监测,帮助运行人员及时了解这些部件的状态,在故障发生之前报警,以便采取必要的措施,避免严重故障的发生。

2）维护性监测

维护性监测是通过在线监测,发现缺陷和监视缺陷的发展趋势并预测发展的后果,以指导维护策略。维护性监测需要在设备运行时完成一系列的周期性或连续性试验,当发现有异常现象时,进行异常原因分析和适当维护,以消除异常现象的根源。目前,电力设备维护性监测就是从定期的停电检修逐步过渡到根据其状态进行的预测性维修。

2. 按监测对象分类

1）变压器在线监测系统

变压器是电力系统中最重要和最昂贵的电力设备之一,随着电网电压等级的提高和输送容量的增加,变压器故障将对电网的安全稳定运行产生严重的影响。长期以来,电力系统内对变压器正常运行维护主要是采用事后维修和预防维修两种方式。但是,预防性维修需要停电检修,影响了供电的可靠性;定期检修中更换的设备一部分是没有必要更换的,降低了经济性。因此,常规的检测方法与现代化状态维护发展趋势不相适应,为了保证电力系统供电可靠性和经济性,电力设备的在线监测和故障诊断就应运而生。

电力变压器的在线监测方法主要分为两种形式:集中式监测和分布式监测。集中式监测可对所有被测设备定时或者巡回自动监测;分布式监测是利用专门的测试仪器测取信号就地测量。

变压器在线监测系统按其各种机械和电气特性采取相应的监测技术,又可分为局部放电在线监测系统、油中溶解气体在线监测系统、铁心接地电流在线监测系统、绕组变形在线监测系统和振动在线监测系统等。

（1）变压器局部放电在线监测系统。

因为变压器局部放电过程中产生的电脉冲、电磁辐射、超声波、光等现象,相应出现了超声波检测法、光测法、电脉冲检测法、射频检测法和 UHF 超高频检测法。

① 超声检测法。

该方法是以固定在变压器油箱壁上的超声传感器接收变压器内部局部放电产生的超声波来检测局部放电的大小和位置。通常采用的超声传感器为压电传感器,为避开铁心的磁噪声和变压器的机械振动噪声,选用的频率范围为 $70 \sim 150 \text{kHz}$。超声检测法主要用于定性判断是否有局部放电信号,结合电脉冲信号或直接利用超声信号对局部放电源进行物理定位。

② 光测法。

光测法是利用局部放电产生的光辐射进行检测。在变压器油中,各种放电发出的光波长不同,光电转换后,通过检测光电流的特征可以实现局部放电的识别。目前,利用局部放电的紫外信号量进行检测已得到了深入研究和应用。此外,光纤技术作为超声技术的辅助手段应用于局部放电检测。该技术将光纤伸入变压器油中,当变压器内部发生局部放电时,超声波在油中传播,这种机械力波挤压光纤,引起光纤变形,导致光纤折射率和光纤长度发生变化,从而光波被调制,通过适当的解调器即可测量出超声波,实现放电定位。

③ 电脉冲法。

电脉冲法又称脉冲电流法,通过检测阻抗、变压器套管末屏接地线、外壳接地线、铁心接地线及绕组中由于局部放电引起的脉冲电流,获得局部放电量。该方法在检测技术上比较方便,可以直接利用电流传感器在变压器相关部位获取局部放电脉冲电流。但是该技术最大的不足在于容易把其他电干扰信号直接引入,有时甚至掩盖掉局部放电脉冲电流信号。

为了有效地识别和抑制干扰,将真正的局部放电信号提取出来,近年来,研究学者引入诸多信号分析方法,包括小波理论、神经网络、指纹分析、模糊诊断等方法,使得基于电脉冲法的局部放电在线监测装置的性能有了长足的进步,如德国 AVO、LEMEC 及澳大利亚虹项等局部放电在线装置,检测最小局部放电量达 100pC,国内装置由于数字滤波技术不是很完善,检测最小局放电量为 3000pC。

④ 射频检测法。

该方法利用罗哥夫斯基线圈从电气设备的中性点处测取信号,测量的信号频率可达 30MHz,提高了局部放电的测量频率。该测试系统安装方便,检测设备不改变电力系统运行方式。但对于三相变压器而言,该测试系统得到的信号是三相局部放电量的总和,无法进行分辨,信号容易受外界干扰。随着数字滤波技术的发展,该方法在局部放电在线监测中已有较广泛的应用,尤其是在发电机在线监测领域。

⑤ 超高频检测法。

针对传统检测方法的不足,近几年出现了一种新的检测方法——超高频检测方法。超高频局部放电检测通过超高频信号天线检测变压器内部局部放电产生的超高频(300~3000MHz)电信号,实现局部放电的检测和定位,UHF 法和脉冲电流法不同,脉冲电流法的频率测量范围一般不超过 1MHz,UHF 法的频率范围为 300~3000MHz。

（2）变压器油中溶解气体在线监测系统。

油中溶解气体分析是目前判断油浸式电力变压器早期潜伏性故障最方便、最有效的方法之一,实际应用最为广泛,已成为判断充油电气设备内部故障和监视设备安全运行不可缺少的手段。因变压器不同的故障引起油分解所产生的气体组分也不尽相同,从而可通过分析油中气体组分的含量来判断变压器的内部故障或潜伏性故障。变压器油中溶解气体在线监测的关键技术包括油气分离技术、混合气体检测技术。目前,应用比较成熟的在线监测系统通常是利用气相色谱法检测绝缘油中各种溶解气体的含量,从而进一步判断变压器内部故障。

（3）变压器绕组变形在线监测系统。

变压器绕组变形是指在机械力或电动力的作用下,绕组的尺寸或形状发生了不可逆转的变化,如轴向和径向尺寸的变化、器身位移、绕组扭曲鼓包、匝间短路等。变压器绕组发生变形后,有的会立即发生损坏事故,但更多的是仍能继续运行。由于变压器绕组变形存在累积效应,如果不及时发现和修复变形,就埋藏了事故隐患,遇到过电压等情况,就可能引发较大的事故。

对于已经发生绕组变形的变压器,用目前的常规试验方法如频响分析法、短路阻抗法等可以发现问题,其主要方法是在现场采取吊罩检查的方法,通过施加低压脉冲并比较响应变化的低压脉冲法,测量变压器短路电抗并与历史数据比较的短路电抗法,测量变压器频率响应并比较其变化的频响分析法。这些方法需要变压器退出运行,即离线检测,不能在线监测变压器绕组状况以便及时发现故障。

基于变压器短路阻抗及阻抗中的电感分量与绕组几何尺寸及相对位置有关,近年来,通过在线检测变压器短路电抗变化来分析绕组状况的技术逐渐得到重视。低压脉冲法和频响分析法都需在变压器绕组的一端施加与运行电压相异的激励信号,实施相对复杂,并且脉冲法重复性较差。短路电抗法在线监测过程中无须额外施加激励量,因而很受重视。

最近又有人提出了一种通过在线测量变压器三相电压和电流量,采用递推最小二乘法辨识变压器的短路电抗和电阻的方法来进行变压器绕组在线监测。

（4）变压器铁芯接地在线监测系统。

变压器铁芯接地在线监测系统主要有三种，即监测变压器绝缘油特征气体的色谱分析法，基于铁心局部发热的红外法和直接监测铁心接地电流的电气法。

油色谱分析法运用最为广泛，技术上也非常成熟，但投资较大，并且只有在变压器油中特征气体达到警示值时才能进行判断，在故障不是很严重时无法及时发现问题，存在滞后性，并且当特征气体的比值不是标准值时，很难准确地判断故障的类型。

红外法作为一种新型方法一般只适用于干式变压器，对于油浸式变压器，红外线很难穿透其外壳和绝缘层，运用起来有一定的局限性。

电气法是通过监测铁心接地线上的电流变化来反映铁心运行状况，是各种方法中最迅速、最直接、最灵敏的方式。

（5）变压器振动在线监测系统。

电力变压器油箱表面的振动与使其振动的变压器绕组及铁心的压紧状况、位移及变形状态密切相关，故在线测量油箱表面振动可反映有载调压开关、绕组和铁心的机械性缺陷，也可对内部局放进行检测和定位。日前，美国、俄罗斯和加拿大等几个国家正在研究利用振动信号分析法在线监测变压器，且俄罗斯已进入现场试用，结果证实该法适于各类变压器，准确率高达 $80\% \sim 90\%$。其不足在于：未充分研究绕组振动特性，如测试位置对振动信号测量的影响及不同压紧状况下绕组振动信号的特征等。

振动监测常采用压电式加速度传感器，安装在变压器铁壳外，频率从几赫兹到 $20 \mathrm{kHz}$，最高 $80 \mathrm{kHz}$。通常加速度传感器的灵敏度在 $10^1 \sim 10^2 \mathrm{mV/(m/s^2)}$ 数量级。

2）高压断路器在线监测系统

GIS 和高压 SF_6 断路器设备在线监测诊断有效的项目是局部放电监测。局部放电监测可以弥补交流耐压试验的不足，通过在线监测发现 GIS 和 SF_6 断路器制造和安装的清洁度，发现设备制造和安装过程中的缺陷、差错和进水受潮等（如安装、维修时内部留有微小遗留物；电极表面有毛刺、刮伤、尖端物等损伤；支撑绝缘子内部有气泡或受潮劣化；导电或接地部分接触不良），并确定放电位置，从而进行有针对性的维修，确保设备安全运行。

此外，SF_6 断路器的绝缘气体在线监测是满足电力安全生产的另一重要监测系统。在高压电弧的作用下或高温时，部分 SF_6 气体会分解成含有剧毒物；泄漏出来的 SF_6 气体及其分解物会往室内低层空间积聚，造成局部缺氧和带毒。这些都将对电力检测人员的生命造成危害。

3）隔离开关和开关柜在线监测系统

根据高压开关柜的不同故障类型，在线监测的内容也不同，可以分为机械特性在线监测、电气性能在线监测、温度在线监测和绝缘性能在线监测等。其中，机械特性在线监测的内容包括合、分闸线圈回路，合、分闸线圈电流、电压，断路器动触头行程，断路器触头速度，合闸弹簧状态，断路器动作过程中的机械振动，断路器操作次数统计等。

4）容性设备在线监测系统

在线监测电流互感器、CVT、耦合电容器、套管等容性设备介质损耗角正切值是一项灵敏度很高的试验项目，它可以发现设备绝缘整体受潮、绝缘劣化以及局部缺陷等。通过全国互感器类容性设备缺陷故障统计分析，绝缘受潮缺陷占总缺陷的 80% 以上。互感器类容性设备一旦绝缘受潮会引起绝缘介质损耗增加，损耗越大，温度上升越快，越易造成绝缘劣化导致绝缘击穿。因此,容性设备在线监测主要是监测介损,方法主要分为硬件法和软件法。其中,硬件法又可分为电桥法、三相不平衡法和过零检测法;软件法分为绝对法和相对法。

5) 电力电缆在线监测系统

电力电缆作为电力系统输电的重要设备,其安全运行对于电力系统至关重要。目前,对电力电缆在线监测研究和应用比较多的是绝缘电阻、介质损耗、局部放电、直流成分这 4 个方面。其中,电力电缆绝缘在线监测又可分为直流法、工频法、低频法 3 大类。

6) 发电机在线监测系统

(1) 局部放电在线监测。

定子绕组故障几乎是发电机故障率最高的部位。定子绕组故障包括绝缘故障、绕组导体故障和绕组端部故障。由于大多数定子绕组故障是电气绝缘逐渐劣化的结果,绝缘故障便成了主要关注对象。定子绕组绝缘故障的主要早期特征便是机器内局部放电行为的增加,因此,对局部放电的监测成为实施定子绕组状态监测的主要工具。

(2) 振动和气隙磁密在线监测。

因在转子旋转时由于自身重力的作用,转子材料表面的裂缝将扩散,这将引起灾难性的转子故障。在负序电流作用下,转子涡流损耗会造成过热并导致疲劳裂纹的出现。如果发电机和系统之间满足谐振条件,突然的暂态过程中可能导致转子扭振,从而引起转子故障。转子不同心会引起振动,并出现不平衡的磁拉力。对转子体故障的早期检测可通过振动监测和气隙磁密监测来实现。

此外,转子绕组匝间短路可能由于发电机在低速启动或停车时,槽中导体表面的污物引起了电弧,或者是巨大的离心力和高温影响了绕组和绕组绝缘。匝间短路故障可引起局部过热甚至导致转子接地。通用的监测方法是采用气隙磁密监测,通过探测气隙磁密,可以确定匝间短路的数量和位置。

(3) 热成像在线监测。

发电机长期运行会使铁心深处过热,引发定子铁心故障。因此,热成像监测技术(包括热成像技术、热模型等)成为定子铁心在线监测的主要技术。

7) 氧化锌避雷器在线监测系统

金属氧化物避雷器(MOA)由于阀片老化或受潮所表现出来的电气特征是阻性电流增大,因此测量运行电压下的交流泄漏电流是金属氧化物避雷器在线监测的主要内容,而测量其阻性电流是关键。目前国内测量全泄漏电流多采用避雷器在线监测器,即将一体的毫安表与计数器串联在避雷器接地回路中。监测器中的毫安表用于监测运行电压下通过避雷器的泄漏电流峰值,有效地监测避雷器内部是否受潮或内部元件是否异常。避雷器在线监测在电力系统中的应用比较成熟且应用效果较好,通过在线监测可及时有效发现避雷器的绝缘劣化缺陷。

3.2 变电站在线监测系统

目前,变电站在线监测系统实现了信息共享平台化、系统框架网络化、设备状态可视化、监测目标全景化、全站信息数字化、通信协议标准化、监测功能构件化、信息展现一体化,实时采集站内设备的状态数据,进行综合的诊断分析和全寿命评估。一方面,变电站在线监测系统内部是一个相对独立的内部互联配变设备网络;另一方面又是远方主站的一个节点,向主站发送变电站内部设备的监测诊断系统和自身状态信息。

变电站在线监测系统采用 IEC 61850 通信标准。IEC 61850 以完整的分层通信体系，采用面向对象的方法，使构建真正意义上的智能化变电站监测系统成为可能。具体来说，智能变电站在线监测系统包括几个部分：①电气设备，变压器等；②在线设备；③集中的在线监测主机。变电站在线监测系统的结构在逻辑结构上可分为三个层次，这三个层次分别称为"过程层"、"间隔层"、"站控层"，如图 3-2 所示。其中，过程层是一次设备和二次设备的结合面，其主要功能是进行输变电设备的特征参数的检测、状态参数的在线检测与统计、操作控制的执行等任务；间隔层的主要功能是进行本间隔过程层实时数据信息的汇总、数据处理、对一次设备实施保护控制功能，具有承上启下的作用；站控层主要任务是汇总全站的实时数据信息，对全站的运行状况进行质量评估，将有关数据信息送往调度或控制中心并接受调度或控制中心有关控制命令，向间隔层、过程层发送控制命令等。

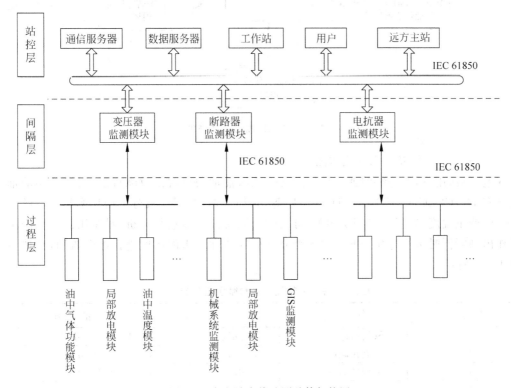

图 3-2　变电站在线监测总体架构图

3.2.1　变电站主要设备的在线监测

1. 变压器智能监测模块

电力变压器是变电站最主要的设备，所以对其的监测是变电站监测系统最为关键的一环。此模块对变压器进行全面监测及质量评估。

通过对反映变压器实时状况的状态参数(油中溶解气体、局部放电、套管介质损耗及电容量、铁心接地电流、油中微水、油中温度等)进行实时监测，对变压器的绝缘状况作出分析、诊断和预测。针对各种特定状态参数采用专用智能传感器模块，围绕变压器的状态参数监测系统硬件框图如图 3-3 所示。图 3-3 中部分传感器模块也将应用于其他输变电设备,视具体监测体系而定。

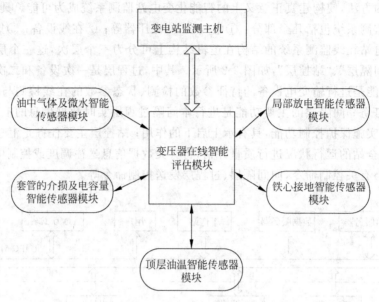

图 3-3　变压器智能监测模块硬件框图

1) 油中溶解气体及微水在线监测

在电、热作用下,绝缘缺陷或运行故障会使绝缘油加快分解出故障特征气体,典型的油中气体有 H_2、CO、CH_4、C_2H_6、C_2H_4、C_2H_2 等,特征气体的含量、成分及增长率与故障的性质、类型、严重程度、发展趋势密切相关,可实时获取特征气体进行分析,对变压器运行的可靠性作出判断同时进行寿命预测。对各组分特征气体和微水的浓度进行综合监测,具体参数如表 3-1 所示。

表 3-1　各组分特征气体和微水监测参数

序号	气　体	分　辨　率	测　量　范　围
1	氢气(H_2)	$1\mu L/L$	$1\sim25\,000\mu L/L$
2	一氧化碳(CO)	$1\mu L/L$	$5\sim25\,000\mu L/L$
3	甲烷(CH_4)	$0.5\mu L/L$	$0.5\sim25\,000\mu L/L$
4	乙烷(C_2H_6)	$0.1\mu L/L$	$0.1\sim25\,000\mu L/L$
5	乙炔(C_2H_2)	$0.1\mu L/L$	$0.1\sim25\,000\mu L/L$
6	乙烯(C_2H_4)	$0.1\mu L/L$	$0.1\sim25\,000\mu L/L$
7	二氧化碳(CO_2)	$10\mu L/L$	$20\sim4000\mu L/L$
8	总烃	$1\mu L/L$	$0.2\sim8000\mu L/L$
9	微水(H_2O)	$1\mu L/L$	$1\sim800\mu L/L$

2) 局部放电在线监测

变压器局部放电是反映高压电气设备状态的一个重要标志。因为很多故障均产生局部放电,局部放电最能有效反映变压器内部的绝缘状况,在线监测变压器内部局部放电信号能及时反映其绝缘状况和发展趋势。因为脉冲电流法的最小可测放电量为 500pC,测量频带为 40kHz～3MHz,脉冲时间分辨率为 $10\mu s$;而超高频(UHF)法的最小可测放电量为 50pC,频率范围为 $300～1500MHz$。目前,已得到越来越多的研究及应用。

此外,UHF 信号抗电磁干扰能力强,特别对空气中的电晕放电具有极强的免疫力,且采用非接触测量方式,检测系统与一次设备没有任何电气上的连接,不影响一次设备运行,对使用者和检测设备更安全;还具有传感器安装灵活等特点。

采用超高频天线检测及接收变压器局部放电产生的超高频(UHF)信号,可实现对变压器局部放电故障的在线监测。应用数字滤波、相位开窗、动态阈值等多项抗干扰方法,有效消除或抑制干扰,保证采集数据准确可靠。

3) 套管介损及电容量在线监测

该模块的监测技术指标如下:介质损耗因数为 $0.1\%～200\%$,测量精度为 $\pm0.05\%$;电容量为 $10pF～2\mu F$,测量精度为 $\pm0.5\%$;而套管接地电流为 $500\mu A～500mA$,测量精度为 $\pm1\%$。

4) 铁心接地电流在线监测

通过铁心接地电流的监测来发现箱体内异物、内部绝缘受潮或损伤、油箱沉积油泥、铁心多点接地等类型的故障,从而及早发现潜伏隐患,提出预警,避免事故的发生,为设备实现定期检修向状态检修过渡提供技术保证。这里参考的技术指标接地电流为 $1mA～5A$,测量精度小于 2.5%。

5) 油微水在线监测

通过顶层油温、底部油温传感器及湿度传感器的安装,可以对绝缘油中含有的微量水进行在线监测。

2. GIS/断路器智能监测模块

除了对 GIS/断路器进行局部放电监测外,断路器的监测有其自身的一些特点。其主要监测参数和功能还应包括如下几方面。

1) 电寿命监测

分合闸过程电流波形,正常工作和分合闸过程电流幅值,分合闸动作次数、时间及日期,主触头累计电磨损(以 I^2T 或 IT 表征)。

2) 机械系统监测

线圈分合闸时间,分合闸线圈电流波形,断路器动触头行程及超行程,断路器分/合状态。

3) SF_6 气体分解物监测/SF_6 气体密度和微水监测。

3. 电抗器智能监测模块

同样,电抗器的智能监测也包括局部放电、铁心接地电流、油中气体及微水在线监测。具体技术指标可参见变压器在线监测部分。

4. 振动在线监测

实时监测变压器、电抗器的振动幅值,通过分析其振动状态的特征量(峰值、有效值、频率等)的异常,及时发现设备内部的电气、机械故障,为变压器、电抗器的状态监测提供可靠的辅助依据。目前,变电站监测系统可支持 16 台信号采集分站,16×24 路振动信号监测通道;测量信号幅值范围为 $1～1000\mu m$;测量精度达到 $0.1\mu m$;测量频带为 $1～1000Hz$。

5. 互感器智能监测模块

对互感器的智能在线监测模块,同样可参照变压器智能监测相关部分,对互感器的电容、介损和局部放电进行在线监测。

6. 避雷器智能监测模块

金属氧化物避雷器在运行过程中会逐渐产生老化和受潮,主要针对阀片老化和内部受潮故障进行监测。其监测的内容包括泄漏电流检测、容性电流和阻性电流。

7. 电力电缆智能监测模块

通过对电力电缆的绝缘电阻、介质损耗、接地电流、局部放电等的监测来判断电力电缆的运行状况和故障情况,从而对电力电缆的寿命进行评估。

8. 在线智能评估诊断模块

在线监测的最终目的就是对设备进行诊断评估。所以,以上所述的输变电设备都需加上在线智能评估诊断模块,在线智能评估诊断模块集数据分析处理、状态评估、输变电设备控制保护以及设备信息上传等功能于一体。由于输变电设备差异,在线智能评估诊断模块具体的实现有所不同。可以说,具有在线智能评估诊断模块是现代智能输变电设备的主要标志,也是与传统输变电设备的重要区别。在线智能评估诊断模块的系统构成如图 3-4 所示。

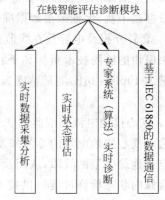

图 3-4　在线智能评估诊断模块的系统构成图

3.2.2　变电站其他监测系统

1. 变电站电能质量在线监测

电能质量在线监测系统主要由现场监测层、通信传输层和数据管理层组成,系统拓扑结构如图 3-5 所示。组网方式有网线、光纤、无线三种模式。

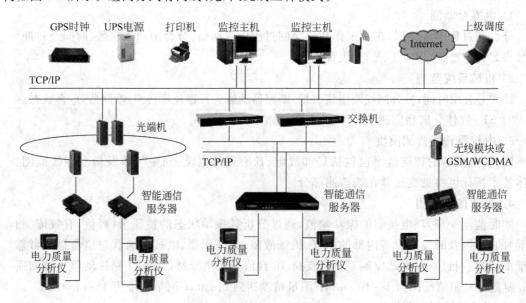

图 3-5　电能质量在线监测系统

1) 现场监测层

现场安装各类电能及电能质量监测设备,要求具有通信功能。可以选择安科瑞的ACR330ELH、ACR320ELH、ACR230ELH、ACR220ELH 等电力仪表,主要功能为 LCD 显示、全电参量测量(U、I、P、Q、PF、F、S);四象限电能计量、复费率电能统计;THDu,THDi,2~31 次各次谐波分量;电压波峰系数、电话波形因子、电流 K 系数、电压与电流不平衡度计算;电网电压电流正、负、零序分量(含负序电流)测量;4DI+3DO,RS485 通信接口、Modbus 协议。

2) 通信传输层

为了将监测层设备采集的数据传送到服务器而负责数据通信传输的设备,主要有通信管理机、串口服务器、网络交换机等。数据采集终端通过串口与监测层设备通信,读取其中数据,并进行初步分析、整理,将数据保存在本地 SD 卡中,之后将数据传输给无线通信模块。无线通信模块采用射频技术,在现场组成无线局域网络,将各点数据采集终端整理的数据收集并传输到后台服务器,也可用网线或光纤的方式传输数据。

3) 数据管理层

对采集数据进行存储、解析及应用的过程,包括服务器架设、各种软件的应用。

另外,从系统功能上看,标准的电能质量在线监测系统具有 CAD 一次单线图显示中、低压配电网络的接线情况;庞大的系统具有多画面切换及画面导航的功能;分散的配电系统具有空间地理平面的系统主画面。主画面可直接显示各回路的运行状态,并具有回路带电、非带电及故障着色的功能。主要电参量直接显示于人机交互界面并实时刷新。一般系统主要人机交互包括用户管理、数据采集处理、趋势曲线分析和报表管理等功能。

(1) 用户管理。

可对不同级别的用户赋予不同权限,从而保证系统在运行过程中的安全性和可靠性。如对某重要回路的合/分闸操作,需操作员级用户输入操作口令,还需工程师级用户输入确认口令后方可完成操作。

(2) 数据采集处理。

系统可实时和定时采集现场设备的各电参量及开关量状态(包括三相电压、电流、功率、功率因数、频率、谐波、不平衡度、电流 K 系数、电话波形因子、电压波峰系数、电能、温度、开关位置、设备运行状态等),将采集到的数据直接显示,或通过统计计算生成新的直观的数据信息再显示(总系统功率、负荷最大值、功率因数上下限等),并对重要信息量进行数据库存储。

(3) 趋势曲线分析。

系统一般还提供实时曲线和历史趋势曲线两种曲线分析界面,通过调用相关回路实时曲线界面分析该回路当前的负荷运行状况。如通过调用某配出回路的实时曲线可分析该回路的电气设备所引起的信号波动情况。系统的历史趋势即系统对所有已存储数据均可查看其历史趋势,方便工程人员对监测的配电网络进行质量分析。

(4) 报表管理。

系统还具有标准的电能报表格式并可根据用户需求设计符合其需要的报表格式,系统可自动设计。可自动生成各种类型的实时运行报表、历史报表、事件故障及告警记录报表,操作记录报表等,可以查询和打印系统记录的所有数据值,自动生成电能的日、月、季、年度报表,根据费率的时段及费率的设定值生成电能的费率报表,查询打印的起点、间隔等参数可自行设置;系统设计还可根据用户需求量身订制满足不同要求的报表输出功能。

2. 自然环境在线监测

自然环境监测包括温度、湿度、日照、风速、雨量、污秽物等环境参数的监测,及其对变电站电气设备运行、老化、评估等的影响。

第4章   传　感　器

传感器技术是信息获取科学与技术的核心技术。信息获取科学与技术又是构成信息技术的三大支柱之一，是信息的源头和基础。但是传感器技术一直都是信息技术发展的瓶颈。信息获取技术大大落后于信息处理技术与信息传输技术，所以传感器仍然是推动科学技术进步的关键和基础，是吸引众多科学技术工作者攻坚的热点。

随着电力系统朝着高电压、大容量的方向发展，保证电力设备的安全运行就更为重要，一旦发生停电事故，将给人们的生产和生活带来巨大的影响和损失。因此，迫切需要对电力设备运行状态进行实时或定时的在线监测，及时反映电力设备如绝缘等劣化程度，以便采取预防措施，避免停电事故发生。而构建这些监测系统，所必需的是前端传感器。通俗地讲，传感器就是将被测信息转换成某种信号的器件，也就是将被测物理量转换成与之相对应的、容易检测、传输或处理的信号的装置，称为传感器。传感器通常直接作用于被测量。深入研究传感器的原理和应用，研制新型电力在线监测传感器，对于电力系统安全运行的自动测量和自动控制的发展，以及实现智能电网都有重要意义。

4.1   温度传感器

在电力系统中，高压开关、变压器、载流母线等高压设备在负载电流过大时会出现温升过高，最后使绝缘部件性能劣化，甚至击穿。根据电力安全监督部门提供数据分析，全国电力企业每年因为高压开关、母线温度过高引发的重大事故上千起，给生产和经营造成巨大经济损失。通过监测变压器、高压电缆接头、高压开关触点温度的运行情况，可有效防止高压输、变电故障的发生，为实现安全生产提供有效保障。因此采取有效监测措施是电力系统急需解决的重大课题。

温度传感器是最早开发，应用最广泛的一类传感器。温度传感器是利用物质各种物理性质随温度变化的规律把温度转换为电量的传感器。这些呈现规律性变化的物理性质主要有半导体。温度传感器是温度测量仪表的核心部分，品种繁多，典型的有热敏传感器、数字温度传感器、红外温度传感器和光纤温度传感器等。

4.1.1 热敏传感器

热敏传感器主要有热电偶式和热电阻式。

1. 热电偶

热电偶式，即热电偶作为温度传感器，测得与温度相应的热电动势，由仪表显示出温度值。它广泛用来测量 $-200 \sim 1300 ℃$ 范围内的温度，特殊情况下，可测至 $2800 ℃$ 的高温或

4K 的低温。它具有结构简单、价格便宜、准确度高、测温范围广等特点。由于热电偶将温度转化成电量进行检测,使温度的测量、控制,以及对温度信号的放大、变换都很方便,适用于远距离测量和自动控制。

1) 热电偶工作原理

热电效应:两种不同材料的导体(或半导体)组成一个闭合回路,当两接点温度 T 和 T_0 不同时,则在该回路中就会产生电动势的现象。

由两种导体的组合并将温度转化为热电动势的传感器叫做热电偶。

热电动势是由两种导体的接触电势(珀尔贴电势)和单一导体的温差电势(汤姆逊电势)所组成。热电动势的大小与两种导体材料的性质及接点温度有关。

接触电动势:由于两种不同导体的自由电子密度不同而在接触处形成的电动势。

温差电动势:同一导体的两端因其温度不同而产生的一种电动势。

导体内部的电子密度是不同的,当两种电子密度不同的导体 A 与 B 接触时,接触面上就会发生电子扩散,电子从电子密度高的导体流向密度低的导体。电子扩散的速率与两导体的电子密度有关并和接触区的温度成正比。设导体 A 和 B 的自由电子密度为 N_A 和 N_B,且 $N_A > N_B$,电子扩散的结果使导体 A 失去电子而带正电,导体 B 则获得电子而带负电,在接触面形成电场。这个电场阻碍了电子的扩散,达到动平衡时,在接触区形成一个稳定的电位差,即接触电势,其大小为

$$e_{AB} = (kT/e)\ln(N_A/N_B) \tag{4-1}$$

式中,k——玻耳兹曼常数,$k = 1.38 \times 10^{-23} \text{J/K}$;

$\quad\quad\ e$——电子电荷量,$e = 1.6 \times 10^{-19} \text{℃}$;

$\quad\quad\ T$——接触处的温度,K;

$\quad\quad\ N_A, N_B$——分别为导体 A 和 B 的自由电子密度。

因导体两端温度不同而产生的电动势称为温差电势。由于温度梯度的存在,改变了电子的能量分布,高温(T)端电子将向低温端(T_0)扩散,致使高温端因失去电子带正电,低温端因获电子而带负电。因而在同一导体两端也产生电位差,并阻止电子从高温端向低温端扩散,于是电子扩散形成动平衡,此时所建立的电位差称为温差电势即汤姆逊电势,它与温度的关系为

$$e = \int_{T_0}^{T} \sigma \, \mathrm{d}T \tag{4-2}$$

式中 σ 为汤姆逊系数,表示温差 1℃所产生的电动势值,其大小与材料性质及两端的温度有关。

导体 A 和 B 组成的热电偶闭合电路在两个接点处有两个接触电势 $e_{AB}(T)$ 与 $e_{AB}(T_0)$,又因为 $T > T_0$,在导体 A 和 B 中还各有一个温差电势。所以闭合回路总热电动势 $E_{AB}(T, T_0)$ 应为接触电动势和温差电势的代数和,即:

$$E_{AB}(T, T_0) = e_{AB}(T) - e_{AB}(T_0) - \int_{T_0}^{T} (\sigma_A - \sigma_B) \mathrm{d}T \tag{4-3}$$

对于已选定的热电偶,当参考温度恒定时,总热电动势就变成测量端温度 T 的单值函数,即 $E_{AB}(T, T_0) = f(T)$。这就是热电偶测量温度的基本原理。

在实际测温时,必须在热电偶闭合回路中引入连接导线和仪表。

2）热电偶基本定律

（1）中间导体定律。

在热电偶回路中接入第三种材料的导体,只要其两端的温度相等,该导体的接入就不会影响热电偶回路的总热电动势。根据这一定则,可以将热电偶的一个接点断开接入第三种导体,也可以将热电偶的一种导体断开接入第三种导体,只要每一种导体的两端温度相同,均不影响回路的总热电动势。在实际测温电路中,必须有连接导线和显示仪器,若把连接导线和显示仪器看成第三种导体,只要它们两端的温度相同,则不影响总热电动势。

（2）中间温度定律。

在热电偶测温回路中,t_c 为热电极上某一点的温度,热电偶 AB 在接点处温度为 t、t_0 时的热电势 $e_{AB}(t, t_0)$ 等于热电偶 AB 在接点温度 t、t_c 和 t_c、t_0 时的热电势 $e_{AB}(t, t_c)$ 和 $e_{AB}(t_c, t_0)$ 的代数和,即

$$e_{AB}(t, t_0) = e_{AB}(t, t_c) - e_{AB}(t_c, t_0) \tag{4-4}$$

（3）标准导体（电极）定律。

如果两种导体分别与第三种导体组成的热电偶所产生的热电动势已知,则由这两种导体组成的热电偶所产生的热电动势也就已知,这个定律就称为标准电极定律。

（4）均质导体定律。

由一种均质导体组成的闭合回路,不论导体的横截面积、长度以及温度分布如何均不产生热电动势。如果热电偶的两根热电极由两种均质导体组成,那么,热电偶的热电动势仅与两接点的温度有关,与热电偶的温度分布无关;如果热电极为非均质电极,并处于具有温度梯度的温场时,将产生附加电势,如果仅从热电偶的热电动势大小来判断温度的高低就会引起误差。

3）热电偶的材料与结构

（1）热电偶的材料。

适于制作热电偶的材料有三百多种,其中广泛应用的有 40～50 种。国际电工委员会向世界各国推荐 8 种热电偶作为标准化热电偶,我国标准化热电偶也有 8 种。分别是:铂铑10-铂（分度号为 S）、铂铑 13-铂（R）、铂铑 30-铂铑 6（B）、镍铬-镍硅（K）、镍铬-康铜（E）、铁-康铜（J）、铜-康铜（T）和镍铬硅-镍硅（N）。

（2）热电偶的结构。

普通型热电偶:主要用于测量气体、蒸汽和液体等介质的温度。

铠装热电偶:由金属保护套管、绝缘材料和热电极三者组合成一体的特殊结构的热电偶。

薄膜热电偶:用真空蒸镀的方法,把热电极材料蒸镀在绝缘基板上而制成。测量端既小又薄,厚度约为几微米左右,热容量小,响应速度快,便于敷贴。

4）热电偶冷端的温度补偿

根据热电偶测温原理,只有当热电偶的参考端的温度保持不变时,热电动势才是被测温度的单值函数。经常使用的分度表及显示仪表,都是以热电偶参考端的温度为 0℃ 为先决条件的。但是在实际使用中,因热电偶长度受到一定限制,参考端温度直接受到被测介质与环境温度的影响,不仅难于保持 0℃,而且往往是波动的,无法进行参考端温度修正。因此,要使变化很大的参考端温度恒定下来,通常采用以下方法。

(1) 0℃恒温法。

(2) 冷端温度修正法。

(3) 补偿导线法。

2. 热电阻式传感器

1) 热电阻

温度升高,金属内部原子晶格的振动加剧,从而使金属内部的自由电子通过金属导体时的阻碍增大,宏观上表现出电阻率变大,电阻值增加,称其为正温度系数,即电阻值与温度的变化趋势相同。

电阻温度计是利用导体或半导体的电阻值随温度的变化来测量温度的元件,它由热电阻体(感温元件)、连接导线和显示或记录仪表构成。习惯上将用作标准的热电阻体称为标准温度计,而将工作用的热电阻体直接称为热电阻。广泛用来测量-200~850℃范围内的温度,少数情况下,低温可至1K,高温可达1000℃。在常用的电阻温度计中,标准铂电阻温度计的准确度最高,并作为国际温标中961.78℃以下内插用标准温度计。同热电偶相比,具有准确度高、输出信号大、灵敏度高、测温范围广、稳定性好、输出线性好等特性;但结构复杂、尺寸较大,因此热响应时间长,不适于测量体积狭小和温度瞬变区域。

热电阻按感温元件的材质分为金属与半导体两类。金属导体有铂、铜、镍、铑铁及铂钴合金等,在工业生产中大量使用的有铂、铜两种热电阻;半导体有锗、碳和热敏电阻等。按准确度等级分为标准电阻温度计和工业热电阻。按结构分为薄膜型和铠装型等。

(1) 铂热电阻。

铂的物理化学性能极为稳定,并有良好的工艺性。以铂作为感温元件具有示值稳定、测量准确度高等优点,其使用范围是-200~850℃。除作为温度标准外,还广泛用于高精度的工业测量。

(2) 铜热电阻。

铜热电阻的使用范围是-50~150℃,具有电阻温度系数大、价格便宜、互换性好等优点,但它固有电阻太小,另外,铜在250℃以上易氧化。铜热电阻在工业中的应用逐渐减少。

2) 热敏电阻

热敏电阻有负温度系数(NTC)和正温度系数(PTC)之分。

NTC又可分为以下两大类。

第一类用于测量温度,它的电阻值与温度之间呈严格的负指数关系。

第二类为突变型(CTR)。当温度上升到某临界点时,其电阻值突然下降。

热敏电阻是一种电阻值随其温度成指数变化的半导体热敏元件,广泛应用于家电、汽车、测量仪器等领域。具有如下优点。

(1) 电阻温度系数大,灵敏度高,比一般金属电阻大10~100倍。

(2) 结构简单,体积小,可以测量"点"温度。

(3) 电阻率高,热惯性小,适宜动态测量。

(4) 功耗小,不需要参考端补偿,适于远距离的测量与控制。

缺点是阻值与温度的关系呈非线性,元件的稳定性和互换性较差。除高温热敏电阻外,不能用于350℃以上的高温。

热敏电阻是由两种以上的过渡金属如Mn、Co、N、Fe等复合氧化物构成的烧结体,根据组成的不同,可以调整它的常温电阻及温度特性。多数热敏电阻具有负温度系数,即当温度升高时电阻值下降,同时灵敏度也下降。此外,还有正温度系数热敏电阻和临界温度系数热敏电阻。

3）热电阻测温电路

最常用的热电阻测温电路是电桥电路,有二线制、三线制和四线制。

在各种智能仪表中,对于铂电阻测温,典型的用法是用不平衡电桥将铂电阻随温度变化的电信号输出,再经放大和 A/D 转换后送单片机进行运算。在此用法中,铂电阻的非线性、不平衡电桥的非线性以及连接引线电阻的附加影响都会给测温带来一定的误差。铂电阻的非线性是其本身固有的,不平衡电桥的非线性和引线电阻的附加影响则与测量方法有关。因此,要实现高精度测温必须消除或补偿引线电阻的影响,减小、消除测量电路的非线性。

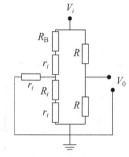

图 4-1 三线制铂电阻测温
电桥电路

四线制铂电阻测温当然是消除引线影响的最佳方案,但对多路测温而言成本太高,工业上一般采用折中的三线制铂电阻测温方案。当测量电路为不平衡电桥时,虽然对不平衡电桥的非线性现在有较多的线性化处理方法,如硬件方法、软件方法,但引线电阻的影响依然存在。引线电阻受所处复杂环境温度影响而使其阻值难以标定,其线性化电路难以调整。如图 4-1 所示为三线制铂电阻测温电桥电路。

由如图 4-1 所示电路可知:

$$V_0 = \frac{V_i}{2} \cdot \frac{(R_t - R_B)}{R_t + R_B + 2r_t} \tag{4-5}$$

式中,R_t 为温度 t 时铂电阻阻值;R_B 为初始温度 t_0 时铂电阻阻值,$R_B = R_{t_0}$,r_t 为铂电阻引线电阻。当 r_t 因环境温度影响变为 r_{t_1} 时有:

$$V_0 = \frac{V_i}{2} \cdot \frac{(R_t - R_B)}{R_t + R_B + 2r_{t_1}} \tag{4-6}$$

$$\frac{\Delta V_0}{V_0} = \frac{V_0' - V_0}{V_0} = \frac{2(r_{t_1} - r_t)}{R_t + R_B + r_t} \tag{4-7}$$

以长 100m、截面为 $1mm^2$ 的铜导线为例,其电阻为 $r = \rho \times 20 \times 100 = 1172(\Omega)$(其中 ρ 为导率)。若引线所处环境温度在 20℃ 基础上变化 ±20℃(平均值),则有:

$$\Delta r = r_{t_1} - r_t = \pm \alpha t r_t = \pm 0.004 \times 20 \times 1.72 = \pm 0.1376(\Omega) \tag{4-8}$$

式中,α 为铜阻平均温度系数。显然,不论用硬件还是软件线性化处理,铂电阻引线与环境温度变化带来的影响使不平衡电桥电路无法满足高精度测温要求。

4.1.2 数字温度传感器

随着科学技术的不断进步与发展,温度传感器的种类日益繁多,应用逐渐广泛,并且开始由模拟式向着数字式、单总线式、双总线式和三总线式方向发展。而数字温度传感器更因适用于各种微处理器接口组成的自动温度系统,具有可以克服模拟传感器与微处理器接口时需要信号调理电路和 A/D 转换器的弊端等优点,被广泛应用于工业控制、电子测温计、医疗仪器等各种温度控制系统中。其中,比较有代表性的数字温度传感器有 DS18B20、

MAX6573、DS1722、MAX6635 等。这里主要介绍 DS18B20 数字温度传感器。

DS18B20 是 Dallas 公司生产的一线式数字温度传感器,具有 3 引脚 TO-92 小体积封装形式;温度测量范围为−55℃～+125℃,可编程为 9～12 位 A/D 转换精度,测温分辨率可达 0.0625℃,被测温度用符号扩展的 16 位数字量方式串行输出;其工作电源既可在远端引入,也可采用寄生电源方式产生;多个 DS18B20 可以并联到三根或两根线上,CPU 只需一根端口线就能与诸多 DS18B20 通信,占用微处理器的端口较少,可节省大量的引线和逻辑电路。以上特点使 DS18B20 非常适用于远距离多点温度检测系统。

DS18B20 的内部结构主要由 4 部分组成:64 位光刻 ROM、温度传感器、高温和低温触发器、配置寄存器,如图 4-2 所示。

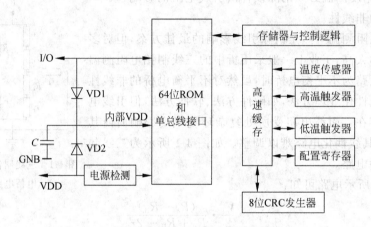

图 4-2　DS18B20 的内部结构

DS18B20 的工作原理如图 4-3 所示,是用一个高温度系数的振荡器确定一个门周期,内部计数器在这个门周期内对一个低温度系数的振荡器的脉冲进行计数来得到温度值。低温度系数晶振的振荡频率受温度的影响很小,用于产生固定频率的脉冲信号送给减法计数器 1,为计数器提供一频率稳定的计数脉冲。高温度系数晶振随温度变化其振荡频率明显改变,很敏感的振荡器,所产生的信号作为减法计数器 2 的脉冲输入,为计数器 2 提供一个频率随温度变化的计数脉冲。图中还隐含着计数门,当计数门打开时,DS18B20 就对低温度系数振荡器产生的时钟脉冲进行计数,进而完成温度测量。计数门的开启时间由高温度系数振荡器来决定,每次测量前,首先将−55℃ 所对应的基数分别置入减法计数器 1 和温度寄存器中,减法计数器 1 和温度寄存器被预置在−55℃ 所对应的一个基数值。减法计数器 1 对低温度系数晶振产生的脉冲信号进行减法计数,当减法计数器 1 的预置值减到 0 时温度寄存器的值将加 1,减法计数器 1 的预置将重新被装入,减法计数器 1 重新开始对低温度系数晶振产生的脉冲信号进行计数,如此循环直到减法计数器 2 计数到 0 时,停止温度寄存器值的累加,此时温度寄存器中的数值即为所测温度。斜率累加器用于补偿和修正测温过程中的非线性,其输出用于修正减法计数器的预置值,只要计数门仍未关闭就重复上述过程,直至温度寄存器值达到被测温度值。

温度传感器是 Dallas 公司生产的 1-Wire 系列 DS18B20 单总线高精度数字计,它适用于单个主机系统,能够控制一个或多个从机设备。设备(主机或从机)通过一个漏极开路或

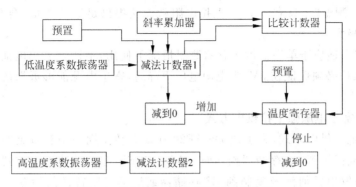

图 4-3 DS18B20 的内部测温电路框图

三态端口,连接至单总线,这样允许设备在不发送数据时释放数据总线,以便总线被其他设备所使用。DS18B20 的单总线端口为漏极开路,其内部等效电路如图 4-4 所示。

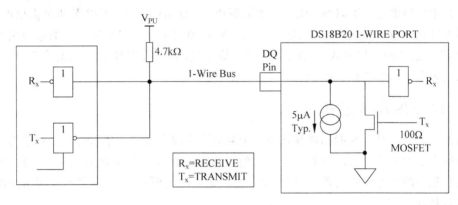

图 4-4 DS18B20 内部等效电路图

单总线需接一个 $4.7\mathrm{k}\Omega$ 的外部上拉电阻,因此 DS18B20 的闲置状态为高电平。不管什么原因,如果传输过程需要暂时挂起,且要求传输过程还能继续,则总线必须处于空闲状态。位传输之间的恢复时间没有限制,只要总线在恢复期间处于空闲状态。如果总线保持低电平的时间超过 $480\mu s$ 以上的,总线上所有的器件将复位。

DS18B20 的工作方式共有如下三种。

1. DS18B20 寄生电源供电方式

不适宜采用电池供电系统中,并且工作电源 VCC 必须保证在 5V,当电源电压下降时,寄生电源能够汲取的能量也降低,会使温度误差变大。在寄生电源供电方式下,DS18B20 从单线信号线上汲取能量:在信号线 DQ 处于高电平期间把能量储存在内部电容里,在信号线处于低电平期间消耗电容上的电能工作,直到高电平到来再给寄生电源(电容)充电。独特的寄生电源方式有以下三个好处。

(1) 进行远距离测温时,无须本地电源。

(2) 可以在没有常规电源的条件下读取 ROM。

(3) 电路更加简洁,仅用一根 I/O 口实现测温。

要想使 DS18B20 进行精确的温度转换,I/O 线必须保证在温度转换期间提供足够的能量,由于每个 DS18B20 在温度转换期间工作电流达到 1mA,当几个温度传感器挂在同一根

I/O 线上进行多点测温时,只靠 4.7kΩ 上拉电阻就无法提供足够的能量,会造成无法转换温度或温度误差极大。

因此,该电路只适应于单一温度传感器测温情况下使用,不适宜采用电池供电系统中。并且工作电源 VCC 必须保证在 5V,当电源电压下降时,寄生电源能够汲取的能量也降低,会使温度误差变大。

2. DS18B20 寄生电源强上拉供电方式

改进的寄生电源供电方式,为了使 DS18B20 在动态转换周期中获得足够的电流供应,当进行温度转换或拷贝到 E2 存储器操作时,用 MOSFET 把 I/O 线直接拉到 VCC 就可提供足够的电流,在发出任何涉及复制到 E2 存储器或启动温度转换的指令后,必须在最多 10μs 内把 I/O 线转换到强上拉状态。在强上拉方式下可以解决电流供应不足的问题,因此也适合于多点测温应用,缺点就是要多占用一根 I/O 口线进行强上拉切换。

3. DS18B20 的外部电源供电方式

在外部电源供电方式下,DS18B20 工作电源由 VDD 引脚接入,可以保证转换精度,同时在总线上理论可以挂接任意多个 DS18B20 传感器,组成多点测温系统。外部电源供电方式是 DS18B20 最佳的工作方式,工作稳定可靠,抗干扰能力强,而且电路也比较简单,可以开发出稳定可靠的温度监控系统。

4.1.3 红外温度传感器

一切温度高于绝对零度的物体都在不停地向周围空间发出红外辐射能量。物体的红外辐射能量的大小及其按波长的分布——与它的表面温度有着十分密切的关系。因此,通过对物体自身辐射的红外能量的测量,便能准确地测定它的表面温度,这就是红外辐射测温所依据的客观基础。

黑体是一种理想化的辐射体,它吸收所有波长的辐射能量,没有能量的反射和透过,其表面的发射率为 1。其他的物质反射系数小于 1,称为灰体。应该指出,自然界中并不存在真正的黑体,但是为了弄清和获得红外辐射分布规律,在理论研究中必须选择合适的模型,这就是普朗克提出的体腔辐射的量子化振子模型,从而导出了普朗克黑体辐射的定律,即以波长表示的黑体光谱辐射度,这是一切红外辐射理论的出发点,故称黑体辐射定律。

由于黑体的光谱辐射功率 $P_b(\lambda T)$ 与绝对温度 T 之间满足普朗克定理:

$$P_b(\lambda T) = \frac{c_1 \lambda^{-5}}{\exp\dfrac{c_2}{\lambda T} - 1} \tag{4-9}$$

其中,$P_b(\lambda T)$——黑体的辐射出射度;

　　λ——波长;

　　T——绝对温度;

　　c_1、c_2——辐射常数。

式(4-9)说明在绝对温度 T 下,波长 λ 处单位面积上黑体的辐射功率为 $P_b(\lambda T)$。根据这个关系可以得到如图 4-5 所示的关系曲线。

从图 4-5 中可以得出以下几点结论。

(1) 随着温度的升高,物体的辐射能量越强。这是红外辐射理论的出发点,也是单波段红外测温仪的设计依据。

(2) 随着温度升高,辐射峰值向短波方向移动(向左),并满足维恩位移定理 $T \cdot \lambda m = 2897.8\mu m \cdot K$,峰值处的波长 λm 与绝对温度 T 成反比,虚线为 λm 处峰值连线。式(4-9)说明了为什么高温测温仪多工作在短波处,低温测温仪多工作在长波处。

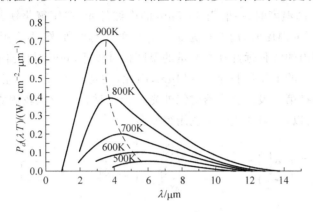

图 4-5 黑体辐射的光谱分析

(3) 辐射能量随温度的变化率,短波处比长波处大,即短波处工作的测温仪相对信噪比高(灵敏度高),抗干扰性强,测温仪应尽量选择工作在峰值波长处,特别是低温小目标的情况下,这一点显得尤为重要。

根据斯特藩-玻耳兹曼定理,黑体的辐出度 $P_b(T)$ 与温度 T 的 4 次方成正比,即:

$$P_b(T) = \sigma T^4 \tag{4-10}$$

式中,$P_b(T)$——温度为 T 时,单位时间从黑体单位面积上辐射出的总辐射能,称为总辐射度;σ——斯特藩-玻耳兹曼常量;T——物体温度。

式(4-10)中黑体的热辐射定律正是红外测温技术的理论基础。如果在条件相同的情况下,物体在同一波长范围内辐射的功率总是小于黑体的功率,即物体的单色辐出度 $P_b(T)$ 小于黑体的单色黑度 $\varepsilon(\lambda)$,即实际物体接近黑体的程度。

$$\varepsilon(\lambda) = P(T) / P_b(T) \tag{4-11}$$

考虑到物体的单色黑度 $\varepsilon(\lambda)$ 是不随波长变化的常数,即 $\varepsilon(\lambda) = \varepsilon$,称此物体为灰体。它随不同物质而值不同,即使是同一种物质因其结构不同值也不同,只有黑体 $\varepsilon = 1$,而一般灰体 $0 < \varepsilon < 1$,由式(4-10)可得:

$$P(T) = \varepsilon P_b(T); \quad P(T) = \varepsilon \sigma T^4 \tag{4-12}$$

即所测物体的温度为:

$$T = \left(\frac{P(T)}{\varepsilon \sigma}\right)^{\frac{1}{4}} \tag{4-13}$$

式(4-13)正是物体的热辐射测温的数学描述。

红外探测器一般由光学系统、敏感元件、前置放大器和信号调制器组成。光学系统是远红外探测器的重要组成部分。根据光学系统的结构分为反射式光学系统的红外探测器和透射式光学系统的红外探测器两种。

对于反射式光学系统的红外探测器,它由凹面玻璃反射镜组成,其表面镀金、铝和镍铬等红外波段反射率很高的材料构成反射式光学系统。为了减小像差或使用上的方便,常另加一片次镜,使目标辐射经两次反射聚集到敏感元件上,敏感元件与透镜组合在一起,前置放大器接收热电转换后的电信号,并对其进行放大。

透射式光学系统的红外探测器示意图如图4-6所示。透射式光学系统的部件用红外光学材料做成,不同的红外光波长应选用不同的红外光学材料:在测量700℃以上的高温时,用波长为0.75～3μm范围内的近红外光,用一般光学玻璃和石英等材料作透镜材料;当测量100～700℃范围内的温度时,一般用3～5μm的中红外光,多用氟化镁、氧化镁等热敏材料;当测量100℃以下的温度时,用波长为5～14μm的中远红外光,多采用锗、硅、硫化锌等热敏材料。三个范围内的波长远红外光测量的温度相对较低,同时对仪器的损坏相对较小,而远红外测温仪最适合的工作波长是8～14μm,因此,在选用波段时应充分考虑远红外测温仪的工作波长而选择第三段。获取透射红外光的光学材料一般比较困难,反射式光学系统可避免这一困难,所以,反射式光学系统用得较多。

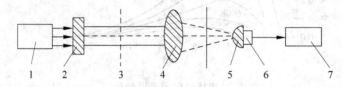

图4-6　透射式远红外探测器示意图

1—光管;2—保护窗口;3—光栅;4—透镜;5—浸没透镜;6—敏感元件;7—前置放大器

4.1.4　光纤温度传感器

传统的温度测量技术在各个领域的应用已很成熟,如热电偶、热敏电阻、光学高温计、半导体以及其他类型的温度传感器。它们的敏感特性都是以电信号为工作基础的,即温度信号被电信号调制。而在特殊工作情况和环境下,如易燃、易爆、高电压、强电磁场、具有腐蚀性气体、液体,以及要求快速响应、非接触等场合,光纤温度测量技术具有独到的优越性。

由于光纤本身的电绝缘性以及固有的宽频带等优点,使得光纤温度传感器突破了电调制温度传感器的限制。同时,由于其工作时温度信号被光信号调制,传感器多采用石英光纤,传输的信号幅值损耗低,可以远距离传输,使传感器的光电器件远离现场,避开了恶劣的环境。在辐射测温中,光纤代替了常规测温仪的空间传输光路,使干扰因素如尘雾、水汽等对测量结果影响很小。光纤质量小,截面小,可弯曲传输测量不可视的工作温度,便于特殊工况下的安装使用。

光纤用于温度测量的机理与结构形式多种多样,按光纤所起的作用基本上可分为两大类:一类是传光型,这类传感器仅由光纤的几何位置排布实现光转换功能;另一类是传感型,它以光的相位、波长、强度(干涉)等为测量信号。

光纤温度传感器的测温机理及特点如表4-1所示。

表4-1　光纤温度传感器的测温机理及特点

测温机理	传感器的特点
荧光	激发的荧光(强度、时间)与测量温度的相关性(荧光余辉)
光干涉	法布里-珀罗器件,薄膜干涉
光吸收	砷化镓等半导体吸收
热致光辐射	黑体腔、石英、红外光纤、光导棒
光散射	载有温度信息的光在光纤中形成的拉曼散射、瑞利散射

传光型光纤温度传感器通常使用电子式敏感器件,光纤仅为信号的传输通道;而传感型光纤温度传感器利用其本身具有的物理参数随温度变化的特性检测温度,光纤本身为敏感元件,其温度灵敏度较高,但由于光纤对温度以外的干扰如振动、应力等的敏感性,使其工作的稳定性和精度受到影响。

传光型与传感型相比,虽然其温度灵敏度较低,但是由于具有技术上容易实现、结构简单、抗干扰能力强等特点,在实用化技术方面取得了突破,发展较快。如荧光衰减型、热辐射型光纤温度传感器已达到实用水平。

对测量物体某一点温度或温度场温度的点式光纤温度传感器的研究和开发比较活跃,其实用精度和可靠性较高。近几年,为了解决温度场的测量问题,研制出了分布式光纤温度传感器,它相对于以电信号为基础的温度传感器和点式光纤温度传感器而言,无论是测量技术的难度、测量温度的内容及指标,还是测量的场合和范围都提高到了一个新的阶段。

1. 半导体光吸收型光纤温度传感器

许多半导体材料在它的红限波长(即其禁带宽度对应的波长)的一段光波长范围内有递减的吸收特性,超过这一波段范围几乎不产生吸收,这一波段范围称为半导体材料的吸收端。例如,GaAs、CdTe(碲化镉)材料的吸收端在 $0.9\mu m$ 附近,如图 4-7 所示。

用这种半导体材料作为温度敏感头的原理是,它们的禁带宽度随温度升高几乎线性地变窄,相应的红限波长几乎线性地变长,从而使其光吸收端线性地向长波方向平移。显然,当一个辐射光谱与半导体材料吸收谱相一致的光源发出的光通过半导体时,其透射光强随温度升高而线性地减小。可采用如图 4-8 所示的结构,就组成了一个最简单的光纤温度传感器。

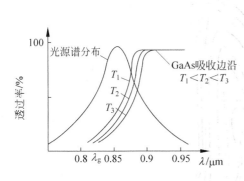

图 4-7　光吸收温度特性

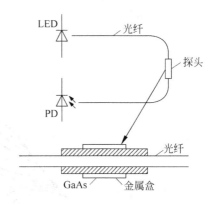

图 4-8　一个最简单的光纤温度传感器结构

如图 4-8 所示这种结构由于光源不稳定的影响很大,实际中很少采用。而比较实用的光纤温度传感器结构设计如图 4-9 所示。

它采用了两个光源,一个是铝镓砷发光二极管,波长 $\lambda_1 \approx 0.88\mu m$;另一个是铟镓砷磷发光二极管,波长 $\lambda_2 \approx 1.27\mu m$。敏感头对 λ_1 光的吸收随温度而变化,对 λ_2 光不吸收,故取 λ_2 光作为参考信号。用雪崩光电二极管作为光探测器。经采样放大器后,得到两个正比于脉冲宽度的直流信号,再由除法器以参考光信号(λ_2)为标准将与温度相关的光信号(λ_1)归一化。于是,除法器的输出只与温度 T 有关。采用单片机进行信息处理即可显示温度。

这种传感器的测量范围是 $-10 \sim 300\,℃$,精度可达 $\pm 1\,℃$。

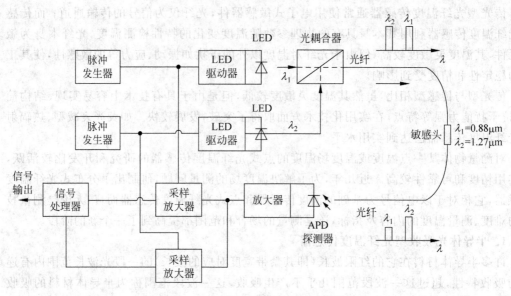

图 4-9　实用的光纤温度传感器结构

2. 热色效应光纤温度传感器

许多无机溶液的颜色随温度而变化,因而溶液的光吸收谱线也随温度而变化,称为热色效应。其中,钴盐溶液表现出最强的光吸收作用,热色溶液如$[(CH_3)_3CHOH\ CoCl_2]$溶液的光吸收频谱如图 4-10 所示。

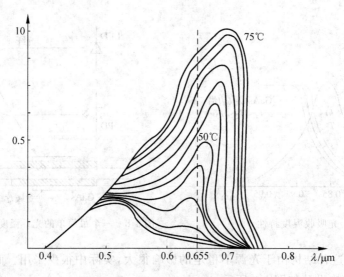

图 4-10　热色溶液的光吸收频谱

在 25～75℃ 的不同温度下,波长在 400～800nm 范围内有强烈的热色效应。在 655nm 波长处,光透射率几乎与温度成线性关系,而在 800nm 处,几乎与温度无关。同时,这样的热色效应是完全可逆的,因此可将这种溶液作为温度敏感探头,并分别采用波长为 655nm 和 800nm 的光作为敏感信号和参考信号。这种温度传感器的组成如图 4-11 所示。

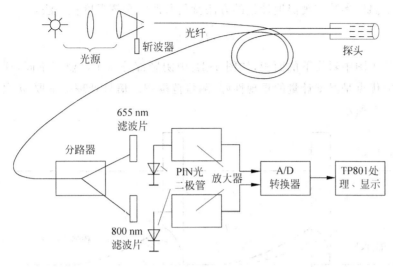

图 4-11　热色溶液的光吸收频谱

光源采用卤素灯泡,光进入光纤之前进行斩波调制。探头外径为 1.5mm,长为 10mm,内充钴盐溶液,两根光纤插入探头,构成单端反射形式。从探头出来的光纤经 Y 形分路器将光分为两种,分别经 655nm 和 800nm 滤波片得到信号光和参考光,再经光电信息处理电路,得到温度信息。

由于系统利用信号光和参考光的比值作为温度信息,因而消除了光源波动及其他因素的影响,保证了系统测量的准确性。该光纤温度传感器的温度测量范围在 25～50℃,测量精度可达±0.2℃,响应时间小于 0.5s,特别适用于微波场下的人体温度测量。

3. 荧光型光纤温度传感器

荧光现象大致分为两类:一类是下转换荧光现象,短波长辐射(紫外线、X 射线)激发出长波长(可见光)光辐射;另一类是上转换荧光现象,长波长光辐射(LED、红外光)通过双光子效应激发出短波长(可见光)光辐射。后一类用于温度测量时,费效比低,有实用意义。荧光材料是 Y(钇 yttrium)F_3:Yb^{3+}(镱 ytterbium)-Er^{3+} 荧光粉,激励波长为 940nm,荧光波长为 554nm。其荧光特性如图 4-12 所示。

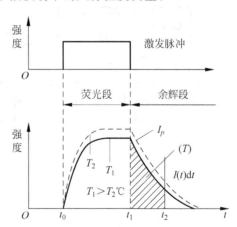

图 4-12　光脉冲激励的荧光特性

其荧光特性分为荧光段和余辉段。余辉强度 $I(t)$ 是温度和时间的函数,即

$$I(t) = AI_p(T)\exp\left[-\frac{t}{\tau(T)}\right] \qquad (4\text{-}14)$$

式中,$t = t_2 - t_1$;A 是常数;$I_p(T)$ 是停止激励时的荧光峰值强度,是温度的函数;$\tau(T)$ 是荧光余辉寿命,是温度的函数。

式(4-14)表明,$I_p(T)$ 和 $\tau(T)$ 是两个与温度 T 有关的独立的参数,可用于计量温度。

联合使用这两个温度参数实现温度计量的方法就是所谓的余辉强度积分法，即

$$T \propto \int I(t)\,\mathrm{d}t \qquad\qquad (4\text{-}15)$$

该积分值等于图中斜线下的面积，如图 4-12 中阴影部分所示。温度不同，这个面积不同。这种方法的优点是温度计量的重现性好，测量范围宽。信号处理中采取 m 次累计平均的方法，如图 4-13 所示。

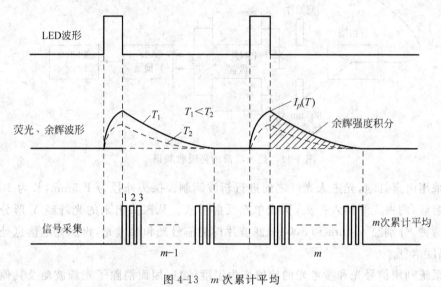

图 4-13　m 次累计平均

实现的荧光型光纤温度传感器的组成原理框图如图 4-14 所示。

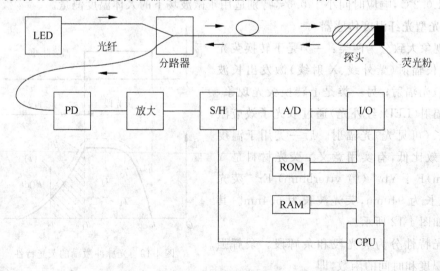

图 4-14　荧光型光纤温度传感器的组成原理框图

LED 发射波长为 940nm 的脉冲光，通过光纤入射到探头荧光粉上，由于双光子过程荧光粉发射出波长为 554nm 的绿光，经光纤分路送至光电探测器进行光电转换，再经放大电路放大，由微机控制的采样、保持及模-数转换电路对荧光波进行采样，并由微机对采集的数据进行处理，给出温度的信息。

4. 光纤光栅温度传感器

光纤光栅（FBG）是一种反射式光纤滤波器件，通常采用紫外线干涉条纹照射一段10mm长的裸光纤，在纤芯产生折射率周期调制，在布拉格波长上，在光波导内传播的前向导模会耦合到后向反射模式，形成布拉格反射。对于特定的空间折射率调制周期（Λ）和纤芯折射率（n），布拉格波长为：

$$\lambda_b = 2n\Lambda \tag{4-16}$$

由式（4-16）可以看出，n 与 Λ 的改变均会引起反射光波长的改变。因此，通过一定的封装设计，使其实现外界温度、应力和压力的变化而导致 n 与 Λ 发生改变，即可使FBG达到对其敏感的目的，其光纤光栅原理示意如图4-15所示。

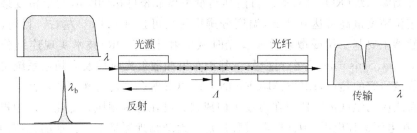

图 4-15　光纤光栅原理示意图

FBG 中心波长与温度变化的关系为：

$$\Delta\lambda_b = \lambda_b(1 + \xi)\Delta T \tag{4-17}$$

式中，$\Delta\lambda_b$ 是温度变化引起的反射光中心波长的改变；ΔT 为温度的变化量；ξ 为光纤的热光系数。在1550nm波段，FBG对温度的敏感系数为10pm/℃，部分试验数据如图4-16所示。

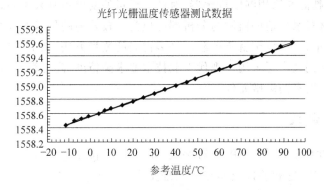

图 4-16　光纤光栅温度传感器温度测试数据

5. 分布式光纤温度传感器

分布式光纤传感器最早是在1981年由英国南安普敦大学提出的。激光在光纤传送中的反射光主要有瑞利散射（Rayleigh scatter）、拉曼散射（Raman scatter）和布里渊散射（Brillouin scatter）三部分，如图4-17所示。

分布式光纤传感器经历了从最初的基于后向瑞利散射的液芯光纤分布式温度监控系统，到电力系统保护与控制基于光时域（OTDR）拉曼散射的光纤测温系统，以及基于光频域

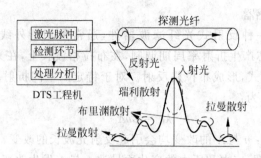

图 4-17　分布式光纤温度传感器原理图

拉曼散射光纤测温系统(ROFDA)等。目前其测量距离最长可达 30km,测量精度最高可达 0.5℃,空间定位精度最高可达 0.25m,温度分辨率最高可达到 0.01℃左右。目前,分布式光纤温度传感器主要基于拉曼散射效应及光时域反射计(OTDR)技术实现连续分布式测量,如 York Sensa、Sensornet 等公司产品。基于布里渊散射光时域及光频域系统也是当前光纤传感器领域研究的热点,LIOS、MICRION OPTICS 等公司已有相应的产品。

　　光纤分布式应用温度传感器正在迅速走向成熟并已在许多领域和工业用户中提供解决方案,特别是在电源监控电缆、地面监测过程厂房及地球物理测量上。其他的也应用在商业化阶段。更多的还是正在接受田间试验并已有了很好的迹象,技术已经在这些应用领域提供了实实在在的好处。

4.2　湿度传感器

　　工业部门,越来越需要采用湿度传感器,对产品质量的要求也越来越高,对环境温、湿度的控制以及对工业材料水分值的监测与分析都已成为比较普遍的技术条件之一。

　　有关湿度测量,早在 16 世纪就有记载。许多古老的测量方法,如干湿球温度计、毛发湿度计和露点计等至今仍被广泛采用。现代工业技术要求高精度、高可靠和连续地测量湿度,因而陆续出现了种类繁多的湿敏元件。

4.2.1　湿度的定义

　　空气的干湿程度叫做湿度,常用绝对湿度、相对湿度、比较湿度、混合比、饱和差以及露点等物理量来表示。通常把不包含水汽的空气称为干空气,把包含干空气与水蒸气的混合气体称为湿空气。一般地,空气的温度越高,最大湿度就越大。

　　由饱和蒸气产生的部分压力,称为该温度下的饱和蒸气压。饱和蒸气压仅与空气的温度有关,不受压力影响。水饱和蒸气压与温度的关系如图 4-18 所示。

　　绝对湿度是指在一定温度和压力条件下,每单

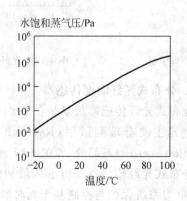

图 4-18　水饱和蒸气压与温度的关系

位体积($1m^3$)的混合气体中所含水蒸气的质量(g),单位为 g/m^3,一般用符号 AH 表示。它的极限是饱和状态下的最高湿度。绝对湿度只有与温度联系起来才有意义,因为空气中的湿度随温度而变化,其表达式如式(4-18)所示。

$$\rho_v = \frac{P_v M}{RT} \tag{4-18}$$

式中,M 为水汽的摩尔质量;R 为理想气体常数;T 为空气的绝对温度;P_v 为相对应的空气饱和水气压强。

而相对湿度是指气体的绝对湿度与同一温度下达到饱和状态的绝对湿度之比,常表示为 RH(%),其表达式如式(4-19)所示。

$$RH = \left(\frac{P_v}{P_w}\right)_T \times 100\% \tag{4-19}$$

式中,P_w 只为实际的空气水气压强;P_v 为与待测空气温度 T 同温下的饱和水气压。由于水汽的饱和气压会随着气温增高而增加,因此相对湿度相同的情况下,气温高时空气中的水汽重量比气温低时大,平时说空气很湿,就是表示空气相对湿度较大。

湿空气在气压不变条件下使其所含水蒸气达到饱和状态时所必须冷却到的温度称为露点温度或露点。若露点温度低于 0℃,水汽实际将凝结成霜,称为霜点温度或霜点。

4.2.2 湿度传感器的分类

湿度传感器的基本形式都是利用湿敏材料对水分子的吸附能力或对水分子产生物理效应的方法测量湿度。湿度传感器按湿敏元件的该特性,主要分为两大类:水分子亲和力型湿敏元件和非水分子亲和力型湿敏元件,如图 4-19 所示。利用水分子有较大的偶极矩,易于附着并渗透入固体表面的特性制成的湿敏元件称为水分子亲和力型湿敏元件。例如,利用水分子附着或浸入某些物质后,其电气性能(电阻值、介电常数等)发生变化的特性可制成电阻式湿敏元件、电容式湿敏元件;利用水分子附着后引起材料长度变化的特性,可制成尺

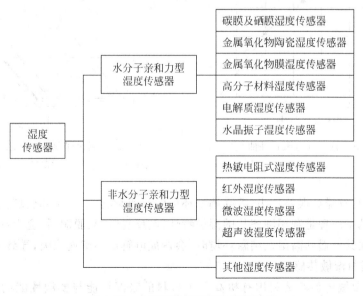

图 4-19 水饱和蒸气压与温度的关系

寸变化式湿敏元件,如毛发湿度计。金属氧化物是离子型结合物质,有较强的吸水性能,不仅有物理吸附,而且有化学吸附,可制成金属氧化物湿敏元件。这类元件在应用时附着或浸入被测的水蒸气分子,与材料发生化学反应生成氢氧化物,或一经浸入就有一部分残留在元件上而难以全部脱出,使重复使用时元件的特性不稳定,测量时有较大的滞后误差和较慢的反应速度。目前应用较多的均属于这类湿敏元件。另一类非亲和力型湿敏元件利用其与水分子接触产生的物理效应来测量湿度。例如,利用热力学方法测量的热敏电阻式湿度传感器,利用水蒸气能吸收某波长段的红外线的特性制成的红外线吸收式湿度传感器等。

1. 电解质湿敏传感器

电解质湿敏传感器是利用潮解性盐类受潮后电阻发生变化制成的湿敏元件。最常用的是电解质氯化锂(LiCl)。从 1938 年顿蒙发明这种元件以来,在较长的使用实践中,对氯化锂的载体及元件尺寸作了许多改进,提高了响应速度和扩大测湿范围。氯化锂湿敏元件的工作原理是基于湿度变化能引起电介质离子导电状态的改变,使电阻值发生变化,其氯化锂湿度电阻特性曲线如图 4-20 所示。氯化锂湿敏电阻结构如图 4-21 所示,其结构形式有顿蒙式和含浸式。顿蒙式氯化锂湿敏元件是在聚苯乙烯圆筒上平行地绕上钯丝电极,然后把皂化聚乙烯醋酸酯与氯化锂水溶液混合液均匀地涂在圆筒表面上制成,测湿范围约为相对湿度 30%。含浸式氯化锂湿敏元件是由天然树皮基板用氯化锂水溶液浸泡制成的。植物的髓脉具有细密的网状结构,有利于水分子的吸入和放出。20 世纪 70 年代研制成功的玻璃基板含浸式湿敏元件,采用两种不同浓度的氯化锂水溶液浸泡多孔无碱玻璃基板(孔径平均 500 埃),可制成测湿范围为相对湿度 20%~80%的元件。

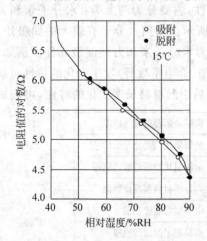

图 4-20 氯化锂湿度电阻特性曲线

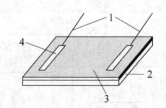

图 4-21 氯化锂湿敏电阻结构

1—引线;2—基片;3—感湿层;4—金电极

氯化锂元件具有滞后误差较小、不受测试环境的风速影响、不影响和破坏被测湿度环境等优点,但因其基本原理是利用潮解盐的湿敏特性,经反复吸湿、脱湿后,会引起电解质膜变形和性能变劣,尤其在遇到高湿及结露环境时,会造成电解质潮解而流失,导致元件损坏。

2. 高分子材料湿敏传感器

高分子材料湿敏传感器是利用有机高分子材料的吸湿性能与膨润性能制成的湿敏元件。吸湿后,介电常数发生明显变化的高分子电介质,可做成电容式湿敏元件。吸湿后电阻值改变的高分子材料,可做成电阻变化式湿敏元件。常用的高分子材料是醋酸纤维素、尼龙和硝酸纤维素等。高分子湿敏元件的薄膜做得极薄,一般约 5000 埃,使元件易于很快地吸湿与脱湿,减少了滞后误差,响应速度快。这种湿敏元件的缺点是不宜用于含有机溶媒气体的环境,元件也不能耐 80℃ 以上的高温。

3. 金属氧化物膜湿敏传感器

许多金属氧化物如氧化铝、四氧化三铁、钽氧化物等都有较强的吸脱水性能,将它们制成烧结薄膜或涂布薄膜可制作多种湿敏元件。把铝基片置于草酸、硫酸或铬酸电解槽中进行阳极氧化,形成氧化铝多孔薄膜,通过真空蒸发或溅射工艺,在薄膜上形成透气性电极。这种多孔质的氧化铝湿敏元件互换性好,低湿范围测湿的时间响应速度较快,滞后误差小,常用于高空气球上测湿。四氧化三铁胶体的优点是固有电阻低,长期置于大气环境表面状态不会变化,胶体粒子间相互吸引黏结紧密等。它是一种价廉物美、较早投入批量生产的湿敏元件,在湿度测量和湿度控制方面都有大量应用。

4. 金属氧化物陶瓷湿敏元件

将极其微细的金属氧化物颗粒在高温 1300℃ 下烧结,可制成多孔体的金属氧化物陶瓷,在这种多孔体表面加上电极,引出接线端子就可做成陶瓷湿敏元件。湿敏元件使用时必须裸露于测试环境中,故油垢、尘土和有害于元件的物质(气、固体)都会使其物理吸附和化学吸附性能发生变化,引起元件特性变坏。而金属氧化物陶瓷湿敏元件的陶瓷烧结体物理和化学状态稳定,可以用加热去污方法恢复元件的湿敏特性,而且烧结体的表面结构极大地扩展元件表面与水蒸气的接触面积,使水蒸气易于吸着和脱去,还可通过控制元件的细微构造使物理性吸附占主导地位,获得最佳的湿敏特性。因此陶瓷湿敏元件的使用寿命长、元件特性稳定,是目前最有可能成为工程应用的主要湿敏元件之一。陶瓷湿敏元件的使用温度为 0～160℃。

在诸多的金属氧化物陶瓷材料中,由铬酸镁——二氧化钛固溶体组成的多孔性半导体陶瓷是性能较好的湿敏材料,它的表面电阻率能在很宽的范围内随着湿度的变化而变化,而且能在高温条件下进行反复的热清洗,性能仍保持不变。

5. 热敏电阻式湿度传感器

热敏电阻式湿度传感器是利用热敏电阻作湿敏元件。传感器中有组成桥式电路的珠状热敏电阻 R_1 和 R_2,电源供给的电流使 R_1、R_2 保持在 200℃ 左右的温度。其中,R_2 装在密封的金属盒内,内部封装着干燥空气,R_1 置于与大气相接触的开孔金属盒内。其等效电路如图 4-22 所示。将 R_1 先置于干燥空气中,调节电桥平衡,使输出端 A、B 间电压为零,当 R_1 接触待测含湿空气时,含湿空气与干燥空气产生热传导差,使 R_1 受冷却,电阻值增高,A、B 间产生输出电压,其值与湿度变化有关。热敏电阻式湿敏传感器的输出电压与绝对湿度成比例,因而可用于测量大气的绝对湿度。传感器是利用湿度与大气导热率之间的关系作为测量原理的,当大气中混入其他特种气体或气压变化时,测量结果会有不同程度的影响。此外,热敏电阻的位置对测量也有很大影响。但这种传感器从可靠

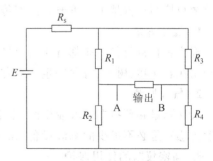

图 4-22　热敏电阻式湿度传感器
等效电路

性、稳定性和不必特殊维护等方面来看,很有特色,现已用于空调机湿度控制,或制成便携式绝对湿度表、直读式露点计、相对湿度计、水分计等。

6. 红外线吸收式湿度传感器

红外线吸收式湿度传感器是利用水蒸气能吸收某波段的红外线制成的湿度传感器。20世纪 60 年代中期,美国气象局以波长为 $1.37\mu m$ 和 $1.25\mu m$ 的红外光分别作敏感光束和参考光束,研制成红外线吸收式湿度传感器。这种传感器采用装有 λ_0 滤光片和 λ 滤光片的旋转滤光片,当光源通过旋转滤光片时,轮流地选择波长为 λ_0 和 λ 的红外光束,两条光束通过被测湿度的样气抵达光敏元件。由于波长为 λ_0 的光束不被水蒸气吸收,其光强仍为 I_0,波长为 λ 的光束被水蒸气部分吸收,光强衰减为 I。根据光强度的变化,将光敏元件上的信号处理后可获得正比于水蒸气浓度 c 的电信号。红外线吸收式湿度传感器属非水分子亲和力型湿敏元件,测量精度和灵敏度较高,能够测量高温和密封场所的气体湿度,也能解决其他湿度传感器不能解决的大风速或通风孔道环境中的湿度测量问题。缺点是结构复杂,光路系统存在温度漂移现象。

7. 微波式湿度传感器

微波式湿度传感器则是利用微波电介质共振系统的品质因数随湿度变化的机理制成的传感器。微波共振器采用氧化镁-氧化钙-二氧化钛陶瓷体,共振器与耦合环构成共振系统,含水蒸气的气体进入传感器腔体后改变原共振系统的品质因数,其微波损失量与湿度成线性关系。这种传感器的测湿范围为相对湿度 40%～95%,在温度 0～50℃时,精度可达 ±2%。微波式湿度传感器具有非水分子亲和力型湿敏元件的优点,又由于采用陶瓷材料作共振系统,故可加热清洗,且坚固耐用;其缺点是对微波电路稳定性要求很高。

8. 超声波式湿度传感器

超声波在空气中的传播速度与温度、湿度有关,利用这一特性可制成超声波式湿度传感器。传感器由超声波气温计和铂丝电阻测温计组成,前者的测量数据与湿度有关,后者的测量数据只与温度有关,按照超声波在干燥空气和含湿空气中的传播速度可计算出空气的绝对湿度。超声波湿度传感器有很多优点,它的测湿数据比较准确,响应速度快,可以测出某一极小范围的绝对湿度而不受辐射热的影响。这种传感器尚处于研制阶段。

4.2.3　湿度传感器的应用

任何行业的工作都离不开空气,而空气的湿度又与工作、生活、生产有直接联系,使湿度的监测与控制显得越来越重要。湿度传感器的应用主要有以下几方面。

1. 温室养殖

现代农林畜牧各产业都有相当数量的温室,温室的湿度控制与温度控制同样重要,把湿度控制在农作物、树木、畜禽等生长适宜的范围,是减少病虫害、提高产量的条件之一。

2. 气候监测

天气测量和预报在工农业生产、军事及人们生活和科学试验等方面都有重要意义,因而湿度传感器是必不可少的测湿设备,如树脂膨散式湿度传感器已用于气象气球测湿仪器上。

3. 精密仪器的使用保护

许多精密仪器、设备对工作环境要求较高。环境湿度必须控制在一定范围内,以保证它们的正常工作,提高工作效率及可靠性。如电话程控交换机工作湿度在 55% ±10% 较好。

温度过高会影响绝缘性能,过低易产生静电,影响正常工作。

4. 物品储藏

各种物品对环境均有一定的适应性。湿度过高过低均会使物品丧失原有性能。如在高湿度地区,电子产品在仓库的损害严重,非金属零件会发霉变质,金属零件会腐蚀生锈。

5. 工业生产

在纺织、电子、精密机器、陶瓷工业等部门,空气湿度直接影响产品的质量和产量,必须有效地进行监测调控。

6. 电力系统

在电力设备中,如电力变压器绝缘油、SF_6 绝缘气体随着电力设备的长期运行,慢慢会存着微量水,这势必造成绝缘等级下降,最终导致设备损坏。因此,必须对其湿度进行有效的监测。

4.2.4　湿度传感器的发展方向

理想的湿敏传感器的性能要求是适于在宽温、湿范围内使用,测量精度要高;使用寿命长,稳定性好;响应速度快,湿滞回差小;灵敏度高,线性好,溢度系数小;制造工艺简单,易于批量生产,转换电路简单,成本低;抗腐蚀,耐低温和高温等。

湿敏传感器正从简单的湿敏组件向集成化、无损化检测、多参数检测的方向迅速发展,为开发新型湿度测控系统创造了有利条件,也将湿度测量技术提高到新的水平。

对高温环境下的测湿,半导体传感器由于其天然的耐高温特性和容易集成的优点,将成为高温湿度传感器的主流,而光纤高温湿度传感器由于其非接触测量特性,将会成为另一种很有应用潜力的传感器件,但是目前只有低温下的结果,若向高温范围应用,还要研究更有效的方法拓展测量范围。

4.3　电流传感器

4.3.1　互感器型电流传感器

这种类型的电流传感器广泛应用于在线监测技术,类似于电流互感器,它的一次侧多为一匝,如条件允许,宜采用多匝,效果会更好。这以里罗哥夫斯基电流传感器为例。

罗哥夫斯基电流传感器的空心线圈电流互感器以 Rogowski 线圈为传感头,Rogowski 线圈是一种密绕于非磁性骨架上的空心螺线管,结构如图 4-23 所示。

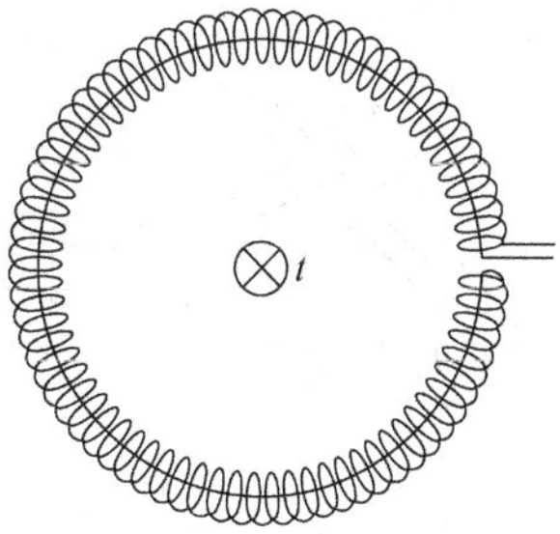

图 4-23 中 i 为穿过线圈的被测电流,设 n 为线圈单位长度上的匝数,S 为线圈截面积,则线圈 dl 段上的磁链为:

$$d\phi = \mu_0 SnH \cdot dl \qquad (4\text{-}20)$$

图 4-23　Rogowski 线圈示意图

式中,H 为线圈 dl 段处的磁场强度。

可得整个线圈的磁链为:

$$\phi = \oint \mu_0 SnH \cdot dl \qquad (4\text{-}21)$$

若线圈各处的 n 及 S 均匀,根据全电流定律,有:

$$\phi = \oint \mu_0 SnH \cdot \mathrm{d}l = \mu_0 Sn \oint H \cdot \mathrm{d}l = \mu_0 nSi \qquad (4-22)$$

若 i 为交变电流,则线圈的感应电势 $e(t)$ 为:

$$e(t) = -\frac{\mathrm{d}\phi}{\mathrm{d}t} = -\mu_0 nS \frac{\mathrm{d}i}{\mathrm{d}t} \qquad (4-23)$$

由式(4-23)可知,Rogowski 线圈的感应电势 $e(t)$ 与被测电流 i 的微分成正比,利用电子电路对 $e(t)$ 进行积分变换便可求得被测电流 i。

罗哥夫斯基线圈由于采用非磁性的线圈芯,故没有任何非线性饱和效应。它允许隔离的电流测量,并具有较宽的带宽,最大可达 1MHz。另外,其具有良好的线性特性,且体积和重量轻,可以认为是理想的电流传感器。

因为,罗哥夫斯基线圈不存在饱和性,它可以用来测量从几安培到几百千安的电流,最小值和最大值主要取决于测量的电子元件。

4.3.2 霍尔电流传感器

霍尔电流传感器是根据霍尔原理制成的。它有两种工作方式,即磁平衡式和直式。霍尔电流传感器一般由原边电路、聚磁环、霍尔器件、次级线圈和放大电路等组成。

1. 直放式电流传感器(开环式)

直放式电流传感器原理结构如图 4-24 所示。当原边电流 I_p 流过一根长导线时,在导线周围将产生一磁场,这一磁场的大小与流过导线的电流成正比,产生的磁场聚集在磁环内,通过磁环气隙中霍尔元件进行测量并放大输出,其输出电压 V_S 可精确地反映原边电流 I_p。一般的额定输出标定为 4V。

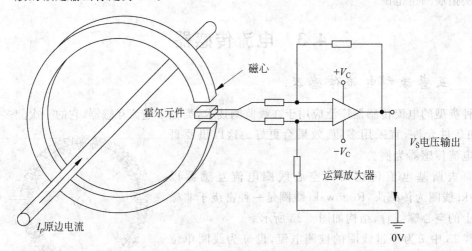

图 4-24 直放式电流传感器原理结构示意图

2. 磁平衡式电流传感器(闭环式)

磁平衡式电流传感器也称补偿式传感器,即原边电流 I_p 在聚磁环处所产生的磁场通过一个次级线圈电流所产生的磁场进行补偿,其补偿电流 I_s 可精确地反映原边电流 I_p,从而使霍尔器件处于检测零磁通的工作状态。该磁平衡式电流传感器原理结构示意如图 4-25 所示。

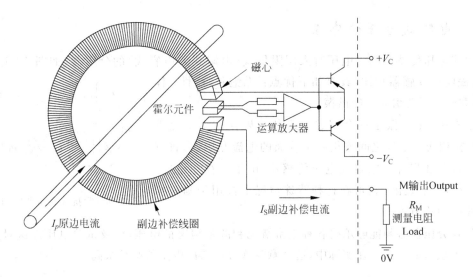

图 4-25　磁平衡式电流传感器原理结构示意图

磁平衡式电流传感器的具体工作过程为：当主回路有一电流通过时，在导线上产生的磁场被磁环聚集并感应到霍尔器件上，所产生的信号输出用于驱动功率管并使其导通，从而获得一个补偿电流 I_s。这一电流再通过多匝绕组产生磁场，该磁场与被测电流产生的磁场正好相反，因而补偿了原来的磁场，使霍尔器件的输出逐渐减小。当与 I_p 和匝数相乘所产生的磁场相等时，I_s 不再增加，这时的霍尔器件起到指示零磁通的作用，此时可以通过 I_s 来测试 I_p。当 I_p 变化时，平衡受到破坏，霍尔器件有信号输出，即重复上述过程重新达到平衡。被测电流的任何变化都会破坏这一平衡。一旦磁场失去平衡，霍尔器件就有信号输出。经功率放大后，立即就有相应的电流流过次级绕组以对失衡的磁场进行补偿。从磁场失衡到再次平衡，所需的时间理论上不到 $1\mu s$，这是一个动态平衡的过程。因此，从宏观上看，次级的补偿电流安匝数在任何时间都与初级被测电流的安匝数相等。

4.3.3　光电式电流传感器

传统的电流传感器因为其有带宽窄、磁饱和、质量大、易燃易爆、次级开路高压等固有的缺点，严重地制约了电力工业的发展，开发新型的光电式电流互感器已成为国内外电力工业的研究热点。随着光电子学的发展和成熟，国内外很多大学和科研机构开始投入精力研究光电式电流互感器，发展到现在，已经取得了很大进步。目前在光纤电流互感器研究领域主要有三个研究方向：①光学晶体型；②有源型；③全光纤型。

4.4　电压传感器

电压传感器有很多种，从测量原理上划分可以有霍尔电压传感器、电阻式电压传感器、电容式电压传感器、电压互感器原理（电磁感应原理）等。其中，霍尔电压传感器与霍尔电流传感器原理相似，此处不再累赘。

4.4.1 电阻式电压传感器

电阻式电压传感器测量电压时采用阻抗式（电阻式或电容式）的分压器（如图 4-26 所示）。与磁电压互感器相比，具有如下优点：无饱和，线性；体积小，重量轻；不会引起铁磁谐振。

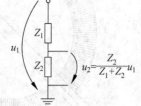

在电网中，磁谐振是一个问题。这种结果在许多情况下是：如果在相线和地线之间连接一个普通的电流互感器，将可能发生热过载和损坏。电阻式电压传感器，由于不存在电感，因此不会引起磁共振。它可在这种特殊情况下被用于测量相线至地线的短路电流。

图 4-26　阻抗式分压器原理

电阻式分压器必须能够承受各种正常情况和故障情况的电压，以及试验电压。这对分压器提出了较高的要求。在实际中，这就意味着分压器的电阻值必须很高。

4.4.2 电容分压式电压互感器

电容分压式电压互感器在电容分压器的基础上制成，其原理如图 4-27 所示。

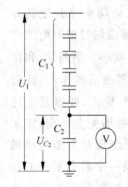

电容 C_1 和 C_2 串联，U_1 为原边电压，U_{C_2} 为 C_2 上的电压。空载时，电容 C_2 上的电压为：

$$U_{C_2} = \frac{C_1}{C_1 + C_2} U_1 \qquad (4\text{-}24)$$

由于 C_1 和 C_2 均为常数，因此正比于原边电压。但实际上，当负载并联于电容 C_2 两端时，将大大减小，以致误差增大而无法作电压互感器使用。为了克服这个缺点，在电容 C_2 两端并联一带电抗的电磁式电压互感器，组成电容分压式电压互感器。电抗可补偿电容器的内阻抗。电磁式电压互感器有两个副绕组，第一副绕组可接补偿电容供测量仪表使用；第二副绕组可接阻尼电阻，用以防止谐振引起的过电压。

图 4-27　电容分压原理

电容式电压互感器多与电力系统载波通信的耦合电容器合用，以简化系统，降低造价。此时，它还需满足通信运行上的要求。

4.4.3 电磁感应式电压互感器

电磁感应式电压互感器的工作原理与变压器相同，基本结构也是铁心和原、副绕组。特点是容量很小且比较恒定，正常运行时接近于空载状态。电压互感器本身的阻抗很小，一旦副边发生短路，电流将急剧增长而烧毁线圈。为此，电压互感器的原边接有熔断器，副边可靠接地，以免原、副边绝缘损毁时，副边出现对地高电位而造成人身和设备事故。测量用电压互感器一般都做成单相双线圈结构，其原边电压为被测电压（如电力系统的线电压），可以单相使用，也可以用两台接成 V-V 形作三相使用。实验室用的电压互感器往往是原边多抽头的，以适应测量不同电压的需要。供保护接地用电压互感器还带有一个第三线圈，称为三线圈电压互感器。三相的第三线圈接成开口三角形，开口三角形的两引出端与接地保护继电器的电压线圈连接。正常运行时，电力系统的三相电压对称，第三线圈上的三相感应电动势之和为零。一旦发生单相接地时,中性点出现位移,开口三角的端子间就会出现零序电压使继电器动作,从而对电力系统起保护作用。线圈出现零序电压则相应的铁心中就会出现零序磁通。为此,这种三相电压互感器采用旁轭式铁心(10kV 及以下时)或采用三台单相电压互感器。对于这种互感器,第三线圈的准确度要求不高,但要求有一定的过励磁特性(即当原边电压增加时,铁心中的磁通密度也增加相应倍数而不会损坏)。为此,电磁感应式电压互感器的等值电路与变压器的等值电路相同。

4.5　振动传感器

振动传感器在测试技术中是关键部件之一,它的作用主要是将振动转换为与之成比例的电量。在电力系统中,振动监测不仅包括旋转电机的机械振动,还包括因静电力或电磁力作用引起的振动。例如,在全封闭组合电器中,带电微粒在电场作用下对壳体的撞击,变压器内部局部放电引起的微弱振动等。

4.5.1　振动传感器的力学原理

本节以惯性式传感器为例说明振动传感器的结构原理。其是利用弹簧质量系统的强迫振动特性来进行振动测量的。这种传感器被直接固定在被测振动体上,不需要相对固定点。测量所得结果直接以固结于地球上的惯性参考系坐标为参考坐标,因此,它是一种绝对式拾振仪器。

图 4-28 为是惯性式传感器的结构原理图。在一个刚性的外壳里面,安装一个单自由度的有阻尼的弹簧质量系统;根据质量块相对于外壳的运动来判断被测振动体的振动。

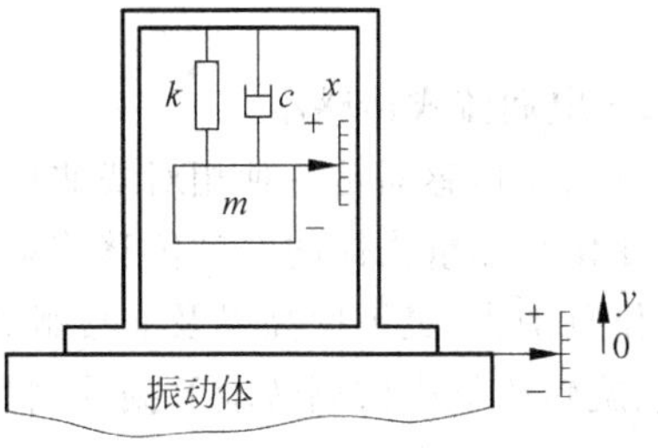

图 4-28　惯性式传感器的结构原理图

设振动体的位移是 $y=y(t)$,并假定由它引起仪器质量块相对于仪器外壳的位移为 $x(t)$(以其静平衡位置为零点),则质量块绝对位移 $z=x+y$。为此,进行受力分析可得

$$m\ddot{x} + c\dot{y} + kx = -m\ddot{y} \qquad (4\text{-}25)$$

设振动体作简谐振动,$y=Y_m\sin\omega t$ 代入得到两部分的解。一部分是齐次方程的解,代表拾振器系统的自由振动,由于阻尼,慢慢衰减掉了;第二部分为特解,代表强迫振动,则可以表示为

$$x = X_m\sin(\omega t - \alpha) \qquad (4\text{-}26)$$

其中:

$$X_m = \frac{Y_m\left(\dfrac{\omega}{\Omega}\right)^2}{\sqrt{\left[1-\left(\dfrac{\omega}{\Omega}\right)^2\right]^2 + \left(2\zeta\dfrac{\omega}{\Omega}\right)^2}} \qquad (4\text{-}27)$$

$$\alpha = \arctan\frac{2\zeta\left(\dfrac{\omega}{\Omega}\right)}{1-\left(\dfrac{\omega}{\Omega}\right)^2} \qquad (4\text{-}28)$$

式(4-27)代表了仪器外壳的振幅 X_m 与振动体的振幅 Y_m 之间的关系；式(4-28)代表了信号 x 与信号 y 之间的相位差。由式(4-27)可得，

$$\frac{\omega X_m}{\omega Y_m} = \frac{\left(\frac{\omega}{\Omega}\right)^2}{\sqrt{\left[1-\left(\frac{\omega}{\Omega}\right)^2\right]^2 + \left(2\zeta\frac{\omega}{\Omega}\right)^2}} \tag{4-29}$$

以 $\left(\frac{\omega}{\Omega}\right)$ 为横坐标，以 $\frac{\omega X_m}{\omega Y_m}$ 为纵坐标，可以画出关系图，即为仪器的位移幅频特性曲线。

4.5.2 振动传感器分类

振动传感器按工作原理划分，有电涡流型、速度型、加速度型、电容型、电感型等 5 种。后两种因受周围介质影响较大，目前已很少采用。在振动测试中合理地选择振动传感器，不但可以获得满意的测试结果，也可节省劳力和时间，而且对于尽快查明振动故障原因、提高转子平衡精度和减少机器启停次数，都有重要作用。

1. 相对式电动传感器

电动式传感器基于电磁感应原理，即当运动的导体在固定的磁场里切割磁力线时，导体两端就感生出电动势，因此利用这一原理而生产的传感器称为电动式传感器。

相对式电动传感器从机械接收原理来说，是一个位移传感器，由于在机电变换原理中应用的是电磁感应定律，其产生的电动势同被测振动速度成正比，所以它实际上是一个速度传感器。

2. 电涡流式传感器

电涡流传感器是一种相对式非接触式传感器，它是通过传感器端部与被测物体之间的距离变化来测量物体的振动位移或幅值的。电涡流传感器具有频率范围宽(0～10kHz)、线性工作范围大、灵敏度高以及非接触式测量等优点，主要应用于静位移的测量、振动位移的测量、旋转机械中监测转轴的振动测量。

3. 电感式传感器

依据传感器的相对式机械接收原理，电感式传感器能把被测的机械振动参数的变化转换成为电参量信号的变化。因此，电感传感器有两种形式，一是可变间隙，二是可变导磁面积。

4. 电容式传感器

电容式传感器一般分为两种类型，即可变间隙式和可变公共面积式。可变间隙式可以测量直线振动的位移；可变面积式可以测量扭转振动的角位移。

5. 惯性式电动传感器

惯性式电动传感器由固定部分、可动部分以及支承弹簧部分所组成。为了使传感器工作在位移传感器状态，其可动部分的质量应该足够大，而支承弹簧的刚度应该足够小，也就是让传感器具有足够低的固有频率。

从传感器的结构上来说，惯性式电动传感器是一个位移传感器。然而由于其输出的电信号是由电磁感应产生，根据电磁感应定律，当线圈在磁场中作相对运动时，所感生的电动势与线圈切割磁力线的速度成正比。因此，就传感器的输出信号来说，感应电动势是同被测振动速度成正比的，所以它实际上是一个速度传感器。

6. 压电式加速度传感器

压电式加速度传感器的机械接收部分是惯性式加速度机械接收原理,机电部分利用的是压电晶体的正压电效应。其原理是某些晶体(如人工极化陶瓷、压电石英晶体等,不同的压电材料具有不同的压电系数,一般都可以在压电材料性能表中查到)在一定方向的外力作用下或承受变形时,它的晶体面或极化面上将有电荷产生,这种从机械能(力,变形)到电能(电荷,电场)的变换称为正压电效应。而从电能(电场,电压)到机械能(变形,力)的变换称为逆压电效应。

因此利用晶体的压电效应,可以制成测力传感器。在振动测量中,由于压电晶体所受的力是惯性质量块的牵连惯性力,所产生的电荷数与加速度大小成正比,所以压电式传感器是加速度传感器。

7. 压电式力传感器

在振动试验中,除了测量振动,还经常需要测量对试件施加的动态激振力。压电式力传感器具有频率范围宽、动态范围大、体积小和重量轻等优点,因而获得广泛应用。压电式力传感器的工作原理是利用压电晶体的压电效应,即压电式力传感器的输出电荷信号与外力成正比。

8. 阻抗头

阻抗头是一种综合性传感器。它集压电式力传感器和压电式加速度传感器于一体,其作用是在力传递点测量激振力的同时测量该点的运动响应。因此阻抗头由两部分组成,一部分是力传感器,另一部分是加速度传感器,它的优点是,保证测量点的响应就是激振点的响应。使用时将小头(测力端)连向结构,大头(测量加速度)与激振器的施力杆相连。从"力信号输出端"测量激振力的信号,从"加速度信号输出端"测量加速度的响应信号。

注意,阻抗头一般只能承受轻载荷,因而只可以用于轻型的结构、机械部件以及材料试样的测量。无论是力传感器还是阻抗头,其信号转换元件都是压电晶体,因而其测量线路均应是电压放大器或电荷放大器。

9. 电阻应变式传感器

电阻应变式传感器是将被测的机械振动量转换成传感元件电阻的变化量。实现这种机电转换的传感元件有多种形式,其中最常见的是电阻应变式传感器。

电阻应变片的工作原理为:应变片粘贴在某试件上时,试件受力变形,应变片原长变化,从而应变片阻值变化。试验证明,在试件的弹性变化范围内,应变片电阻的相对变化和其长度的相对变化成正比。

4.6 超声传感器

人们能听到声音是由于物体振动产生的,它的频率在 20Hz～20kHz 范围内,超过 20kHz 称为超声波,低于 20Hz 的称为次声波。常用的超声波频率为几十 kHz 到几十 MHz。

4.6.1 超声波特性

超声波指向性好,频率越高,其声场指向性就越好,能量集中,穿透本领大。在遇到两种介质的分界面(例如钢板与空气的交界面)时,能产生明显的反射和折射现象,这一现象类似于光波;并且在传播过程中有衰减。在空气中传播超声波,其频率较低,一般为几十 kHz,而在固体、液体中则频率可用得较高。在空气中衰减较快,而在液体及固体中传播,衰减较小,传播较远。利用超声波的特性,可做成各种超声传感器,配上不同的电路,制成各种超声测量仪器及装置,并在通信、医疗家电、电力等各方面得到广泛应用。

超声波的传播波型主要可分为纵波、横波、表面波等几种。超声波可以在气体、液体及固体中传播,其传播速度不同。声波的传播速度取决于介质的弹性系数、介质的密度以及声阻抗。几种常用材料的声速与密度、声阻抗的关系如表 4-2 所示。

表 4-2 常用材料的密度、声阻抗与声速(环境温度为 0℃)

材料	密度 $\rho/(10^3 kg \cdot m^{-1})$	声阻抗 $z/(10MPa \cdot s^{-1})$	纵波声速 $c_L/(km \cdot s^{-1})$	横波声速 $c_S/(km \cdot s^{-1})$
钢	7.8	46	5.9	3.23
铝	2.7	17	6.3	3.1
铜	8.9	42	4.7	2.1
有机玻璃	1.18	3.2	2.7	1.2
甘油	1.26	2.4	1.9	—
水(20℃)	1.0	1.48	1.48	—
油	0.9	1.28	1.4	—
空气	0.0012	0.0004	0.34	—

由表 4-2 可知:多数情况下,密度和声阻抗越大,声速越快。

超声波的特征值包括声强、声压和声阻抗。

(1) 声强 I。单位时间内垂直通过单位面积的声能,称为声强。声强与频率的平方成正比,由于超声波的频率很高,故超声波的声强很大,这是超声能用于绝缘诊断的重要依据。

(2) 声压 P。任何介质不受外力作用时,介质所具有的压强称为静态压强。当介质中有超声波传播时,由于介质的质点振动,使介质中压强交替变化。超声场中某一点在某一瞬间所具有的压强,与同一点的静态压强的差称为该点的声压,用 P 表示,单位为 Pa。

$$P = -A\omega\rho c \sin\left(t - \frac{x}{c}\right) = \rho cv \tag{4-30}$$

超声波在介质中传播时,介质每一点的声压随时间、距离而变化。由式(4-30)可知,声压的绝对值与波速成正比,也与角频率成正比,而 $\omega = 2\pi f$,所以声压的绝对值也与频率成正比。故超声波与可闻声波相比,其声压很大。

(3) 声阻抗 Z。从 $P = \rho cv$ 可知,在声压 P 相同的情况下,ρc 越大,质点振动速度 v 越小;反之,ρc 越小,质点振动速度 v 越大。所以把 ρc 称为介质的声阻抗,它表示超声场中介质对质点振动的阻碍作用。

$$Z = P/v = \rho c \tag{4-31}$$

声阻抗在数值上等于介质的密度与超声波在介质中声速的乘积。由此可知,密度变化对声阻抗也有一定的影响。这就意味着不同的传播介质有不同的声阻抗,超声场中介质对质点振动的阻碍作用也不同。

4.6.2 超声波传感器

超声传感器的作用是接收传播的声信号,将声信号转换为电信号,它实现了一种形式的能量转换为另一种形式的能量,所以又称为声电换能器。声传感器一般分为以下几类。

(1) 压电式传感器,它是利用压电晶体的压电效应而工作的,是可逆的。它的工作频率从 20kHz 至 10GHz。

(2) 磁致伸缩式传感器,它是利用磁致伸缩现象而工作的,是可逆的,大多数情况下磁致伸缩换能器均工作在 40kHz 以下的频率。但若将其工作范围向高频方向扩展,则可扩展到 100kHz。

(3) 电磁换能器,通常用于可闻声范围,偶尔也用于频率 50kHz 的低强度应用场合。

(4) 静电换能器,可用来作低强度超声波发生器,也可用作高频接收。这类换能器是可逆的,作接收器用时,其工作频率可达 100MHz。

(5) 其他种类的换能器,包括热声换能器、化学换能器和光声换能器等。

由于其结构不同,换能器又分为直探头、斜探头、双探头、表面波探头、聚焦探头、冲水探头、水浸探头、空气传导探头以及其他专用探头等。超声波探头结构示意图如图 4-29 所示。

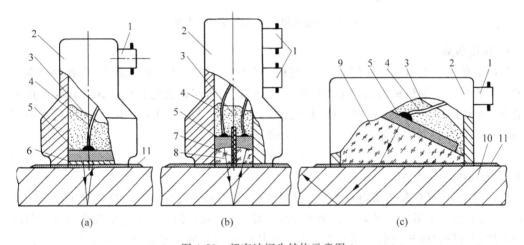

图 4-29 超声波探头结构示意图

(a) 单晶直探头;(b) 双晶直探头;(c) 斜探头

1—接插件;2—外壳;3—阻尼吸收块;4—引线;5—压电晶体;6—保护膜

7—隔离层;8—延迟块;9—有机玻璃斜楔块;10—试件;11—耦合剂

在超声领域,检测技术主要采用压电式。压电超声换能器是应用最为广泛的一种声电转化元件。压电超声换能器是通过各种具有压电效应的电介质,将声信号转换成电信号,或将电信号转换成声信号,从而实现能量的转换。应用较多的压电材料主要有 5 大类,即压电单晶体、压电多晶体(压电陶瓷)、压电高分子聚合物、压电复合材料以及压电半导体。压电陶瓷是目前超声研究及应用中极为常用的材料。其优点在于以下几个方面。

(1) 机电转换效率高,一般可以达到 80% 左右。

(2) 容易成型,可以加工成各种形状,如圆盘、圆环、圆筒、矩形以及球形等。

(3) 通过改变成分可以得到具有各种不同性能的超声换能器,如发射型、接收型以及收发两用型。

（4）造价低廉，不易老化，机电参数的时间和温度稳定性好，易于推广应用。

各种压电传感器的核心部件都是一个根据压电效应制造的晶片或者薄膜，接收到空气振动从而两个引脚输出电压差，内部结构简图如图 4-30 所示。

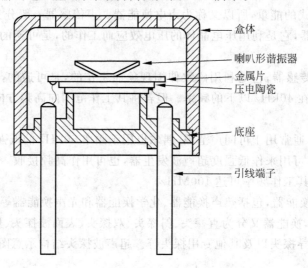

盒体

喇叭形谐振器

金属片
压电陶瓷

底座

引线端子

图 4-30　压电式超声波传感器内部结构

1. 压电效应

压电晶体不仅在电场力作用下，而且在机械力作用下都会产生极化现象，即在这些电介质的一定方向上施加机械力而产生变形时，就会引起它内部正负电荷中心相对转移而产生电的极化；从而导致其两个相对表面（极化面）上出现符号相反的束缚电荷 Q，且其电位移 D（在 MKS 单位制中即电荷密度 σ）与外应力张量 T 成正比。

$$D = dT \quad 或 \quad \sigma = dT \tag{4-32}$$

式中，d 为压电常数矩阵。

当外力消失，又恢复不带电原状；当外力变向，电荷极性随之而变。这种现象称为正压电效应，或简称压电效应。若对上述电介质施加电场作用时，同样会引起电介质内部正负电荷中心的相对位移而导致电介质产生变形。且其应变 S 与外电场强度 E 成正比：

$$S = d_t E \tag{4-33}$$

式中，d_t 为逆压电常数矩阵。

这种现象称为逆压电效应或称电致伸缩。因此从功能上讲，压电器件实际是一个电荷发生器；从性质上讲，压电器件实质上又是一个有源电容器，通常其绝缘电阻大于 $10^{10}\,\Omega$。

2. 压电传感器的选择

由于声学检测法与声信号的大小有很大关系，因此传感器必须具有很高的灵敏度，同时又要避开各种可能受到的噪声干扰。选择传感器，最重要的参数是中心频率。对于电力设备在线监测中，通常使用超声传感器来检测局部放电信号。首先，所选取的频率段必须避开可听声的频率范围，即 20Hz～20kHz；其次，必须考虑到局部放电所产生的超声波信号的频谱范围。

如图 4-31 所示为具有代表性的针板放电产生的超声波的频谱图，可以看出，该局部放电所产生的超声波能量大多集中于 20～200kHz 的频带，考虑到不同类型局部放电信号的

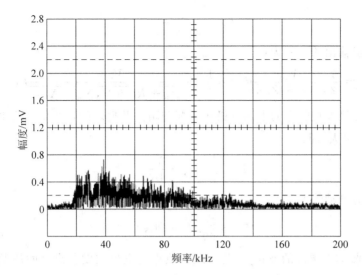

图 4-31　典型针板局部放电超声波信号的频谱图

差异、避开正常声信号的干扰的需要、高频超声波传播时衰减更严重这三个因素,试验所选择的传感器工作频率应为所要监测局部放电信号类型的中心频率。

　　在实际使用中,往往存在超声传感器与所监测设备表面存在接触不良或不能完全吻合,导致信号接收不良。因此,局部放电检测中,常使用超声耦合剂。其目的首先是充填接触面之间的微小空隙,不使这些空隙间的微量空气影响超声的穿透;其次是通过耦合剂的"过渡"作用,使探头与设备表面之间的声阻抗差减小,从而减小超声能量在此界面的反射损失。

4.7　超高频传感器

　　电力设备局部放电在线监测超高频监测法的关键技术之一是传感器,即超高频天线。超高频天线性能的好坏直接影响局部放电信号的提取与后期处理。

4.7.1　天线接收原理

　　接收天线工作的物理过程是天线导体在空间电场的作用下产生感应电动势,并在导体表面激励感应电流,在天线的输入端产生电压,在接收的回路中产生电流,所以接收天线是一个把空间电磁波能量转换成高频电流能量的转换装置。

　　天线的工作原理可以用麦克斯韦方程来加以描述,为了便于理解,可以人为地从"场强"观点、"能流"观点或"电路"观点来简化描述。这里仅采用"电路"观点对天线的接收能力进行阐述。

　　接收天线与由传输线和负载组成的外电路相连,形成闭合回路,如图 4-32 所示。接收天线起电压源作用,等效为电压源 V_{oc} 与电压源内阻 Z_{in},其中 $Z_{in} = R_{in} + jX_{in}$ 称为接收天线的阻抗;传输线和负载等效为负载阻抗 Z_L。

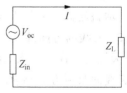

图 4-32　天线接收原理
示意图

　　由图 4-32 可得天线输出端电流为:

$$I_{in} = \frac{V_{oc}}{Z_{in} + Z_L} \qquad (4\text{-}34)$$

天线向接收机输出的功率为:

$$P_R = \frac{1}{2} \frac{V_{oc}^2}{|Z_{in} + Z_L|} R_L = \frac{1}{2} \frac{V_{oc}^2}{\sqrt{(R_{in} + R_L)^2 + (X_{in} + X_L)^2}} R_L \qquad (4\text{-}35)$$

当接收天线在最大接收方向上达到极化匹配和阻抗共扼匹配,即 $Z_{in} = Z_L$ 时,天线向接收机输出功率 P_R 最大,即:

$$P_{R,max} = \frac{1}{2} \cdot \frac{V_{oc}^2}{4R_{in}} \qquad (4\text{-}36)$$

接收天线感应电动势 V_{oc} 为:

$$V_{oc} = \frac{\lambda r}{60} A E_\theta F(\theta, \phi) \qquad (4\text{-}37)$$

式中,λ 为天线接收的电磁波的波长;r 为天线接收点与电磁波发射点之间的距离;A 为与天线特性无关的一个比例系数;E_θ 为接收天线所在点处的电场强度;$F(\theta, \phi)$ 为接收天线的归一化方向系数。

表征天线性能的主要参数有输入阻抗、增益、方向性、带宽等。

1. 输入阻抗

天线的输入阻抗是天线馈电端输入电压与输入电流的比值。天线的匹配就是消除天线输入阻抗中的电抗分量,使电阻分量尽可能地接近馈线的特性阻抗。匹配的优劣一般用 5 个参数来衡量,即反射损耗、传输损耗、驻波比、传输功率和功率反射。5 个参数之间有固定的数值关系,如表 4-3 所示。

表 4-3 驻波比与其他参数的关系

驻波比	反射损耗/dB	传输损耗/dB	传输功率/%	功率反射/%
1.00	0.00	0.00	100	0.00
2.00	9.50	0.51	88.9	11.1
3.00	6.00	1.29	76.0	25.0
4.00	4.40	1.93	64.0	36.0
5.00	3.50	2.55	55.6	44.4

2. 天线的增益

天线的增益是指在输入功率相等的条件下,实际天线与理想的辐射单元在空间同一点处所产生的信号的功率密度之比。增益与天线方向图有密切的关系,方向图主瓣越窄,副瓣越小,增益越高。表征天线增益的参数有 dBd 和 dBi。

3. 天线的方向性

天线的方向性是指天线向各个方向辐射或接收电磁波相对强度的特性。对发射天线来说,天线向某一方向辐射电磁波的强度是由天线上各点电流元产生于该方向的电磁场强度相干合成的结果。如果把天线各个方向辐射电磁波的强度用从原点出发的矢量长短来表示,则将全部矢量终点连在一起所构成的封闭面称为天线的立体方向图,它表示天线向不同方向辐射的强弱。

4. 天线的带宽

无论是发射天线还是接收天线，它们总是在一定的频率范围（频带宽度）内工作的。在移动通信系统中，天线的频带宽度就是天线的驻波比 SWR 不超过 1.5 时，天线的工作频率范围。

在变压器局部放电在线监测系统中，超高频天线作为接收装置，与电磁波辐射源距离很近，所接收的局部放电辐射的电磁波能量很强，当天线的驻波比 VSWR 等于 5 时，功率反射 50% 左右，天线接收信号的能力还是很强，故认为天线的驻波比 VSWR 小于等于 5 时的工作频带宽度就是天线的局部放电超高频检测的带宽。

4.7.2 超高频传感器的设计原则

用于检测电气设备局部放电的超高频传感器可分为内置式超高频传感器和外置式超高频传感器。这里以用于变压器局部放电在线监测的内置式超高频天线为例说明其设计原则及方法。因该内置式超高频天线需要安装于变压器内部，且保持较高的灵敏度和较强的抗干扰能力，针对以上要求，内置式超高频天线应具备以下基本特性。

（1）尺寸小巧，结构简易，安装方便，在不改变变压器运行和变压器结构的前提下实现在线监测。

（2）检测频带介于 $300 \sim 3000 \mathrm{MHz}$，检测频带内驻波比小于 5，具有较好的方向性。

（3）具有较强的抗干扰能力及干扰信号区分能力。

（4）具有较高的信号检测灵敏度。

（5）能将局部放电特征明显的频段加以区分和提取。

根据变压器局部放电的特性及变压器的实际结构，内置式超高频天线的设计，主要从以下两个方面考虑。

（1）用于 GIS、电机、电缆的超高频法，检测频带较窄（通常为几十 MHz），从而丢失了大量的放电信息，因而检测灵敏度受到一定的限制。局部放电脉冲能量几乎与频带宽度成正比，当只考虑检测仪元件（如放大器等）的热噪声对灵敏度的影响时，用宽频带检测有更高的灵敏度。例如，对在半峰值处有 1.5ns 宽度的局部放电脉冲，在 1MHz 带宽的局放灵敏度为 0.1pC，在 350MHz 带宽灵敏度达 0.01pC。因而检测电力变压器局部放电用的超高频天线选用宽频带是有利的。

（2）在检测现场，干扰源多且干扰信号幅值大，这极大地增加了局部放电信号提取的难度。大量研究表明，在变压器使用现场，变电站背景噪声的频率以及空气中电晕干扰的频率通常小于 300MHz。因此，选择天线的下限截止频率为 300MHz，这样可以较好地抑制噪声干扰（电台和移动通信干扰有固定的频率，可以通过软件加以去除）。对于变压器内部的局部放电，到达接收天线的电磁信号经多次折、反射和衰减后已发生畸变，高频分量不易精确提取，因此选择天线的上限截止频率为 3000MHz。这样既能有效地抑制大部分外部干扰，又能获取尽可能多的局部放电信息。

重庆大学在该设计方法上已研制出了一种内置式 Hilbert 分形超高频天线，已得到试验检测和验证。该分形天线的优点主要如下。

（1）增加天线工作频带，有利于实现宽频带或多频带。

（2）减小天线尺寸。

（3）具有自加载特性，有利于在宽频带工作情况下实现与外电路的阻抗匹配。

（4）有利于简化电路设计、提高系统性能的稳定性。

（5）有利于降低系统造价。

4.8 光敏传感器

光敏传感器是利用光敏元件将光信号转换为电信号的传感器，它的敏感波长在可见光波长附近，包括红外线波长和紫外线波长。光传感器不只局限于对光的探测，还可以作为探测元件组成其他传感器，对许多非电量进行检测，只要将这些非电量转换为光信号的变化即可。

光敏电阻器又叫光感电阻，其工作原理基于内光电效应。光敏电阻是利用半导体的光电效应制成的一种电阻值随入射光的强弱而改变的电阻器；入射光强，电阻减小，入射光弱，电阻增大。光敏电阻器一般用于光的测量、光的控制和光电转换（将光的变化转换为电的变化）。光敏电阻的符号如图 4-33 所示。

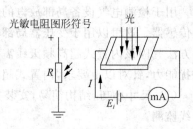

图 4-33　光敏电阻

其构成与原理为用于制造光敏电阻的材料主要是金属的硫化物、硒化物和碲化物等半导体。在黑暗环境里，它的电阻值很高，通常大于 1MΩ。当受到光照时，只要光子能量大于半导体材料的禁带宽度，则价带中的电子吸收一个光子的能量后可跃迁到导带，并在价带中产生一个带正电荷的空穴，这种由光照产生的电子-空穴对增加了半导体材料中载流子的数目，使其电阻率变小，从而造成光敏电阻阻值下降。光照越强，阻值越低。入射光消失后，由光子激发产生的电子-空穴对将逐渐复合，光敏电阻的阻值也就逐渐恢复原值。

在光敏电阻两级电压固定不变时，光照度与电阻及电流间的关系称为光电特性，光电特性曲线如图 4-34 所示。

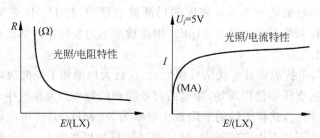

图 4-34　光敏电阻特性曲线

光传感器是目前产量最多、应用最广泛的传感器之一，它在自动控制和非电量电测技术中占有非常重要的地位。光敏传感器的种类繁多，主要有光电管、光电倍增管、光敏电阻、光敏三极管、光电耦合器、太阳能电池、红外线传感器、紫外线传感器、光纤式光电传感器、色彩传感器、CCD 和 CMOS 图像传感器等。

第5章　电磁兼容及其抗干扰技术

5.1　电磁兼容概述

5.1.1　电磁兼容的定义

电磁兼容(Electro Magnetic Compatibility,EMC)指设备或系统在其电磁环境中能正常工作并且不对该环境中的任何事物产生无法承受的电磁干扰的能力。国际电工委(IEC)认为电磁兼容是设备的一种能力,设备在其电磁环境中能完成它的功能,而不至于在其环境中产生不允许的干扰。美国电气电子工程师学会(IEEE)则将电磁兼容定义为一个装置能在其所处的电磁环境中满意地工作,同时又不向该环境中的其他装置排放超过允许范围的电磁扰动。尽管不同机构对电磁兼容的定义措辞不同,但都反映了电磁兼容所要求的两个方面,一方面是指设备在正常工作过程中不能干扰其他设备或产生的电磁干扰不能超过一定的限值;另一方面是指任何设备、分系统等都应不受到干扰或对所在环境中存在的电磁干扰具有一定程度的抗扰度,即电磁敏感性。

目前,电磁兼容学科领域范围日益扩大,涉及的频率范围宽达 $0\sim400\mathrm{GHz}$,涵盖了几乎各个行业部门,如电力、电子、通信、交通、航空航天、医疗等,涉及数学、电磁场理论、信号分析、电路理论、天线与电波传播、通信理论、材料科学等多学科知识,是一门综合性的边缘学科。

5.1.2　电磁兼容主要技术术语

电磁骚扰(Electromagnetic Disturbance):任何可能引起装置、设备或系统性能降低,或对有生命或无生命物质产生损害作用的电磁现象。电磁骚扰可以是电磁噪声、无用信号或传播媒介自身的变化,仅仅指电磁现象,是客观存在的一种物理现象。它可能引起降级或损害,但不一定已经形成后果。

电磁干扰(Electromagnetic Interference):由电磁骚扰引起的设备、传输通道或系统性能的下降。电磁干扰是由电磁骚扰引起的后果,通常只要把两个以上的元件放置在同一环境中,工作时就可能产生电磁干扰。

电磁噪声(Electromagnetic Noise):是一种明显不传送信息的时变电磁现象,可与有用信号叠加或组合。电磁噪声通常是脉动的和随机的,也可以是周期的。

电磁环境(Electromagnetic Environment):存在于给定场所的所有电磁现象的总和。也可以指一个设备、分系统或系统在完成其规定任务时可能遇到的辐射,或传导电磁发射电平在各个不同频率段内的功率分布及其随时间的分布。

电磁发射(Electromagnetic Emission):从源向外发出电磁能的现象,即以辐射或传导形式从源发出的电磁能量。电磁兼容中的发射常常是无意的,既包含传导发射,也包括辐射发射;而通信中的发射主要指辐射发射,是由无线发射台通过精心设计与制作发射部件产生的。

对骚扰的抗扰度(Immunity to a Disturbance):装置、设备或系统面临电磁骚扰不降低运行性能的能力。

电磁敏感度(Electromagnetic Susceptibility):在存在电磁骚扰的情况下,装置、设备或系统不能避免性能降低的能力。

电磁兼容电平(Electromagnetic Compatibility Level):预期加在工作于指定条件的装置、设备或系统上规定的最大电磁骚扰电平。

抗扰度电平(Immunity Level):将某给定的电磁骚扰施加于某一装置、设备或系统而该装置设备或系统仍能正常工作并保持所需性能等级时的最大骚扰电平。

抗扰度裕量(Immunity Margin):装置、设备或系统的抗扰度限值与电磁兼容电平之间的差值。

电磁兼容裕量(Electromagnetic Compatibility Margin):装置、设备或系统的抗扰度限值与骚扰源的发射限值之间的差值。

干扰抑制(Interference Suppression):削弱或消除电磁干扰的措施。

骚扰限值(Limit of Disturbance):对应于规定测量方法的最大电磁骚扰允许电平。

干扰限值(Limit of Interference):指电磁骚扰使装置、设备或系统最大允许的性能降低。

5.1.3 电磁干扰的三要素

电磁兼容是研究电磁干扰问题。在任何系统中,电磁骚扰源、将能量从骚扰源耦合到敏感设备的媒介、对骚扰敏感的设备构成了电磁干扰的三要素。三者缺一不可,只要消除三要素中的任何一个因素,干扰即可消除。因此,电磁电容设计的基本出发点在于破坏三个基本条件中的任何一个或几个。

1. 电磁骚扰源

电磁骚扰源指任何形式的自然现象或电能装置所发的电磁能量,能使共享同一环境的人或其他生物受到伤害,或使其他设备、分系统或系统发生电磁危害,导致性能降低或失效。电磁骚扰一般分为自然骚扰源和人为骚扰源。

自然骚扰源是由于大自然现象所造成的各种骚扰源,包括大气噪声、近距离及远距离的雷电、雨滴的静电噪声、太阳黑子运动、宇宙无线电噪声等。最主要的大气噪声源是雷电。在时域内,大气噪声很复杂,其特征是在背景为短的任意脉冲上的大尖脉冲,或更高的连续背景之上的小脉冲。

人为骚扰源很多,可按不同方法进行分类。从电磁干扰属性来分,可以分为功能型干扰源和非功能性干扰源。功能性干扰源指设备实现功能过程中造成对其他设备的直接干扰,如广播、电视、通信等；非功能性干扰源是指用电装置在实现自身功能的同时伴随产生或附加产生的副作用，如开关闭合或切断产生的电弧放电干扰。从耦合方式，可分为传导骚扰和辐射骚扰。传导骚扰指经导线传输的无用电磁能量；辐射骚扰指从电子设备或其连接线泄漏到空间的无用电磁能量。从电磁干扰信号频谱宽度，可以分为宽带干扰源和窄带干扰源。干扰信号的带宽大于指定感受器带宽的称为宽带干扰，反之称为窄带干扰源。从干扰信号的频率范围来分，可以把干扰源分为工频与音频干扰源（50Hz及其谐波）、甚低频干扰源（30Hz以下）、载频干扰源（10～300kHz）、射频及视频干扰源（300kHz）、微波干扰源（300MHz～100GHz）。

从电磁干扰产生的原因来看，电磁干扰的主要来源如图5-1所示。

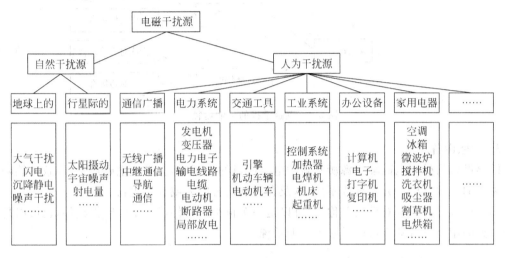

图 5-1　电磁干扰的主要来源

2. 电磁骚扰的传播途径

电磁骚扰的传播途径指电磁骚扰从骚扰源传播至敏感单元的通道或媒介。任何电磁干扰的发生都必然存在干扰能量的传输和传输途径（或传输通道），能量从骚扰源传递到干扰对象有两种方式：一种是传导传输方式；另一种是辐射传输方式。从设备接受干扰的角度来看，电磁骚扰的传播途径可简单地分为传导耦合和辐射耦合两大类。

传导传输必须在干扰源和敏感器之间有完整的电路连接，干扰信号沿着这个连接电路传递到敏感器，发生干扰现象，其特点是两个电路之间至少有两个电气连接节点。这个传输电路可包括导线，设备的导电构件、供电电源、公共阻抗、接地平板、电阻、电感、电容和互感元件等。

辐射传输是通过介质以电磁波的形式传播，干扰能量按电磁场的规律向周围空间发射。常见的辐射耦合有从一个天线发射的电磁波被另一个天线意外接收的天线对天线耦合；空间电磁场经导线感应而耦合的场对线的耦合；两根平行导线之间的高频信号感应的线对线的感应耦合。

在实际工程中，两个设备之间发生干扰通常包含许多种途径的耦合。正因为多种途径的耦合同时存在，反复交叉耦合，共同产生干扰，才使电磁干扰变得难以控制。电磁干扰的传输途径如图5-2所示。

电磁兼容及其抗干扰技术

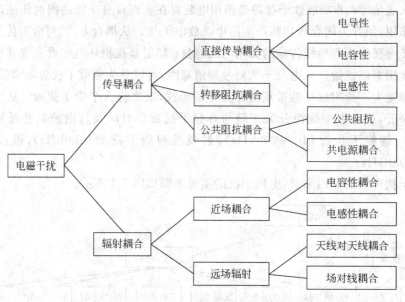

图 5-2　电磁干扰的传输途径

3. 敏感设备

敏感设备指受到电磁骚扰源所发射的电磁能量的作用时,会发生电磁危害,导致性能降级或失效的器件、设备、分系统或系统,以及会受到伤害的人或其他生物。

敏感设备是被干扰对象的总称,它可以是一个很小的元件或一个电路板组件,也可以是一个单独的用电设备甚至可以是一个大型系统。

5.1.4　电磁干扰的危害

电磁干扰的危害主要体现在以下两个方面。

一是电气、电子设备的相互影响。电磁干扰信号作用于电气、电子设备或系统及其内部电路,产生电磁干扰可使设备或系统的工作性能偏离预期的指标或使工作性能出现不希望的偏差,即工作性能发生了降级,甚至还可能使设备或系统失灵,或导致寿命缩短,或使系统效能发生不允许的永久性下降,严重时会摧毁设备或系统。因此,电磁兼容设计的目的是对电子设备承受电磁骚扰影响的分析、评估和提高其抗干扰能力。通常用电磁敏感度来表示电子设备受电磁干扰作用引起不希望的响应或性能降低的量度,反映了设备耐受电磁干扰能力的特性。设备对干扰的敏感电压阈值越低,设备对电磁干扰就越敏感,设备的电磁敏感度就越高。

二是电磁污染对人体的影响。电磁污染对人体健康的影响,如过量的微波辐射可能造成人体若干种组织和器官的急性损伤,出现头痛、恶心、目眩、失眠、局部灼伤等,工频电磁场会引起神经衰弱和记忆力减退。

因此,世界各国对电气、电子设备的电磁兼容性指定了一系列限定标准,包括基础标准、通用标准和产品类标准,对不符合 EMC(Electromagnetic Compatibility)标准的产品,不准进入市场。我国强制认证(China Compulsory Certification,CCC)是从 2003 年 8 月正式开始实施,包括家用及类似用途设备、电动工具、信息技术设备、照明设备等。

5.2 电磁干扰抑制措施

5.2.1 滤波技术

1. 电磁干扰滤波的概念及分类

滤波是抑制传导电磁骚扰的一种重要方法。采用滤波器目的就是分离信号、剔除干扰，显著减少传导骚扰电平。滤波器是由集中参数或分布参数的电阻、电感和电容构成的一种网络，它允许某些频率的电流通过，对其他频率成分加以抑制，即通过限制接收信号的频带以抑制无用的骚扰，同时允许工作必需的信号频率通过，以提高接收器的信噪比。电气设备上所有电源线和信号线都存在引入电磁骚扰的可能性，因此信号线和电源线上必须安装滤波器。

滤波器的种类很多，按照滤波器的频率特性可分为低通、高通、带通、带阻滤波；按网络中是否有电源可分为有源和无源滤波器；按能量损耗特性分为反射式滤波器和吸收式滤波器；按安装位置和作用可分为信号滤波器、电源滤波器、电磁干扰滤波器等。

2. 反射式滤波器

反射式滤波器是由电感、电容等电抗元件或它们的组合网络组成的滤波器。其工作原理是在电磁信号传输路径上形成很大的特性阻抗不连续，使大部分电磁能量反射回信号源处，以达到选择频率、滤波的目的，故称为反射式滤波，又称为无损滤波器。

在滤波器中，电容的作用是通过并联一个低阻抗的通路，使骚扰电流分流，从而减小负载中的骚扰电流；电感的作用是通过串联一个高阻抗，阻断骚扰信号的流通，从而减小负载上的骚扰电流。因此，反射式滤波器在阻带范围内其并联阻抗很小串联阻抗很高，而在通带内则呈现低的串联阻抗和高的并联阻抗。

反射式滤波器具有很好的频率选择特性，分为低通、高通、带通、带阻滤波器。低通滤波器是电磁兼容技术中用得最多的一种滤波器，是用来控制高频电磁干扰的。例如，在电源线滤波中，采用低通滤波器使高于工频的信号得以衰减，在放大电路和发射机输出电路使用低通滤波器，可以让基波信号通过，谐波和其他信号受到衰减。高通滤波器主要用于从信号通道中排除交流电源频率以及其他低频的外界干扰，高通滤波器的网络结构与低通滤波器的网络结构具有对称性，可由低通滤波器转换而成。带通滤波器是对通带之外的高频及低频干扰能量进行衰减，带阻滤波器则是对特定的窄带内的干扰能量进行抑制，并串联于干扰源与干扰对象之间，也可将带通滤波器并接于干扰线与地之间来达到带阻滤波的作用。

选择不同的滤波器时应注意所要求的源阻抗和负载阻抗，不同结构的滤波电路适合于不同的源阻抗和负载阻抗。当信号内阻和负载电阻都比较高时，选用 π 形滤波电路；T 形滤波器适用于信号内阻和负载电阻都比较小的情况；当信号源内阻和负载电阻不相等且差别较大时，可选用 L 形和 C 形滤波电路。

3. 吸收式滤波器

尽管一些反射式滤波器的输入阻抗、输出阻抗在理论上可在一个相当宽的频率范围内与指定的源阻抗、负载阻抗相匹配，但实际电路的阻抗很难估算，特别是高频时，由于电路寄生参数的影响，电路的阻抗变化很大，而且电路的阻抗往往还与电路的工作状态有关，再加上电路阻抗在不同的频率上不一样,因此出现阻抗不匹配的情况,使一部分有用信号的能量被反射回源,而导致干扰电平的增加。

吸收式滤波器是允许需要的频率分量通过,将信号中不需要的频率分量的能量消耗在滤波器中或被滤波器吸收,以达到抑制干扰的目的,因此又称为损耗滤波器。吸收式滤波器一般做成介质传输形式,所用介质材料可以是铁氧体材料,也可以是其他损耗材料,它可以根据需要做成各种形式,最基本的形式是铁氧体做成的磁套管、磁环及磁块,也可以做成同轴线型,如有损同轴电缆,将导线穿过或缠绕在各种形状的铁氧体材料上,利用其电感及磁场涡流损耗阻断骚扰信号的传播。吸收式滤波器的缺点在于滤波器通带内有一定的插入损耗,这是由吸收式滤波器中的有耗媒质引起的。因此,必须选择合适的损耗材料,合理地设计吸收式滤波器,以减少滤波器通带内的损耗。

1) 铁氧体磁珠

铁氧体磁珠可以是套在导线上的空心磁心或磁环。抗电磁干扰的铁氧体是用高磁导率的有耗材料做成的,由无数相互隔离的微小磁畴组成,每一颗微粒均可看成一个微小的恒磁磁铁,整个磁性材料总的磁效应即是所有微粒磁效应的总和。由于这些微粒的磁极方向各不相同,其宏观磁性为零;当将其放置在一个交流磁场中时,材料内的磁畴受到交变力的作用,开始振动。当在某一个频率下,振动与磁畴的机械振动一致,就形成高频磁损耗。

吸收式滤波器主要是利用铁氧体材料的阻抗频率特性来达到抑制电磁干扰的目的,通常作为电感器来考虑,在应用时又常起着变压器的作用,初级为被过滤的导线,次级为磁珠中的涡流形成,由焦耳效应起损耗作用。

因此,铁氧体的阻抗为:

$$|Z| = \sqrt{R^2 + X^2} = \sqrt{R^2 + L^2\omega^2} \tag{5-1}$$

式中,L 为铁氧体磁珠的电感,由铁氧体的相对磁导率确定;$\omega = 2\pi f$ 为角频率;R 为铁氧体磁珠的等效电阻;X 为铁氧体磁珠的等效电抗。

导线穿过铁氧体磁心构成的阻抗在形式上会随着频率的升高而增加,但在低频段阻抗主要取决于电抗,因为低频时磁心的磁导率较高,其电抗较大,并且磁心的损耗较小,整个器件是一个低损耗、高品质特性的电感。在高频段,随着频率的升高,磁心的磁导率降低,导致电抗的电感量减小,电抗成分减小。这时磁心的损耗增加,电阻成分增加,导致总的阻抗增加,因此高频时阻抗主要由电阻来决定。当穿过铁氧体的导线中流过高频电流信号时,铁氧体磁心中会产生磁场,并导致磁心饱和,使其磁导率急剧降低,此时电磁能量以热的形式耗散掉,以减少干扰。

2) 铁氧体材料的影响因素

抑制电磁干扰的铁氧体由于使用方便、价格低廉而被广泛使用。为充分发挥铁氧体的性能,使用铁氧体磁心时,应注意以下几点。

(1) 电路的阻抗越低,铁氧体磁环或磁珠的滤波效果越好。

(2) 当穿过铁氧体的导线中流过较大的电流时,吸收式滤波器的低频插入损耗会变小,高频插入损耗变化不大。

(3) 应根据骚扰信号的频率范围,选择不同的磁心材料,如锰锌适合低频干扰,镍锌适合高频干扰。

(4) 要获得大的衰减,在铁氧体磁环内径包紧导线的前提下,尽量使用体积较大的磁环。

（5）磁心在电路中的阻抗与所绕导线匝数有关，匝数多则阻抗大，但容易饱和，且线间分布电容大，对高频特性不利。

（6）铁氧体磁环的安装位置一般尽量靠近骚扰源，对于屏蔽机箱上的电缆，磁环要尽量靠近机箱的电缆进出口。

4. 电源滤波器

对于产生较强电磁骚扰的设备和对电磁骚扰敏感的设备都需要在电源线设置滤波器，以抑制设备的传导发射，防止骚扰从设备流入电网，同时提高对电网中骚扰的抗扰度，防止电网中的骚扰进入设备。因此，电源滤波器指各种电磁噪声通过传导耦合进入电源，可以采用滤波电路使之减小到电路能接收的水平。

1）电源滤波器的基本结构

电源滤波器实际上是一种低通滤波器，对直流或低频电源不衰减，却大大衰减经电源传入的骚扰信号，保护设备免受损害，还能大大抑制设备本身产生的骚扰信号，防止其进入电源污染电磁环境。滤波电路必须对两根输入导线同时进行滤波，要求它不但能抑制差模干扰，而且能抑制共模干扰，其中共模干扰指相线与地线、中线与地线之间存在的骚扰信号，也可认为是相线与中线上传输的电位相等、相位相同的噪声信号，如图 5-3 中 I_C 所示。把相线与相线或相线与中线之间存在的干扰信号称为差模干扰，回路中传输信号电位相等、相位相反，即互差 180°，如图 5-3 中 I_D 所示。

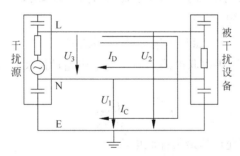

图 5-3　电源线上的共模干扰信号和差模干扰信号

实际上，共模干扰和差模干扰同时存在，最基本的差模滤波器是在相间或相线与中线间加电容，而接在相线与地线或中线与地线之间的电容称为共模电容，实现共模滤波，串入导线中的电感则起着阻碍和抑制共模干扰的作用。常用的对共模和差模都起作用的电磁干扰滤波电路如图 5-4 所示。

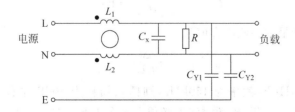

图 5-4　电源线电磁干扰滤波器基本电路图

电磁兼容及其抗干扰技术

图中，C_X 为差模电容；C_{Y1}、C_{Y2} 为共模电容；L_1、L_2 是绕在同一磁环上的两只独立线圈，称为共模电感线圈或共模线圈或共模流圈。通常两个线圈所绕圈数相同，线圈绕向相反，从而使滤波器接入电路后，两只线圈内电流产生的磁场在磁环内相互抵消，不会使磁环达到磁饱和状态，致使两线圈的电感量值保持不变。但事实上，磁环的材料不可能做到绝对均匀，两只线圈的绕制也不可能完全对称，均使得两电感的量值不相等。因此，将两电感 L_1、L_2 与差模电容 C_X 组成一低通滤波器，用来抑制电源上存在的差模骚扰信号，以实现对电源系统干扰信号的抑制，保护电源系统内的设备不受其影响。

2）电源滤波器的参数确定

在设计或选择电磁干扰滤波器时，一个必须考虑的重要问题是滤波器的阻抗匹配，即输入端的骚扰源阻抗和输出端的负载阻抗相等。但在很多情况下，电磁干扰滤波器的源阻抗和负载阻抗的特性和数值均为未知数，就无法保证滤波器处于最佳工作状态，因此在设计时必须考虑滤波器在不匹配的情况下也能满足性能要求。

除此之外，电源滤波器还必须考虑滤波器的串联电感器的电感量及并联电容器的电容量的要求。电源滤波器中采用的串联电感受到电源频率下电压降的限制，不能选得太大；而接地的滤波电容器的容量则因安全及防止触电受到允许接地漏电流的限制，也不能选得太大。

(1) 计算电源滤波器所允许的最大串联电感值。

设滤波器中串联电感器的电感量是 L，等效电阻为 R，电网频率为 f，电网测额定电流为 I_N，则电感上产生的压降为：

$$\Delta U = I_N \sqrt{R^2 + (\omega L)^2} \tag{5-2}$$

如果忽略电阻 R 上的电压降，则串联电感上的压降不应超过最大允许电压降 ΔU_{max}，因此串联电感的最大允许值为：

$$L_{max} = \frac{\Delta U_{max}}{2\pi f I_N} \tag{5-3}$$

(2) 计算电源滤波器所允许的最大并联电容值。

设滤波器的等效负载为 Z，C_i 为等效杂散电容，R_i 为等效漏电阻，则地电流为：

$$I_g = \sqrt{I_R^2 + (I_C + I_Y)^2} \approx 2\pi f I_Y C_Y \tag{5-4}$$

允许的接地漏电流与设备类型和工作条件有关，国内外对该电流的限制标准，对便捷式工具要求 $I_g \leqslant 0.75\text{mA}$；对家用电器要求 $I_g \leqslant 5\text{mA}$；对电热器和电炉等要求 $I_g \leqslant 10\text{mA}$。因此允许采用的最大并联电容值为：

$$C_{max} = \frac{I_g \times 10^6}{2\pi f U_N} (\text{nF}) \tag{5-5}$$

最大串联电感值和最大并联电容值为：

$$L_{max} C_{max} = \frac{I_N \Delta U_{max}}{I_g U_N} \cdot \frac{1}{\omega^2} \tag{5-6}$$

若式(5-6)取值为 $100\mu\text{H}\mu\text{F}$，频率为 150kHz，则插入损耗为 40dB 左右，低于实际要求值 $60 \sim 80\text{dB}$。为了改善滤波效果，电源滤波器必须采用多级滤波器。

3）电源滤波器的安装

滤波器对电磁骚扰的抑制作用不仅取决于滤波器和工作条件，还与安装有关。如果滤波器安装不当,即使在屏蔽室内,电源线的干扰还会通过辐射或耦合影响到电子设备。

（1）滤波器的输入和输出线应隔离。

如果滤波器的输入端和输出端之间距离很近又无隔离时,容易使电磁干扰信号不经过滤波器的衰减而直接耦合到滤波器的输出端,因此,如果因为位置和空间的限制而无法分隔时,应采用屏蔽线。

（2）滤波器的安装位置。

滤波器的输入线不宜过长,否则机箱外的电磁干扰会耦合至线路板,或线路板上产生的干扰信号会耦合至滤波器输入线,传导至机箱外。因此,通常将滤波器安装在屏蔽室入口面的壁上,并且滤波器的屏蔽壳应与屏蔽室壁良好接合,同时将地线连接在屏蔽室的外侧壁上。

（3）滤波器应接地。

滤波器的外壳上都有一个接地端子,滤波器需要接地,共模滤波电容的接地端要接到屏蔽箱或一块大金属板上。

5.2.2 屏蔽技术

1. 电磁屏蔽的概念及分类

电磁屏蔽是通过一种局部或完整的金属包围体使电磁波从屏蔽体的一侧经屏蔽体内部进入另一侧后被部分或全部衰减的作用,从而减少外部骚扰源产生的电磁场对其内部的影响,或阻止其内部骚扰源产生的电磁场传播到外部空间。电磁屏蔽是解决电磁兼容问题的重要手段之一,它不仅可以防止外来辐射进入某一区域,而且还可控制内部辐射区的电磁场,使其不会越出某一区域。因此,采用电磁屏蔽方法的优点是不会影响被屏蔽电路的正常工作,也就不需要对被屏蔽电路做任何修改,其缺点是引入外部屏蔽体后会使成本增加。

屏蔽根据电磁场的特性可分为电场屏蔽、磁场屏蔽和电磁场屏蔽等。电场屏蔽是指静电场屏蔽和交变电场屏蔽;磁场屏蔽指静磁场屏蔽、交变磁场及高频磁场屏蔽;电磁场屏蔽指同时存在电场和磁场的辐射电磁场屏蔽。如果按屏蔽体的结构划分,可分为完整屏蔽体屏蔽、非完整屏蔽体屏蔽及编织带屏蔽。

2. 屏蔽效能

屏蔽目的是为了削弱骚扰电磁场,屏蔽体的好坏可用屏蔽效能来表示,屏蔽效能表现了屏蔽体对电磁波的衰减程度。屏蔽效能指未加屏蔽时某一点的场强与加屏蔽后同一点的场强之比,用分贝来表示,即:

$$SE_E = 20 \lg \frac{|E_0|}{|E_S|} \tag{5-7}$$

$$SE_H = 20 \lg \frac{|H_0|}{|H_S|} \tag{5-8}$$

式中,E_0、H_0 分别为屏蔽前某点的电场强度与磁场强度;E_S、H_S 分别为屏蔽后某点的电场强度和磁场强度。

由于电屏蔽能有效屏蔽电场耦合,磁屏蔽能有效屏蔽磁场耦合,对于辐射近场或低频场,SE_E、SE_H 一般不相等;对于辐射远场,电磁场是统一的整体,则 $SE_E = SE_H$。

以上屏蔽效能主要针对完整屏蔽体的计算,但实际上屏蔽体上总会有门、盖、仪表、开关

电磁兼容及其抗干扰技术

等各种孔和缝隙,以及连接线穿透等,这些都不同程度地破坏了屏蔽的完整性,从而大大降低了屏蔽效能。

3. 孔缝泄漏的抑制措施

通常屏蔽体在制造、装配、维修、散热及观察时,会在其表面开有形状各异、尺寸不同的孔缝,这些孔缝对屏蔽体的屏蔽效能产生重要影响,因此必须采取措施来抑制孔缝的电磁泄漏。

1) 缝隙电磁泄漏的抑制措施

由于屏蔽机箱上不同部分的结合处只能在某些点接触,不可能完全接触,这就形成了缝隙。当缝隙长度远远大于骚扰电磁波波长的 1/10 时,将产生较大的电磁泄漏,降低屏蔽效能。

在实际工程中,常用缝隙的阻抗即电阻和电容的并联来衡量缝隙的屏蔽效能,如图 5-5 所示。

在等效电路中,缝隙的阻抗越小,则电磁泄漏越小,屏蔽效能越高。减小缝隙的阻抗可采用增加导电接触点、加大两块金属板之间的重叠面积、减小缝隙的宽度等方法,因此对缝隙的具体处理方法如下。

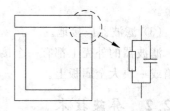

图 5-5　缝隙的泄漏及等效模型

(1) 增加接触面的平整度,但成本高。

(2) 增加紧固件的密度,仅适用于永久性结合的场合。

(3) 使用电磁密封衬垫。通常任何导电的弹性材料都可以作为电磁密封衬垫,但要求有较好的抗腐蚀性。常用的电磁密封衬垫主要有以下几种。

① 金属丝网衬垫:成本低,过量压缩不易损坏,低频时屏蔽效能较高,高频时屏蔽效能较低。

② 导电橡胶:整体较硬,配合性能比金属丝网差,且成本高,常用于有环境密封要求的场合,其屏蔽性能在低频时较差,高频时较好。

③ 指形簧片:常用在接触面滑动接触的场合,其低频和高频时的屏蔽效能都较好,但价格较高。

④ 螺旋管衬垫:抗电化学腐蚀性能好,适用于恶劣环境条件,其屏蔽效能高,价格低,但受到过量压缩时容易损坏。

⑤ 导电布衬垫:用于有一定环境密封要求的场合,其高、低频时的屏蔽效果都较好,价格低,但频繁摩擦易损坏导电表面。

2) 孔洞电磁泄漏的抑制措施

电子设备的观察窗口包括指示灯、表头面板、数字显示器及阴极射线管等,通常因观察窗口引入的孔洞造成的电磁泄漏最大,必须加以电磁屏蔽。常用的防止电磁泄漏的措施有以下几种。

(1) 在显示窗前面使用透明屏蔽材料。

透明屏蔽材料可以使用金属网夹在两层玻璃之间,也可直接在玻璃上镀上一层很薄的导电层,通常前者会造成视觉不适,后者对磁场屏蔽效果差。由于透明屏蔽材料对磁场的屏蔽效能很低或没有,不适用于设备内部有磁场辐射源或磁场敏感电路的情况,而适用于显示器本身产生辐射或对外界干扰敏感的场合。因此,透明屏蔽材料屏蔽的最大优点是结构简单,缺点是视觉效果差。

（2）用隔离窗将显示器与设备的其他电路隔离开。

隔离窗是为了实现外表面布置器件与屏蔽体在一个平面上而布置屏蔽层外表面的部件形成的凹进去的金属窗。采用隔离窗要求外部安装的器件本身必须是无辐射或对辐射不敏感，外表安装器件的导线需经过馈通式低通滤波器穿出隔离窗的小孔与内部相连，还应在其与屏蔽体基体之间使用性能良好的电磁密封衬垫。隔离窗的最大优点是显示器件的视觉效果几乎不受影响，对磁场的屏蔽效能较好，缺点是显示器件本身产生电磁辐射或对外界干扰敏感时没有屏蔽效果，适用于显示器件本身不产生干扰或对外界电磁干扰不敏感的场合。

（3）使用截止波导板。

由于各种原因所保留的孔洞和缝隙形成了屏蔽体上的电磁屏蔽薄弱环节，如果对屏蔽效能和通风量的要求都较高，可以使用截止波导板。波导是简单的管状金属结构并呈现高通滤波器的特性，即允许截止频率以上的信号通过，而截止频率以下的信号被阻止或衰减。因此，为了实现电磁屏蔽，可以使干扰信号的频率落在波导的截止区域。使用截止波导板时，要注意导板与机箱基体之间的搭接，一般使用焊接或电磁密封衬垫连接。

5.2.3 接地技术

接地技术是电磁兼容中任何电子、电气设备或系统正常工作时必须采取的一项重要技术。它不仅可以保护设备或人身安全，也可以抑制电磁干扰，保障设备或系统电磁兼容性，提高设备或系统的可靠性。

1. 接地的概念及分类

接地是一种有意或无意的导电连接，使电路或电气设备接到大地或代替大地的导电连接体。由于一些电路的电流需经过地线形成回路，因而地线就成为该电路的公共导线。导线产生的公共阻抗又将使两接地点之间形成一定的电压，从而产生接地干扰。因此，正确的接地方式不仅可以保护设备和人身安全，还可以为干扰信号提供低公共阻抗通路，从而抑制干扰信号对其他电子设备的干扰。

通常电路或用电设备的接地按其作用可分为安全接地和信号接地。其中，安全接地是为了确保人身及设备的安全，将电气设备的某些部位或电力系统的某点与大地相连，提供故障电流及雷电流的泄流通道，稳定电位，提供零电位参考点及降低绝缘水平。信号接地是在系统和设备中，采用低阻抗的导线为各种电路提供具有共同参考电位的信号返回通路，使流经该地线的各电路信号电流互不影响。

2. 信号接地方式

信号接地的目的是为了抑制电磁干扰，为系统内部各种电路设置公共参考点，其连接对象是各种电路，主要连接方式有单点接地系统、多点接地系统、混合接地系统和悬浮接地。

1）单点接地系统

单点接地系统指系统中仅有一点被定义为接地点，其他需要接地的信号接地线都直接接在该点，该点也称为参考点电位。单点接地分为串联单点接地和并联单点接地。其中，串联单点接地是各设备或电路单元共用一根地线，然后单点接地，如图5-6所示。该接地系统简单，在实际中经常采用，但在大功率和小功率电路混合的系统中应尽量避免使用，因为大功率电路中的地线电流会影响小功率电路的正常工作。

并联单点接地指各设备或电路单元分别用地线连接在一个接地点上，如图5-7所示。

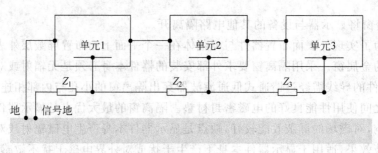

图 5-6　串联单点接地

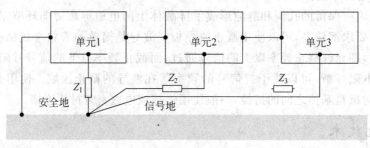

图 5-7　并联单点接地

并联单点接地对于防止各设备、电路单元之间的直接传导耦合十分有效,特别适合各单元地线较短、工作频率较低的场合。但各设备、电路单元分别接地将增加地线数量,使地线长度加长,则地线的阻抗增加,造成布线繁杂。同时,地线与地线之间、地线与电路各部分之间的电感和电容耦合强度都会随频率的增高而增强。如果系统的工作频率很高,当地线长度达到 $\lambda/4$ 的奇数倍时,地线阻抗变得很高,地线会转化为天线向外辐射干扰。因此,当采用并联单点接地时,每根地线的长度不允许超过 $\lambda/20$。

2) 多点接地系统

多点接地指设备或电路单元中各接地点直接接到离它最近的接地平面上,以使接地线的长度最短,如图 5-8 所示。

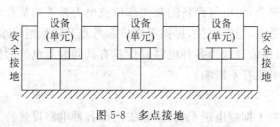

图 5-8　多点接地

多点接地的优点是地线较短,适用于高频情况。但因多点接地形成了各种地线回路,造成了回路干扰,对低频电路会产生不良影响。通常一般频率在 1MHz 以下时采用单点接地,当频率高于 10MHz 时,采用多点接地,在 1~10MHz,且地线长度小于 $\lambda/20$ 时,可用单点接地,否则用多点接地。

3) 混合接地系统

对于宽频系统,在低频时需要采用单点接地,高频时则要采用多点接地。为同时满足不同接地要求,可利用电容器对高频相当于短路、对低频相当于开路的特点来实现,以避免在低频电路中出现地回路,如图 5-9 所示。

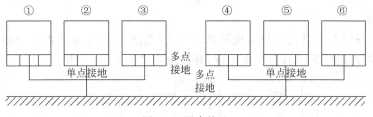

图 5-9　混合接地

以电子设备为例,由于内部电路较复杂,既有模拟电路,又有数字电路,为把骚扰源和敏感电路分隔开,通常会把内部电路分割成模拟、数字、功率等几个独立的接地系统,再将几个系统合并成一个接地系统连接至参考点,如图 5-10 所示。

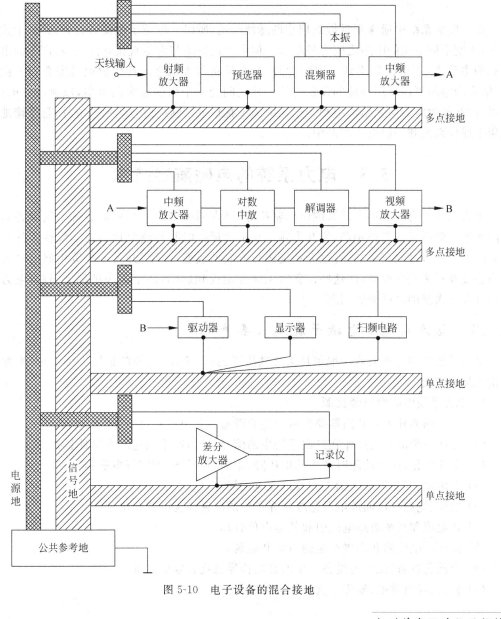

图 5-10　电子设备的混合接地

电磁兼容及其抗干扰技术

4）悬浮接地

悬浮接地是将整个网络完全与大地隔离，使电位漂浮，即要求整个网络与地之间绝缘电阻大于 $50M\Omega$，否则绝缘下降后会产生干扰，其接地方式如图 5-11 所示。

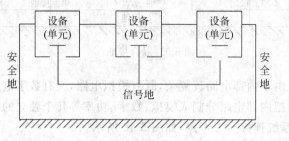

图 5-11　悬浮接地

在一些大系统中通常很难做到理想的悬浮接地，所以一般用于便捷式设备，其抗干扰能力强，能使不同电位的电路之间容易配合。但由于设备不与大地直接连接，容易产生静电积累和静电放电，当电荷积累到一定程度时，会在设备与大地之间产生放电等安全和干扰问题，解决的措施可在采用浮地的设备与公共地之间接一个阻值很大的电阻，以泄放静电荷。所以，除在低频时为防止结构地和安全地中的干扰地电流骚扰信号接地系统外，悬浮接地不宜用于通信系统和一般电子产品中。

5.3　电力系统的电磁兼容技术

电力系统本身就是一个强大的电磁骚扰源，处在同一电力系统中的各种电气设备通过电的或磁的联系彼此紧密相联，相互影响。在正常运行时某些整流设备及非线性元件等产生的谐波会危害其他设备，随着电力系统运行方式的改变、故障、开关操作等引起的电磁振荡也会波及很多电气设备，使这些设备的工作性能受到影响，甚至遭到破坏。因此，电力系统内部存在大量的电磁兼容问题。

5.3.1　电力系统中电磁干扰的三要素

电力系统中的电磁兼容一般可从电磁骚扰源、耦合途径、设备防护等方面考虑，采取有效措施加以解决。

1. 电力系统中的电磁骚扰源

（1）高压隔离开关和断路器操作所产生的瞬态骚扰电流和过电压。

（2）二次系统的开关操作在二次系统中的信号、端口产生快速瞬变脉冲骚扰。

（3）负荷变化、运行故障时产生的电压降、中断、不平衡、谐波等电磁骚扰。

（4）发电机、变压器产生的工频及谐波电磁场。

（5）电晕、绝缘子沿面放电及绝缘击穿产生的高频骚扰电流和电压。

（6）雷电流和系统短路电流引起的地电位升高。

（7）高压输电线路在周围产生的电场和磁场。

（8）自动化设备、无线电设备产生的高频传导骚扰和辐射骚扰。

（9）雷击、静电放电、地磁干扰等产生的骚扰。

2. 电力系统电磁骚扰的耦合途径

随着电力系统的大容量、特高压和网络复杂性的发展,系统中的电磁骚扰问题将越来越突出,例如,在一次设备之间、一次和二次设备之间、二次设备之间引起的电磁骚扰不仅会使其性能劣化、运行状态发生改变,而且会引起绝缘破坏,最终完全丧失其功能。

电磁骚扰的传播途径有传导耦合和辐射耦合,传导耦合是电磁骚扰通过电源线、接地线和信号线传播到敏感设备的,而辐射耦合是电磁骚扰以电磁波的形式在空间传播,并到达敏感设备。因此,在电力系统中进行开关操作、故障或雷击时所产生的瞬态电流、电压及电磁场,通过互感器、耦合电容器、分布电容等耦合方式进入二次回路,也有一次线路向周围空间辐射瞬态电磁能量,被二次设备或回路接收的耦合途径。

3. 敏感单元

电力系统中的各种电气、电子设备,如继电保护、远动、通信设备等都是电磁敏感设备,容易受到电磁骚扰的影响出现不正常工作状态,并产生误动,严重的还将损坏元器件及设备。

5.3.2　电力系统的电磁兼容问题

1. 变电站的电容兼容问题

变电站是一次设备和二次设备最集中的场所,是电力系统电磁兼容的主要研究对象。变电站中一次回路和二次回路之间存在着电和磁的联系,其一次回路中的开关操作、雷电流及短路电流在接地网上会引起地电位升高,甚至在二次回路中电缆之间的电磁耦合会对二次回路产生骚扰。因此,在一次回路中发生的任何形式的暂态过程都会通过不同的耦合途径传播到二次回路中形成暂态骚扰,雷击、高中低压网络中的操作和故障、变电站内部和外部的射频场、静电放电和电网中的传导骚扰等都为变电站中主要的电磁骚扰源。

暂态骚扰对二次回路的设备可能造成两种后果,一种是破坏二次设备的绝缘,形成永久性破坏;另一种是骚扰其正常工作,使其误动作。由于二次回路中的设备如继电保护、控制、信号、通信、监测等仪器和仪表都属于弱电设备,其耐压水平和抗骚扰能力都比较弱。例如,对于高电压大容量的枢纽变电所,其一次系统电压越高、容量越大,对二次回路产生的暂态骚扰就越强烈,需要更加先进的二次设备对一次系统进行保护和监控;随着 SF_6 组合电器(GIS)的应用,对变电所二次设备增加了新的威胁;另外,如果将继电保护和控制设备放至开关站中可节约大量电缆,降低工程造价和施工量,提高运行可靠性,但更容易受到高压电气设备运行过程中的开关操作、短路故障等暂态过程产生的强电磁骚扰。因此,变电所中一次回路和二次回路之间的电磁兼容问题变得十分突出。

要提高变电所一次设备和二次设备之间的电磁兼容性,可以从以下几个方面采取措施。

(1) 降低骚扰源产生暂态骚扰的幅值和出现的概率。

(2) 阻断暂态骚扰的传输途径。

(3) 采取完善的抗骚扰措施。

(4) 提高二次设备抗暂态骚扰的能力。

2. 电能质量问题

导致用户电力设备故障或误操作的电压电流或频率的静态偏差和动态扰动都统称为电能质量问题。电力系统中影响电能质量的主要因素有:电压、频率有效值的变化;电压波动和闪变、电压暂降、短时中断和三相电压不平衡、谐波；暂态和瞬态过电压以及这些参数变化的幅度等。其中，谐波是影响电能质量的重要因素之一，由于在工业电网环境中生产设备大多是非线性设备(如中频炉、电弧炉、变频器、电解装置、电镀装置、充电器等)，这些设备运行时会产生大量的谐波，导致电能质量更加恶化，加剧了电能质量带来的影响。

谐波对一次设备的影响和危害主要表现在以下几个方面。

(1) 增加设备的损耗，提高温升，降低设备的动力和寿命。

(2) 增加绝缘中的介质损耗和局部放电量，加速绝缘老化。

(3) 增加电机的振动和噪声。

谐波对二次设备的主要影响是干扰其正常的工作状态，如测量的准确度、动作可靠性等。谐波对用电设备的影响主要表现在增加损耗、降低寿命和使其运行性能劣化等方面。由于用电设备的种类繁多，工作原理、电压等级、额定容量、技术条件都相差悬殊，使得谐波的影响十分复杂，难以找到一种普遍适用的分析方法。另外，很多用电设备本身又是谐波源，使得接在同一母线上的用电设备相互之间又产生影响和骚扰，即使不在同一母线上也会相互影响。

电网中的非正弦电压或电流，将其进行傅里叶级数分解，即可得到基波和一系列谐波。会产生谐波的设备称为谐波源，电力系统中的谐波源主要有以下几种。

1) 同步发电机

由于定、转子之间非正弦分布的气隙磁场，产生非正弦电势波形。

2) 变压器

变压器铁芯具有饱和特性，使励磁回路呈现非线性，产生非正弦励磁电流，并通过漏抗压降使变压器电动势中出现谐波。

3) 大功率电力电子设备

由于电力电子开关器件的非线性，在电网中产生谐波电压和谐波电流。

4) 其他各种非线性用电设备

例如，开关电压、变频器、计算机、节能灯、家用电器等都会产生各种电流谐波。

随着各种电力电子设备在电力系统中的广泛应用，电力系统中的"谐波污染"现象日益严重，而新型的微电子设备也越来越多地应用于测量、控制、保护等各个方面，使得电力系统电磁兼容对电流电压波形有更高的要求。因此，必须采取措施减小电力系统中的谐波。减小谐波影响应优先对谐波源本身或在其附近采取适当的技术措施，主要措施有增加换流装置的脉动数(相数)、加装交流滤波装置、加装串联电抗器、改善三相不平衡度、加装静止无功补偿装置(或称动态无功补偿装置)、增加系统承受谐波能力、采用有源滤波器等新型抑制谐波的措施等。实际措施的选择要根据谐波达标水平、措施的效果、经济性和技术成熟程度等综合比较后确定。

3. 输变电工程的电磁环境问题

输变电系统的电磁环境问题一直是人们关注的问题，主要涉及电力系统对临近其他设施的电磁影响和对电力工作者及居民人身安全的影响。高压架空送电线路对环境的污染影响，一般包括工频电场、磁场、无线电骚扰和可听噪声等几个方面。输变电系统是无线电设施和通信线路的重要骚扰源，它通过高压线路和设备的电晕及放电产生的电磁骚扰和无线电信号在系统中金属构件的电磁感应产生电磁辐射，影响无线电信号的接收，但不会对人体产生伤害。而电力系统的工频电磁场对人体健康的伤害则是对活的有机体的影响以及强电场可能引燃易燃、易爆物品带来的影响，这在一定程度上已制约着某些国家高压输变电的发展，低频磁场对人体健康的影响还处于争议之中。输变电系统对邻近金属结构如输油、输气管道等的影响包括电力系统电压通过电场耦合在金属管线上产生骚扰电压、电力系统的工作电流或故障电流通过磁场耦合在金属管线上产生感应电压、电力系统故障电流引起的地电位变化通过阻性耦合方式在金属管线上产生电磁骚扰等，它是一个既涉及电磁兼容，也涉及电气安全的问题。

随着电力系统和通信系统的发展，新建线路走廊的选取变得越来越困难，难以找到一片净土使两系统间不发生电磁骚扰影响。另外，当输电线路在运行时，附近存在较高的电场，这些电场有可能对周围物体和公用走廊的其他线路产生影响，电压等级越高，产生的影响越大。为了人身和设备的安全，超高压输电线路产生的电场越来越受到人们的重视。例如，为了在输电线路上带电作业的安全，需要研究输电线路产生的电场强度以及由此引起的生物效应，需要选择操作方式并采取绝缘防护措施。

电力系统的工频磁场问题一直受到人们广泛的关注。尤其是近年来，高电压和大容量是电力系统发展的趋势，并出现了电气设备运行形式的多样化，GIS组合开关柜的采用使电气设备从敞开的户外型向户内型甚至向地下型发展，从而使得电力系统设备所处的电磁环境发生了很大的变化。从供电可靠性和电磁兼容的观点出发，超低频电磁环境问题引起了人们的注意。鉴于对磁场的安全水平的争论持续存在和输电容量的不断扩大，输电线路的设计者正在寻求从技术上和经济上都能被人们接受的削减工频电磁场的措施。

第6章　局部放电在线监测

近年来,随着电网容量、电压等级的提高,供电部门对供电可靠性的要求也越来越高。电网中高压电气设备的绝缘状态直接关系到整个系统的安全,所发生的绝缘事故大多与局部放电有关,而对运行中的高压电气设备的绝缘状态实施监测最有效的方法是实时提取使绝缘损坏的局部放电信号。

在绝缘体中,只有局部区域发生放电,而没有贯穿施加电压的导体之间,这种现象称为局部放电。局部放电理论包括对材料、电场、火花特性、脉冲波形的传播和衰减、传感器空间灵敏度、频率响应、标定、噪声和数据解释等的分析。国内外多年来的研究表明,局部放电信号的数量、幅度和极性可直接反映绝缘系统的状况。高压电气设备局部放电的测试是评估绝缘质量的有效手段。近年来,随着传感器、计算机、光纤技术等的发展与应用,局部放电的测量实现了数字化,测量的准确程度不断提高,并实现了在线监测。

高压电气设备绝缘的局部放电现象呈周期性,随交流电压变化周而复始进行,在交流电压达到放电起始电压时产生放电。绝缘件内部在局部放电时,会伴随产生光、声波等形式的能量。目前,局部放电的测量方法一般分为电测法和非电测法。电测法是应用高频脉冲电流的测量方法,因其灵敏度高和使用方便而被广泛采用。非电测法主要是超声波法、超高频法、紫外检测法、气相色谱检测法等方法。其中,超声波法可实时分析放电信号,也可对局部放电部位进行定位检测,并具有可以免受电磁干扰的影响,因此可用于电磁干扰严重的场合,目前已成熟应用于电力变压器、气体绝缘组合电器等电气设备局部放电监测。

6.1　局部放电特征

6.1.1　局部放电机理

绝缘局部放电种类很多,根据放电类型来分,局部放电大致可分为绝缘材料内部放电、表面放电及高压电极的尖端放电。这里以内部放电为例说明局部放电机理。

当绝缘材料中含有气隙、杂质、油隙等,这时可能会出现介质内部或介质与电极之间的放电,其放电特性与介质特性及夹杂物的形状、大小及位置都有关系。在此,以固体或液体绝缘中的气隙(空穴)为例来阐述局部放电的形成。

设在固体或液体电介质内部 v 处存在一个气隙或气泡,如图 6-1(a)所示,C_v 为该气隙的电容,C_s 为与该气隙串联的绝缘部分的电容,C_p 为其余完好绝缘部分的电容,由此可得其等值电路,如图 6-1(b)所示。其中,v 为放电间隙,它的击穿等值于 v 处气隙发生的火花放电。

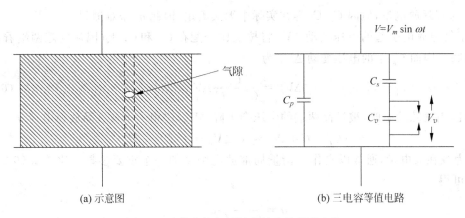

(a) 示意图   (b) 三电容等值电路

图 6-1 绝缘内部气隙局部放电的等值电路

在电源电压 $V = V_m \sin \omega t$ 的作用下，C_v 上分到的电压为 $V_v = \dfrac{C_s}{C_p + C_v} V_m \sin \omega t$，如图 6-2 中虚线所示。当 V_v 达到该气隙的放电电压 V_c 时，气隙内发生火花放电，放电产生的空间电荷建立反电场，使 C_v 上的电压急剧下降到剩余电压 V_r 时，火花熄灭，完成一次局部放电。随着外加电压的继续上升，C_v 重新获得充电，当 V_v 又达到 V_c 时，气隙发生第二次放电，以此类推。气隙每放电一次，其电压瞬间下降 $\Delta V_v = V_c - V_r$，同时产生一个对应的局部放电电流脉冲，由于发生一次局部放电过程的时间很短，约为 10^{-8} s 数量级，可以认为是瞬时完成的，故放电脉冲电流表现为与时间轴垂直的一条直线，如图 6-2 所示（下半部分）。

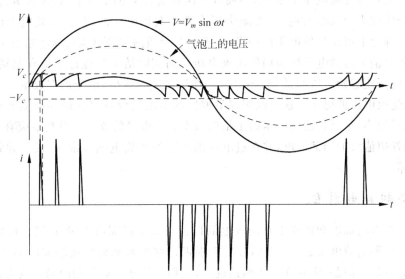

图 6-2 局部放电时的电压电流变化曲线

气隙放电时，其放电电荷量为

$$q_r = \left(C_v + \frac{C_p C_s}{C_p + C_s} \right) \Delta V_v \tag{6-1}$$

因为 $C_p \gg C_s$，所以

$$q_r \approx (C_v + C_s) \Delta V_v = (C_v + C_s)(V_c - V_r) \tag{6-2}$$

式中，q_r 为实际放电量，但因 C_v、C_s 等在实际中无法测定，因此 q_r 很难测得。

由于气隙放电引起的电压变动 ΔV_v 将按反比分配在 C_p 和 C_s 上（因从气隙两端看，C_p 和 C_s 串联），因而 C_p 上的电压变动 ΔV_p 为

$$\Delta V_p = \frac{C_s}{C_p + C_s}\Delta V_v \tag{6-3}$$

也就是说，当气隙放电时，被试品两端的电压会下降 ΔV_p，这相当于被试品放掉电荷 q

$$q = (C_p + C_s)\Delta V_p = C_s\Delta V_v = C_s(V_c - V_r) \tag{6-4}$$

式中，q 为视在放电量，通常以它作为衡量局部放电强度的一个重要参数。比较式(6-2)和式(6-4)可得

$$q = \frac{C_s}{C_v + C_s}q_r \tag{6-5}$$

由于 $C_v \gg C_s$，所以视在放电量 q 要比实际放电量 q_r 小得多，但它们之间存在比例关系，因而 q 值可以相对地反映 q_r 的大小。

在实际检测中，由于放电空穴两端的电压变化不能得知，则真实放电量 q_r 是不能测得的。但由放电引起电源输入端的电压变化 ΔV_p 可测到，绝缘介质整体电容可测得，则由局部放电引起的视在放电量 q 可求得。所以，在局部放电试验中，由局部放电仪所测得的值为由 pC 为单位表示的视在放电量，是在真实放电量不可能测出的情况下的一种变通方法，在实际运用中，通过由视在放电量的大小来判断绝缘的优劣。

由上述及图 6-2 可看出，内部局部放电总是出现在电源周期中的第一或第三象限，每周期的平均放电次数与外施电压 V 有关，每周放电次数随着 V 的上升增加，大约呈直线关系。

当绝缘介质内出现局部放电后，外施电压在低于起始电压的情况下，放电也能继续维持。该电压在理论上可比起始电压低一半，也即绝缘介质两端的电压仅为起始电压的一半，这个维持到放电消失时的电压称为局放熄灭电压。而实际情况与理论分析有差别，在固体绝缘中，熄灭电压比起始电压约低 5%～20%。在油浸纸绝缘中，由于局部放电引起气泡迅速形成，所以熄灭电压低得多。这也说明在某种情况下电气设备存在局部缺陷而正常运行时，局部放电量较小，也就是运行电压尚不足以激发大放电量的放电。当其系统有一过电压干扰时，则触发幅值大的局部放电，并在过电压消失后如果放电继续维持，最后导致绝缘加速劣化及损坏。

6.1.2 局部放电特征

有关局部放电的标准和规程中对局放电的描述参数是局部放电量 q（视在放电量）、放电相位和每个周期的放电次数 n。人们习惯于根据这些参数来判断局部放电的严重程度，尤其是局部放电量。但是，实际在线监测系统中，人们往往还根据监测的局部放电特征作进一步的判断识别。目前，文献"神经网络在局部放电模式识别中的实验研究"归纳了常用分析局部放电特征的方法有局部放电统计特征、图像灰度矩特征、时频特征等。

1. 局部放电统计特征

高压电气设备中产生的局部放电与其绝缘缺陷类型密切相关，但局部放电也同时受到其他因素的影响。因此，表征绝缘故障的局部放电信号具有宏观的统计性和微观的随机性。利用统计方法提取局部放电特征能使局部放电的宏观统计性得到比较好的体现，有利于识

别任务的完成。具体过程中,采取循序渐进的方式提取局部放电的统计特征。通过对一个周期的局部放电信号统计计算可以得到三个基本量: n(放电次数)、q(放电电量)、ϕ(放电相位),对这三个量进行更为细致的分析,将一个周期的局部放电信号等分为 N 个相位窗,如图 6-3 所示,对每个相位窗计算其 n、q、ϕ 值,得到 $\{i_n\}$、$\{i_q\}$、$\{i_\phi\}$ 序列。

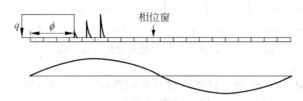

图 6-3　单个工频周期内局部放电脉冲电量及其相位角

一个周期的局部放电信号包括正半周部分、负半周部分两部分。对于同一种局部放电故障,由于引起局部放电的主要因素(绝缘缺陷)相同,故期望不同的放电信号在正半周和负半周得到相似的放电特性。由此,定义如下局部放电的三个统计特征量。

1) 放电电量不对称度 Q

$$Q = \frac{Q_s^- / n^-}{Q_s^+ / n^+} \tag{6-6}$$

式中,Q_s^+——正半周各个相位窗放电量 i_q^+ 的累计和;

　　Q_s^-——负半周各个相位窗放电量 i_q^- 的累计和;

　　n^+——正半周总放电次数;

　　n^-——负半周总放电次数。

2) 相位不对称度 Φ

$$\Phi = \frac{\phi_{\text{in}}^-}{\phi_{\text{in}}^+} \tag{6-7}$$

式中,ϕ_{in}^+——正半周起始放电相位;

　　ϕ_{in}^-——负半周起始放电相位。

3) 相关系数 cc

$$cc = \frac{\sum \overline{q_i^+}\, \overline{q_j^-} - \sum \overline{q_i^+} \sum \overline{q_j^-} / N'}{\sqrt{\left(\sum (\overline{q_i^+})^2 - \left(\sum \overline{q_i^+}\right)^2 / N'\right)\left(\sum (\overline{q_j^-})^2 - \left(\sum \overline{q_j^-}\right)^2 / N'\right)}} \tag{6-8}$$

式中,$\overline{q_i^+}$——正半周第 i 个相位窗的平均放电量;

　　$\overline{q_j^-}$——负半周第 j 个相位窗的平均放电量;

　　N'——半周相位窗个数。

2. 图像灰度矩特征

图像灰度级为 $0\sim255$,如图 6-4 所示,将局部放电信号图像等分为许多小窗口,以一个窗口的总的像素点个数 $P_{\max}$ 对应最大灰度值,则窗口坐标位置为 (i,j) 的局部放电信号图像灰度为:

$$n_{i,j} = \frac{P_{i,j}}{P_{\max}} \times 255 = f(i,j) \tag{6-9}$$

式中,$P_{i,j}$——坐标为 (i,j) 窗口的像素点个数。

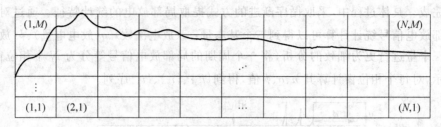

图 6-4　局部放电信号图像灰度矩特征提取

在图像模式识别中,矩特征是一种被广泛应用的图像形状参数,局部放电信号图像灰度矩特征在统计意义上描述了局部放电灰度图像基本灰度分布状况。

局部放电图像灰度 $f(i,j)$ 的 $(p+q)$ 阶原点矩为:

$$m_{pq} = \sum_i \sum_j i^p j^q f(i,j) \tag{6-10}$$

局部放电信号图像灰度 $f(i,j)$ 的质心坐标 (i,j) 表示为:

$$\begin{cases} \bar{i} = m_{10}/m_{00} \\ \bar{j} = m_{01}/m_{00} \end{cases} \tag{6-11}$$

在此基础上,为反映图像灰度像素相对于质心的分布情况,定义 $f(i,j)$ 关于质心的 $(p+q)$ 阶中心矩为:

$$u_{pq} = \sum_x \sum_y (i-\bar{i})^p (j-\bar{j})^q f(i,j) \tag{6-12}$$

由唯一性理论可知,对于某一个特定的坐标系,矩序列和 $f(i,j)$ 是一一对应的关系。图像的原点矩值会随坐标变换和旋转而发生变化,而图像的中心矩值是不会因坐标的变换而改变的。因此,可以将局部放电信号图像灰度的中心矩作为它的矩特征用于局部放电模式识别。

3. 局部放电时频特征

时频分析(Time-Frequency Analysis,TFA)的思想开始于 20 世纪 40 年代,其目的是构造一种时间和频率的联合密度函数以揭示信号中所包含的频率分量及频率分量的变化特性。1946 年,D. Gabor 提出的 Gabor 变换为此后的时域联合分析奠定了理论基础。为了得到更好的时频特性,R. K. Potter 等人在 1947 年首次提出了短时傅里叶变换(STFT),并将其绝对值的平方称为能量谱图($|STFT|^2$)。1948 年,J. Ville 将 E. P. Wigner 在 1932 年提出的 Wigner 分布引入到信号处理领域,即 Wigner-Ville 分布。

近年来,时频分析作为一种有效的信号分析工具得到广泛的应用,特别是对于处理具有时变频谱的非平稳信号,具有独特优势。局部放电信号是非平稳信号,它包含长时低频和短时高频不同尺度的信号,对局部放电信号进行联合时频分析提取局部放电信号的时频特征,既能把握信号时频的全貌,又能使其局部特性得到很好的体现,更容易揭示局部放电的本质特征。

若要对局部放电信号进行时频分析,用一般的变换方法很难达到要求。傅里叶变换是一种纯频率变换,虽然具有最优的频率分辨率,但它基本上不具有时间分辨能力,不能提供任何局部时间段上的频率信息。短时傅里叶变换虽然具有一定的时频分析能力,但它不能根据高、低频信号的特点,自适应地调整时频窗,在时频局部化的精细方面和灵活方面表现欠佳。小波变换是一种多尺度分解的时频变换,具有良好的时间域和频率域局部化特性,是信号时频分析的有效手段。

随着数字识别技术的发展以及对局部放电原理的研究,人们发现了越来越多的特征量来表征局部放电信号,目前局部放电常用的特征参数主要还有:相位分布特征、分形特征、小波特征、波形特征与组合特征等。

6.2 局部放电在线监测的系统要求

6.2.1 硬件

局部放电在线监测系统根据局部放电产生伴随的物理现象,采用的检测方法有脉冲电流法、超声波法、超高频法、紫外检测法等。在线监测系统对这些物理信号进行采集,数据采集硬件的采样率必须满足香农采样定理,即如果模拟信号的最高频率为 f_{max},需按照采样率 $f \geqslant 2f_{max}$ 进行采样,这样采样到的信号才能不失真。实际应用中,常常取 $f \geqslant (5 \sim 10)f_{max}$,有时甚至更高。当采样率提高时,要求 A/D 转换电路必须具有更快的转换速度。

对于超声局部放电信号,10MSPS 的采样率可满足检测要求,而将放电信号经包络检波后,1MSPS 以下即可;然而对于超高频放电信号,对原始信号的采样需要数百其至上千 MSPS 的采样速率,即使采用包络检波技术,采样率也需要保持在 20MSPS 左右。随着半导体技术的发展,A/D 芯片的转换速度已经可达数十 MSPS 甚至数千 MSPS,而上位机的处理速度也日渐强大,制约数据采集系统的反而是数据传输过程。

在线监测系统硬件原理方框图如图 6-5 所示。传感器获取的局部放电信号经过信号预处理电路消除信号干扰和放大等处理,接着经高速 A/D 转换器转换为数字信号,微控制器将 A/D 转换器信号通过信号传输通道发送至 PC。

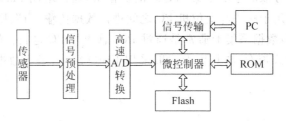

图 6-5 在线监测系统组成框图

传感器的选择依据是局部放电在线监测系统所要监测的物理现象。若是脉冲电流,其主要特征为电流幅值小(微安级)、脉冲宽度窄(纳秒级)和频率成分复杂(高频含量可达数兆赫兹)。为尽可能地不失真采集信号,更深入地分析局部放电,应尽量采用宽频电流传感器。当然,宽频电流传感器同时会引入干扰信号,应该注意干扰信号的抑制。若是超声信号,建议选择所监测对象的超声主要频带集中范围,这样选择的声发射传感器会比宽带超声传感器更敏感,响应更突显。若是超高频信号,根据频带范围不同,所得到的信息量也不同。目前,国内外主要研究特高频检测,特高频检测频段丰富,信号信息量大,检测灵敏度高,在局部放电在线检测中具有十分突出的优势,但同时存在放电量难以标定等问题。利用特高频传感器接收到的是由放电辐射的电磁波,只与电流脉冲的陡度有关,而视在放电量为脉冲电流的时间积分,因此单纯利用特高频信号无法获得准确的视在放电量。但是局部放电信号特高频法参量可在一定程度上反映放电现象的严重程度,如果采用在线监测的手段,通过特高频信号的变化趋势可判断放电活动的剧烈程度,因此采用特高频法仍然具有实际意义。

由于传感器输出的局部放电信号幅度较小(约为几 mV),其中还有大量的工频、静电以及耦合等共模干扰,必须对信号进行放大与滤波,才能进行各种转换处理。在选择前置放大器时应以保证信号特性为前提,再进行相应的电路连接设计。滤波电路根据系统所要监测采集信号的频带范围进行相应的选择和设计,这样既有利于干扰信号的消除,同时也有利于最大限度地获取有用局部放电信号。

对高速 A/D 转换电路最主要的是对 A/D 芯片的选择,这要综合设计诸因素,如系统技术指示、成本、功耗、设计安装等,最主要的依据还是速度和精度。精度与在线监测所检测的局部放电信号的范围有关,在前期设计时,要考虑其他因素。A/D 转换器位数应该比总精度要求的最低分辨率高一位。常见的 A/D 器件有 8 位、10 位、12 位、14 位、16 位等。而转换速度应该根据输入信号的最高频率来确定,保证转换器的转换速率要高于系统要求的采样频率。通道的设计和选择与所监测信号的路数有关,常见的多路 A/D 器件只有一个公共的 A/D 模块,由一个多路转换开关实现分时转换。而对于需要对多路信号实现同步采集的,则需选择芯片内部含有多个 A/D 模块,可同时实现多路信号转换。

微控制器是将微型计算机的主要部分集成在一个芯片上的单芯片微型计算机。微控制器根据所监测的局部放电信号所要处理的程度进行选择。目前,微控制器有单片机、ARM、DSP 等处理器。它们数据总线位数不同,处理能力也不同。在选择微控制器时,主要从以下几个方面进行综合考虑:睡眠模式、系统平均电流、时钟系统、中断、片内外设、BOR 保护、管脚漏电流、处理效率等。

数据存储和传输部分取决于所采集和处理的数据量,通常增加 Flash 用于存放所采集的数据。传输模块主要用于解决与上位机 PC 之间进行数据传输,当数据太大时,通信方式显然无法满足需求,一般数据采集卡通常是通过 PCI 总线与 PC 进行传输数据。但是如果数据吞吐量大于 PCI 总线带宽,则其板卡一般采用 FIFO 缓存,最大数据长度为 16K 字节或者 8K 字节。

6.2.2 软件

局部放电在线监测系统中,除了硬件电路外,还有软件。软件是在线监测系统的程序系统,可分为下位机系统软件和上位机应用软件。若下位机系统为基于微控制器自行研制的采集系统,则应根据数据采集需要,进行相应的下位机系统软件设计。若采用数据采集卡,一般只需安装相应的驱动程序。不管哪种方式,为了便于上位机监测分析,都要进行 PC 应用软件设计。

PC 在线监测软件通常包括数据采集控制、数据处理流程控制、图形显示、自动监测、数据存储、系统安全、远程通信、数据库管理和维护等。通常采用第三方软件来进行开发设计,如 VC、VB、LabVIEW 等。

人们除了对监测系统在信号处理的准确性、分辨率、容量和诊断可靠性等方面提出更高要求外,对系统的整体规模、分布处理及可伸缩性、灵活性等方面也提出了要求。已不满足于以往局限于单台设备、个别特征量的在线监测,而要求能够对整个发、变电站,乃至某一地区多个发、变电站的大量设备进行多个特征量的全面监测、分析,以获得对整个或全地区电站设备状态的整体评估。为此,目前出现了电力设备监测诊断系统(Power Equipment Monitoring & Diagnosis System,PEMDS)。

6.2.3 抗干扰

电气设备局部放电测量是在具有各种干扰现场环境中进行的,局部放电信号有时可能被干扰信号完全淹没。因此,如何最大限度地识别干扰和抑制干扰,从而获得可靠的局部放电信息就成为局部放电在线监测中的重要研究课题。

局部放电在线监测中的干扰源分为两大类:监测系统本身造成的干扰,如系统设计不当引起的各种噪声等,可以通过改进系统结构、合理设计电路、增强屏蔽等加以消除;来自电力系统中的各种干扰源,如整流设备、通信设备等。电力系统中的各种干扰进入监测系统的途径有空间耦合、地线、电源以及监测点4种。

干扰抑制,最主要的是实施电磁干扰抑制措施。局部放电电磁干扰一般可分为传导干扰和辐射干扰两种。传导干扰是通过金属导体如导线或任何金属结构(包括电感器,电容器和变压器)传播的干扰;辐射干扰是以电磁场形式传播的。在局部放电监测过程中可能存在不同种类的电磁干扰源,既有传导干扰也有辐射干扰,主要表现为:架空线和变电站母线上的电晕放电,导体接触不良产生的电晕放电和电弧放电,变电站内可控硅产生的强点脉冲,附近的电焊机及电弧炉,无线电波,载波通信,各种继电器触点动作产生的火花放电,系统内开关动作等。

一般通过增加低通滤波器抑制来自电网的干扰,包括:架空线和变电站母线上的电晕放电,导体接触不良产生的电晕放电和电弧放电,站内可控硅产生的强点脉冲,以及其他耦合到检测系统的高频信号等。另外,在监测过程中,可通过增强屏蔽、电源滤波、单独接地等方法将干扰抑制到足够小的水平。

经监测点的传感器随局部放电信号一起进入监测系统的干扰信号按时域信号特征可分为连续的周期性窄带干扰、周期脉冲干扰和白噪声三类。周期性窄带干扰包括系统高次谐波、高频保护、载波通信以及无线电通信等。脉冲干扰可分为随机脉冲干扰和周期脉冲干扰。随机脉冲干扰由高压线路上电晕及局部放电、分接开关动作等产生;周期脉冲干扰主要由可控硅动作(直流电源整流和调相机励磁整流)以及地网中的脉冲干扰产生。白噪声包括各种随机噪声,如绕组热噪声、地网噪声等。而与局部放电信号一起通过绝缘各监测点的传感器进入监测系统的干扰,可以在进入传感器之前消除,如保证所监测的电气设备外壳单点接地等。

在软件上,同时采取各种手段滤除各种不同类型的干扰信号,主要抗干扰措施有:基于小波包自适应滤除窄带周期波干扰;采用相位开窗滤除周期性脉冲干扰;采用极性鉴别技术滤除随机性脉冲干扰;小波变换模极大值原理去除局部放电信号中白噪干扰。

在各类干扰信号中,随机脉冲干扰信号最难滤除,是局部放电监测中抗干扰处理的技术难点。对于脉冲电流传感器采用双传感器定向耦合并用软件进行脉冲极性鉴别方法,能有效滤除随机性脉冲干扰信号。

6.3 局部放电分析及模式识别

6.3.1 局部放电分析

在不同的高压电气设备局部放电监测系统中,存在多种监测原理和分析方法,如脉冲电流监测法、电磁波监测法、超声波监测法、光监测法、红外监测法等,显然,在不同的监测系统中,将会构造不同的局部放电模式用于放电分析和绝缘监测。

局部放电模式分析主要包括 PRPSA 模式、PRPD 模式、Δu 模式与放电脉冲波形模式 4 种主要应用的局部放电模式。

(1) PRPSA 模式,即脉冲序列相位分布分析(Phase Resolved Pulse Sequence Analysis)模式,可以记为 $q_s(t_s, u(t_s))$。这种模式实际上是关于局部放电的一种最为基本的模式,包含局部放电测量的全部信息。

(2) PRPD 模式,即局部放电相位分布(Phase Resolved Partial Discharge)模式,是一种广泛应用的局部放电模式,也是所谓的 ϕ-q-n 模式。这种模式是描述局部放电发生的工频相位 $\phi(0°\sim360°)$、放电量幅值 q 和放电次数 n 之间的关系。其中广泛应用的三维图谱是 $H_n(q,\phi)$ 模式,即将 q 和 ϕ 划分成若干个小区间,在 q-ϕ 平面上形成若干网格,统计每个网格内的放电次数,即获得 $H_n(q,\phi)$ 统计模式图谱。PRPD 模式与 PRPSA 模式相比,失去了关于时间的信息。

(3) Δu 分布是一种 Δu 模式,由局部放电脉冲序列 $q_s(t_s, u(t_s))$ 得到:根据 $q_s(t_s, u(t_s))$ 可以得到放电对应的序列 $u(t_s)$,将 $u(t_s)$ 按时间顺序排列,由式 $\Delta u_n = u_{n+1} - u_n$ 可以计算出多个工频周期内 Δu_n 的分布情况。通过对多个工频周期内 Δu_n 分布与电树枝长度关系的研究,可以获得 Δu 分布与绝缘劣化程度有密切关系。

(4) 放电脉冲波形模式也称为局部放电时间分布(Time Resolved Partial Discharge)模式,它是将局部放电脉冲波形直接作为模式识别对象,提取波形特征,进行模式识别。

另外,随着计算机的出现及人工智能的兴起,模式识别在 20 世纪 60 年代迅速发展成一门学科,并在很多领域得到了广泛的应用。目前,模式识别理论正朝着智能化的方向发展,即增强系统的自适应能力、学习能力以及容错能力等。20 世纪 90 年代以来,模式识别方法开始应用于局部放电类型的识别,和传统的依靠专家目测进行放电类型判定相比,显著提高了识别的科学性和有效性。但局部放电模式识别技术的研究尚处于起步阶段,一方面由于很多非确定性因素影响局部放电信号的采集,局部放电信号中又混杂着干扰信号,需要寻求更好的信号处理技术获取准确的局部放电信息;另一方面,对局部放电信号中所包含信息的内涵及规律尚未完全清楚。因此,还需要更加深入地研究局部放电理论及其实际问题。局部放电模式识别大致可以分为放电模式构造、特征提取和模式分类三个主要部分。

局部放电的模式识别是利用计算机代替人来进行局部放电类型的识别,即利用计算机对局部放电的各种特征参量进行描述和分类,将待检的放电模式分配到各自所属的放电模式类中去。局部放电的模式识别从其特征提取上基本分为两类:统计分析法和时域分析法。统计分析法一般基于传统的低频、窄带局部放电测量,是在相域空间上进行的,也是针对局部放电的统计分布谱图进行的。目前常用的有基于 q-n-ϕ 三维分布图的统计分析法、频域分析法、隐式马尔代夫模型法、$\Delta U_n - \Delta U_{n-1}$ 分布法和 Weibull 分布模型法等。

近年来，分形理论在"电树"和图像处理中得到成功的应用，同时也被引入局部放电的模式识别中，根据放电图谱的分形维数 D 和空缺率 Λ 构成特征向量实现局部放电的模式识别，分形方法的一个最大特点是可以实现局部放电的数据（图谱）压缩和特征参数提取同时完成。另外，小波分析也被应用到统计分析方法中，诸多文献应用小波方法基于三维统计谱图对多个放电源进行分类，取得了较好的结果。

局部放电的模式识别正在向两个方面发展：一方面是广度，除典型的放电模型外，已经开始针对电力设备工业模型上的各种放电类型进行识别，最终目的是实现实际运行设备中的局部放电识别；另一方面是深度，在统计分析方法中，小波理论、分形理论等现代新的数学工具得以应用，针对时域波形识别和考虑局部放电的随机性对识别的影响等有了初步的研究。

局部放电模式识别中，不论选择哪种放电模式，其数据量都相当大，如果直接对其进行识别，将会很困难。为了有效地实现分类识别，就要对原始数据进行变换，得到最能反映分类本质的特征，这就是特征提取和选择的过程。一般把原始数据组成的空间叫测量空间，把分类识别赖以进行的空间叫做特征空间，通过变换，可把在维数较高的测量空间中表示的模式变为维数较低的特征空间中表示的模式。目前，局部放电模式特征提取常用的方法主要有统计特征参数法、分形特征参数法、数字图像矩特征参数法、波形特征参数法、小波特征参数等。

6.3.2 局部放电模式识别系统

以基于统计识别法的模式识别系统为例分析局部放电模式识别。该系统可以简化为 5 个主要部分组成：数据信息获取、信息预处理、特征提取、分类器设计和分类器，具体如图 6-6 所示。

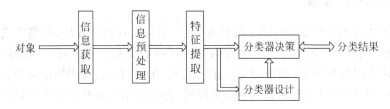

图 6-6　模式识别系统组成框图

1. 数据信息获取

为了使计算机能够对被监测对象进行分类识别，必须将被监测对象用计算机所能接受的形式表示，通过测量、采样和量化，可以用矩阵或向量表示二维图像或一维波形，这就是数据信息获取过程。

2. 预处理

预处理目的是去除噪声，加强有用的信息，并对种种因素造成的退化现象进行复原。常将样本的特征参量表示为多维空间的点，可用矢量表示：

$$x = (x_1, x_2, \cdots, x_n)'$$

(6-13)

3. 特征提取

由数据信息获取部分获得的原始数据量一般是相当大的。为了有效地实现分类识别，要对原始数据进行选择或变换，得到最能反映分类本质的特征，构成特征向量。这就是特征提取的过程。实际应用中特征提取过程往往包括：先测试一组直觉上合理的特征，然后将其减少到数目合适的最佳集。然而，符合上述要求的理想特征是往往不容易建立的。

特征提取的方法主要有以下几种。

(1) 基于距离度量的特征提取方法。

(2) 按概率距离判据的特征提取方法。

(3) 散度准则函数的特征提取方法。

(4) 基于判别熵最小化的特征提取方法。

(5) 基于 K-L 变换的特征提取方法。

(6) 基于神经网络的特征提取方法。

4. 分类器设计

为了把待识别模式分配到各自的模式类中去，必须设计出一套分类判别规则。基本做法是：用一定数量的样本（称为训练样本集），确定出一套分类判别规则，使得按这套分类判别规则对待识别模式进行分类所造成的错误识别率最小或引起的损失最小。这就是分类器的设计过程。

目前，用于模式识别的分类器有：贝叶斯(Beiyes)分类器、线性分类器、非线性分类器、聚类分析分类器、模糊识别分类器等。根据近年来局部放电的模式识别研究，人工神经网络应用比较广泛。

5. 分类器决策

分类器决策按已确定的分类判别规则对待识别模式进行分类识别，输出分类结果。

6.3.3 模式识别方法

模式识别方法大致可以分为 4 类：统计决策法、结构模式识别方法、模糊模式识别方法与基于人工智能方法。其中，基于人工智能的方法目前主要基于人工神经网络模式识别方法。前两种方法发展得比较早，理论相对也比较成熟，在早期的模式识别中应用较多。后两种方法目前的应用较多，由于模糊方法更合乎逻辑、神经网络方法具有较强的解决复杂模式识别的能力，因此日益得到人们的重视。

1. 统计决策法

统计决策法以概率论和数理统计为基础，包括参数方法和非参数方法。

参数方法主要以 Bayes 决策准则为指导。其中，最小错误率和最小风险贝叶斯决策是最常用的两种决策方法。假定特征对于给定类的影响独立于其他特征，在决策分类的类别 N 已知与各类别的先验概率 $P(\omega_i)$ 及类条件概率密度 $p(x|\omega_i)$ 已知的情况下，对于一特征矢量 x 根据公式计算待检模式在各类中发生的后验概率 $P(\omega_i|x)$，后验概率最大的类别即为该模式所属类别。在这样的条件下，模式识别问题转化为一个后验概率的计算问题。

在贝叶斯决策的基础上，根据各种错误决策造成损失的不同，人们提出基于贝叶斯风险的决策，即计算给定特征矢量 x 在各种决策中的条件风险大小，找出其中风险最小的决策。

参数估计方法的理论基础是样本数目趋近于无穷大时的渐进理论。在样本数目很大时,参数估计的结果才趋近于真实的模型。然而实际样本数目总是有限的,很难满足这一要求。另外,参数估计的另一个前提条件是特征独立性,这一点有时和实际差别较大。

2. 结构模式识别

结构模式识别是利用模式的结构描述与句法描述之间的相似性对模式进行分类。每个模式由它的各个子部分(称为子模式或模式基元)的组合来表示。对模式的识别常以句法分析的方式进行,即依据给定的一组句法规则来剖析模式的结构。当模式中每一个基元被辨认后,识别过程就可通过执行语法分析来实现。选择合适的基元是结构模式识别的关键。

结构模式识别主要用于文字识别、遥感图形的识别与分析、纹理图像的分析中。该方法的特点是识别方便,能够反映模式的结构特征,能描述模式的性质,对图像畸变的抗干扰能力较强。如何选择基元是本方法的一个关键问题,尤其是当存在干扰及噪声时,抽取基元更困难,且易失误。

3. 模糊模式识别

1965 年,Zadeh 提出了他著名的模糊集理论,使人们认识事物的传统二值 0,1 逻辑转化为[0,1]区间上的逻辑,样本预处理特征选择与提取分类结果(识别结果)分类器设计这种刻画事物的方法改变了人们以往单纯地通过事物内涵来描述其特征的片面方式,并提供了能综合事物内涵与外延性态的合理数学模型——隶属度函数。对于 A、B 两类问题,传统二值逻辑认为样本 C 要么属于 A,要么属于 B,但是模糊逻辑认为 C 既属于 A,又属于 B,二者的区别在于 C 在这两类中的隶属度不同。所谓模糊模式识别是解决模式识别问题时引入模糊逻辑的方法或思想。同一般的模式识别方法相比较,模糊模式识别具有客体信息表达更加合理,信息利用充分,各种算法简单灵巧,识别稳定性好,推理能力强的特点。

模糊模式识别的关键在隶属度函数的建立,目前主要的方法有模糊统计法、模糊分布法、二元对比排序法、相对比较法和专家评分法等。虽然这些方法具有一定的客观规律性与科学性,但同时也包含一定的主观因素,准确合理的隶属度函数很难得到,如何在模糊模式识别方法中建立比较合理的隶属度函数是需要进一步解决的问题。

4. 人工神经网络模式识别

早在 20 世纪 50 年代,研究人员就开始模拟动物神经系统的某些功能,采用软件或硬件的办法,建立了许多以大量处理单元为节点,处理单元间实现(加权值的)互联的拓扑网络,并对其进行模拟,称为人工神经网络。这种方法可以看作对原始特征空间进行非线性变换,产生一个新的样本空间,使得变换后的特征线性可分。同传统统计方法相比,其分类器是与概率分布无关的。人工神经网络的主要特点在于其具有信息处理的并行性、自组织和自适应性、具有很强的学习能力和联想功能以及容错性能等,在解决一些复杂的模式识别问题中显示出其独特的优势。

人工神经网络是一种复杂的非线性映射方法,其物理意义比较难解释,在理论上还存在一系列亟待解决的问题。例如在设计上,网络层数的确定和节点个数的选取带有很大的经验性和盲目性,缺乏理论指导,网络结构的设计仍是一个尚未解决的问题。在算法复杂度方面,神经网络计算复杂度大,在特征维数比较高时,样本训练时间比较长;在算法过程中不容易控制其收敛速度与过学习现象。这些也是制约人工神经网络进一步发展的关键问题。

6.3.4 模式识别的应用

经过多年的研究和发展,模式识别技术已广泛应用于人工智能、计算机工程、机器学、神经生物学、医学、侦探学以及高能物理、考古学、地质勘探、宇航科学和武器技术等许多重要领域,如语音识别、语音翻译、人脸识别、指纹识别、手写体字符的识别、工业故障检测、精确制导等。模式识别技术的快速发展和应用大大促进了国民经济建设和国防科技现代化。目前,模式识别逐步成熟应用于各种类型的局部放电在线监测系统进行自动识别放电类型,并进一步决策判断绝缘状态及故障。

6.4　局部放电定位

随着电力系统的不断扩张发展,大型电力绝缘设备的使用密集度越来越高。对于电力设备制造厂家和现场监护人员来说,在确定电力绝缘设备内部存在局部放电后,可快速准确的定位局部放电源,为迅速排除故障、保障电力系统的正常运行具有重要意义。

根据局部放电过程中所产生的诸如电磁波、声、光、热和化学变化等现象,其定位方法有电气定位、超声波定位、光定位、热定位和绝缘油中溶解气体分析定位等。电气定位法是根据局部放电产生的脉冲传播到测量端的特性来确定放电位置的;超声波定位法是根据局部放电产生的超声波传播的方向和时间来确定放电位置的;光定位是根据局部放电产生的紫外光、X射线等光学特性及图像特征来确定放电位置的;热定位是根据局部放电产生的热进行热成像分析热源分布来确定放电位置。随着检测技术的发展,近年来出现了一些新的局部放电源定位方法,如基于辐射电磁波的超高频定位,基于相控阵理论的局部放电源定位等。

6.4.1　电气定位法

电气定位是局部放电源定位最早的研究方法,也是广大国内外研究学者最早探测和试验报道的方法。目前,已有报道的电气定位法分为极性法、起始电压法、能量比直线法、电容分量法、多端测量定位法和行波法等。

1. 极性法

这种方法最早在电力变压器局部放电源定位研究中得到研究。当变压器发生局部放电时,在检测阻抗(通常 RLC 型)上出现的脉冲波都有一定的极性。根据这些极性的特征来确定放电位置的方法就是极性定位法。该方法只能大体上确定放电发生的部位,要确切地测出放电的位置还要通过其他方法来进一步确定。

2. 起始电压法

假定沿绕组长度电压是均匀分布的,设绕组长度为 l,两端电位分别为 U_H、U_N,若放电点 S 离高压端 H 的距离为 x,放电点的电位为 U_s,则有

$$\frac{U_H - U_s}{U_s - U_N} = \frac{x}{l - x}$$

(6-14)

当 U_s 达到起始放电电压 U_i 时,S 点开始放电。这时有:

$$\frac{U_H - U_i}{U_i - U_N} = \frac{x}{l - x}$$

(6-15)

若 l 为已知,只要改变绕组两端的电压,测出 U_{H1}、U_{H2}、U_{N1}、U_{N2} 代入式(6-15),就可求出放电的位置 x。而实际中,绕组的长度、电压的控制与测量都存在不确定因素,造成该方

法在实际中很少应用。

3. 能量比直线法

能量比直线法最早在变压器中得到研究,当放电脉冲在高压绕组中的不同线圈注入时,对高压端和中性点所得响应的幅频特性进行分析,求出两个测量端信号能量比值与放电所在节点的关系。通过试验与计算可以得到两个测量端信号能量之比与放电所在位置的节点号的关系图。有文献研究表明,随着放电部位向远离高压端的方向变化,比值呈现单调的下降趋势。由于关系图可以定量地反映出放电位置不同时测量信号某些分量的差异,因此可以用于放电的定位。

4. 电容分量法

当变压器简化等效电路中的串联电容远大于并联电容时,采用电容分量法较为合适。局部放电时绕组两端的电容性分量之比,可用式(6-16)求取:

$$\frac{U_H}{U_N} = \frac{k_0 + (l - s)C_H}{k_0 + sC_H} \qquad (6\text{-}16)$$

式中,l 为绕组长度,s 为放电点到 H 端的距离,C_H 为高压端对地电容,k_0 由绕组的简化等效电路计算得到。当已知 U_H/U_N 曲线时,而且测量又比较方便时,就很容易得到放电点到端的距离。但许多变压器电容性分量的衰减曲线并不光滑,此时很难用电容性分量定位。在实际应用中,当绕组中性点直接接地时,用此方法对局部放电定位很不准确。

5. 多端测量定位法

变压器内任何一个部位放电,都会向变压器的所有在外部接线的测量端子传送信号,而这些信号在各个测量端子上所显示出的波形都有其独特的特性和不同的幅值。若将校正脉冲依次加到某两个端子之间,则校正脉冲同时向各个测量端子传递,在各个测量端子上就可测出其校正电荷量并可观察其波形,进而可将各端子上的校正电荷量依次作出比值。在实际测量中,测出各个测量端子上放电量并观察其波形,进而将各端子上的放电量值同样依次作出比值。若放电的比值序列与校正时某个比值序列相似,而且波形也相似,则可认为放电点在相应的校正端子临近部位上。该方法定出的电气位置并非几何位置,它在离线状态时应用较广泛,但对于复杂的在线定位很难使用。

6. 行波法

当变压器绕组发生局部放电时,在放电开始的瞬间,测试仪上就出现电容性分量,经过一段时间的延时后行波分量才到达测量端。只要知道行波传播的速度和测出行波迟到的时间,就可以计算出放电点离测量端的距离。而行波传播的速度与绕组的类型有关,一般在 $120\sim180\text{m}/\mu\text{s}$。在应用中,可以先用方波注入到变压器绕组中测出其传播时间。行波传播时间可用快速扫描示波器来测量。为了能将行波分量分辨出来,整个测量系统的响应时间要远小于行波的传播时间。在有些情况下,如果放电点距离测量端很远,电容分量便很微弱而无法检测。此时,只要放电点不在绕组的正中位置,也可通过测量行波到达绕组两端的时间之差,来计算放电的位置。有文献表明,用行波法定位能检测到的最小放电量为 100pC 左右。

电气定位法在检测变压器局部放电时由于不能准确定位使得其较少在实际应用中使用,随着数字化测量技术的飞速发展和对放电脉冲在变压器绕组中传输模型的深入研究,将有助于电气定位法进一步完善以及准确度的提高。

6.4.2 超声定位法

在局部放电发生时,放电区域内分子间会剧烈撞击,同时介质由于放电发热而瞬间发生体积改变,这些因素都会在宏观上产生脉冲压力波,超声波就是其中频率大于 20kHz 的声波分量。此时,局部放电源可以看作点脉冲声源,声波以球面波的形式向四周传播,遵循机械波的传播规律,在不同介质中传播速度不同,并且介质交界处会产生反射和折射现象。在设备外部安装声电转换器,就可以将声信号转化为电信号,然后经过一系列的处理,就可以得到代表设备局放信息的特征量。

超声波检测受电气干扰小,可以实现远距离无线测量,相对于传统的电脉冲等检测方法,有明显的优点,尤其是在大容量电容器的局部放电检测方面,其灵敏度甚至高于电脉冲法。在实际应用中,常用的超声波定位方法有 V 形曲线法、双曲面法和球面定位法。

1. V 形曲线法

该定位法基于电-声触发的定位原理。在局放源附近区域内,将传感器沿油箱表面按直线分隔排列,排成水平和垂直两个方向,每个方向至少取 8~10 点,以沿油箱壁表面分隔的测量点距离数值为纵坐标,相应的局放源到各点的时间 T 为横坐标,作出 V 形曲线。其顶点为油箱壁上对应于局放源的最近点,该点时间即为局放源声波向油箱壁直射传播时间,用直射波传播途径所经过的介质分层计算与此时间相比较,就可求得局放源的位置。该方法简单直观,其最大特点是不计声速 v。但用这个方法计算时,假定局放源到各传感器的声速 v 相同。此方法只是在局放源附近区域内最有效。

2. 双曲面法

该定位法基于声触发的定位原理。该方法是以局部放电超声到达不同部位的各个传感器存在时间差,从而构建定位方法进行求解局部放电源。设超声到达传感器 $S_1(x_i, y_i, z_i)$ 与参考基准传感器 $S_1(x_1, y_1, z_1)$ 的时间差设为 τ_{i-1} $(i = 1, 2, 3, \cdots, m; m \geqslant 4)$,则 $\tau_{i-1} = t_i - t_1$,相应超声波信号的传播距离差为:

$$v(t_i - t_1) = v\tau_{i-1} = 常数 \tag{6-17}$$

而该局部放电源 $S(x, y, z)$ 到传感器 S_i 的超声传播时间为:

$$t_i = \frac{\sqrt{(x - x_i)^2 + (y - y_i)^2 + (z - z_i)^2}}{v} \tag{6-18}$$

联立式(6-17)和式(6-18)构建方程组,该方程称为双曲面方程。满足该方程的点就是双曲面上的点。若检测出 $m-1$ 个相对时差 τ_{i-1},同时已知声速 v 及各传感器坐标时,则可由双曲面方程求出局部放电源的位置。

3. 球面定位法

球面定位法可基于电-声触发或声-声触发的定位原理来进行实现。

基于电-声触发的定位原理:在设备外壳的同一侧面上安放 m 个超声传感器,以电脉冲信号为触发信号,以测得电脉冲信号与超声波信号的时延 T_i 作为从放电点 $P(x, y, z)$ 到达各传感器 $S_i(x_i, y_i, z_i)$ 的传播时间,以等值声速 v 乘以时延 T_i,从而得到局部放电点到传感器的空间距离为 vT_i。由此得到球面方程:

$$(x - x_i)^2 + (y - y_i)^2 + (z - z_i)^2 = (vT_i)^2 \tag{6-19}$$

式中,$i = 1, 2, 3, \cdots, m$。若检测出 m 个时延 T_i,同时已知各传感器坐标时,用最小二乘法

求出以上 m 个非线性超定方程组的最优解 (x,y,z,v)，从而确定局放源的位置。此定位法的最大特点是考虑声速 v 为变量，而不取定值。

基于声-声触发的定位原理：设局部放电源 $P(x,y,z)$ 产生的超声波到达传感器 $S_1(x_1,y_1,z_1)$ 的时间为 T，则局部放电超声到达各传感器的距离为

$$L_i = v(T + \tau_{i-1}) \tag{6-20}$$

则可联合局部放电超声传播距离、局部放电点与传感器之间的距离构建球面方程为

$$(x - x_i)^2 + (y - y_i)^2 + (z - z_i)^2 = L_i{}^2 \tag{6-21}$$

若检测出 $m-1$ 个相对时差 τ_{i-1}，同时已知声速 v 及各传感器坐标时，可运用最小二乘法求解式(6-21)，从而可确定局部放电源的位置。

6.4.3 光定位

随着电力系统的电网规模的不断扩大、电力负荷要求的不断提高，电力系统中使用的各种类型的高压设备的损坏、故障也不断增加，相应地对预防性维护的要求也不断提高。输供电线路和变电站配电等设备在大气环境下工作，在某些情况下随着绝缘性能的降低，出现结构缺陷，或表面局部放电现象，电晕和表面局部放电过程中，电晕和放电部位将大量辐射紫外线，这样便可以利用电晕和表面局部放电的产生和增强间接评估运行设备的绝缘状况和及时发现绝缘设备的缺陷。目前，可用于诊断目的的放电过程的各种方法中，光学方法的灵敏度、分辨率和抗干扰能力最好。即采用高灵敏度的紫外线辐射接收器，记录电晕和表面放电过程中辐射的紫外线，再加以处理、分析以达到评价设备状况目的的。

运行中绝缘子的劣化以及复合绝缘子及其护套电蚀检测是电力设备经常要执行的一项安全检测。绝缘子的裂纹可能会构成气隙，绝缘子的劣化导致表面变形，在一定的条件下都会产生放电。当绝缘子表面形成导电的炭化通道或者侵蚀裂纹时，合成材料支柱式绝缘子的使用寿命将大大降低。形成炭化通道或者裂纹以后，绝缘子的故障是不可避免的，而且可能会在短期内发展成绝缘子击穿事故。利用紫外成像技术在某些情况下还可以发现支撑绝缘子的内部缺陷，可在一定灵敏度、一定距离内对劣化的绝缘子、复合绝缘子和护套电蚀检测进行定位、定量的测量，并评估其危害性。

另外，在高压电气设备局部放电试验中，利用紫外成像技术寻找或定位设备外部的放电部位，以及设备内部和外部放电，或消除外部干扰放电源，提高局部放电试验的有效性。SuperB 紫外电晕成像仪是由以色列 Ofil 和美国电力科学研究院(EPRI)共同研发的最新系列，用于检测和定位高压设备电晕、电弧和局部放电。在局部放电紫外检测方面，国内研究学者和高校也做了大量研究和应用工作，其中重庆大学已研制出手持式的局部放电紫外检测仪。

6.4.4 热定位

局部放电热定位法主要是基于红外检测原理来实现的。红外检测是基于局部放电引起的局部温度升高，通过红外热像仪来实现。自然界中，一切绝对零度($-273℃$)以上的物体都可以辐射能量，其大小直接和物体表面的温度有关。现在应用的红外热像仪是通过红外热成像技术，即利用波长转换技术，把红外辐射图像转换为可视图像。它是利用目标内有较大的温度梯度或背景与目标有较大热对比度的特点，使得低可视目标很容易在红外图像中看到。热像仪通过探测 $3\sim5.6\mu m$ 或 $8\sim14\mu m$ 的红外线，形成与被测物体温度分布对应的

热图像。对于电力设备产生局部放电或电晕放电,会使周围的温度场发生变化,利用这一特性,即可对局部放电进行热成像,从而对局部放电或电晕放电部位进行定位。

但红外热像仪测温易受物体表面反射率、环境、大气变化及测量距离等因素影响,使得该方法目前在局部放电定量研究及精度方面还存在困难,而且红外热成像仪不能实现在线实时监测。对于电气设备局部过热故障,该方法较灵敏,但对于局部放电还没有产生明显局部过热时,该方法不理想。例如,对于电晕放电,如果看到红外图像时,电气设备局部放电已经很严重。

6.4.5 超高频定位

传统的局部放电检测技术,由于测量频率较低,测量频带与周围环境的强干扰源的频带重叠,易受外界干扰的影响,不易区分放电与干扰,即使采取复杂的抗干扰措施,也很难应用于运行中的电力设备局部放电测量。而超高频(Ultra High Frequency,UHF)检测技术,则是在 300~1500MHz 宽频带内接收局部放电所产生的 UHF 电磁脉冲信号。由于 UHF 信号在空间传播时衰减很快,故变压器箱体外部的超高频电磁干扰信号(如空气中的电晕放电),不仅频带比油中局部放电信号的窄,其强度也会随频率增加而迅速下降,进入变压器金属油箱内部的超高频分量相对较少,因而可以避开绝大多数的空气放电脉冲干扰。而对于分布在 UHF 检测频段内的固定频率干扰(如移动通信、电视、雷达等信号),则可通过调整检测频带来避开这些干扰频段,从而达到在线检测局部放电信号的目的。

国内高校如重庆大学、西安交通大学、华北电力大学等都对其进行了深入研究并取得了丰富的成果。利用 UHF 信号进行局部放电定位的基础是电磁波绕射所遵循的费玛最短光程原理即电磁波沿射线传播,认为传感器所接收到的信号是局部放电信号沿最短光程、历经最小传播时间最先到达的子波的波前反映。在电力设备外壳的不同位置耦合多个 UHF 传感器,根据 UHF 信号到达不同传感器的时间延时,建立方程即可求解。安装方式有介质窗方式、4 阵元菱形传感器阵列等。设放电点 $P(x,y,z)$ 到达各传感器 $S_i(x_i,y_i,z_i)$ 的传播时间为 t_i,则有

$$t_i = \frac{\sqrt{(x-x_i)^2 + (y-y_i)^2 + (z-z_i)^2}}{v} \tag{6-22}$$

传感器 $S_i(x_i,y_i,z_i)$ 与参考基准传感器 $S_1(x_1,y_1,z_1)$ 的时间差设为 τ_{i-1} 且 $\tau_{i-1}=t_i-t_1$ ($i=1,2,3,\cdots,m$;$m\geqslant4$)。通过测量出 $m-1$ 个相对时差 τ_{i-1}、波速 v 及各传感器的位置坐标,利用方程式(6-22)即可求出局部放电源的具体位置。

6.5 220kV/600kVA 电力变压器局部放电在线监测系统

大型电力变压器、电抗器是电力系统的核心设备,其运行状态的好坏直接影响着电网的安全可靠运行,在电网设备全寿命周期管理中,及时了解设备的运行情况是至关重要的。局部放电是衡量变压器绝缘系统结构可靠性的重要指标。局部放电在线监测的目的是证明变压器内部有没有破坏性的放电源出现,仅用油气变化指标是不能全面评估运行状态下高压电气设备的可靠性的。局部放电监测对故障的快速反应能力和对故障位置及性质的评估,与油气监测相比具有明显的优势,近年来越来越受到运行部门的重视。

国内外研究学者及该行业企业对大型电力变压器局部放电在线监测系统进行研究已有几十年的局部放电测量和变压器现场故障处理经验。目前,采用最新声、光、电传感器、信号处理器、计算机等技术手段和算法实现的新一代高性能数字化局部放电在线监测装置。这里以 LH-PD-TM 系列为例说明 220kV 电力变压器局部放电在线监测系统的运行。该系统已在多家发电厂、变电站挂网运行,并成功监测出多起高压电气设备各类内部放电故障,已被公认为是国内领先的局部放电在线监测装置。

该装置所采用的传感器分别为超声波传感器(AE)、高频电流传感器(HFCT)和超高频传感器(UHF)。AE 传感器用于测量伴随局部放电产生的超声波信号,HFCT 传感器则用于监测高频脉冲电流,UHF 传感器用于监测局部放电产生的电磁波信号。由于高压电力变压器设备四周总是充斥着各类噪声,因而要求监测系统具有高性能系统配置及信号处理能力以便监测设备内部产生的微弱局放信号。因此,系统同时配有三类传感器,并采用不同的信号处理技术和实时同步的信号处理技术,在时域、频域中分析交变场中的监测信号。其电力变压器局部放电在线监测系统组成框图如图 6-7 所示。现场安装示意如图 6-8 所示。

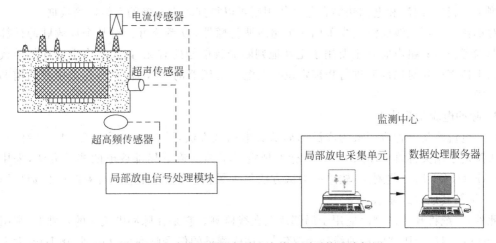

图 6-7 电力变压器局部放电在线监测系统组成框图

图 6-8 现场安装示意图

1. 高频传感器（UHF）技术

当电力变压器内部发生局部放电时，会同时伴随有甚高频的电磁信号产生（最高频率可达 3GHz），其高频的电磁信号会向四周辐射，如果遇到金属屏蔽将沿着金属壳外壁传输，并向外界辐射。因此通过容性的或天线式的超高频可以接收到发生局部放电时产生的超高频电磁信号。但是在现场测试过程中，超高频传感器经常会受到来自外界的超高频信号的影响（如外部架空线的电晕放电，手机信号等）使检测装置很难判别信号的来源和真实性。

2. 超声波监测技术

介质中发生局部放电时，其瞬时释放的能量将放电源周围的介质加热使其蒸发，此时放电源如同一个声源，向外发出声波。由于放电持续时间很短，所发射的声波频谱很宽，可达到数百 kHz。要有效监测声信号并将其转化为电信号，传感器的选择是关键。应用变压器局部放电在线监测的超声波传感器通常有陶瓷式、压敏式超声波传感器。

较之电测法，声测法在复杂设备放电源定位方面有其独到的优点。但是，由于声波在传播途径中衰减、畸变严重，声测法基本不能反映放电量的大小。这使得实际中一般不独立使用声测法，而将声测法和电测法结合起来使用则可以得到较为准确的在线监测数据。

对单台变压器在线监测至少采用 4 个超声波传感器，故系统可针对某个局放脉冲计算出声源参考位置；超声监测主要用于定性地判断局放信号的有无，以及结合电脉冲信号或直接利用超声信号对局放源进行物理定位。在电力变压器的在线监测中，它是主要的辅助测量手段。

3. 脉冲电流监测技术

脉冲电流法是一种应用最为广泛的局部放电测试方法，国际电工委员会（IEC）专门对此方法制定了相关标准（IEC-270）。该标准规定了工频交流下局部放电的测试方法，采用 UHF-AE-HFCT 联合监测法，较单一测试方法更为灵活、可靠；各通道监测图可分别采用二维、三维及其他方式显示。

此外，系统将脉冲监测法应用于局部放电在线监测。它是在脉冲电流法的基础上，利用 Rogowski 线圈从变压器的接地线处测取信号，这样测量的信号频率可以达到 30MHz，大大提高了局部放电的测量频率，同时测试系统安装方便，监测设备不改变电力系统的运行方式。装置中采用了开合钳式脉冲电流传感器，自变压器油箱接地线上取脉冲电流信号，故安装无须设备停电。

通常局部放电量监测范围为：脉冲电流传感器（HFCT）在 1～10 000pC；超声波传感器（AE）在 20～10 000pC；超高频传感器（UHF）在 1～10 000pC。在应用中，在每台变压器的油箱上配置 4 个超声波传感器和 1 个脉冲电流传感器，在变压器油箱的外壳的每一面上安装 1 个超声波传感器，在变压器外壳接地线上安装脉冲电流传感器。同时，在变压器换油阀处安装内置式 UHF 传感器。

监测系统在通信方面，支持 TCP/IPP、RS232/422/485、USB 以及 Modem 通信模式，并可在自动模式下自动测量、下载数据。监测软件在数据显示及分析方面，除可显示二维、三维图像并缩放外，还有"图表显示"、"二维图形显示"、"三维图形显示"、"相位-脉冲显示"以及"幅值-脉冲显示"等多种显示方式以便于用户对波形作出分析及诊断。

监测系统设置界面中具有基本的系统设置，包括通信模式、互联网设置、电源频率、传感器类型、阈值、盲时、滤波器截止频率等多种设置参量，系统同时给出从各传感器得到的实时测量局部放电脉冲数量,单位为 pps(每秒钟脉冲数)。当系统监测到的局放信号急剧增多时将提示"报警"。同时,监测数据保存在后台数据库服务器中,该数据库为开放式数据库,以便于后期备查,可以从该数据库内调取系统的监测数据用于分析诊断。

电力变压器的局部放电类型判别需要对监测数据的波形图谱进行判别,根据波形图谱内显示的局部放电波形来判别变压器内的局部放电类型。该局部放电监测系统基于多年的局部放电在线监测数据的累积,已经形成了完整变压器内部局部放电类型数据库,用户可通过软件内的波形图谱显示和系统提供的数据库对变压器内部的局部放电进行有效的鉴定和识别。

该局部放电监测系统信号处理图如图 6-9 所示,从图中可以看出,系统分析软件可以对采集到的包含噪声信号的局部放电信号,经过相应的数据信号处理算法,得到去噪后的局部放电 ϕ-q-n 模式图。图 6-10 为局部放电图形分析模式图,以及二维和三维的图形显示。

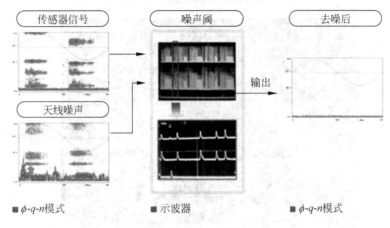

图 6-9　局部放电在线监测系统信号处理图

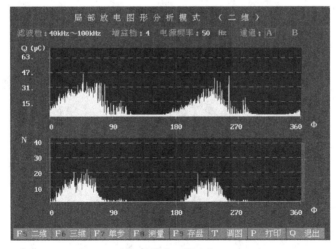

(a) 局部放电二维图形

图 6-10　局部放电图形分析模式图

126

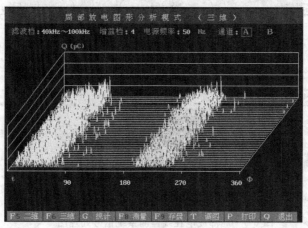

(b) 局部放电φ-q-n模式图

(c) 局部放电三维图形图

图 6-10 （续）

第7章 介质损耗角正切值的在线监测

介质损耗角正切值又称介质损耗因数或简称介损。测量介质损耗因数是一项灵敏度很高的试验项目,它可以发现电力设备绝缘整体受潮、劣化变质以及小体积被试设备贯通和未贯通的局部缺陷。例如,某台变压器的套管,正常正切值为 0.5%,而当受潮后正切值为 3.5%,两个数据相差 7 倍;而用测量绝缘电阻检测,受潮前后的数值相差不大。

由于测量介质损耗因数对反映上述缺陷具有较高的灵敏度,所以在电工制造及电力设备交接和预防性试验中都得到了广泛的应用。变压器、发电机、断路器等电气设备的介损测试《规程》都作了相应的规定。

7.1 介损的参量特征

7.1.1 电介质的极化现象

将平行平板电容器放在密闭容器中,极间抽成真空,然后在极板上施加直流电压 U,这时极板上聚积有正、负电荷,其电荷量为 Q_0,然后把一块固体介质(厚度与极间距离相等)放在极间,施加同样的电压,就可以发现极板上的电荷增加到 $Q_0 + Q'$。这是由电介质极化现象造成的:即在外施电场作用下,此固体介质中原来彼此中和的正、负电荷产生了位移,形成电矩,使介质表面出现束缚电荷,相应地便在极板上另外吸住了一部分电荷 Q',所以极板上电荷增多,并造成电容量的增加。平行平板电容器在真空中的电容量为:

$$C = \frac{Q}{U} = \frac{\varepsilon A}{d} \qquad (7\text{-}1)$$

7.1.2 电介质的极化类型

1. 电子式极化

如图 7-1 所示,当物质原子里的电子轨道受到外电场的作用时,它相对于原子核发生位移而形成极化,这就是电子极化。电子极化存在于一切气体、液体及固体介质中。其特点为:①形成极化所需时间极短,故 ε_r 不受频率变化影响;②具有弹性,当外加电场去掉后,依靠正、负电荷间的吸引力,作用中心又会立刻重合在一起而整体呈现非极性,所以这种极化没有损耗。

2. 离子式极化

固体无机化合物多数属于离子式结构。无外电场时,大量离子

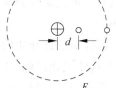

图 7-1　电子式极化

对的偶极距相互抵消,故平均偶极距为零,如图 7-2(a)所示。在外电场作用下,正、负离子发生偏移,使平均偶极距不再为零,介质呈现极化,如图 7-2(b)所示。离子式极化也属于弹性极化,几乎没有损耗;形成极化所需时间也很短,所以在一般使用的频率范围内,可以认为 ε_r 与频率无关。温度对离子式极化的影响,存在相反的两种因素:一方面,离子间结合力随温度上升而降低,使极化程度增加;另一方面,离子密度随着温度升高而降低,使极化程度降低。通常前一种因素影响较大,所以其 ε_r 一般具有正温度系数。

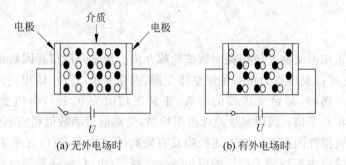

(a) 无外电场时　　　　　　　　　(b) 有外电场时

图 7-2　离子式极化示意图

3. 偶极子极化

偶极子是一种特殊的分子,它的正、负电荷的作用中心不重合,好像分子的一端带正电荷、另一端带负电荷似的,因而形成一个永久性的偶极距。具有这种永久性偶极子的电介质称为极性电介质。

当没有外电场时,单个的偶极子虽然具有极性,但各个偶极子均处在不停的热运动中,分布非常混乱,对外作用相互抵消,因此整个介质对外并不呈现极性,如图 7-3(a)所示。在外电场作用下,原来混乱分布的极性分子顺电场方向定向排列,如图 7-3(b)所示,因而显示出极性。

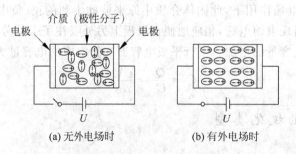

(a) 无外电场时　　　　　　　　　(b) 有外电场时

图 7-3　离子式极化示意图

偶极子极化是非弹性的,极性时消耗的电场能量在复原时不可能收回;极化所需时间也较长。因此极性介质的 ε_r 与频率有较大关系,频率很高时偶极子来不及转动,因而其 ε_r 减小。

温度对极性介质的 ε_r 有很大影响。温度高时,分子热运动加剧,妨碍它们沿电场方向取向,这使极化减弱,所以极性气体介质常具有负温度系数。但对于固体、液体介质则情况有所不同,温度过低时,由于分子联系紧,分子难以转向,所以 ε_r 也变小。所以极性固体、液体介质的 ε_r 在低温下先随温度的升高而增加,以后当热运动变得较强烈时,ε_r 又随温度上升而减小。

4. 夹层介质界面极化

上面介绍的均是单一均匀介质的情况。实际上高压设备绝缘往往由几种不同的材料组成，或介质是不均匀的，这种情况下会产生"夹层介质界面极化"现象，如图 7-4 所示。这种极化特别慢，而且伴随有能量的损失。

在 S_1 刚合闸的瞬间，两层之间的电压分配与各层的电容成反比，即

$$\left.\frac{U_1}{U_2}\right|_{t \to 0} = \frac{C_2}{C_1} \tag{7-2}$$

达到稳态时，各层上分到的电压与电导成反比，即

$$\left.\frac{U_1}{U_2}\right|_{t \to \infty} = \frac{G_2}{G_1} \tag{7-3}$$

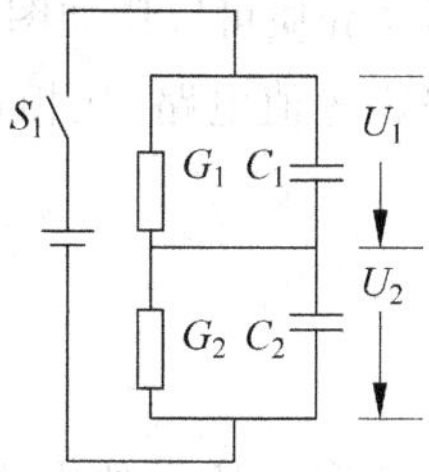

图 7-4 夹层介质界面极化现象

如果是单一均匀介质，即介电常数 $\varepsilon_1 = \varepsilon_2$，电导率 $\gamma_1 = \gamma_2$，则

$$\left.\frac{U_1}{U_2}\right|_{t \to 0} = \left.\frac{U_1}{U_2}\right|_{t \to \infty} \tag{7-4}$$

如果介质不均匀，则

$$\left.\frac{U_1}{U_2}\right|_{t \to 0} \neq \left.\frac{U_1}{U_2}\right|_{t \to \infty} \tag{7-5}$$

所以 S_1 合闸以后，两介质之间有一个电压重新分配的过程，也就是说，C_1、C_2 上的电荷要重新分配，设 $C_1 > C_2$ 而 $G_1 < G_2$，则在 $t \to 0$ 时，$U_1 < U_2$；而在 $t \to \infty$ 时，$U_1 > U_2$。这样，在 $t > 0$ 后，随着时间 t 的增加，U_2 逐渐下降，因为 $U_1 + U_2 = U$ 为一定值，故 U_1 逐渐增大。C_2 上一部分电荷要通过 G_2 放掉，而 C_1 则要从电源再吸收一部分电荷，称为吸收电荷。由于有夹层的存在使整个介质的等值电容增大，因此损耗也增大。

5. 空间电荷极化

介质内的正、负自由离子在电场作用下改变分布状况时，将在电极附近形成空间电荷，称为空间电荷极化。它和夹层界面极化一样都是缓慢进行的，所以在交流电场中，在低频至超低频阶段这种现象存在，而在高频时因空间电荷来不及移动，就没有这种现象。

7.1.3 电介质极化的意义

（1）材料的介质损耗与极化类型有关，而介质损耗是影响绝缘劣化和热击穿的一个重要因素。

（2）夹层介质界面极化现象在绝缘预防性试验中可用来判断绝缘受潮情况。

7.1.4 电介质损耗及介质损耗角正切

从前面介绍的电介质的极化和电导可以看出，介质在电压作用下有能量的损耗。一种是由电导引起的损耗；另一种是由某种极化引起的损耗，如夹层介质界面极化、极性介质中的偶极子转向极化等。电介质的能量损耗称为介质损耗。

在交流电压下，介质两端施加电压 U，由于介质中有损耗，所以电流 I 不是纯粹的电容电流，而是包含有功和无功两个分量 I_r 及 I_c，即

$$\dot{i} = \dot{I}_r + \dot{I}_c \tag{7-6}$$

129

所以电源供给的视在功率为 $S=P+jQ=UI_r+jUI_c$，由功率三角形可知，介质损耗 $P=Qtg\delta=U^2\omega Ctg\delta$。用介质损耗来表示介质品质的好坏是不方便的，因为 P 值和试验电压、试品尺寸等因素有关，不同试品间难以相互比较。所以改用介质损耗角正切 $tg\delta$ 来判断介质的品质。它仅取决于材料的特性而与材料尺寸无关。

有损失介质可以用如图 7-5 所示的串联等值电路或并联等值电路表示，对于如图 7-5(a) 所示的并联等值电路，从相量图中可以看出

$$tg\delta = \frac{U/R}{U\omega C_p} = \frac{1}{\omega C_p R} \tag{7-7}$$

$$P = \frac{U^2}{R} = U^2\omega C_p tg\delta \tag{7-8}$$

对于如图 7-5(b) 所示的串联电路，从相量图中也可以看出

$$tg\delta = \frac{Ir}{I/\omega C_s} = \omega C_s r \tag{7-9}$$

$$P = I^2 r = \frac{U^2 r}{r^2+(1/\omega C_s)^2} = \frac{U^2\omega C_s tg\delta}{1+tg\delta^2} \tag{7-10}$$

如果损耗主要是由电导引起的，则应用并联等值电路；如果损耗主要是由介质极化及连接导线的电阻等引起的，则应用串联等值电路。实际上电导损耗和极化损耗都是存在的，可用三个并联支路的等值回路来表示，如图 7-6 所示。

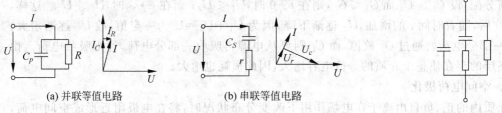

(a) 并联等值电路　　　　　　　(b) 串联等值电路

图 7-5　有损介质的等值电路和向量图　　　　　　图 7-6　不均匀介质的
　　　　　　　　　　　　　　　　　　　　　　　　　　　　等值电路

7.2　介损在线监测的系统要求

7.2.1　电场干扰对介损测试结果的影响

现场的干扰主要有电场及磁场干扰。其中，电场干扰主要是外界带电部分通过电桥臂耦合产生电流流入测量臂；磁场干扰主要是对桥体本身的感应，随着电磁屏蔽技术的发展，这一干扰可以利用桥体的磁屏蔽层消除。下面主要讲述电场对测量的影响。

对各种电桥来讲，原理上是相同的，现以 M 型电桥为例作简要的介绍，对 220kV 套管来说。图 7-7 为干扰对 M 型电桥影响的原理图。

正接法时，当高压变压器初级合闸后，高压变压器次级相对于 $\frac{200kV}{\sqrt{3}}$ 的电源来讲处于短路状态(叠加法)，可以认为流过 C_n 及试品臂的电流为零，也就可以认为干扰电流 I_g 对测试

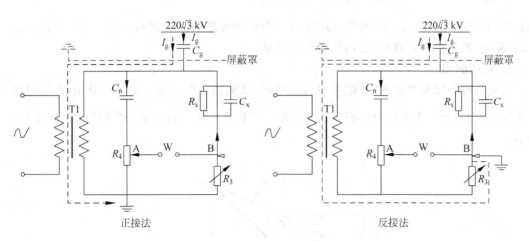

图 7-7 干扰对 M 型电桥影响的原理图

没有影响。当然由于干扰除对试品的顶部有影响,对试品中部也有耦合,有较小的干扰,所以正接法时,现场干扰很小。

反接法时,高压变压器合上后,高压变压器次级相当于短路,试品或 C_n 阻抗很大,I_g 主要通过变压器次级及 R_3 到地,那么 I_g 对测量的影响很大,所以反接法时,测试受外界电场干扰很大。

7.2.2　介质损耗测量时电场干扰的抑制

现场进行介质损耗测量时抑制干扰的方法很多,常用的有屏蔽法、移相法、倒相法。这三种方法在许多文献中有过专门介绍,各有利弊。屏蔽法可以抑制外界电场对试验的干扰,缺点是比较麻烦,而且在一定程度上改变了被试品内部的电场分布,因此测量结果与实际值有一定的差异;移相法测量介质损耗,测量值比较准确但需要有专门的移相设备,同时测量也比较复杂;倒相法无须专门设备,操作方便,但当电场干扰较大时,倒相后介质损耗测量值有可能出现负值。移相法与倒相法,都是在外界电场干扰电流 $\dot{I}'$ 与被试品电流 $\dot{I}_x$ 幅值不变的情况下,靠改变 $\dot{I}_x$ 的相位,经过简单的数学计算来比较准确地反映被试品的真实介质损耗。

另一类抑制电场干扰的方法是提高介质损耗测量时的信噪比。由于 $\dot{I}'$ 可以认为是恒流源,而 $\dot{I}_x$ 的幅值随试验电压的增加而增加,故提高试验电压可以提高信噪比 $k-\dfrac{\dot{I}_x}{\dot{I}'}$,从而起到抑制干扰电流、提高测量精度的作用。但此种方法受到无损标准电容器耐受电压的限制,现场往往难以实施。

1. 屏蔽法

在设备上方放置一屏蔽罩,屏蔽罩接地,干扰则直接到地,不影响电桥的桥臂,但这一方案实际使用时很麻烦。

2. 采用移相电源

电桥电源采用移相电源,由于干扰电流 $\dot{I}_g$ 的相位不变,所以调节电源的相位,$\dot{I}_x$ 相位便相应的变化,当 $\dot{I}_x$ 与 $\dot{I}_g$ 的相位一致时,δ 角测试受外界的影响很小。但这种方法设备较重,较复杂,操作也十分麻烦,现场使用很不方便。

3. 采用倒相法

这是一种比较简单的方法,测量时将电源正、反倒相各测一次。由于干扰电源 I_g 的相位不变,分析时可认为电桥电源相位不变,即 $\dot{I}_x$ 的相位不变,而 $\dot{I}_g$ 作 $180°$ 的反相,如图 7-8 所示。

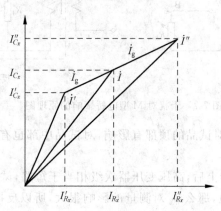

图 7-8 倒相法图

由图 7-8 可知:

$$\text{tg}\delta_1 = \frac{I'_{R_x}}{I'_{C_x}} \tag{7-11}$$

$$\text{tg}\delta_2 = \frac{I''_{R}}{I''_{C_x}} \tag{7-12}$$

$$\text{tg}\delta = \frac{I_{R_x}}{I_{C_x}} = \frac{1/2(I'_{R_x} + I''_{R_x})}{1/2(I'_{C_x} + I''_{C_x})} = \frac{I'_{C_x}\text{tg}\delta_1 + I''_{C_x}\text{tg}\delta_2}{I'_{C_x} + I''_{C_x}} = \frac{C'_1\text{tg}\delta_1 + C''_1\text{tg}\delta_2}{C'_1 + C''_2} \tag{7-13}$$

这种方法从原理上可以完全消除干扰,但在干扰很大时,$\text{tg}\delta_1$、$\text{tg}\delta_2$ 可能很大且一正、一负,但 $\text{tg}\delta$ 却很小,这样 $\text{tg}\delta_1$、$\text{tg}\delta_2$ 的测量误差相对 $\text{tg}\delta$ 来讲已很大,对 $\text{tg}\delta$ 测量的误差则很大。

4. 50%加压法

这是一种无须另加试验设备、操作简便,只需作简单计算就可以比较准确地反映被试品真实介质损耗的方法。

所谓 50%加压法,就是在介质损耗测试回路不变的情况下,将试验电压升到额定试验电压,调节电桥平衡,测得第一组 R_3 与 $\text{tg}\delta$ 的值,即 R_{31} 与 $\text{tg}\delta_1$,然后将试验电压退到 50%的额定试验电压,重新调节电桥平衡,测得另一组 R_3 与 $\text{tg}\delta$ 的值 R_{32} 与 $\text{tg}\delta_2$,进行简单计算,求取被试品真实介质损耗的方法。该方法如图 7-9 所示。

现以图 7-9 为例分析,根据电桥平衡原理,可得有

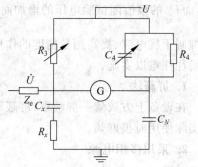

图 7-9 加压法

干扰电压时的电桥平衡方程为：

$$\frac{Z_4}{Z_N R_3} - \frac{1}{Z_x} = \frac{\dot{U}'}{\dot{U}_{Z_e}} \tag{7-14}$$

式中，$Z_4 = \left(\dfrac{1}{R_4} + j\omega C_4\right)^{-1}$；

$\quad\quad Z_N = \dfrac{1}{j\omega C_N}$；

$\quad\quad Z_x = R_x + \dfrac{1}{j\omega C_x}$；

$\quad\quad \dot{U}'$——干扰电压；

$\quad\quad \dot{U}$——外加试验电压；

$\quad\quad Z_e$——干扰电压等值耦合阻抗。

设外施额定试验电压时调节电桥平衡，测得 R_{31}、$\mathrm{tg}\delta_1$，则电桥平衡方程为：

$$\frac{Z_{41}}{Z_N R_{31}} - \frac{1}{Z_x} = \frac{\dot{U}'}{\dot{U}_{Z_e}} \tag{7-15}$$

式中，$Z_{41} = \left(\dfrac{1}{R_4} + j\omega C_{41}\right)^{-1}$

然后将试验电压降到 50% 的额定电压，重新调节电桥平衡，测得 R_{32}、$\mathrm{tg}\delta_2$，则电桥的平衡方程为：

$$\frac{Z_{42}}{Z_N R_{32}} - \frac{1}{Z_x} = \frac{\dot{U}'}{\frac{1}{2}\dot{U}_{Z_e}} \tag{7-16}$$

式中，$Z_{42} = \left(\dfrac{1}{R_4} + j\omega C_{42}\right)^{-1}$

求解式(7-15)、式(7-16)得被试品的真实介质损耗为：

$$\mathrm{tg}\delta = \frac{2\mathrm{tg}\delta_1 - \mathrm{tg}\delta_2 \dfrac{R_{31}}{R_{32}}}{2 - \dfrac{R_{31}}{R_{32}}} \tag{7-17}$$

$$C_x = R_4 C_N \left(\frac{2}{R_{31}} - \frac{1}{R_{32}}\right) \tag{7-18}$$

7.3 介损的在线测量方法

7.3.1 测量原理

介质在交流电压作用下的情况如图 7-10(a)所示。

通常把绝缘介质看成由一个等值电阻 R 和一个等值无损耗电容 C 并联组成的电路，如图 7-10(b)所示，通过介质的总电流 $\dot{I}$ 由通过 R 的有功电流 $\dot{I}_R$ 和通过 C 的无功电流 $\dot{I}_C$ 所组成。$\dot{I}_R$ 流过电阻 R 所产生的功率代表全部的介质损耗，$\dot{I}_R$ 越大，介质损耗越大。由 $\dot{I}_R$、

$\dot{I}_C$ 和 $\dot{I}$ 所组成的相量图如图 7-10(c)所示,从图中可以看出 $\dot{I}_R$ 的大小与 $\dot{I}$ 和 $\dot{I}_C$ 之间的夹角 δ 有关, δ 越大, $\dot{I}_R$ 越大,因此,称 δ 为介质损失角。从图中可得出:介质损耗 P 与介质损失角 δ 之间关系式为

$$\dot{I}_R = U/R$$

$$\dot{I}_C = U/X_C = \omega CU$$

$$\mathrm{tg}\delta = \dot{I}_R / \dot{I}_C = 1/\omega CR$$

$$P = U\dot{I}_R = U\dot{I}_C\mathrm{tg}\delta = = U\omega CU\mathrm{tg}\delta = U^2\omega C\mathrm{tg}\delta \qquad (7\text{-}19)$$

其中, P——绝缘介质中的损耗功率;

U——被试品上的交流电压有效值;

C——被试品电容;

ω——电源角频率。

从上述关系式(7-19)可以看出,通过测量 $\mathrm{tg}\delta$ 值可以反映出绝缘介质损耗的大小。

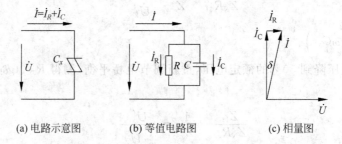

(a) 电路示意图　　　(b) 等值电路图　　　(c) 相量图

图 7-10　绝缘介质在交流电压作用下的电路图和相量图

7.3.2　介损测试电桥

国外从 20 世纪 20 年代即开始使用西林电桥测量 $\mathrm{tg}\delta$,目前介损测试电桥已向全自动、高精度、良好抗干扰性能方向发展,比较经典的有三种原理,即西林型电桥、电流比较型电桥及 M 型电桥。下面分别介绍。

1. 西林型电桥的原理

如图 7-11 所示为西林型电桥的原理图。

图中当电桥平衡时, G 显示为零,此时 $\dfrac{Z_x}{R_3} = \dfrac{Z_x}{Z_4}$

根据实部虚部各相等可得:

$$\mathrm{tg}\delta = \omega R_4 C_4$$

$$C \approx \frac{C_n R_4}{R_3}(当\ \mathrm{tg}\delta \ll 1\ 时)$$

根据 R_3、C_4、R_4 的值可计算得出 $\mathrm{tg}\delta$、C 的值。

从原理上讲,西林型电桥测介质损耗没有误差,但由于分布电容是无所不在的,尤其是 C_n 必须有良好的屏蔽,当反接法时,必须屏蔽掉 B 点对地的分布电容,正接法时,必须屏蔽掉 C 点与 B 点间的分布电容,但由于屏蔽层采用增加了 C_4、R_4 及 R_3 两端的分布电容带来

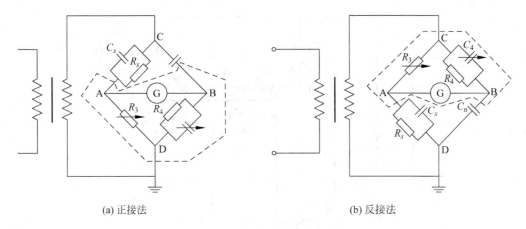

(a) 正接法　　　　　　　　　　　　　(b) 反接法

图 7-11　西林型电桥的原理图

了新的误差,以 R_3 正接法为例,R_3 最大值为 $1\mathrm{k}\Omega$ 左右,当分布电容达 $10\,000\mathrm{pF}$ 时,对介损的影响为 0.3%,为了消除这一分布电容的影响,提高测试精度,试验室采用双屏蔽,原理图如图 7-12 所示。

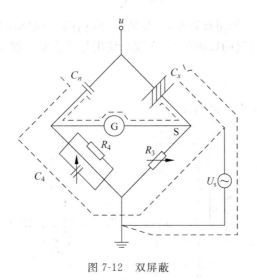

图 7-12　双屏蔽

U_s 电位自动跟踪 S 点电位,这样 R_3 对地的分布电容电流为零,从原理上消除了杂散电容的影响,但采用这种方式不能用于反接法,因为 S 点电位是高压,在现场不可能使用。

目前国内外典型的西林型电桥有 QS1(现场用)、QS37(试验室用)、瑞士 2801(试验室用)。

2. 电流比较型电桥

电流比较型电桥的原理图如图 7-13 所示。

图 7-13 中 T 为环形互感器,通过调节 K_1、K_2、K_3 使电桥达到平衡,即 G 的指示为零,根据磁路定律:

$$\dot{\phi}_1 + \dot{\phi}_2 + \dot{\phi}_3 = 0$$

根据实部虚部相等有:

$$Cx = \frac{C_N K_1}{K_2}$$

介质损耗角正切值的在线监测

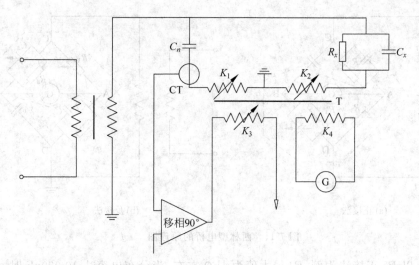

图 7-13　电流比较型电桥

$$tg\delta = \frac{K_3}{K_1}$$

这种电桥因各线圈的等值阻抗较小,对地的分布电容影响很小,测试较为准确,由于 T 是一互感器,谐波及电晕电流的影响很大,在现场使用与试验室差别较大。这种电桥国内有 QS30 等。

3. M 型电桥

M 型电桥的原理图如图 7-14 所示。

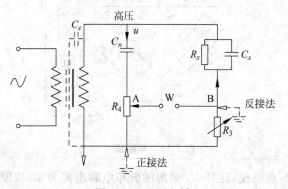

图 7-14　M 型电桥

这种电桥是利用标准臂产生的电容电流与试品的电容电流相抵消,余下的即为阻性分量,从而计算出介损值,具体分析如下:

$$\dot{U}_A = \dot{I}_N \cdot R_4 \cdot k \ (k \leqslant 1,\text{其数值与可调电阻动触头的位置有关})$$

$$\dot{U}_B = (\dot{I}_{R_X} + \dot{I}_{C_X})R_3$$

则可得

$$\dot{W} = \dot{u}_A - \dot{u}_B = \dot{I}_N \cdot R_4 \cdot k - \dot{I}_{R_X} \cdot R_3 - \dot{I}_{C_X} \cdot R_3 = (\dot{I}_N \cdot R_4 \cdot k - \dot{I}_{C_X} \cdot R_3) - \dot{I}_{R_X} \cdot R_3$$

由于 $\dot{I}_N$ 与 $\dot{I}_{C_X}$ 均超前于 $\dot{u}$ 90°,为同相分量。

当

$$I_N \cdot R_4 \cdot k = I_{c_x} \cdot R_3 \qquad (7\text{-}20)$$

则 W 有最小值,此时

$$W = I_{R_X} \cdot R_3 \qquad (7\text{-}21)$$

通过式(7-20)可得

$$I_{c_x} = \frac{I_N R_4 k}{R_3} \qquad (7\text{-}22)$$

其中,k 与 R_4 动触头的位置有关,当 W 调至最小值时,可以通过特有回路测得 k,这样可测得 I_{c_x} 值,同时可得到电容量的值。

通过式(7-21)可得

$$I_{R_X} = \frac{W}{R_3} \qquad (7\text{-}23)$$

那么,由 $\mathrm{tg}\delta = \dfrac{I_{R_X}}{I_{C_X}}$ 可以算出 $\mathrm{tg}\delta$ 值。

由于 R_3、R_4 阻值较小,最大值为 100Ω,杂散分布电容的影响仅为西林型电桥的 $1/10$,且 R_3、R_4 的值较为固定,分布电容可以补偿,可以进一步提高精度。

当设备为一端接地时,M 型电桥采用反接法,即在 B 点接地,此时如不采取措施,高压变压器及高压电缆对地电容就并联在试品两端,影响了测量精度,为此 M 型电桥的高压电缆及高压变压器均采用双重屏蔽,如图 7-14 中。C_e 为高压变压器的耦合电容,直接并联在高压线圈两端,对测量没有影响。

7.4 220kV 电流互感器介损的在线监测系统

7.4.1 基本概念

1. 概述

典型的互感器是利用电磁感应原理将高电压转换成低电压,或将大电流转换成小电流,为测量装置、保护装置、控制装置提供合适的电压或电流信号。电力系统常用的电压互感器,其一次侧电压与系统电压有关,通常是几百伏至几百千伏,标准二次电压通常是 $100\mathrm{V}$ 和 $100\mathrm{V}/\sqrt{3}$ 两种;而电力系统常用的电流互感器,其一次侧电流通常为几安培至几万安培,标准二次电流通常有 5A、1A、0.5A 等。

2. 电压互感器的原理

电压互感器的原理与变压器相似,如图 7-15 所示。一次绕组(高压绕组)和二次绕组(低压绕组)绕在同一个铁心上,铁心中的磁通为 Φ。根据电磁感应定律,绕组的电压 U 与电压频率 f、绕组的匝数 W、磁通 Φ 的关系为:

$$U = KfW\Phi \qquad (7\text{-}24)$$

式中,K 为常数。式(7-24)也可变换为:

$$\Phi = \frac{U}{KfW} \qquad (7\text{-}25)$$

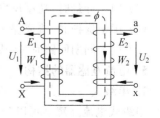

图 7-15 电压互感器原理

由于磁路中只有一个磁通 Φ，所以：

$$\frac{U_1}{KfW_1} = \frac{U_2}{KfW_2} \qquad (7\text{-}26)$$

整理后得：

$$\frac{U_1}{U_2} = \frac{W_1}{W_2} \qquad (7\text{-}27)$$

即电压互感器一、二次的电压比等于一、二次绕组的匝数比。

3. 电流互感器的原理

电流互感器在原理上也与变压器相似，如图 7-16 所示。与电压互感器的主要差别是：正常工作状态下，一、二次绕组上的压降很小（注意不是指对地电压），相当于一个短路状态的变压器，所以铁心中的磁通 Φ 也很小，这时一、二次绕组的磁势 $F(F=IW)$ 大小相等，方向相反。

即：

$$I_1 W_1 = I_2 W_2 \qquad (7\text{-}28)$$

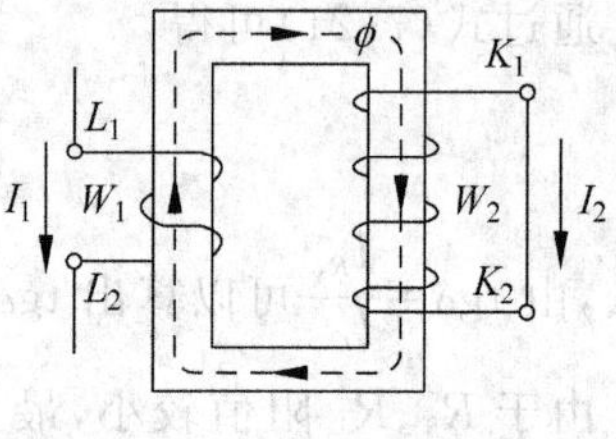

图 7-16　电流互感器的原理

变换后可得：

$$\frac{I_1}{I_2} = \frac{W_2}{W_1} \qquad (7\text{-}29)$$

即电流互感器一、二次之间的电流比与一、二次绕组的匝数成反比。

4. 互感器绕组的端子和极性

电压互感器绕组分为首端和尾端，对于全绝缘的电压互感器，一次绕组的首端和尾端可承受的对地电压是一样的，而半绝缘结构的电压互感器，尾端可承受的电压一般只有几千伏左右。常见的用 A 和 X 分别表示电压互感器一次绕组的首端和尾端，用 a、x 或 P1、P2 表示电压互感器二次绕组的首端或尾端；电流互感器常见的用 L1、L2 分别表示一次绕组首端和尾端，二次绕组则用 K_1、K_2 或 S_1、S_2 表示首端或尾端，不同的生产厂家其标号可能不一样，通常用下标 1 表示首端，下标 2 表示尾端。

当端子的感应电势方向一致时，称为同名端；反过来，如果在同名端通入同方向的直流电流，它们在铁心中产生的磁通也是同方向的。标号同为首端或同为尾端的端子而且感应电势方向一致，这种标号的绕组称为减极性，如图 7-17(a)所示，此时 A-a 端子的电压是两个绕组感应电势相减的结果。在互感器中正确的标号规定为减极性。

图 7-17(b)是错误的极性（加极性），此时一、二次绕组的同名端感应电势的方向是相反的。不管是电流互感器还是电压互感器，极性错误（或接错端子）都可能会造成计量、保护、控制的错误。比如：

(1) 用于计量时，功率反向。

(2) 用于保护时，造成保护误动。

(3) 用于同期回路时，造成非同期合闸。

5. 电流互感器的结构

1) 串级式

串级式电流互感器可以降低绝缘要求，但由于是几个电流互感器串接，增加了误差，如图 7-18 所示。

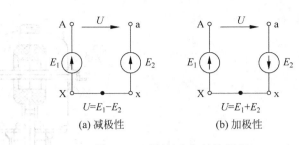

(a) 减极性   (b) 加极性

图 7-17 减极性和加极性原理

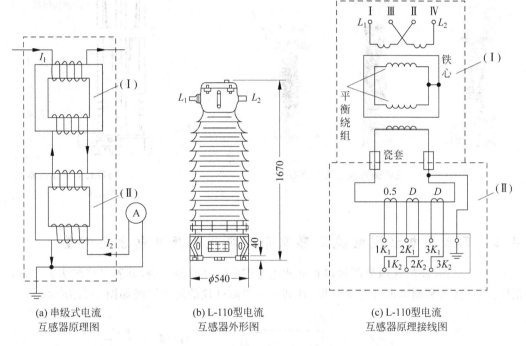

(a) 串级式电流   (b) L-110型电流   (c) L-110型电流
互感器原理图   互感器外形图   互感器原理接线图

图 7-18 串级式电流互感器

2）油浸电容型绝缘

以油浸倒立式电流互感器为例说明。合资生产的二次铁心线圈内置于圆形铁心外罩内，二次引线通过与铁心外罩直接焊接的圆柱形金属管引出（运行中金属管直接接地），铁心外罩与直接焊接的圆柱形金属铝管外绕绝缘层，绝缘层内设置若干电容屏构成主电容，绝缘层最外一层电容称为"末屏"，与设备高压端相连。从结构上分析，高压端对铁心外罩有一个电容，对金属铝管又有一个电容，这两个电容并联构成主电容。接近金属管最里的一屏电容称为"零屏"，运行中外引接地。正常运行时设备的二次引线金属管与"零屏"同时接地。

国产倒立式电流互感的设计基本原理、绝缘结构与进口或合资设备相同，所不同的是二次引线的金属管与金属管的零屏引线焊接在一起，组装后外引接地，瓷套内二次引线金属管不再接地固定。这种接地的方式主要考虑运行中的维护方便，现场实际测量中用传统的电桥正接法就能测量出设备的整体电容与介质损耗。

3）SF$_6$绝缘倒置式电流互感器

其外观如图 7-19 所示，内部结构如图 7-20 所示。

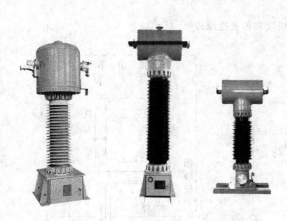

图 7-19　SF₆ 绝缘倒置式电流互感器

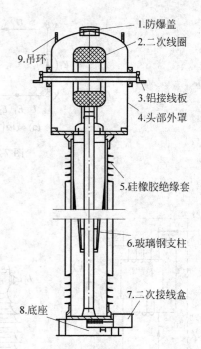

1.防爆盖
2.二次线圈
9.吊环
3.铝接线板
4.头部外罩
5.硅橡胶绝缘套
6.玻璃钢支柱
7.二次接线盒
8.底座

图 7-20　SF₆ 倒置式电流互感器
的绝缘结构

7.4.2　正立式电容型电流互感器介质损耗因数及电容量测量

电流互感器介质损耗因数测量以正立式电容型电流互感器为例,其测量接线法有三种,即正接法、反接法和测量末屏对地介损,其利用介损测试仪的测量接线如图 7-21 所示。

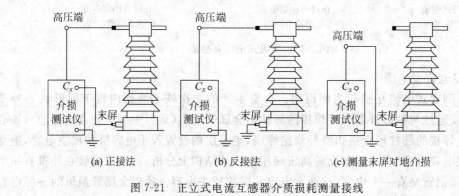

(a) 正接法　　　　　(b) 反接法　　　　　(c) 测量末屏对地介损

图 7-21　正立式电流互感器介质损耗测量接线

第8章 泄漏电流的在线监测

8.1 泄漏电流的参量特征

8.1.1 泄漏电流的定义

1. 污秽绝缘子表面的泄漏电流

由于在大气环境中充满了各种气态、液态污染物和固体微粒,当含有灰尘的气流吹向绝缘子时,在绝缘子伞裙下面的棱槽间和瓷件背后空间产生漩涡和湍流,使灰尘颗粒黏附在电瓷表面,形成绝缘子表面污秽。在运行电压下污秽绝缘子受潮后流过绝缘子表面的电流称为污秽绝缘子表面的泄漏电流。它是电压、气候(大气压力、温度、湿度等)、污秽三要素综合作用的结果,是动态参数。通常的污染物如工业污秽、自然盐碱和灰尘等在干燥时是不导电的,但如果空气中的湿度很高,污染物就会变湿,导电性能增强,泄漏电流随之增加。

泄漏电流的增加将使导电的污秽层被加热,这将使湿润层变干,导致泄漏电流降低。由于绝缘子表面材质不同、形状和结构尺寸的变化、表面污层分布不均匀和湿润程度不同等影响,泄漏电流的分布是不均匀的,会形成一些干燥区,此时单位长度上的电压较低,电场强度不足以使空气电离产生局部放电,泄漏电流比较平滑,一般有效值为几百微安。但如果湿度增加或者有过电压产生,使干燥区的电场强度增大到使该区域上的空气电离并发生局部放电,则放电通道的电阻随着局部放电电弧的发展而增大,从而使泄漏电流减小。同时,当被电弧桥接的干燥区重新变得湿润并恢复导电性时,放电电弧消失,此时泄漏电流通常为几毫安或几十毫安。如果湿度和电压继续增大,被电弧桥接的干燥区继续沿着绝缘子延伸,泄漏电流增大,并使电弧可以桥接更多的绝缘子表面,最后被完全地桥接并产生线对地的闪络,也就是污闪,此时泄漏电流大约为几百毫安。污闪是对供电可靠性危害极大的频发性事故,在输电线路经过的地区,污闪事故的发生与污秽源性质及污染程度有关,因此防止污闪对保证输电线路安全是极为重要。

因此,泄漏电流的大小不仅与污秽程度有关,而且与绝缘子的受潮程度有关,除此之外还与绝缘子的串长、几何形状等因素有关。通常泄漏电流只在潮湿的气候条件下才能测到,现场环境湿度变化、绝缘子表面污秽物过多、绝缘子覆冰、零值绝缘子等均会引起绝缘子泄漏电流增大。

2. 氧化锌避雷器的泄漏电流

氧化锌避雷器由多个阀片电阻串联而成,每个阀片电阻具有非线性特性,即在正常工作电压下呈现高电阻,在过电压作用下呈现低电阻,因此氧化锌避雷器可以不用串联火花间隙来隔离工作电压。由于氧化锌避雷器没有放电间隙,阀片电阻将长期承受运行电压的作用,并伴有泄漏电流不断流过氧化锌避雷器各个串联电阻片,其阀片会逐渐劣化,使正常对地绝缘水平降低,当避雷器本身结构不良而受潮或在污秽运行环境条件下受污染时,都将导致避雷器泄漏电流的增加,严重时还会导致热崩溃,引发电力系统事故。

在正常运行时,流过氧化锌避雷器的泄漏电流由容性电流分量和阻性电流分量构成,由于氧化锌避雷器的等效电容较大,其总电流中容性电流分量占主要成分,阻性电流分量要比容性电流分量小得多。如果消除避雷器外部瓷套的影响,避雷器内部的全电流大约在 $700\mu A$ 左右,而阻性电流在 $150\mu A$ 左右,容性电流则接近于全电流。当氧化锌避雷器因受潮或老化后,泄漏电流增加,主要是阻性电流起变化,阻性电流增加引起了有功分量的加大,达到一定程度后会导致避雷器热崩溃。由于阻性电流占总电流的比例较小,阻性电流的变化在监视仪读数上不很明显,因此如果仅检测总电流,其阻性电流的微小变化将被大得多的容性点流所湮灭,检测的灵敏度很低,往往不能发现早期的缺陷和故障。

总之,氧化锌避雷器泄漏电流监测的特征量主要包括阻性电流和总泄漏电流。

8.1.2 表征污秽绝缘子的特征量

由于绝缘子泄漏电流的大小与绝缘子的污秽程度有很大关系,为使高压输电线路和电力设备在污秽地区可靠运行,除定性划分污、湿特征和影响程度外,还应研究表征污秽绝缘子的特征量(或称污秽参数),如等值盐密、表面污层电导率、泄漏电流值、泄漏电流脉冲等。根据这些特征量就可确定绝缘子的污秽程度,定量划分污秽水平,为设计和运行维护提供参考依据。根据大量的研究结果,表征绝缘子污秽的特征参量有以下几个。

1. 等值盐密

等值盐密是以绝缘子表面上每平方厘米的面积上有多少毫克氯化钠来等值表示绝缘子表面污秽层导电物质的含量(mg/cm^2)。由于氯化钠量与实际污层溶于一定容积的蒸馏水中所具有的电导率等值,因此,可用盐密大小来表示污秽层中可溶性物质导电率大小,即表示污秽层的严重程度。它与绝缘子的污秽量、成分和性质有关,属于污秽的静态参数,仅指污秽中能导电部分,忽略了非导电部分,因此不能反映绝缘子的运行状态。但测量等值盐密比较直观和简单,也能较好地表征绝缘子表面的污染程度,且测量时不需要高压电源,因此被许多国家采用,但它不能完全反映运行绝缘子的污闪状况。

2. 表面污层电导率

表面污层电导率是把绝缘子表面的污层看作具有电阻或电导率的导电薄膜,即污秽绝缘子表面每平方厘米的电导(μs),能综合反映污层的污秽及潮湿程度。它是污秽绝缘子受潮和施加低于运行电压测得的电导再乘以绝缘子形状系数得出的,能较为客观地反映绝缘子的污染程度,但其测试电压低,并不能反映污层在高电压下的真实变化情况,属于半动态参数。污层电导率分为整体和局部表面电导率,整体表面电导率的测量需要施加较高的电压,对测量仪器设备和操作技术均要求较高,局部表面电导率则克服了整体表面电导率的不足,测量所加电压不高,方法简单。另外,在现场测量时需要有较大容量的电源及短时电压的控制设备等,而绝缘子形状系数通常由近似计算得来。因此,以表面污层电导率作为特征量在实际应用中很难推广,一般在污闪机理和特性研究中作为特征参数。

3. 泄漏电流脉冲数

在污秽绝缘子受潮和运行电压的作用下,污秽绝缘子表面会出现局部电弧和较大的泄漏电流脉冲,绝缘子表面污秽越严重,泄漏电流脉冲出现的频度越高,幅值也越大。因此,记录某处一定周期内超过某一幅值的泄漏电流脉冲数,即可代表此处的污秽度,并且通过各类绝缘子在耐受和闪络时泄漏电流脉冲数的概率分布,当泄漏电流脉冲数超过一定值,且重复率达到一定水平时,可作为污秽绝缘子临近闪络的判据。采用泄漏电流脉冲计数方法可进行在线监测,能反映污闪全过程,但它不能为污秽绝缘子的运行状态提供一个确切的判据。只能通过比较现场记录的脉冲数和表征类似绝缘子特征的累计脉冲数,依据运行经验来检测绝缘子的运行状态。

4. 最大泄漏电流

由于流过绝缘子的泄漏电流脉冲最大幅值表征了该绝缘子接近闪络的程度,因此可将绝缘子泄漏电流波形的最高峰值作为表征污秽绝缘子运行状态的特征量。利用该方法可反映污闪的全过程,能用于在线监测并作为报警装置。但最大泄漏电流的现场测量时间比较长,且测试设备的造价比较高,因此限制了该方法的应用。

5. 污闪电位梯度

污闪电位梯度是绝缘子污闪电压与绝缘子串长的比值,并以绝缘子的最短耐受串长或最大污闪电位梯度来表征当地的污秽度。它能真实测定绝缘子串的耐污性能及其优劣顺序,并直接获得绝缘水平。但测量该参数存在所用的设备成本高,且所耗时间长。

6. 局部表面电导率

局部表面电导率指在绝缘子表面上测得许多小单位面积上的电导和电导率,再按并联或串联求得整个表面上的平均电导率,用平均电导率替代盐密和表面污层电导率。局部表面电导率不仅可测到整个试品的污秽程度的平均值,而且可以测出污秽程度在绝缘子表面的分布状态。同时,还能在不破坏原污层的前提下,得到绝缘子表面的积污状态随时间的变化规律。使用该方法的优点是操作比较简单,可实现连续监测绝缘子积污过程;但测量时需要外置电源,且现场测试时测量电路易受现场信号的干扰,测量精度易受影响。

除此之外,还有污秽的日沉降密度、污液电导率、盐浓度等特性,但迄今为止还没有统一的、能够确切表征污秽绝缘子运行状态的特征量,各种污秽参数表达方式的效果和彼此间的差别还有待进一步研究。

8.2 泄漏电流在线监测的系统要求

从总体来讲,绝缘子泄漏电流在线监测系统应安装简便,运行稳定,数据可靠,并能真实反映绝缘子表面泄漏电流和脉冲状况。

8.2.1 硬件要求

泄漏电流的变化通常从几十微安到几百毫安,且有高频闪络脉冲电流,因此电流传感器设计和选择时遵循线性度好、线性范围宽、灵敏度高、频带宽、稳定性好、抗电磁干扰能力强等原则,能将高频泄漏电流复现到数据采集装置的信号输入端。同时,泄漏电流采集器应具有低阻、耐腐蚀、能与常用绝缘子结合紧密,且不应影响原绝缘子串的安全运行等特性。通常泄漏电流的采集不采用电流互感器方式。

为了提高系统的抗干扰能力,泄漏电流传输电缆应使用具有低阻、耐高温、耐腐蚀的屏蔽电缆,并采用抗干扰设计的专用连接或接头。同时,在数据的采集和控制等环节,应采用可靠的滤波、接地和屏蔽等抗干扰处理。

8.2.2 软件要求

泄漏电流在线监测系统软件要求应具备数据通信、远程控制、数据分析与诊断和报警等功能。系统软件还应安装方便,参数设置简单,可灵活地显示、下载或统计现场的泄漏电流、温度和湿度等数据,能统计和分析泄漏电流的平均值、最大值及其相互关系,并能设置泄漏电流的报警值等。

对监控软件要求能记录历史数据和告警数据、记录 SOE 事件信息和事故分析,显示并打印实时波形、历史波形和故障波形,具备网络通信接口和功能等。

8.3 泄漏电流的在线测量方法

8.3.1 绝缘子污秽在线监测

由于绝缘子在较高的运行工作电压下将会在表面积累导电性的污秽,当受潮时,绝缘子表面的电解质发生电离,导电能力增加,绝缘电阻下降,则泄漏电流上升,电流产生的热效应将使绝缘子表面局部烘干,因此干燥区表面电阻增大,使得绝缘子表面的电压分布随之改变,干燥区所承受的电压剧增。当电压超过击穿电压时,干燥区将发生局部沿面放电,形成泄漏电流脉冲。如果此时环境湿度较大,将会形成湿润、烘干、击穿的循环过程,局部放电区域会扩大,直至发生闪络。在整个过程中,泄漏电流增大,脉冲频次增多,若绝缘子污秽较小,则泄漏电流较小,脉冲个数较小。

随着合成绝缘子老化的加深,闪络电压随之降低,泄漏电流会升高,谐波成分增加,其波形会发生变化,因此也可通过监测泄漏电流的变化来判断合成绝缘子的劣化程度。

利用流经绝缘子表面的泄漏电流值,来表示绝缘子的污秽程度,可实现污秽程度的自动检测和报警,采用全屏蔽式电流传感器采样,经隔离、滤波、放大后,送入 A/D 模数转换,送入计算机统一分析、判断和处理等。目前,常用的泄漏电流的检测和处理方法主要分为时域法和频域法两种。时域法包括运行电压下泄漏电流的最大脉冲幅值;超过一定幅值的泄漏电流脉冲数;临闪前最大泄漏电流值;奇数倍频与工频的幅值比;泄漏电流有效值和脉冲电流法等。频域法包括快速傅里叶转换分析;功率谱分析;小波和功率谱相结合的分析等。

1. 时域分析法

1) 临闪前最大泄漏电流法

临闪前泄漏电流与污闪电压之间具有确定的关系。在运行电压下泄漏电流具有脉冲的形式,是伴随跨越干区的局部电弧的发展而产生的,其幅值的最大值表明了该绝缘接近闪络的程度,可以反映绝缘污秽状态。

临闪前泄漏电流是绝缘子污闪前的最大泄漏电流值,也是污闪后的最小泄漏电流值。在临界点测得的相应于闪络的泄漏电流必定是最大值,不然就不会闪络。但在临界点之外测得的泄漏电流不是恒定的,应从一定时间内测得的许多值中取得最大值来代表。由于泄漏电流表征了该绝缘子接近闪络的程度,因此可把绝缘子上的泄漏电流最大值作为表征污秽绝缘子运行状态的特征值。在实际应用时,最大泄漏电流值是指在规定的时间内测得的许多电流脉冲中的最大数值,它既可以在工作电压下的自然污秽绝缘子上记录得到,也可在实验室通过试验方法在同一工作电压下得到,而不需要在自然污秽站求闪络电压。另外,泄漏电流幅值基本上不受电源容量的影响,在自然污秽站只需要保持沿绝缘子串的电压梯度一定,就可采用较低电压测量。

临闪前最大泄漏电流可以反映污闪的全过程,能够用于在线监测,还可作为报警电流,通知运行人员采取维护措施。根据已有的绝缘子监测系统,报警电流的确定必须根据大量的现场记录结果作统计计算,并结合运行经验才能得出合理的结果。该法受地区限制较大,可用于经常潮湿的地区,但绝不用于干燥的地区。具体报警电流应该用多大的泄漏电流仍需进一步深入研究。

2)脉冲计数法

被污染的绝缘子在潮湿天气运行时会出现局部电弧和较大的泄漏电流脉冲,绝缘子表面污秽越严重,出现泄漏电流的脉冲频率度越高,幅值也越大。脉冲计数法就是在给定的时间内,记录承受工作电压下的污秽绝缘子超出一定幅值的泄漏电流脉冲数。它在一定程度上代表了此处的污秽度,可用于监测污秽绝缘子的运行状态。

由于泄漏电流脉冲的频率和幅值会随闪络的临近而增加,即便在同一条件下不同绝缘子所记录到的闪络前一段时间内的脉冲数会有很宽的变化范围。因此,脉冲技术不能对污秽绝缘子的运行状态提供一个准确的判断,只能与现场记录的脉冲数和表征类似绝缘子特征的累积脉冲数相比较,依据运行经验来监测绝缘子的运行状态,并给出闪络危害的警报。

采用脉冲计数法的优点是可以在线检测,能反映污闪的全过程,实现起来比较经济方便,但由于局部电弧时燃时灭,泄漏电流时大时小,目前还没有找到污秽度的定量关系。该方法适合于现有电力系统扩建或更换绝缘时确定绝缘子串长,或者监测是否应对绝缘子进行带电清洗和涂防尘涂料。

3)脉冲电流法

脉冲电流法是通过测量绝缘子电晕脉冲电流的方法来判断绝缘子的绝缘状况,绝缘子的脉冲按发生机理分为由裂缝引起的约为几微安的局部脉冲和由存在零值的绝缘子引起的从几微安到几毫安的电晕脉冲,以及在闪络前出现的从几十到几百毫安的脉冲群。三者中以电晕脉冲最为重要和有效,因此一般常用测量绝缘子电晕脉冲电流的方法来判断绝缘子的绝缘状况。

对存在劣质绝缘子的绝缘子串,由于劣质绝缘子对应的绝缘电阻很低,其在绝缘了串中承担的电压较小,而其他正常绝缘子在绝缘子串中承受的电压会大于正常情况时的承受电压,则回路阻抗变小,绝缘子电晕现象加剧,电晕脉冲电流将变大。因此,根据线路上存在劣质绝缘子时电晕脉冲个数增多、幅值增大的现象,利用宽频电晕脉冲电流传感器套入杆搭接地线,取出电晕脉冲信号,以在电压端检出不良绝缘子。

根据绝缘子电晕特性的研究表明,绝缘子电晕放电与闪络之间存在必然的因果关系,可以利用绝缘子脉冲电流的数量和幅值的不同,以及良好状态和污秽状态下频谱信号的不同来判断污闪发生的可能性。对绝缘子电晕放电现象的在线实测,可以作为一个很好的污闪预测判据。在理论上,如果以电晕脉冲电流作为特征量进行辨识,只要对波形进行采样就可进行判别,但实际上在采样过程中会受到很多因素的影响而降低采样的精度。

2. 频域分析法

由于泄漏电流的组成和电力系统输电电流相似,即包含基波分量和一系列高次谐波分量,因此,通过测量基波和谐波的频域特性,可对污闪和污秽度进行研究和分析,它也是目前国内外泄漏电流研究的主要方向。

1)傅里叶分析

根据傅里叶变换原理,利用直接测量到的原始信号,以累加方式来计算该信号中不同正弦波信号的频率、振幅和相位。它是一种高效的频域变换,利用傅里叶变换可以将泄漏电流中的各种频率成分分离出来进行分析和研究。

具体分析方法是对试验绝缘子在固定电压下,改变轻、中、重三种污秽程度,记录一定时间内的泄漏电流值,对其进行傅里叶变换以获得闪络过程中泄漏电流的频域特征量,提取几个典型频率的幅值,绘制时频图,寻找污闪预警值。该方法的缺点是容易受环境的影响,通常实验室与现场环境差距较大,其分析结果存在一定的局限。

2)其他方法

随着智能技术的发展,越来越多的新技术应用到电气设备的在线监测当中,在对绝缘子的污秽监测中常用的有超声波技术、小波、红外成像等。

当绝缘子没有放电时,无声波发射信号,随着绝缘子污秽放电程度的发展,放电逐步增强,声波发射信号从无到有,由弱变强,此时声波信号可视为点声源,在空气中以球面波的形式向周围传播。由于声波信号的能量是污秽放电所释放出来的部分能量,因此声波信号能量与放电能量之间存在定量关系。超声波技术是采用传感器获得绝缘子污秽放电产生的超声波信号,再对所获得的信号进行放大、滤波等处理并转换为数字信号,并对信号进行处理,判断绝缘子污秽放电的强弱程度,最后通过通信电路发出绝缘子污秽放电的预警信息。

小波分析可选择合适的小波函数和小波分解,获得正常状态和故障状态的波形幅值和频域,比较得出污闪时高频成分会明显增大,低频成分则有许多突变点,也可利用小波变换的带通性原理,进行功率谱变换,以获得更为准确的频谱分析结果。

当污秽绝缘子干燥时,绝缘子表面的泄漏电流很小,当污层不断湿润时,泄漏电流不断增大,电流流过污层产生焦耳热,引起绝缘子表面温度升高,任何物体温度高于绝对零度都会向外辐射红外能量,不同温度的物体向外辐射的红外能量不同,红外热像仪能够探测物体辐射的红外能量,并将其转换为红外热像仪。泄漏电流越大,其电流热效应越明显,温度变化也越明显,因而可以利用绝缘子表面热场的变化来检测污秽程度。

8.3.2 氧化锌避雷器在线监测

在电力系统中,输电线路和变电站是雷击灾害的高发区,无论是直击雷还是感应雷都可能给区内设施造成损坏。避雷器是一种重要的过电压保护设备,能有效限制电网过电压幅值,保护电气设备免遭过电压危害。在所有避雷器中,氧化锌避雷器是目前最先进的过电压保护器,并广泛应用在国内各变电站中,它不需要火花间隙,具有结构简化、动作响应快、耐多重雷电过电压或操作过电压作用、能量吸收能力大、耐污秽性能好等优点,是具有良好保护性能的避雷器。

氧化锌避雷器由一个或并联的两个非线性电阻片叠合圆柱构成,具有良好的非线性伏安特性。在正常工作电压下其电阻很高,流过氧化锌电阻片的电流仅微安级,相当于绝缘体。但由于阀片长期承受工频电压作用而产生劣化,或者避雷器结构不良、密封不严使内部构件和阀片受潮,以及环境污秽导致避雷器损坏,都将引起电阻特性变化,使得流过阀片的泄漏电流增加,电流中阻性分量的急剧增加,会使阀片温度上升发生热崩溃,严重时会引起避雷器爆炸事故。当过电压作用时,阀片电阻急剧下降,以泄放过电压的能量,残压很低,达到保护的效果。

氧化锌避雷器的运行参数可简化为一个可变电阻和一个不变电容的并联电路,其等值电路如图 8-1 所示。

在小电流领域,电阻 R_c 相对 R_1 可忽略不计,电阻片可看成晶界层电容和晶界层电阻并联。

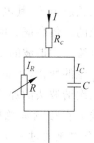

在运行电压下,氧化锌避雷器的泄漏电流包括线性的容性分量和非线性的阻性分量两部分。阻性分量包括瓷套表面的沿面泄漏电流、阀片沿面泄漏电流、避雷器本身的非线性阻性分量和绝缘支撑件的泄漏电流等。其中的阻性谐波电流以三次谐波电流为主,一部分是在工频正弦电压下由避雷器的非线性所致,另一部分由电网谐波

图 8-1　氧化锌避雷器的等值电路

电压产生。容性电流只消耗无功功率,阻性电流谐波分量和电网电压之间不产生有功分量,则导致避雷器阀片发热的主要原因是阻性电流分量中的阻性基波电流消耗的有功功耗。另外,流过避雷器的泄漏电流也可分为外表面电流和内部电流,外表面电流主要是由污秽引起的阻性电流;内部电流包括瓷套内壁和绝缘支架电流、电阻片电流和均压电容电流。当外表面存在污秽时,仅监测泄漏电流及其阻性电流分量有时会产生误判,它们很容易受到表面泄漏电流及耦合泄漏电流的影响,污秽可能使全电流及其阻性电流分量增大很多,因此有必要采取相应措施消除,以免造成误判。

1. 氧化锌避雷器的在线监测方法

目前,国内外氧化锌避雷器的在线监测方法主要有以下几种。

1) 全电流法

全电流法为假定泄漏电流的容性分量基本保持不变,认为其总电流的增加能在一定程度上反映阻性电流分量的增长,其监测方法为将微安表和计数器串联在避雷器的接地回路中,其中微安表用于监测运行电压下通过避雷器的泄漏电流峰值,有效检测出避雷器内部是否受潮或内部元件是否异常等,计数器则记录避雷器在过电压下的动作次数。测量接地引线上通过的泄漏全电流原理如图 8-2 所示。

通常,总泄漏电流的增加能在一定程度上反映阻性电流的增长情况,但阻性电流一般约占总电流的 10%～20%,且与容性电流相位相差 90°,则测出的全电流有效值或平均值主要取决于容性泄漏电流分量,当阻性电流分量变化时,总泄漏电流变化不明显,而阻性泄漏电流峰值大小是表征绝缘特性优劣的重要指标,因此氧化锌避雷器的总泄漏电流大小并不能完全反映氧化锌避雷器的绝缘状况。

全电流法的特点是方法简单,具有长期的监测运行经

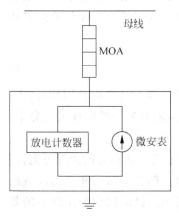

图 8-2　测量总泄漏电流原理图

验,但灵敏度较低,只有在严重受潮、老化或绝缘显著恶化的情况下才能表现出明显的变化,目前极少采用。

2) 三次谐波法

氧化锌避雷器是一个非线性电阻,在基波电压作用下,阻性电流呈非正弦波,包含基波电流、三次谐波电流和五次谐波电流等高次谐波电流分量。若在避雷器的三相总接地线上监测三相总电流,其电容电流和基波阻性电流因为三相平衡而抵消,则测得的主要是三次谐波电流的三倍数值。因此,测量氧化锌避雷器总电流中三次谐波电流的变化,也即测量阻性泄漏电流三次谐波的变化,可以根据阻性三次谐波电流与阻性全电流之间的关系,得到阻性泄漏电流的变化,从而达到监测氧化锌避雷器阻性泄漏电流变化的目的。

三次谐波法的原理是采用电流传感器在避雷器的接地线上直接测量总电流,为适应不同量程的检测要求,将全电流通过一个前置放大器,然后由有效值检波器和测试仪表读取总电流;同时在前置放大器后接一个带通滤波器,滤出三次谐波分量,再经过峰值检波器检出三次谐波分量的峰值,最后根据它与阻性电流峰值的函数关系,得到阻性电流峰值。三次谐波法测量原理框图如图 8-3 所示。

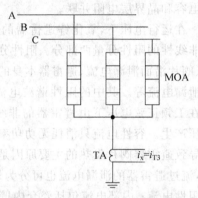

图 8-3　三次谐波法测量原理框图

采用该方法时,如果电网电压有谐波成分,三次谐波电压将产生容性三次谐波电流,如果不将其从三次谐波电流法测得的结果中去掉,将会对检测结果造成很大误差。因此,该方法的特点是比较简单,与补偿法相比无须引入电压信号,但受电网谐波的影响较大,而且不同厂家生产的氧化锌避雷器的三次谐波峰值与阻性分量峰值关系不唯一,误差较大,只适于在一定的范围内使用。

3) 补偿法

由于氧化锌避雷器的劣化主要反映阻性电流的增大,如果将流经避雷器总电流中的容性电流平衡掉,直接监测其阻性电流的变化就可以反映氧化锌避雷器的劣化状况,该方法比全电流法更灵敏。

补偿法测量阻性电流是在测量电流的同时检测系统的电压信号,根据并联电路中电容流过的电流与其母线电压成 $\pi/2$ 的特点,应用补偿法去掉与母线电压成 $\pi/2$ 相位差的容性电流,从而得到阻性电流。其基本原理为:

$$\int_0^{2\pi} u_s(i_x - G_1 u_s)\,\mathrm{d}\omega t \tag{8-1}$$

式中,i_x 为总泄漏电流;u_s 为来自电网的外加电压移相 90°所得,即与容性电流同相位;G_1 为补偿系数。当容性电流完全被补偿掉时,$(i_x - G_1 u_s)$ 则等于泄漏电流中的阻性电流分量,即:$i_r = i_x - i_c = i_x - G_1 u_s$。电容电流补偿法的监测原理如图 8-4 所示。

在现场测量时,采用电流互感器探头直接钳在避雷器的接地线上获得总的泄漏电流,调节补偿装置使 U_1 等于取自电网电压互感器的电压 U_2,则输出为阻性电流分量 i_r。该方法误差较小,需要引入补偿信号,并经过相位、幅值的处理才能实现。目前国内使用较多的是日本 LCD-4 型泄漏电流检测仪,其原理如图 8-5 所示。

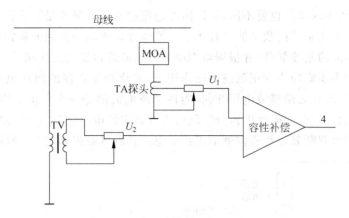

图 8-4　电容电流补偿法的监测原理

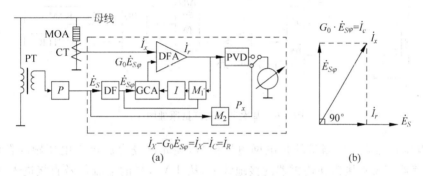

$$\dot{I}_X - G_0\dot{E}_{S\varphi} = \dot{I}_X - \dot{I}_C = \dot{I}_R$$

(a)　　　　　　　　　　(b)

图 8-5　LCD-4 泄漏电流测量仪原理图

P—光电隔离器；CT—钳形电流互感器；M—乘法器；DFA—差动放大器；I—积分器；GCA—增益控制放大器；
DF—差分移相电路；PVD—峰值测量电路；PT—电压互感器；MOA—氧化锌避雷器

采用同相的电压互感器检测电压信号 $\dot{E}_S$，随后进入差分移相电路前移 $90°$ 转换为 $\dot{E}_{S\varphi}$，自动调节放大系数 G_0 使 $G_0\dot{E}_{S\varphi}$ 等于总泄漏电流中的容性电流 $\dot{I}_C$，则差动放大器的输出为阻性电流分量。

该方法对单支的氧化锌避雷器施加波形良好的电压,测得的阻性电流较为精确,但对于三相运行系统,当三相避雷器安装成一字形时,相间耦合电容和电磁干扰使避雷器除了受本相电压作用外,还通过相间耦合受到相邻相电压的作用,从而影响到监测结果的准确性。系统电压等级越高,误差就越大,特别是电网电压为正弦函数波形时,流过氧化锌避雷器的电流波形峰值与电压波形峰值不重合,电流波形呈现奇谐函数的形态,测出的阻性电流存在较大的误差。

补偿法原理严谨,方法简单,适用于带电检测,但当电网电压含有谐波时,难以克服容性谐波电流对测量的影响、电压互感器相移的影响,容性分量无法完全补偿掉。

4）基次谐波法

由于电阻片的非线性特性使阻性电流分量含有三次、五次谐波分量,从电路理论得知只有同频率的电压、电流才会消耗功率,不同频率的电压、电流不会消耗功率,因此使电阻片发热做功的仅是阻性电流 $\dot{I}_r$ 中的基波分量 $\dot{I}_{r1}$,不同避雷器如果 $\dot{I}_r$ 相同,但 $\dot{I}_{r1}$ 不同,其发热情况不同,则避雷器的绝缘状况也就不同,所以阻性电流的基波分量才是氧化锌避雷器劣化的关键指标。基次谐波法是采用数字滤波技术及模拟滤波技术从采集到的避雷器末屏泄漏总电流中找出阻性电流的基波部分,并根据阻性电流来判断避雷器的绝缘状况。

基次谐波法的主要原理为在正弦波电压作用下,氧化锌避雷器的阻性电流中只有基波电流做功产生功耗,而且无论谐波电压如何,阻性基波电流都是一个定值。因此,全电流经数字谐波分析,提取基波进行阻性电流分解就可以得到阻性电流的基波,根据阻性电流基波所占比例的变化即可判断氧化锌避雷器的工作状态。其测量原理如图 8-6 所示。

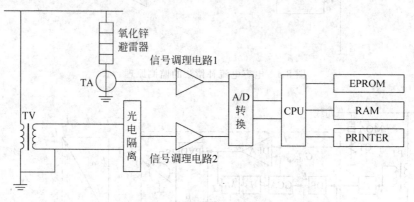

图 8-6　基次谐波法测量原理图

图中,电压互感器 TV 测量的是电网电压信号,经光电隔离后进入电压跟随器和放大器;电流互感器 TA 直接钳在避雷器的接地线上,从 TA 取样的电流信号直接进入放大器,然后经 A/D 转换,将模拟信号转换为数字信号进入微计算机系统进行存储、显示或打印输出结果。当电网中含有谐波时,会从幅值和相位两方面影响阻性电流测量值,谐波状况不同,阻性电流的测量结果相差较大,如果只监测阻性电流基波则可避免谐波对测量结果的影响。因此,基次谐波法可以监测阻性电流基波的变化,但实际运行经验和试验结果表明,阻性电流的基次谐波在一些情况下能灵敏地反映氧化锌避雷器的状态,而阻性电流的高次谐波受电网电压谐波影响,因此必须研究在电网电压谐波影响下阻性电流基波及其高次谐波的变化,并采取相应的方法去除阻性电流中的高次谐波。

基次谐波法的特点是能有效抑制电网的谐波干扰,即基波成分要做功、发热,其功耗反映了避雷器的状况,而谐波成分不发热、不做功,该方法还容易排除相间干扰对测量结果的影响,其缺点为电阻片老化的判断不如测量出含有高次谐波成分的阻性电流峰值有效。

5) 数字谐波法

数字谐波法是将稳态或暂态的波形信号转换为离散化的数字量,采用软件傅里叶变换FFT 分离各次谐波电压和电流,以计算出阻性电流各次分量。该方法的特点是以软代硬,使监测系统所用硬件大大减少,避免了由于硬件性能不良对监测带来的影响,可提高监测系统的可靠性。同时,可与介质损耗测量共用一套微机及相应软件,有利于实现多参数多功能的统一监测系统。

数字谐波法与常规的补偿法相比,对总泄漏电流、基波阻性电流的测量结果是一致的,当电压中含有高次谐波时,数字谐波法更能准确灵敏地反映阻性电流中的高次谐波分量,同时降低了硬件设计的复杂度,增强了系统设计的灵活性。

6）双 AT 法

双 AT 法是监测氧化锌避雷器的阻性泄漏电流。其工作原理如图 8-7 所示。

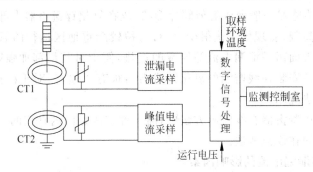

图 8-7　双 AT 法在线监测原理图

图中一个电流传感器 CT1 采样正常泄漏电流,另一个电流传感器 CT2 在过电压情况下测量冲击大电流的峰值,以记录氧化锌避雷器的动作次数,并根据相应的参考电流值来区分氧化锌避雷器动作原因(如区分雷击或操作过电压等),信号经 A/D 转换后进行数字信号处理,并用光纤传输电压信号至监控室来判断电网谐波对测量泄漏电流阻性分量的影响。为了区别泄漏电流的增大是否为温度引起,设置了一个温度传感器获取氧化锌避雷器附近环境温度。

双 AT 法依靠强大的支持软件来实现在线监测功能,同时考虑了来自电网的谐波和温度的影响,实现功能较强大,比目前已有的在线监测完善。但经济性不够好,对于高压氧化锌避雷器来说,一般可运行约 20 年,其长期稳定性还有待时间检验。

7）基于温度的测量法

温度测量法主要受氧化锌避雷器能量吸收能力和老化或受潮导致的能量损耗的影响。正常运行条件下,吸收能量损耗,温度变化很小,出现过电压时,温度可能暂时会有所上升,但会慢慢恢复。在老化或受潮时,温度会逐步上升。虽然测量温度不是一种了解运行状态的直接方法,但温度是影响氧化锌避雷器运行状态参数的综合结果,在持续运行电压下氧化锌避雷器的过热直接与能量损失相关,而与运行电压的质量及外界干扰等无直接关系。采用温度法的监测原理如图 8-8 所示。

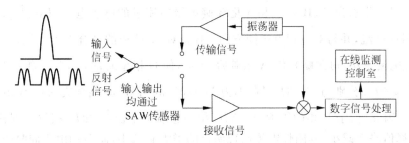

图 8-8　温度法的监测原理

如果将温度传感器放在避雷器内部,使避雷器密封较困难,且一个温度传感器并不能获得正确的整支避雷器温度信号。德国开发了声表面波(SAW)温度传感器,无须电源,由振荡器发出高频信号(频率 30MHz~3GHz),再由放在阀片间的 SAW 传感器接收该信号,并反射出带有温度信息的信号,再由现场接收装置收集该高频信号,经数字信号处理,参照环境温度后得到相关的温度信号波形。

这种无源 SAW 传感器一般做成类似阀片形状,放在氧化锌避雷器中部的阀片之间,其发射和接收信号为特高频,受现场干扰很少,且对污秽较严重地区运行的氧化锌避雷器,可监测到氧化锌避雷器表面污秽泄漏电流等导致的过热,便于对其局部加强防污措施。该方法对于正在制造且准备安装在线监测的氧化锌避雷器很有用途,但对于已投入电网安全运行的氧化锌避雷器无法应用。

在以上几种氧化锌避雷器在线监测方法中,前 5 种方法是国内常用的在线监测法,后两种方法是国际上常用的在线监测法。

2. 氧化锌避雷器泄漏电流的影响因素

1) 氧化锌避雷器在线监测方法的相间干扰抑制措施

在对氧化锌避雷器进行在线监测时,其监测结果的精确度会受到很多因素的影响,如现场的强电磁场干扰、相间耦合电容电流的干扰、系统电压的高次谐波对测量的影响、从电压互感器提取参考电压时的相移影响及电流取样方式、表面污秽、温度、湿度等气象条件的影响。对于三相运行系统,三相氧化锌避雷器是一字形排列,各相避雷器阀片除承受本相电压外,还通过相间杂散电容耦合受到相邻相电压的作用,这使得避雷器底部电流与单独一相运行时相比,会发生变化。因而,对氧化锌避雷器进行监测时,必须分析相间电容电流对底部泄漏电流测量结果的影响,从而获得流过氧化锌避雷器的实际泄漏电流。

在实际运行时,因边相的距离较远及中间相的屏蔽作用,通常考虑相间干扰时可忽略边相的影响,主要考虑中间相对边相的耦合影响,即 A 相受到 B 相干扰、B 相受到 A 相和 C 相干扰、C 相受到 B 相干扰。相间干扰电流是通过相间电容的作用进入另一相的,因此通过测量相间电容可以得到相间电容电流。假设三相氧化锌避雷器的相间电容分别为 C_{AB}、C_{AC}、C_{BA}、C_{BC}、C_{CA} 和 C_{CB},如图 8-9 所示。

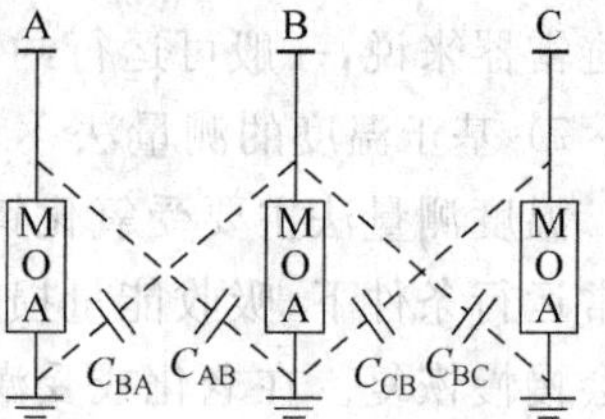

图 8-9　氧化锌避雷器的相间干扰电容

在系统三相对称电压 U_A、U_B、U_C 作用下,在接地测量回路测得 i_A、i_B、i_C 中只有本相流过的容性电流 i_c 和阻性电流 i_r,则 i_{A_c}、i_{B_c}、i_{C_c} 分别为 A、B、C 三相氧化锌避雷器中流过的电容电流,i_{A_r}、i_{B_r}、i_{C_r} 分别为其流过的阻性电流,并与对应相电压同方向。B 相对 A、C 相的耦合电容电流 i_{BA} 和 i_{BC} 与 i_{B_c} 同相(阻性电流很小,可忽略),使 A 相滞后 ωC_{BA},使 C 相超前 ωC_{BC},A、C 相对 B 相的耦合电容电流 i_{AB} 和 i_{CB} 分别与 i_{A_c} 和 i_{C_c} 同相,互为 120°,ωC_{AB} 和 ωC_{CB} 合成后使 B 相滞后,如图 8-10 所示。因此,由于 B 相的影响,使 A、C 相的总泄漏电流 i_a 和 i_c 相位分别移后和移前 3°~5°,且峰值略有减小,其阻性电流出现明显的增大和减小,而 B 相由于同时受 A、C 两相的影响,其总泄漏电流 i_b 的相位和阻性电流基本不变。如果 i_A、i_B、i_C 值相同,实际幅值为 $i_a > i_b > i_c$。则三相中阻性电流和泄漏电流的夹角 $\varphi_C > \varphi_B > \varphi_A$,且 $\omega C_{BA} \neq \omega C_{BC}$,$\omega C_{AB} \neq \omega C_{CB}$。

为降低和消除相间干扰引起的测量误差,可采用移相法和双 CT 法。移相法原理是先

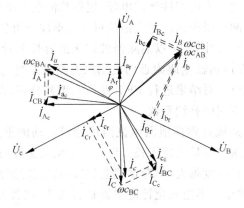

图 8-10　三相氧化锌避雷器的接地电流矢量图

在停电条件下,外施电压分别测量各相避雷器的容性和阻性电流,进而测量得到相间耦合电容等参数,然后在运行条件下再测量,此时应将 PT 输出的电压信号后增加一个移相器,调节移相角,使测量值与停电时测量值一样,将得到的移相角、电流值作为基准,结合电网电压情况找到理论补偿值,随后在相同的移相角条件下测量。

双 CT 法需要两只 CT,分别测量两个完全相同的氧化锌避雷器边相的电流信号,信号间的相位差是 $120°\pm2\omega$,在得到 ω 角后,再将基准电压相位移动 ω 后,基本可以消除相间干扰,如图 8-11 所示。

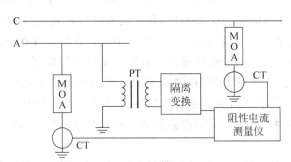

图 8-11　双 CT 法消除相间干扰原理图

除相间电容之外,影响相间干扰的因素较多,主要有干扰相电压幅值与相位、相间距离、均压环和基座尺寸、高压引线等,随着电压等级的上升,相间干扰的影响加剧,即 110kV A、C 相测量结果偏差在 $\pm10\%$ 左右;220kV A、C 相测量结果偏差在 $\pm25\%$;500kV A、C 相测量偏差在 $\pm40\%$。在 110kV 以上系统需要使用双 CT 法进行相位补偿,在 110kV 及以下系统中相间干扰影响不很明显,可以忽略不计。

2) 氧化锌避雷器两端电压中谐波含量的影响

随着电力网中大型整流设备、变频设备和大容量电弧炉等非线性负荷的应用,使得电网电压产生谐波、闪变和三相不平衡等电能质量问题,而电压中的谐波分量和电压的波动均会对泄漏电流及其阻性分量带来影响。

当系统电压含有谐波分量时,其谐波电压成分和基波电压成分作用于氧化锌避雷器所产生的谐波电流形成复杂的交叉关系,将难以提取避雷器阀片非线性特性的阻性谐波电流;

此外,泄漏电流中还会产生比重大的容性谐波电流,使得总泄漏电流谐波分量不再等于阻性电流的谐波分量,会造成监测结果误判。解决措施可采用谐波分析法和容性电流补偿法,前者利用 FFT 分离阻性分量和容性分量,以消除谐波带来的容性分量干扰,但对阻性分量则无能为力;后者通过一个在避雷器基座附近的电场探头测量系统电压的感应电流,同时测得避雷器接地线上的泄漏电流,对结果进行 FFT 变换和谐波分析,得到基波分量和三次谐波分量等,对不同谐波采用不同的补偿系数。

因此,系统电压波动是造成避雷器泄漏电流阻性分量波动的重要原因之一,在 110kV以上系统影响较大,会造成谐波分量快速增长。谐波含量增长幅度与施加电压有很大关系,电压越高谐波次数越高,增长幅度越大,但避雷器老化后,其增长趋势缓慢,且高次谐波存在畸变的可能。通常在电压波动下不论氧化锌避雷器是否老化,阻性基波电流数值的波动相对较小,而容性电流三次谐波的数值波动较大。

3) 电压分布不均对泄漏电流的影响

对于具有多节结构的高压避雷器,其阀片数量较多,很难做到各节阀片电压分布均匀,尤其当阀片部分存在缺陷、受潮、老化或瓷套外表面存在污秽时,氧化锌避雷器会产生电压分布不均现象,十分影响泄漏电流,电压分布长期不均匀将直接导致避雷器局部过热和局部场强过高,产生热崩溃。

氧化锌避雷器受潮和表面污秽是导致避雷器电压分布不均匀的主要原因,其表面将流过较大的阻性泄漏电流,对避雷器检测的结果产生严重的影响。氧化锌避雷器表面污秽分布是随机的,则阀片柱方向的电压分布不均匀,导致表面污层与阀片内部的电流发生耦合,影响真实泄漏电流,在瓷套表面的污层湿润后,含在污秽层中的可溶性物质逐渐融解,成为电解质,在瓷套表面形成导电层,电阻下降,泄漏电流增大。在阀片存在缺陷和不均匀老化,且不均匀老化系数较小时,测得的氧化锌避雷器泄漏电流仅为等效部分的加权平均值,并不能表示各部分的真实情况,老化越不均匀,测量结果反映的真实状况可信度越低。因此,高压多节避雷器一般都在避雷器的高压侧加装均压环以尽可能均匀分布电压,均压环使避雷器的上节测量全电流值偏大,阻性电流值也会受到影响,均压环对下节的全电流和阻性电流影响不大。

氧化锌避雷器电压分布不均匀主要引起泄漏电流,特别是阻性电流的检测误差,表面污层的干区越接近底部,污层对泄漏电流误差的影响越小。目前可行的办法是在避雷器瓷套接地端加装一个屏蔽环,同时保证屏蔽环紧密接触瓷套表面,让瓷套表面泄漏电流旁路入地,也可实时监测避雷器泄漏电流的波形,通过其畸变成分确定是否污秽严重。在环境恶劣地区,可以采用加强防污、改善避雷器结构等办法,同时定期采用红外测试仪等设备监测因污秽带来的局部过热作为参考。

4) 环境因素对泄漏电流的影响

这里的环境因素主要包括温度和湿度,温度对泄漏电流的影响与系统电压、避雷器的荷电率有很大关系,在不同的环境温度下测量结果波动较大。在工频电压下,阻性电流基波分量的功耗(即电导损耗荷介质损耗)是产生温升的主要原因,当电网电压不含谐波时,谐波电流不做功则不产生发热,当存在高次谐波分量时,产生的功耗较小。不同温度下,阻性电流差别较大,温度越高误差越大,但对容性分量影响不大。阻性电流在现场受到的影响较多,对温度影响进行补偿十分困难。

湿度对避雷器泄漏电流不直接带来影响,但湿度的增大会引起避雷器外表面潮湿,使避雷器瓷套表面泄漏电流增大,从而使避雷器芯体电流明显增大。此外,湿度增大将使避雷器内外电位分布不均匀,在湿度较大时避雷器芯体电流将增大一倍,表面泄漏电流可能增加几十倍。因此,在不同湿度下,避雷器泄漏电流尤其是阻性分量受湿度影响较大,总电流的影响则较小。在实际泄漏电流监测时,需要采集环境温度和湿度参数,给在线监测数据提供补偿参考需要经过长期监测和纵横比较以排除其影响。

5) 取样方式对泄漏电流的影响

氧化锌避雷器泄漏电流取样方式可通过电流互感器从接地线上提取电流信号,并转换成电压信号进行处理,其取样精度取决于互感器的灵敏度,且互感器在不同频率下的响应特性不同,更会导致泄漏电流中谐波含量测量不准确,因此要求传感器的角差、比差小,稳定性好,使用时需要避免避雷器放电时的大电流损坏传感器;也可直接通过避雷器底部的放电计数器两端取电压信号,然后换算成泄漏电流值,取样时则依靠现场测试仪内电流通道上的小电阻来取样,并近似认为泄漏电流绝大部分通过该小电阻,其测量结果误差较大。

泄漏电流的在线监测

第9章 特殊气体的在线监测

含有绝缘油的电气设备即使在正常运行条件下,其内部的绝缘材料在热、电等作用下将逐渐老化,伴随着产生某些可燃气体和使油的闪点降低,引起早期故障。一旦这些电气设备内部存在早期故障或逐渐形成新的故障时,则产生气体的分量和速率将越发明显;这些气体将在油中不断积累并经对流、扩散而不断溶解,直到饱和而析出气泡。而这些将使绝缘油进一步被破坏,并致使绝缘故障扩大,最终导致电气设备故障,不能正常运行。因此,对含有绝缘油的电气设备进行特殊气体在线监测对于保障其安全使用具有重要意义。

9.1 油中气体的产生机理

油和纸是电气设备的主要绝缘产物,油中气体的产生机理与材料性能和各种因素有关。

9.1.1 油劣化及气体产生

这里以变压器为例说明油中气体产生的机理。变压器油是由天然石油经过蒸馏、精炼而获得的一种矿物油。它是由各种碳氢化合物所组成的混合物,其中,碳、氢两元素占其全部重量的 95%~99%,其他为硫、氮、氧及极少量金属元素等。石油基碳氢化合物有环烷烃、烷烃(C_nH_{2n+2})、芳香烃(C_nH_{2n-m})以及其他一些成分。表 9-1 中列出了部分国产变压器油的成分分析结果。

表 9-1 部分国产变压器油的成分分析结果

油类及厂家	芳烃/(CA%)	烷烃/(Cp%)	芳烃/(CN%)
新疆独炼,♯45	3.30	49.70	47.00
新疆独炼,♯25	4.56	45.83	50.06
兰炼,♯45	4.56	45.83	49.71
兰炼,♯25	6.10	57.80	36.10
东北七厂,♯25	8.28	60.46	31.26
天津大港,♯25	11.80	24.50	63.70

环烷烃具有较好的化学稳定性和介电稳定性,黏度随温度的变化小。芳香烃化学稳定性和介电稳定性也较好,在电场作用下不析出气体,而且能吸收气体。变压器油中芳香烃含量高,则油的吸气性强,反之则吸气性差。但芳香烃在电弧作用下生成碳粒较多,又会降低油的电气性能;芳香烃易燃,且随其含量增加,油的比重和黏度增大,凝固点升高。环烷烃中的石蜡烃具有较好的化学稳定性并易使油凝固,在电场作用下易发生电离而析出气体,并

形成树枝状的 X 蜡,影响导热性。

变压器油在运行中因受温度、电场、氧气及水分和铜、铁等材料的催化作用,发生氧化、裂解与炭化等反应,生成某些氧化产物及其缩合物(油泥),产生氢及低分子烃类气体和固体 X 蜡等。

总之,在热、电、氧的作用下,变压器油的劣化过程以游离基链式反应进行,反应速率随着温度的上升而增加。氧和水分的存在及其含量高低对反应影响很大,铜和铁等金属也起到触媒作用使反应加速,老化后所生成的酸和 H_2O 及油泥等危及油的绝缘特性。经过精炼的变压器油中不含低分子烃类气体,但变压器油在运行中受到高温作用将分解产生二氧化碳、低分子烃类气体和氢气等。

由此可知,变压器油是由许多不同分子量的碳氢化合物分子组成的混合物,分子中含有 CH_3^*、CH_2^* 和 CH^* 化学基团,并由 C—C 键合在一起。由于电或热故障的原因,可以使某些 C—H 键和 C—C 键断裂,伴随生成少量活泼的氢原子和不稳定的碳氢化合物的自由基,这些氢原子或自由基通过复杂的化学反应迅速重新化合,形成氢气的低分子烃类气体,如甲烷、乙烷、乙炔等,也可能生成碳的固体颗粒及碳氢聚合物(X 蜡)。在故障初期,所形成的气体溶解于油中;当故障能量较大时,也可能聚集成游离气体。油炭化生成碳粒的温度在 500℃~800℃,碳的固体颗粒及碳氢聚合物可沉积在设备的内部。低能量放电性故障,如局部放电,通过离子反应促使最弱的键 C—H 键(338kJ/mol)断裂,主要重新化合成氢气而积累。对 C—C 键的断裂需要较高的温度(较多的能量),然后迅速以 C—C 键(607kJ/mol)、C=C 键(720kJ/mol)和 C≡C 键(960kJ/mol)的形式重新化合成烃类气体,依次需要越来越高的温度和越来越多的能量。

乙烯虽然在较低的温度时也有少量生成,但主要是在高于甲烷和乙烷的温度即大约为 500℃下生成。乙炔一般在 800℃~1200℃的温度下生成,而且当温度降低时,反应迅速被抑制,作为重新化合物的稳定产物而积累。因此,虽然在较低的温度下(800℃)也会有少量乙炔生成,但大量乙炔是在电弧的弧道中产生的。此外,油在起氧化反应时,伴随生成少量 CO 和 CO_2,并且 CO 和 CO_2 能长期积累,成为数量显著的特征气体。

9.1.2 固体绝缘材料的分解及气体

纸、层压板或木块等固体绝缘材料分子内含有大量的无水右旋糖环和弱的 C—O 键及葡萄糖甙键,它们的主要成分是纤维素,热稳定性比油中的碳氢键要弱,并能在较低的温度下重新化合,纤维互热分解的气体组分主要是 CO 和 CO_2。聚合物裂解的有效温度高于 105℃,完全裂解和炭化高于 300℃,在生成水的同时,生成大量的 CO 和 CO_2 及少量烃类气体和呋喃化合物,同时油被氧化。CO 和 CO_2 的形成不仅随温度而且随油中氧的含量和纸的湿度增加而增加。

9.1.3 气体的其他来源

在某些情况下,有些气体可能不是设备故障造成的,例如,油中含有水,可以与铁作用生成氢。过热的铁心层间油膜裂解也可生成氢。新的不锈钢也可能在加工过程中或焊接时吸附氢而又慢慢释放到油中。特别是在温度较高、油中有溶解氧时,设备中某些油漆(醇酸树脂),在某些不锈钢的催化下,甚至可能生成大量的氢。某些改型的聚酰亚胺型的绝缘材料也可生成某些气体而溶解于油中。油在阳光照射下也可以生成某些气体。设备检修时，暴露在空气中的油可吸收空气中的 CO_2 等。这时，如果不真空滤油，则油中 CO_2 的含量约为 $300\mu L/L$（与周围环境的空气有关）。

另外，某些操作也可生成故障气体。例如，有载调压变压器中切换开关油室的油向变压器主油箱渗漏，或选择开关在某个位置动作时，悬浮电位放电的影响；设备曾经有过故障，而故障排除后绝缘油未经彻底脱气，部分残余气体仍留在油中；设备油箱带油补焊；原注入的油就含有某些气体等。

这些气体的存在一般不影响设备的正常运行。但当利用气体分析结果确定设备内部是否存在故障及其严重程度时，要注意加以区分。

9.2 油中溶解气体分析与检测

对变压器油中气体的检测分析是对变压器运行状态进行判断的重要监测手段。变压器在运行中由于种种原因产生的内部故障，如局部过热、放电、绝缘纸老化等都会导致绝缘劣化并产生一定量的气体溶解于油中，不同的故障引起油分解所产生的气体组分也不尽相同（如表 9-2 所示），从而可通过分析油中气体组分的含量来判断变压器的内部故障或潜伏性故障。对变压器油中溶解气体采用在线监测方法，能准确地反映变压器的主要状况，帮助管理人员能随时掌握各站主变的运行状态，以便及时作出决策，预防事故的发生。变压器油中溶解气体在线监测的关键技术包括油气分离技术、混合气体检测技术。

表 9-2 不同故障类型产生的油中溶解气体

故障类型	主要气体组分	次要气体组分
油过热	CH_4，C_2H_4	H_2，C_2H_6
油和纸过热	CH_4，C_2H_4，CO，CO_2	H_2，C_2H_6
油纸绝缘中局部放电	H_2，CH_4，C_2H_2，CO	C_2H_4，CO_2
油中火花放电	C_2H_2，H_2	—
油中电弧	H_2，C_2H_2	CH_4，C_2H_4，C_2H_6
油和纸中电弧	H_2，C_2H_2，CO，CO_2	CH_4，C_2H_4，C_2H_6
进水受潮或油中气泡	H_2	—

9.2.1 油气分离技术

目前，国内外都没有直接检测变压器油中溶解气体含量的技术，无论是离线还是在线检测，必须将由故障产生的气体从变压器油中脱出，再进行测量，从变压器油中脱出故障特征气体是快速检测、准确计量的关键和必要前提。

离线检测的脱气方法主要是使用溶解平衡法（机械振荡法）和真空法（变径活塞泵全脱法）。这两种方法存在结构复杂、操作手续繁多、动态气密性保持差等问题，难以实现在线化。

在线油气分离的方法目前主要有薄膜/毛细管透气法、真空脱气法、动态顶空脱气法及血液透析装置等方法。

1. 薄膜/毛细管透气法

某些聚合薄膜具有仅让气体透过而不让液体通过的性质，适宜于在连续监测的情况下，从变压器绝缘油中脱出溶解气体。在气室的进口处,安装了高分子膜,膜的一侧是变压器油,另一侧是气室。油中溶解的气体能透过膜自动地渗透到另一侧的气室中。同时,已渗透过去的自由气体也会透过薄膜重新溶解于油中。在一定的温度下,经过一定时间后(通常需要经过几十小时)可达到动态平衡。达到平衡时,气室中给定的某种气体的含量保持不变并与溶解在油中的这种气体的含量成正比。通过计算即可得出溶解于油中的某种气体含量。

这种方法的缺点是脱气速度缓慢,不适宜应用在便携式装置中进行快速的现场测量。另外,油中含有的杂质及污垢不可避免地会使薄膜逐渐堵塞,因而需要经常更换薄膜。

目前国内外普遍选用聚四氟乙烯膜作为油中溶解气体在线监测的透气膜,常规聚四氟乙烯膜渗透 6 种气体(H_2、CO、CH_4、C_2H_2、C_2H_4、C_2H_6)需要 100h。日立公司采用 PFA 膜,又称四氟乙烯-全氟烷基乙烯基醚共聚物,PFA 膜对 6 种气体渗透性能较好,渗透 6 种气体组分所需时间为 80h。上海交通大学采用带微孔的聚四氟乙烯膜,最优厚度为 0.18mm,最优孔径为 $8\sim10\mu m$,透气性能优于 PFA 膜,渗透 6 种气体组分所需时间为 24h。加拿大 Morgan Schaffer 公司使用聚四氟乙烯尼龙管束,渗透 6 种气体组分所需时间为 4h[1]。Hydren 公司采用聚四氟乙烯及氟化乙丙烯。

2. 真空脱气法

真空脱气法包括波纹管法和真空泵脱气法。

波纹管法是利用电动机带动波纹管反复压缩,多次抽真空,将油中溶解气体抽出。日本三菱株式会社就是利用波纹管法开发了一种变压器油中溶解气体在线监测装置。

真空泵脱气法是利用常规色谱分析中应用的真空脱气原理进行脱气。河南中分仪器推出的色谱在线监测仪采用吹扫-捕集的方式脱出气体,脱气率大于 97%。

3. 动态顶空脱气法

该方法在脱气的过程中,采样瓶内的搅拌子不停地旋转,搅动油样脱气;析出的气体经过检测装置后返回采样瓶的油样中。在这个过程中,间隔测量气样的浓度,当前后测量的值一致时,认为脱气完毕。该方法脱气效率介于薄膜透气及真空脱气之间,重复性较好,有相当高的测量一致性。因此,逐渐被承认并广泛采用。

4. 血液透析装置

美国 Severon 公司的 TRUEGAS 采用医学上的血液透析装置,透气快,每 4h 监测一次,最短可缩短到每 2h 监测一次。

9.2.2 混合气体检测技术

依据监测气体组分分类,变压器油中溶解气体在线监测装置目前可分为 4 类:单组分气体(H_2)、总可燃气体(TCG)、多组分气体及全组分气体。

目前单组分气体检测主要采用气敏传感器,利用靶栅场效应管对氢气具有良好的选择敏感特性,用于制作单氢检测器;某些燃料电池型传感器对 H_2、CO、C_2H_2 和 C_2H_4 的选择敏感性是 100%、18%、8% 和 1.5%,可用于变压器的早期故障监测和判断。

总可燃气体检测采用催化燃烧型传感器,该传感器对可燃气体选择具有敏感性,但溶解气体中包含 CO,影响了对烃类气体含量的监视。烃类气体在线监测则是将单氢离子火焰检测器的气相色谱仪应用到在线监测中,需要很多的辅助设备,可靠性较差,维护量较大,难以推广。

全组分在线监测技术由于其提供的信息量较充分,与实验室 DGA(油中溶解气体含量)完全相同,对全面分析变压器的绝缘状况较有利。目前,全组分气体分析检测技术主要有热导检测器、半导体气敏传感器、红外光谱技术和光谱声谱技术。

9.2.3 在线监测产品

目前市面上的变压器油中溶解气体在线监测系统主要分为以下三大类。

第一类是以半透膜脱气，气敏半导体传感器为检测器的第一代系统。这类产品的缺点是：半透膜容易老化、破裂，发生堵塞；脱气平衡时间长，一般需要 2～3d；气敏半导体传感器容易被污染、老化，导致测试偏差；测试气体一般为混合气体，不能真实反映变压器内部的故障状态，容易出现误报警或拒报警。

第二类是以实验室的气相色谱技术为基础的第二代系统。二代系统的脱气方式多样，有真空脱气、顶空脱气和毛细管脱气。其中，真空脱气的重复性较差；而毛细管脱气则容易发生堵塞、老化断裂等问题。这类产品大多需要载气和标气，需要更换的耗材较多，并且由于载气、标气以及色谱柱的应用，不能长期稳定地运行，维护工作量大。

第三类是以光谱技术为基础的第三代系统。基于光声光谱技术为基础的变压器油中溶解气体在线监测系统有如下优点：①无须载气、标气，没有色谱柱，系统完全免维护；②系统工作稳定可靠，寿命较长；③系统响应速度快，最快检测速度可达 1 次/h；④除油中溶解气体，也可进行微水检测。

9.3 变压器油色谱在线监测系统

由于色谱分析技术能够发现油浸式电力变压器运行过程中的潜伏性故障，可及时发现电力变压器运行过程中的潜在故障，形成完善可靠的分析报告。变压器油色谱分析在线监测系统用于电力变压器油中溶解气体的在线分析与故障诊断，适用于 110kV 及以上电压等级的电力变压器、电弧炉变压器、电抗器以及互感器等油浸式高压设备。

目前电力行业普遍采用定期检测变压器油色谱的方法，来判断变压器的运行状况。这种定期的色谱分析方法能定量地获取变压器油中故障气体的含量，实现对变压器实时运行状态监控。

9.3.1 气相色谱法的原理

色谱法又叫层析法，是一种物理分离技术。它的分离原理是使混合物中各组分在两相间进行分配，其中一相是不动的，叫做固定相，另一相则是推动混合物流过此固定相的流体，叫做流动相。当流动相中所含的混合物经过固定相时，就会与固定相发生相互作用。由于各组分在性质与结构上的不同，相互作用的大小强弱也有差异，因此在同一推动力作用下，不同组分在固定相中的滞留时间有长有短，从而按先后次序从固定相中流出。这种借在两相分配原理而使混合物中各组分获得分离的技术，称为色谱分离技术或色谱法。当用液体作为流动相时，称为液相色谱，当用气体作为流动相时，称为气相色谱。

气相色谱仪是以气体作为流动相（载气）。当样品被送入进样器后由载气携带进入色谱柱。由于样品中各组分在色谱柱中的流动相（气相）和固定相（液相或固相）间分配或吸附系数的差异，在载气的冲洗下，各组分在两相间作反复多次分配，使各组分在色谱柱中得到分离，然后由接在柱后的检测器根据组分的物理化学特性，将各组分按顺序检测出来。气相色谱仪的流程图如图 9-1 所示。

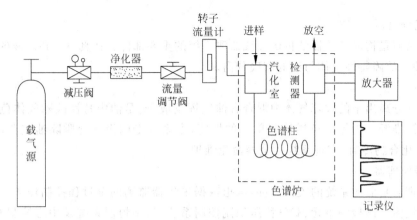

图 9-1 气相色谱仪的流程图

气相色谱法的一般流程主要包括三部分：载气系统、色谱柱和检测器。色谱法具有分离效能高、分析速度快、样品用量少、灵敏度高、适用范围广等许多化学分析法无法与之比拟的优点。

以下内容以 GS101H 变压器油色谱在线监测系统为例介绍色谱法在变压器中的分析检测。

9.3.2 在线监测系统

1. 系统构成

GS101H 变压器油色谱在线监测系统采用真空与超声波相结合的油气脱气技术，使用当今国际最新高效复合色谱柱及高精度传感器，可对氢气（H_2）、一氧化碳（CO）、甲烷（CH_4）、乙烷（C_2H_6）、乙烯（C_2H_4）、乙炔（C_2H_2）或二氧化碳（CO_2）7 种故障特性气体作出准确分析，并能辅助实现油中微水的在线分析。

GS101H 型变压器油色谱在线监测系统主要由油气分离器、冷阱、载气调节与控制系统、空气清洁与干燥系统、温度控制系统、油中特性故障气体色谱检测单元、故障诊断与数据管理软件（由工控机及操作系统构成）、通信网络及数据远程控制与访问软件构成。其系统工艺流程图如图 9-2 所示。

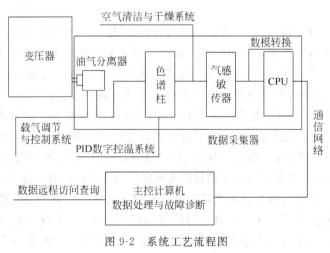

图 9-2 系统工艺流程图

特殊气体的在线监测

1) 油气分离器

油气分离器是构成变压器油色谱在线监测系统的重要部件。在真空及超声波的激振作用下,实现油中故障特性气体与油的彻底分离。

2) 冷阱

真空脱气分离出来的故障气体中混合有油气挥发成分,是油中特性故障气体色谱检测单元的主要污染源。为保证色谱检测单元的性能,本系统专门设计冷阱除油装置,彻底将 C_3 以上碳氢化合物冷凝,实现系统的全寿命免维护。

3) 数据处理器

数据处理器是监测系统的关键部件,承担数据采集器监测的全过程控制任务。它由油中特性故障气体色谱检测单元、载气稳压稳流控制系统、数字恒温系统及中心控制 CPU 等共同组成。

油中特性故障气体色谱检测单元由单一气相色谱柱、气敏与红外传感器,通过载气线路相连而形成,是实现系统数据检测的一次主器件。

载气稳压稳流控制系统确保系统运行过程中的压力和流量稳定,是实现系统稳定检测的前提。

数字恒温系统由油温控制、色谱柱柱温控制、冷阱温度控制等共同组成。恒温系统通过复数备份式温度传感器,将采集到的温度信号传送至中心 CPU 模块,由中心 CPU 单片机控制程序实现系统温度的恒温控制。

中心控制 CPU 实现数据的自动检测、数据储存与转换。数据采集器色谱检测单元通过 I/O 模块与 CPU 模块相连,CPU 微处理机内置在线监测程序,自动控制数据采集器运行。CPU 模块对内置存储器定时自动刷新,保存近期监测气体数据,实现系统定期自检。

4) 通信控制、专家自动诊断与数据远程传输查询

通信控制通过采用 RS485、TCP/IP 方式实现,实现现场数据采集器与主控室计算机的通信连接,完成监测系统日常检测功能。

专家自动诊断系统软件运行环境为 Windows 2000/XP,管理人员不需要对主控计算机与系统设备进行日常操作,即可自动完成数据采集,实现故障气体数据的趋势、增益分析;自动生成日报表、历史数据报表;具备报警设置功能,同时支持监测数据的远程查询服务。

2. 工作原理

变压器油经油气分离器,在真空及超声波的激振作用下实现油气分离,冷阱除杂后,故障特性气体被导入定量室。定量室中的混合故障气体在载气的作用下经过色谱柱,色谱柱对不同气体具备不同的亲和作用,故障特性气体被依次分离。气敏传感器按出峰顺序对故障特性气体逐一进行检测,并将故障气体的浓度特性转换成电信号。数据采集器中心 CPU 对电信号进行转换处理、存储。数据采集器嵌入式工控机经 RS485 通信获取本机日常监测原始数据。嵌入式数据分析软件对数据进行分析处理,分别计算出故障气体各组分及总烃含量。后台主控计算机故障诊断专家系统对变压器油色谱数据进行综合分析诊断,实现变压器故障的在线监测分析。数据采集器可就地多路输出无源触点式报警信号直接进入用户自控系统。

单台数据采集器采集分析获得的变压器油运行状态数据经局域网交换机上传至系统后台主控计算机。数据经系统专用综合分析与故障诊断软件处理,实现报表、数据趋势分析、故障诊断与报警、TCP/IP 方式数据远程传输与控制等系统功能,并形成由后台主控计算机

统一控制的变压站网络式变压器油色谱在线监测系统。如图 9-3 所示为多台数据采集分析组成的网络式变压器油色谱在线监测系统。

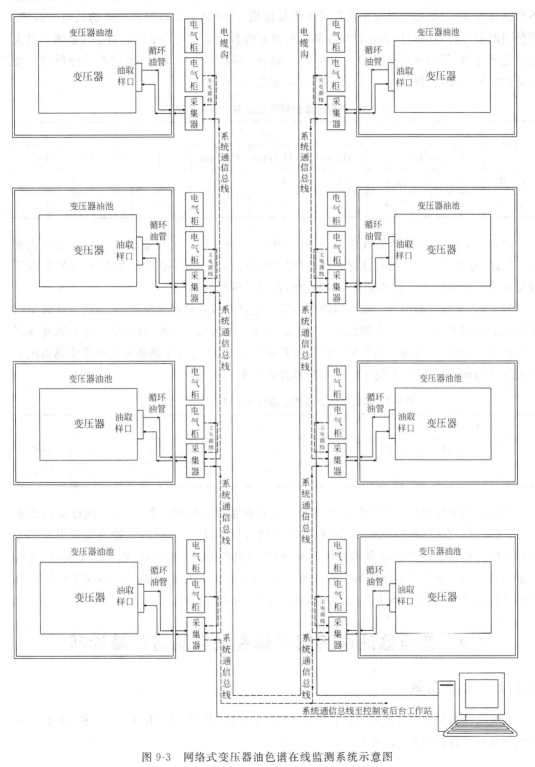

图 9-3　网络式变压器油色谱在线监测系统示意图

特殊气体的在线监测

3. 应用

通常情况下,变压器内部放电性故障产生的特征气体主要是乙炔。正常的变压器油中不含这种气体,如果变压器油中这种气体增长很快,说明该变压器存在严重的放电性故障。某公司两台运行中的变压器通过变压器油色谱在线监测系统对其变压器油进行监测。某天经该色谱分析,其中一台有 C_2H_2 气体为 4.9ppm;继续运行 5 天后,通过系统分析该台变压器油溶解气体,乙炔含量猛增到 12.8ppm,如表 9-3 所示。

表 9-3　变压器油溶解气体经色谱分析的含量

时间	组　分							
	CH_4/ppm	C_2H_6/ppm	C_2H_4/ppm	C_2H_2/ppm	H_2/ppm	CO/ppm	CO_2/ppm	总烃
第一次	17.5	23.4	11.8	4.9	90	135	586	57.6
第二次	18.1	24.6	12.3	12.8	135	138	605	67.8

由表 9-3 可知,总的烃类气体含量不高,唯有乙炔气体超过注意值。氢气含量也比较高。因此,分析该变压器内可能存在放电性故障,通过局部放电相关方法检查,果然发现是分接开关拨叉电位悬浮引起放电,经过处理,避免了事故的发生。

另一例,某电站的一升压变压器经变压器油色谱在线监测系统分析,其烃类气体含量均在注意值范围内,唯有氢气含量高达 345ppm,如表 9-4 所示。因此,可以初步分析该变压器可能有进水现象。经检查,确实发现该变压器进水受潮,经过变压器油色谱在线监测系统分析该故障得到及时处理,避免了绝缘击穿事故的发生。

表 9-4　某变电站变压器油溶解气体经色谱分析的含量

浓度	组　分							
	CH_4	C_2H_6	C_2H_4	C_2H_2	H_2	CO	CO_2	总烃
ppm	25.6	24.3	11.9	0.67	345	113	625	62.47

变压器油的气相色谱分析在绝缘监测中具有很重要的作用:第一,可检测设备内部故障,预报故障的发展趋势,使实际存在的故障得到有计划且经济的检修,避免设备损坏和无计划的停电;第二,当确诊设备内部存在故障时,要根据故障的危害性、设备的重要性、负荷要求和安全及经济来制定合理的故障处理措施,确保设备不发生损坏;第三,对于已发生事故的设备,有助于了解设备事故的性质和损坏程度,以指导检修。

9.4　变压器油中溶解气体在线监测与故障诊断

9.4.1　溶解气体

绝缘油监测的主要气体成分有: H_2、CO、CO_2、CH_4、C_2H_6、C_2H_4、C_2H_2 7 种,油中溶解气体含量的注意值如表 9-5 所示。

表 9-5　油中溶解气体含量的注意值

设备名称	气体组分	含量/ppm
变压器	总烃	150
	乙炔	5

注：其中总烃含量为 CH_4、C_2H_6、C_2H_4、C_2H_2 含量之和。

这些气体是由绝缘油和变压器内部各种固体绝缘材料,在运行中受到水分、氧气、热量以及电的作用下分解产生的。并且还有铜和铁等材料催化作用的影响,发生化学变化,这个过程也被称为"老化",最终将限制变压器的使用寿命。

正常运行的老化过程产生的气体主要是 CO 和 CO_2。在油绝缘中存在局部放电时,油裂解产生的气体主要是氢和甲烷。在故障温度高于正常运行温度不多时,产生的气体主要是甲烷。随着故障温度的升高,乙烯和乙烷逐渐成为主要特征。在温度高于 1000℃ 时,例如,在电弧弧道温度(3000℃ 以上)的作用下,油裂解产生的气体中含有较多的乙炔,如果故障涉及固体绝缘材料时,会产生较多的一氧化碳和二氧化碳。不同故障类型产生的气体组分如 9.2 节中的表 9-2 所示。

有时变压器内并不存在故障,而由于其他原因,在油中也会出现上述气体,要注意这些可能引起误判的气体来源。例如,在有载调压变压器中切换开关油室的油向变压器本体渗漏或某种范围开关动作时悬浮电位放电的影响;有载调压变压器运行时油中含氢量与碳氢化合物的含量比无载调压变压器要高;变压器曾经有过故障,而故障排除后绝缘油未经彻底脱气,部分残余气体仍留在油中;变压器油箱曾带油补焊;原注入的油就含有某几种气体等。还应注意,油冷却系统附属设备(如潜油泵,油流继电器等)的故障产生的气体也会进入变压器本体的油中。

9.4.2　故障诊断

变压器出现故障时,绝缘油裂解产生气体,只有当油中气体饱和后,才能从瓦斯继电器反映出来。按过去沿用的瓦斯气点燃检查法,往往不能确定故障原因,造成误判断。目前,通常用色谱分析法监测变压器油中溶解气体来判断变压器内部故障。该方法可以直接从绝缘油中分析各特征气体浓度的多少来确定变压器内部是否有故障。

我国对变压器内部故障气体各特征气体浓度的标准值有规定,超过这个值要用三比值法进行分析,判定出故障原因。由于气体的扩散,使绝缘油在故障变压器内不同部位所含各特征气体浓度不同。应用气体扩散原理,在故障变压器的关键部位抽取油样,分析各个取样点的气体浓度,判断变压器内部故障部位。对于在运行中的变压器,通过色谱分析检查出早期故障时,特征气体微有增长或稳定在一定范围时,采用气体追踪分析的方法监控设备。当特征气体增长很快或含量达到一定值时,说明故障发展迅速,必须立即停止运行,对变压器进行检查,查找故障部位。

特征气体在液体中的扩散是在整台变压器油中,从密度大的区域向密度小的区域转移;其扩散速度愈快,说明该组特征气体浓度越高。根据这一理论,可以推出一个规律:故障点的特征气体含量越高,扩散的速度越快;距离故障点越远,特征气体含量越低,扩散速度也越慢。

1. 色谱法判断故障的常用方法

变压器油中溶解气体分析技术基于油中溶解气体类型与内部故障的对应关系,采用气相色谱仪分析溶解于油中的气体,根据气体的组成和各种气体的含量判断变压器内部有无异常情况,诊断其故障类型、大概部位、严重程度和发展趋势。通过油中气体分析,对早期诊断变压器内部故障和故障性质提出针对性防范措施,实现变压器不停电检测和早期故障诊断等安全生产要求都具有极为重要的指导意义。

1) 按油中溶解的特征气体含量分析数据与注意值比较进行判断

特征气体主要包括总烃($C_1 \sim C_2$)、C_2H_2、H_2、CO、CO_2 等。变压器内部在不同故障下产生的气体有不同的特征,可以根据绝缘油的气相色谱测定结果和产气的特征及特征气体的注意值,对变压器等设备有无故障及故障性质作出初步判断。

2) 根据故障点的产气速率判断

有的设备因某些原因使气体含量超过注意值,不能断定故障;有的设备虽低于注意值,如含量增长迅速,也应引起注意。产气速率对反映故障的存在、严重程度及其发展趋势更加直接和明显,可以进一步确定故障的有无及性质。它包括绝对产气速率和相对产气速率两种,判断变压器故障一定要用绝对产气速率。

3) 三比值法判断

只有根据各特征气体含量的注意值或产气速率注意值判断可能存在故障时,才能用三比值法判断其故障的类型。部分《导则》采用国际电工委员会(IEC)提出的特征气体比值的三比值法作为判断变压器等充油电气设备故障类型的主要方法。此方法中每种故障对应的一组比值都是典型的,对多种故障的联合作用,可能找不到相应的比值组合,此时应对这种不典型的比值组合进行分析,从中可以得到故障复杂性和多重性的启示。例如,三比值为121 或 122 可以解释为放电兼过热。

4) 故障严重程度与发展趋势的判断

在确定设备故障的存在及故障类型的基础上,必要时还要了解故障的严重程度和发展趋势,以便及时制定处理措施,防止设备发生损坏事故。对于判断故障的严重程度与发展趋势,在用 IEC 三比值法的基础上还有一些常用的方法,如瓦斯分析、平衡判据和回归分析等。

气相色谱法诊断变压器故障常用的方法有特征气体法和比值法两大类,以下将对这两方面进行介绍和说明。

2. 特征气体法诊断故障

正常情况下变压器内部的绝缘油和绝缘材料在热和电的作用下,逐渐老化和受热分解,缓慢产生少量氢和低分子烃类,以及 CO 和 CO_2 气体。当变压器内部存在局部过热和局部放电故障时,这种分解作用就会加强,不同性质的故障,绝缘物分解产生气体不同;而对于同一性质的故障,由于程度不同,所产生的气体数量也不同。所以,根据变压器油中气体的组分和含量,可以判断故障的性质及严重程度。

特征气体法是基于哈斯特(Halstead)的试验发现:任何一种特征的烃类气体产气速率随温度变化,在特定温度下,某一种气体的产气速率会呈现最大值,随着温度的升高,产气速率最大的气体依次为 CH_4、C_2H_6、C_2H_4、C_2H_2,就证明故障的温度与溶解气体含量之间存在着对应关系。通过分析油中溶解气体组分的含量,即可以判断出变压器内部可能存在的潜伏性故障和故障的种类。

经过长期的实践和统计,人们总结出一些利用特征气体进行故障分析的方法,当前应用比较广泛的是:油中特征气体组分含量为特征量的故障诊断法和油中气体的总烃及 CO、CO_2 为特征量的故障诊断法。

1) 油中特征气体组分含量为特征量的故障诊断法

目前,国内外通常以油中溶解的特征气体组分含量分析数据与注意值比较来诊断变压器故障的性质,特征气体主要包括总烃、C_2H_2、H_2、CO、CO_2 等,根据变压器油的气相色谱测定结果和产期的特征及特征气体的注意值,对变压器等设备有无故障性质作出初步判断。

从大量统计数据中可以看出,变压器内部发生故障时产生的总烃中,各种气体的比例在不断变化,随着故障点温度的升高,CH_4 所占的比例逐渐减少,而 C_2H_2 和 C_2H_6 的比例逐渐增加,当达到电弧温度时 C_2H_2 成为主要成分。可以用如表 9-6 所示特征气体的特点来判断故障的性质。

表 9-6　判断变压器故障性质的特征气体特点

序号	故障性质	特征气体的特点
1	一般过热(低于 500℃)	总烃较高,CH_4 含量大于 C_2H_4,C_2H_2 占总烃的 2% 以下
2	严重过热(高于 500℃)	总烃高,CH_4 含量小于 C_2H_4,C_2H_2 占总烃的 5.5% 以下,H_2 占氢烃总量的 27%
3	局部放电	总烃不高,H_2 含量大于 $100\mu L/L$,并占氢烃总量的 90% 以上,CH_4 占总烃的 75% 以上,为主要成分
4	火花放电	总烃不高,C_2H_2 含量大于 $10\mu L/L$,并且一般占总烃的 25% 以上,H_2 一般占氢烃总量的 27% 以上,C_2H_4 占总烃含量的 18% 以下
5	电弧放电	总烃较高,C_2H_2 占总烃含量的 18%~65%,H_2 占氢烃总量的 27% 以上
6	过热兼电弧放电	总烃较高,C_2H_2 占总烃含量的 5.5%~18%,H_2 占氢烃总量的 27% 以下

用表 9-6 进行设备故障的判断,对故障的性质有较强的针对性,比较直观,但是没有明确的量。同时也要注意:①设备出现高温热点时,也有可能产生 C_2H_2,所以并非凡是有 C_2H_2 出现就存在放电故障;②H_2 的产生不完全都是由放电现象所产生的,H_2 单一组分升高的原因还有设备进水或气泡引起水和铁的化学反应、高电场强度下水或气体分解、电晕作用、固体绝缘材料受潮后加速老化;③设备的老化也有可能产生 H_2、低分子烃类以及 CO、CO_2 气体。

DL/T 722—2000《变压器油中溶解气体分析和判断导则》给出了对出厂和新投运的变压器等设备气体含量要求和运行中设备油中溶解气体含量的注意值,作为诊断变压器故障性质的重要依据,如表 9-7 和表 9-8 所示。

表 9-7　对出厂和新投运的设备气体含量的要求

气体	变压器和电抗器	互感器	套管
H_2	<10	<50	<150
C_2H_2	0	0	0
总烃	<20	<10	<10

表 9-8　运行中变压器、电抗器和套管油中溶解气体含量的注意值

设备	气体组分	含量	
		220kV 及以下	330kV 及以上
变压器和电抗器	总烃	150	150
	C_2H_2	5	1
	H_2	150	150
	CO	当 CO＞300 时,相对产气＞10%	
	CO_2	可与 CO 结合计算 CO_2/CO 的比值作参考	
套管	CH_4	100	100
	C_2H_2	2	1
	H_2	500	500
电流互感器	总烃	100	100
	C_2H_2	2	1
	H_2	150	150
电压互感器	总烃	100	100
	C_2H_2	3	2
	H_2	150	150

　　表 9-8 中的注意值是由国内大量变压器 DGA 数据的统计分析得出的,在反映故障概率上有一定可靠性,但不是划分故障种类的唯一标准,气体含量超过注意值并不代表设备存在故障,而有时气体含量未超过注意值,但是增长速度很快,也应该引起注意。因此,注意值的作用是给出了引起注意的信号,具体确定设备是否存在故障还需要使用其他的判断方法进行检查,结合设备的具体情况进行分析。

　　2) 根据产气速率判断故障

　　当油中的溶解气体含量任一主要指标超过 DL/T 722—2000《变压器油中溶解气体分析和判断导则》规定的注意值时应引起注意,但导则不是划分设备正常的唯一判据,还需跟踪分析,考察特征气体的产气速率。如果特征气体含量虽然低于注意值,但是突然增长,也要追踪查明原因;有些设备由于某种原因,使气体含量基值较高,已经超过注意值,也不能判断为有故障,因此,实际判断时把分析结果超过注意值、产气速率超过注意值判断为存在故障。

　　在各电压等级上运行的为数众多的油浸式电力变压器或因技术、制造工艺水平、制造质量,或因运行时间较长等诸多原因,引起变压器在运行状态下,变压器内部所充的绝缘油中溶解了极微量的气体,这是在正常状态下的,也是不可避免的,它的含量用 ppm 即百万分比浓度表示。但当绝缘油中溶解的气体急剧升高或者更确切地说是某种(某几种)特定的气体含量急剧升高时,那就预示变压器的内部存在较严重的故障了。如果故障很严重,产生气体就变得速度非常快、量非常大,直接反映在用于保护变压器的气体(瓦斯)继电器上,气杯和挡板在产生的气体的浮力和油流冲击作用下动作,从而带动继电器接点动作。

　　实践证明,故障的发展过程是一个渐进的过程,仅由对油中溶解的气体含量分析结果的绝对值很难确定故障的存在和严重程度。因此,为了及时发现虽未达到气体含量的注意值,但却有较快的增长速率的低能量潜伏性故障,还必须考虑故障部位的产气速率。

　　产气速率与故障所消耗的能量大小、故障部位、性质及故障点温度有直接关系,因此,计算产气速率既可以明确设备内部有无故障，又可以对故障的严重性作出初步判断。

绝对产气速率计算如式(9-1)所示。

$$\gamma_a = \frac{C_{i,2} - C_{i,1}}{\Delta t} \times \frac{m}{\rho} \tag{9-1}$$

式中，γ_a——绝对产气速率，mL/天；

    $C_{i,2}$——第二次取样测得油中某气体浓度，μL/L；

    $C_{i,1}$——第一次取样测得油中某气体浓度，μL/L；

    Δt——两次取样间隔中实际运行时间，天；

    m——设备的总油量，t；

    ρ——油的密度，t/m³。

相对产气速率计算如式(9-2)所示。

$$\gamma_r = \frac{C_{i,2} - C_{i,1}}{C_{i,1}} \times \frac{1}{\Delta t} \times 100 \tag{9-2}$$

式中，γ_r——相对产气速率，%/月；

    $C_{i,2}$——第二次取样测得油中某气体浓度，μL/L；

    $C_{i,1}$——第一次取样测得油中某气体浓度，μL/L；

    Δt——两次取样间隔中实际运行时间，月。

根据式(9-1)和式(9-2)可计算出某种气体的绝对和相对产气速率，表9-9中列出了几种特征气体的绝对产气速率注意值。

表 9-9 绝对产气速率的注意值 （单位：mL/天）

气 体 组 分	开放式	封闭式
总烃	6	12
乙炔	0.1	0.2
氢气	5	10
一氧化碳	50	100
二氧化碳	100	200

总烃在油和固体绝缘材料裂解产生的各种气体中具有重要地位，它是一个积累量，其数量可以近似认为与故障持续时间内油所耗能量的总和成正比，同裂解功率之间并不存在简单的线性关系，而总烃产气速率或总烃绝对产气速率与裂解功率成正比。绝对产气速率能较好地反映出故障性质和发展程度，但在实际应用中往往难以得到绝对产气速率，因而多采用相对产气速率和绝对产气速率配合进行分析诊断。当相对产气速率大于10%时应引起注意，变压器内部可能有故障存在，如大于40μl/L/月可能存在严重故障。

根据总烃含量、产气速率判断故障的方法如下。

（1）总烃的绝对值小于注意值，总烃产气速率小于注意值，则变压器正常。

（2）总烃大于注意值，但不超过注意值的三倍，总烃产气速率小于注意值，则变压器有故障，但发展缓慢，可继续运行并注意观察。

（3）总烃大于注意值，但不超过注意值的三倍，总烃产气速率为注意值的一或二倍，则变压器有故障，应缩短试验周期，密切注意故障发展。

（4）总烃大于注意值的三倍，总烃产气速率大于注意值的三倍，则设备有严重故障，发

特殊气体的在线监测

展迅速,应立即采取必要的措施,有条件时可进行吊罩检修。

产气速率在很大程度上依赖于设备类型、负荷情况、故障类型和所用绝缘材料的体积及其老化程度,在实际工作中应结合这些情况进行综合分析。

3) 以油中 CO、CO_2 为特征量判断故障

当大型变压器发生低温过热故障时,因温度不高,往往油的分解不剧烈,烃类气体含量并不高,而固体绝缘材料受热分解,导致 CO 和 CO_2 含量变化较大,此时可用 CO 和 CO_2 产气速率和绝对值来诊断变压器绝缘老化、低温过热故障。

但是由于空气中存在 CO_2,即使在密封设备中,空气也可因泄漏而进入设备的油中,这样油中的 CO_2 浓度就可能接近于空气中的 CO_2 浓度。基于这个原因,IEC 导则和 DL/T 722—2000 中规定以油中 CO_2 和 CO 比值来诊断变压器固体绝缘老化引起的故障。目前导则还不能规定统一的注意值,只是粗略地认为,开放式的变压器中,CO 的含量小于 $300\mu l/L$,CO_2/CO 比值在 7 左右时,属于正常范围;而密封变压器中的 CO_2/CO 比值一般低于 7 时也属于正常值。

同样,在考察 CO 和 CO_2 含量时,要注意结合具体变压器的油保护方式、运行温度、负荷情况、运行检修史等情况综合加以分析。

4) 案例

云和变电所 1 号主变压器型号为 SSZ9—40000/110,油重 17t,2005 年 5 月投运。运行初期,除油中 H_2 含量略有小幅增长外,其他特征气体无明显变化。至 2006 年 4 月 5 日,在定期试验中发现该主变油中 C_2H_2 含量出现异常。投运后的全部油色谱试验数据如表 9-10 所示。

表 9-10 云和 1 号主变油中溶解气体含量测定值(单位:$\mu L/L$)

试验日期	H_2	CH_4	C_2H_6	C_2H_4	C_2H_2	总烃	CO	CO_2
2005-06-16	6.62	0.78	0.13	0.78	0.12	1.4	10.99	387.99
2005-06-21	10.96	0.7	0.12	0.41	0.13	1.36	18.79	323.90
2005-07-05	29.35	1.21	0.22	0.55	0.17	2.15	52.56	459.23
2005-11-10	41.32	2.77	0.5	0.79	0.22	4.28	192.26	717.98
2006-04-05	109.88	21.70	1.42	16.62	34.48	74.22	219.8	699.97

(1) 故障分析。

根据变压器油中溶解气体测定结果进行的故障诊断,主要是基于以下依据来实现的。

① 故障下产气的累计性。潜伏在设备内部的故障所产生的故障气体,随着故障的持续会在油中不断溶解和积累,直至饱和或析出气泡。大多数情况下,故障设备油中产生的特征气体含量要高于正常设备。因此,油中特征气体的累积程度,即特征气体含量的大小是判断设备内部是否存在故障及故障严重程度的一个依据。

② 故障下产气的速率。正常情况下充油设备受到热和电场等因素的作用,油及固体绝缘材料也会因老化而产生一些特征气体,但与设备内部发生故障相比,两者的产气速率有着较明显的差别。因此,特征气体的产气速率是判断设备是否存在故障及故障发展趋势的一个依据。经验表明,与依据油中特征气体含量的判断相比,用特征气体的产气速率进行故障识别更为可靠。

③ 故障下产气的特征性。不同的故障类型(或故障能量)产生的气体具有不同的特征。例如,C_2H_2 和 H_2 是电弧放电或火花放电故障的主要特征,C_2H_4 和 CH_4 是过热故障的主要特征,H_2 和 CH_4 是局部放电故障的主要特征。因此,故障下产气的特征性是判断故障类型的一个依据。常用的特征气体法和三比值法,就是根据故障下产气的特征性总结出来的用于判断故障性质的方法。

《导则》中对 220kV 及以下电压等级的运行变压器油中特征气体含量的注意值规定如下:①H_2 = 150μL/L;②C_2H_2 = 5μL/L;③总烃 = 150μL/L。

从表 9-10 中可知,该主变投运 10 个多月后,虽然 H_2 和总烃含量未超过注意值,但 C_2H_2 含量已大幅超过 5μL/L 的注意值。经过计算,在 2005 年 11 月 10 日至 2006 年 4 月 5 日期间,C_2H_2 的绝对产气速率为 4.6mL/d,远超过了《导则》中 0.2mL/d 的注意值,同时 H_2 的产气速率也较高。而且,由于故障的开始时间肯定要晚于 2005 年 11 月 10 日,因此 C_2H_2 产气速率的实际值应该还要更高。基于以上分析,可以判定主变内部已发生了故障。

该变压器油中的故障气体主要由 C_2H_2 和 H_2 构成,次要气体组分为 CH_4 和 C_2H_4,根据《导则》中的气体特征法判断,故障类型与电弧放电较相似。

(2) 故障检查。

根据上述分析结果,决定对该主变进行停电试验检查。结果发现在分接开关第 8 挡后,高压侧直流电阻三相不平衡率有明显增大(最大值为 3.9%),其他试验则未发现异常。初步分析认为分接开关可能存在故障,随即安排对主变进行吊罩检查。

在吊罩检查中发现:①110kV 有载分接开关的 C 相分接选择器引出环与选择器桥式触头出现松动、接触不良;②引出环与传动杆上有电弧灼伤痕迹(主要在引出环上);③C 相高压线圈有松动、变形现象。

根据检查结果分析后认为,这次故障的原因是由于产品设计不合理引起的:因传动杆是由金属材料制成(此后厂家就改用绝缘材料),而传动杆是与中性点相连的,加之选择器引出环与传动杆之间的绝缘距离不是很充裕,在过电压作用下(当时系统曾出现过过电压),造成引出环对传动杆(即中性点)发生瞬间电弧放电。同时,在故障电流作用下,引起了选择器引出环与桥式触头出现松动及 C 相高压线圈变形的现象。

3. 根据三比值法分析判断方法

大量的实践证明,采用特征气体法结合可燃气体含量法,可作出对故障性质的判断,但还必须找出故障产气组分含量的相对比值与故障点温度或电场力的依赖关系及其变化规律。为此,人们在用特征气体法等进行充油电气设备故障诊断的过程中,经不断的总结和改良,国际电工委员会(IEC)在热力动力学原理和实践的基础上,相继推荐了三比值法和改良的三比值法。我国现行的 DL/T 722—2000《导则》推荐的也是改良的三比值法。

1) 三比值法的原理

通过大量的研究证明,充油电气设备的故障诊断也不能只依赖于油中溶解气体的组分含量,还应取决于气体的相对含量;通过绝缘油的热力学研究结果表明,随着故障点温度的升高,变压器油裂解产生烃类气体按 $CH_4 \rightarrow C_2H_6 \rightarrow C_2H_4 \rightarrow C_2H_2$ 的顺序推移,并且 H_2 是低

特殊气体的在线监测

温时由局部放电的离子碰撞游离所产生。基于上述观点，产生以 CH_4/H_2，C_2H_6/CH_4，C_2H_4/C_2H_6，C_2H_2/C_2H_4 的四比值法。由于在四比值法中，C_2H_6/CH_4 的比值只能有限地反映热分解的温度范围，于是 IEC 将其删去而推荐采用三比值法。随后，在人们大量应用三比值法的基础上，IEC 对与编码相应的比值范围、编码组合及故障类别做了改良，得到目前推荐的改良三比值法（以下简称三比值法）。

由此可见，三比值法的原理是：根据充油电气设备内油、绝缘在故障下裂解产生气体组分含量的相对浓度与温度的相互依赖关系，从 5 种特征气体中选取两种溶解度和扩散系数相近的气体组成三对比值，以不同的编码表示；根据表 9-11 的编码规则和表 9-12 的故障类型判断方法作为诊断故障性质的依据。这种方法消除了油的体积效应的影响，是判断充油电气设备故障类型的主要方法，并可以得出对故障状态较可靠的诊断。表 9-11 和表 9-12 是我国 DL/T 722—2000《导则》推荐的改良的三比值法（类似于 IEC 推荐的改良的三比值法）的编码规则和故障类型的判断方法。

表 9-11　三比值法的编码规则

特征气体的比值	比值范围编码			说　明
	C_2H_2/C_2H_4	CH_4/H_2	C_2H_4/C_2H_6	
≤0.1	0	1	0	例如：
0.1～1	1	0	0	$C_2H_2/C_2H_4=1～3$ 编码为 1
1～3	1	2	1	$CH_4/H_2=1～3$ 编码为 2
＞3	2	2	2	$C_2H_4/C_2H_6=1～3$ 编码为 1

表 9-12　故障类型判断方法

序号	故障性质	比值范围编码			典型例子
		C_2H_2/C_2H_4	CH_4/H_2	C_2H_4/C_2H_6	
0	无故障	0	0	0	正常老化
1	低能量密度的局部放电	0⑤	1	0	含气空腔中的放电，这种空腔是由于不完全浸渍、气体过饱和、空吸或高湿度等原因造成的
2	高能量密度的局部放电	1	1	0	同上，但已导致固体绝缘的放电痕迹或穿孔
3	低能量的放电①	1→2	0	1→2	不同电位的不良连接点间或者悬浮电位体的连续火花放电。固体材料之间油的击穿
4	高能量的放电	1	0	2	有工频续流的放电、线圈、线饼、线匝之间或线圈对地之间的油的电弧击穿、有载分接开关的选择开关切断电流
5	低于 150℃ 的热故障②	0	0	1	通常是包有绝缘层的导线过热

序号	故 障 性 质	比值范围编码			典型例子
		C_2H_2/C_2H_4	CH_4/H_2	C_2H_4/C_2H_6	
6	150～300℃ 低温范围的过热故障③	0	2	0	由于磁通集中引起的铁心局部过热,热点温度依下述情况为序而增加:铁心中的小热点,铁心短路,由于涡流引起的铜过热,接头或接触不良(形成焦炭),铁心和外壳的环流
7	300～700℃ 中等温度范围的热故障	0	2	1	
8	高于 700℃ 高温范围的热故障④	0	2	2	

注:① 随着火花放电强度的增长,特征气体的比值有如下增长的趋势:乙炔/乙烯比值从 0.1～3 增加到 3 以上;乙烯/乙烷比值从 0.1～3 增加到 3 以上。

② 在这一情况中,气体主要来自固体绝缘的分解,这说明了乙烯/乙烷比值的变化。

③ 这种故障情况通常由于气体浓度不断增加来反映,甲烷/氢的值通常大约为 1,实际值大于或小于 1 与很多因素有关。如油保护系统的方式,实际的温度水平和油的质量等。

④ 乙炔含量的增加表明热点温度可能高于 1000℃。

⑤ 乙炔和乙烯的含量均未达到应引起注意的数值。

在实际中可能出现没有包括在表 9-12 中的比值组合,对于某些组合的判断正在进一步的研究中。例如,121 或 122 对应于某些过热与放电同时存在的情况;202 或 201 对于有载调压变压器,应考虑切换开关油室的油可能向变压器的本体油箱渗漏的情况。

2)案例

某变电所 1♯主变压器,从近年的常规绝缘油的气相色谱分析就发现总烃在随着时间的推移逐渐上涨,并且有乙炔出现,经过一年乙炔含量已超标,已达 5.5ppm,且氢、乙炔和总烃含量指标均有较明显的上升趋势。该变压器油中所溶气体的气相色谱分析数据统计如表 9-13 所示。

表 9-13 某变电所 1♯主变压器所溶气体数据统计表

时间	H_2	CH_4	C_2H_6	C_2H_4	C_2H_2	总烃	CO	CO_2	备 注
首年 1		5.78	13.56	39.86	59.2	81.1	2567.9		
首年 2		5.3	10.8	29.8	0.7	46.6	31.5	1092.6	
首年 3		6.82	13.45	34.46	0.7	55.43	90.6	2206.7	
首年 4		6.4	13.2	30.62	0.65	50.87	165.3	3501.8	
首年 5		7.43	10.81	27.54	0.6	46.38	107	1802.9	
首年 6		5.9	11.1	25.5	0.6	43.1	117.6	1941.7	
首年 7		12.6	9.4	38.0	3.6	63.6	201.2	2505.4	
首年 8		13.2	6.2	40.6	3.7	63.7	264.2	2871.8	
首年 9		13.5	8.3	39.0	3.8	64.6	262.2	2968.8	
首年 10		12.9	8.4	39.1	3.8	64.2	235.1	2579.6	
首年 12		16.4	6.1	49.5	5.5	77.5	142.2	1462.7	跟踪分析
首年 12		16.3	7.8	49.7	5.8	79.6	117.9	1489.6	跟踪分析
首年 12	15.8	15.6	7.6	49.5	5.9	78.6	109.7	1260.1	跟踪分析
次年 1	16.3	16.0	8.0	49.5	6.0	79.5	92.6	996.1	跟踪分析
次年 1	16.4	15.3	8.5	49.5	6.1	79.4	96.2	1053.1	跟踪分析
次年 1	16.2	15.7	8.4	50.5	6.1	80.7	99.6	1049.9	跟踪分析
次年 2	12.8	13.8	9.1	51.3	6.0	80.2	94.6	1237.4	跟踪分析
次年 2	10.2	14.0	9.3	52.1	6.0	81.4	83.4	1156.1	即将退出运行

特殊气体的在线监测

其主要特征气体增长列图如图 9-4 所示。

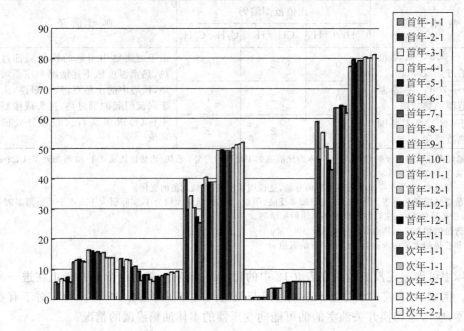

图 9-4　某变电所 1♯主变压器的主要特征气体增长列图

为此，根据以上监测值按照三比值法进行分析结果如表 9-14 所示。

表 9-14　某变电所 1♯主变压器所溶气体按照三比值法分析结果

日期	C_2H_2/C_2H_4	CH_4/H_2	C_2H_4/C_2H_6	结　　论
首年 1	0	2	1	铁心过热、接头接触不良
首年 2	0	2	1	铁心过热、接头接触不良
首年 3	0	2	1	铁心过热、接头接触不良
首年 4	0	2	1	铁心过热、接头接触不良
首年 5	0	2	1	铁心过热、接头接触不良
首年 6	0	2	1	铁心过热、接头接触不良
首年 7	0	2	2	铁心过热、接头接触不良
首年 8	0	2	2	铁心过热、接头接触不良
首年 9	0	2	2	铁心过热、接头接触不良
首年 10	0	2	2	铁心过热、接头接触不良
首年 11	0	2	2	铁心过热、接头接触不良
首年 12	1	2	2	某些过热与放电同时存在
首年 12	1	2	2	某些过热与放电同时存在
首年 12	1	0	2	有放电及油的电弧击穿存在
次年 1	1	0	2	有放电及油的电弧击穿存在
次年 1	1	0	2	有放电及油的电弧击穿存在
次年 1	1	0	2	有放电及油的电弧击穿存在
次年 2	1	2	2	某些过热与放电同时存在
次年 2	1	2	2	某些过热与放电同时存在
次年 2	1	2	2	某些过热与放电同时存在

经综合分析判断有金属间的放电,造成油隙击穿(类似尖端放电)。又因为考虑到该变压器比较老旧,总烃的上涨也应与铁心老化、存在整体的普遍性过热等因素有关。

从 2002 年开始,1♯变压器一直以来经油化验检测不断有乙炔、总烃的上涨,根据特征气体的三比值判定为分接开关接触不好,出现放电打火。在 2004 年的吊芯检修中得到证实并处理好。

2004 年,♯1 主变压器的油气象色谱分析乙炔和总烃出现涨涨停停的情况,按照三比值法确认为放电,但高压试验没有得出任何结论,同年 11 月经过该供电段试验组做局放试验确定为低压套管内部引线主绝缘丧失,使绝缘油成为主绝缘,油的电离直接导致这种特征反映出来。

后经 2004 年 2 月初的彻底解体吊芯检查发现故障为无载调压式分接开关有明显的烧伤痕迹;4 个穿心螺栓对铁夹件绝缘不好;铁心整体普遍老化现象明显,矽钢片间涂刷的绝缘漆可嗅到很大的焦糊气味,铁心有局部或整体过热迹象。除铁心老化无法彻底处理,只将铁心与铁夹件在油箱中一点短接(通过试验确定)后,再通过一个专用套管引出油箱后接地,以减少环流损耗发热外,另两项故障均处理掉。

9.4.3　应用意义

利用绝缘油中的气体分析检测变压器等充油电气设备内部故障的技术在电力系统中已经得到广泛应用,油中溶解气体的分析技术有助于达到以下目的。

(1) 检测设备内部故障,判断故障的发展趋势,使存在潜伏性故障的设备有计划而且经济地得到检修,避免设备损坏和无计划的停电。

(2) 帮助分析气体继电器中动作的原因,以便指导消除继电器误动的影响因素。

(3) 鉴定设备缺陷与运行状况的相关性,以确保设备安全运行的条件如负荷等,从而避免设备遭到过热性损坏。

(4) 对于已经发生事故的设备,有助于了解设备事故的原因、性质与损坏程度,指导检修的进行。

(5) 确保新投设备不发生损坏。

正常运行的充油设备中,某些非故障原因也能使油中含一定量的故障特征气体,主要原因如下。

(1) 正常老化,变压器在运行中自然老化过程产生一定量的氢烃类气体及 CO、CO_2 等。

(2) 油在精炼中形成的气体,脱气时未能完全除去。

(3) 制造厂干燥和油浸渍过程中产生气体,吸附于固体绝缘物中。

(4) 在安装设备时,油循环加热产生 CO_2。

(5) 设备本身发生过故障,产生的气体虽然已经脱气但仍有少量残留于油中。

(6) 带油补焊造成。

(7) 有载调压开关油渗漏到本体中。

由于上述原因产生的特征气体会对判断故障造成干扰,因此,在判断设备内部故障时应首先考虑排除上述因素的可能,然后将分析结果的几项主要指标(总烃、C_2H_2、H_2)与 DL/T 722—2000《变压器油中溶解气体分析和判断导则》中规定的注意值进行比较。

9.5 SF$_6$气体参量的在线监测

SF$_6$是由两位法国化学家 Moissan 和 Lebeau 在 1900 年合成。SF$_6$气体以其优异的绝缘和灭弧性能,在电力系统中获得了广泛的应用,几乎成了中压、高压和超高压开关中所使用的唯一绝缘和灭弧介质。从 20 世纪 60 年代起,SF$_6$作为极其优越的绝缘、灭弧介质广泛应用于全世界电力行业中的高压断路器及变电设备中。现在,SF$_6$气体几乎成为高压、超高压断路器和 GIS 中唯一的绝缘和灭弧介质。正因为 SF$_6$气体的大量使用,其安全性也受到了人们的广泛关注。

9.5.1 SF$_6$气体

纯净的 SF$_6$气体为无色、无味、无毒、不可燃的惰性气体,有极高的化学稳定性。在大气压下 500℃以内不分解,也几乎不与任何金属材料发生反应。

SF$_6$气体是一种重气体,分子量大,密度大,一般条件下(大气压下,20℃)是空气的 5.1 倍,绝缘强度在均匀电场下为空气的二或三倍。而且,它是一种负电性气体,具有极强的吸附自由电子的能力和良好的灭弧性能。在相同气压的空气中,同一开端点可开断 100 倍以上的大电流。

但在电力系统中,由于 SF$_6$气体主要充当绝缘和灭弧介质,在电弧及局部放电、高温等因素影响下,SF$_6$气体会进行分解。它的分解物遇水分后生成腐蚀性电解质,尤其是某些高毒性分解物,如 SF$_4$、S$_2$F$_2$、SOF$_2$、HF、SO$_2$ 等,如大量吸入人体会引起头晕和肺水肿,甚至昏迷及死亡。

当使用以 SF$_6$气体为绝缘和灭弧介质的室内开关在使用过程中发生泄漏时,泄漏出来的 SF$_6$气体及其分解物会往室内低层空间积聚,造成局部缺氧和带毒,从而对巡视、检修人员的生命安全构成严重的威胁。

《电业安全工作规程》(发电厂和变电站部分)特别规定装有 SF$_6$设备的配电装置室必须保证 SF$_6$气体浓度小于 1000ppm,除须装设强力通风装置外还必须安装能报警的 SF$_6$气体浓度监测报警仪和氧量仪等。

9.5.2 SF$_6$测试技术

目前,在 SF$_6$气体泄漏检测中,采用的技术有电化学技术、电击穿技术和红外光谱吸收技术。下面分析每种测试技术的优缺点和应用面。

1. 电化学技术

电化学技术的原理是被检测气体接触到 200℃左右高温的催化剂表面,并与之发生相应的化学反应,从而产生电信号的改变,以此来发现被检测气体。电化学技术因其成本低、寿命长、结构简单、可以连续工作的特点,在 SF$_6$检测中是最早得到研究和应用的方法。

2. 电击穿技术

电击穿技术是从 SF$_6$在电力上的典型应用——作为绝缘气体应用在 GIS 开关柜中演变而来的。其工作原理是根据 SF$_6$气体绝缘的特性,从置于被检测空气中的高压电极间电压的变化来判断空气中是否含有 SF$_6$气体。因其结构相对简单、成本低、检测精度相对高的特点,也是最早得到研究和应用的方法。

3. 红外光谱吸收技术

红外光谱吸收技术(又称激光技术)的原理是 SF_6 作为温室气体,对特定波段的红外光有很强烈的吸收特性。红外光谱技术的特点是成本高,结构复杂,灵敏度高,不受环境的影响和干扰,对环境的温度和湿度的变化所带来的检测误差很小,由于其是采用主动抽取测试点气体的原理,因此发现泄漏早,反应迅速。

下面以 COP138 SF_6 泄漏报警监测系统为例说明 SF_6 气体参量在线监测。

9.5.3 在线监测系统

COP138 SF_6 泄漏报警监测系统,是根据当前电力系统强调安全生产的形势,为在安装有 SF_6 设备的配电装置室的工作人员提供人身健康安全保护而设计、开发的智能型在线检测系统。

系统采用最新传感器技术,选用进口高稳定的氧气和 SF_6 气体传感器,实时检测环境空气中 SF_6 气体含量和氧气含量,当环境中 SF_6 气体含量超标或缺氧时,能实时进行报警,同时自动开启通风机进行通风,并具有温湿度检测、工作状态语音提示、远传报警、历史数据查询等诸多丰富功能。

COP138 SF_6 泄漏报警监测系统主要由 4 部分组成:采集器、主机、外围设备和监控系统。采集器负责 GIS 室气体浓度数据采集,并进行 A/D 转换,传送给系统主机,主机对传送来的数据分析、比较、判断,并进行相应的运算处理。外围设备包括报警器、通风信号控制箱、红外线探测器(红外探测控制终端),监控系统由终端数据处理模块、驱动软件、上位机组成,此监控系统由用户自选。

当 GIS 室内环境中 SF_6 气体浓度或氧气含量发生变化时,SF_6、O_2 气体采集器能立刻捕捉到这一变化,并将检测到的变化量数据转换成数字信号,通过 RS 485 总线传送到系统主机,主机一方面将采集器传来的采集数据显示到显示屏上,另一方面,通过运算分析,与储存在主机内的存储器上的各种固有参数进行比较,作出判断,发出有关的动作信息。其系统图如图 9-5 所示。

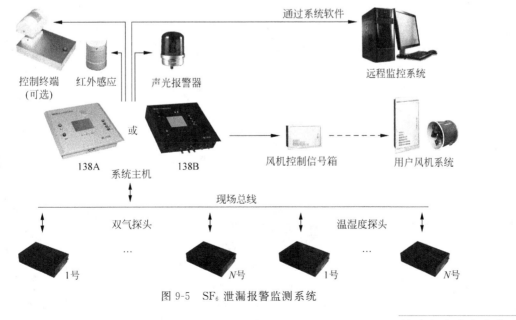

图 9-5 SF_6 泄漏报警监测系统

对于 SF$_6$ 开关室进行环境监测就是满足了电力安全生产的这一需求。配置的整个系统由一台主机、多只温湿度传感器和若干只气体传感器(具体数量根据实际使用开关室的开关数量和空间大小而定)组成。气体传感器安装在 SF$_6$ 开关的下方,用以在线实时检测 SF$_6$ 开关室的氧气浓度和 SF$_6$ 气体浓度。主机具有人体红外探测、语音提示和语音报警等功能。主机通过 RS485 总线轮询、显示各气体传感器的气体浓度数据并在危险时给出语音报警信息和控制风机工作。主机还可以通过 RS485 总线实现与上位计算机的数据传输和系统参数修改,组成计算机对 SF$_6$ 开关室环境在线自动监测系统。该系统可广泛应用于各种电压等级的 SF$_6$ 开关室、组合电器室(GIS 室)、SF$_6$ 主变室等。

第 10 章　微水的在线监测

绝缘油和 SF_6 是电力设备内部重要的绝缘介质,它们的优劣直接影响到电力设备的电气性能和运行寿命,所以绝缘油在运行过程中必须具有一定的电气绝缘强度。绝缘油作为液态绝缘材料参与高压设备的长期运行,在光、热、金属、电磁场及各种杂质的作用下会发生质的变化。而且绝缘油中微水含量会因设备受潮、绝缘材料及油质劣化等因素的影响而增大。当绝缘油中微水含量超过一定阈值时,设备的绝缘性能将大大降低,严重时可导致绝缘击穿、烧毁设备等重大事故。因此,绝缘油中微水含量的检测是电力设备安全、稳定运行的重要保障。同样地, SF_6 气体绝缘设备已成为高压电气设备发展的方向,若其含有微量水分将直接影响到电力设备安全可靠地运行。

10.1　微水的来源及危害

10.1.1　变压器油中的微水

1. 微水来源

对于电力设备,微水检测已得到人们越来越多的关注和研究。重庆大学陈伟根课题组在变压器和 SF_6 微水监测方面进行了深入研究,归纳出运行的变压器中的水分主要来自制造时内部残留的水分,运行时外部侵入的水分以及运行时油纸老化产生的水分三个方面。

1) 制造时内部残留的水分

在变压器的制造过程中,虽经过真空干燥、真空注油和热油循环等一系列脱水除水工艺,但油和固体绝缘中仍会残留一定量的水分。按变压器电压等级的不同,油中剩余含水量一般控制在 $10\sim20\mu L/L$ 范围,纸中残留水分一般为 $0.2\%\sim0.5\%$。

2) 运行时外部侵入的水分

在变压器的安装或维修中,打开封盖或实施吊罩、吊芯检查处理时,器身暴露于大气中,此时绝缘纸会直接从空气中吸收水分。箱沿、油管道和套管等连接组件的密封部位发生偶然的渗漏也会造成直接进水或吸入潮湿空气。油箱、盖板、套管油中表面等接触空气时,水分会在这些表面凝聚,安装后带进变压器。还有进入油箱内维修的工人呼吸中的水分和身上、工器具表面粘带的水汽等,这部分水汽或直接被纸纤维吸收或在注油后被油溶解。

3) 运行时油纸老化产生的水分

变压器运行后,绝缘的老化过程即告开始。运行过程中,油纸绝缘系统的老化反应随温度上升而逐渐加速,油和绝缘纸中因热老化产生的水分也开始积累。纤维素分子链降解反应时产生水,而且一旦有水从纤维分子中释放出来,这些水又会加速这一降解过程,从而产生更多的水分。所以纤维素的降解反应初始阶段是以"加速方式"进行的,及至生命后期,反应才趋向平缓。变压器油高分子氧化裂解时产生水分。以及其他有机聚合高分子绝缘件、结构件,其油中内表面涂层氧化、裂解时可能产生水分。

2. 微水危害

在变压器油中,水分主要以溶解水、悬浮水、沉积水三种形态存在。溶解水是以极细微的颗粒,机械地分散在变压器油中,它们通常是由空气吸入的,在油品中分布较为均匀,所以相对称为溶解水。悬浮水主要是由于油品精制不良,长期运行中油质劣化,或是变压器油中存在乳化剂类物质引起的。沉积水主要是外界浸入的水,若不与油结合,则在变压器油含水量相对较多的情况下,会沉积到设备或容器的底部或以小水滴的形态游离于油中,这种水可以采取从设备底部直接排除的方法除去。另外,油温对变压器油中水分的存在形态也有很大影响:当油温较高时,油中水分主要为溶解水;如果水在油中达到饱和溶解度后,会因油温的下降发生过饱和形成极微小的水珠悬浮于油中,成为悬浮态水分;悬浮水分过多时又会聚集成大的水珠与油分离而沉积于油的底部形成沉积水。所以随着油温的变化,水存在于油中的三种形态也可以互相转化。

在变压器油中的溶解水虽然对介电强度无显著影响,但它能够提高油的酸度,降低油的氧化稳定性,加速油质老化。在变压器的运行过程中,随着油温的不断提高,溶解水会在油中产生蒸气泡,降低油的击穿电压和局部放电场强,引发绝缘击穿和局部放电,严重影响变压器的正常运行。悬浮水分对油质危害更大,在高压电场下会产生游离放电,加速油的老化和油中金属件的腐蚀,降低油的击穿电压,增加油的介质损耗;同时增加水分凝结在变压器固体绝缘表面的可能性,导致固体绝缘表面局部放电和击穿,最终使固体绝缘表面绝缘性能下降。充入变压器产品的油,不允许存在悬浮态水分,更不允许有沉积水发生。所以变压器油中的溶解水分有严格的限制,其界限是在零下 40℃ 以上的时候油中不至于发生过饱和而析出悬浮态水分。这也是目前把 220kV 变压器油含水量限制在 $25\mu L/L$ 以下,330kV、500kV 变压器油含水量限制在 $15\mu L/L$ 以下的理由之一。

工程用液体电介质总是不很纯净的,在运行中不可避免地会吸收气体和水分,混入杂质,例如固体绝缘材料(纸、布)上脱落的纤维;液体本身也会变化、分解。由于水和纤维的相对介电常数分别是 81 和 6~7,比油的相对介电常数 1.8~2.8 大得多,变压器油中的水分和杂质很容易在电场力作用下被极化并在电场方向定向排列成杂质"小桥"。当小桥贯穿两极时,由于水分及纤维等的电导大,引起流过杂质小桥的泄漏电流增大,发热增多,可能会使水分汽化形成气泡;即使是杂质小桥未连通两极,但由于纤维的存在,同样会使纤维端部油中场强显著增高,高场强下油发生游离分解出气体形成气泡。油中气体的介电常数最小,因而液体中的气泡承担了比液体更高的场强,其击穿场强比油低很多,所以气泡首先发生游离放电,游离出的带电质点再碰撞油分子,使油又分解出气体,气体体积膨胀,游离进一步发展,最终游离的气泡不断增大,在电场作用下容易排列成连通两极的气体小桥时,就可能在气泡通道中形成击穿。

运行中变压器油的介质损耗增大,主要原因是油的氧化和金属元素对油品氧化的催化作用,使油容易产生酸性氧化产物和油泥。变压器油随着运行时间的增长,油中的各种烃类逐渐氧化生成酸性物质。当油中有过量的水分后,水与酸性物质作用,将可能导致油泥的生成。虽然变压器油氧化生成的高分子有机酸在无水的情况下,一般不会与金属作用,也就不会造成腐蚀,但生成的油泥在有水环境下,则易腐蚀金属而生成相应的盐类,使油中的金属含量增加,而且油中水含量越多,则设备金属部件腐蚀速度就越快。该盐类物质可能溶于油中,也可能生成沉淀物而析出,影响油的黏度和润滑作用。而且此种盐类物质是油氧化的催化剂,可以起到加速油品的氧化作用,从而进一步增加沉淀物的生成。

当变压器温度升高时,纸中的水分部分进入油中。当变压器又冷却下来时,油中会出现一些问题。由于水分返回到纸中的速度更慢,过量的水分可能保留在油中,这将导致油的饱和并在变压器中形成游离水。水分将停留在其中,会促使表面闪络和在冷却箱底部形成沉积水分。油泵的突然运作会使水分直接分布在绕组上,引起绝缘事故导致主要的电气击穿或者绕组的断路故障。

10.1.2 SF₆中的微水

近年来,随着经济高速发展,我国电力系统容量急剧扩大,SF_6 电气设备用量越来越多。SF_6 电气设备已广泛应用于电力部门、工矿企业,促进了电力行业的快速发展。为了保证 SF_6 电气设备的可靠运行,提高电力系统连续可靠运行的能力,对其性能实现在线状态检测、监测与故障预测,成为 SF_6 电气设备应用中重要研究方向。

SF_6 气体是一种无毒、无味、无色、无臭、非可燃的合成气体,具有一般电介质不可比拟的绝缘和灭弧特性。充装 SF_6 的电气设备占地面积小,运行噪声小,无火灾危险,安全可靠。随着我国电力设备无油化、小型化的发展,在 $110\sim500kV$ 高压设备中(断路器,组合电器,SF_6 变压器等)中采用 SF_6 气体作为绝缘灭弧介质的断路器已占有绝大部分比例。

1. 微水来源

1) SF_6 中固有的残留水分

这是由于生产工艺中不可能绝对排除水分的缘故,充装的 SF_6 新气中含有一定水分。

2) 工艺过程中存在疏漏

SF_6 气体绝缘电气设备在制造运输、安装、检修过程中都可能接触水分并将水分浸入设备的各个元件中去,如气室中的部件在安装前未能完全干燥好;安装或检修时环境湿度过大;气舱内真空度未达到要求使含有水分的气体得以残留,同时器壁上附着水分;系统密封不严密。

3) 密封不够

因密封不够,SF_6 气体向外泄漏,气体密度下降。在 SF_6 气体向外泄漏的同时,因空气中的水分压力大于气室中气体的水分压力,水分会向气室渗入。

2. 微水危害

当 SF_6 气体绝缘断路器中的气体含有水分并达到一定程度后,会引起严重的不良后果。其危害表现在以下几个方面。

(1) 在一些金属物的参与下,SF_6 在高温 200℃ 以上可与水发生水解反应,生成活泼的 HF、SOF_2 和 SF_4,不仅会腐蚀绝缘件和金属件,并产生大量热量,使气室压力升高,而且 SOF_2 和 SF_4 为有毒气体,将影响电力检修人员的生命安全。

(2) 在温度降低时,过多的水分可能形成凝露水,使绝缘件表面绝缘强度显著降低,甚至闪络,造成严重危害。

(3) 气体密度降低至一定程度将导致绝缘和灭弧性能的丧失。

10.2 微水的监测方法

10.2.1 变压器油中含水量的测量方法

在取样过程中应尽量避免油与空气接触,取样量约 30mL,最好使用密封良好的玻璃注射器取油样。要注意注射器的清洁和干燥,以便注射器芯子可以自由滑动,用于补偿因温度变化引起的油体积变化。如用玻璃瓶取样时,取样瓶中不应留有空气,并将瓶盖封严。在样品的容器上应贴有标签。

1. 库仑法

该方法使用于测定溶解或悬浮在绝缘油中的微量水分。其原理是以经典的卡尔费休滴定法为基础,当样品与含有碘及二氧化硫的砒啶、甲醇溶液相混合时,样品中的水分与试剂发生如下的反应:

$$H_2O + I_2 + SO_2 + 3C_5H_5N \longrightarrow 2C_5H_5N \cdot HI + C_5H_5N \cdot SO_3$$

$$C_5H_5N \cdot SO_3 + CH_3OH \longrightarrow C_5H_5N \cdot HSO_4CH_3$$

在电解过程中,电极反应如下:

阳极:$2I^- - 2e \longrightarrow I_2$

阴极:$I_2 + 2e \longrightarrow 2I^-$

$$2H^+ + 2e \longrightarrow H_2 \uparrow$$

产生的碘又与样品中的水分反应生成氢碘酸,直至全部水分反应完毕为止。反应终点用一对铂电极所组成的检测单元指示。在整个过程中,二氧化硫有所消耗,其消耗量与水的克分子数相等。

依据法拉第电解定律,电解 1g 分子碘,需要两倍的 96 493C 电量,即电解 1mg 水需要电量为 96 493C,可得式(10-1),进一步可计算样品中的水分含量如式(10-2)所示。

$$\frac{W \times 10^{-6}}{18} = \frac{Q \times 10^{-3}}{2 \times 96\,493} \tag{10-1}$$

$$W = \frac{Q}{10.722} \tag{10-2}$$

式(10-1)和式(10-2)中,W 为样品中的水分含量,μg;Q 为电解电量,mC;18 为水的分子量。

基于这一原理,就可以直接从电解所需的库(仑)数来确定样品中的含水量。这种测定方法是在专用的仪器上,并配有相应的卡氏试剂注入配套的电解池内进行的。

2. 色谱法

在电力系统内由于普遍开展变压器油中溶解气体分析,所以对气相色谱仪比较熟悉,只是测试含水量条件与测试气体成分有所不同。将待测气体进入高分子微球固定相设备中进行分离,然后用相应的检测方法(如热导检测器)检测。由于正庚烷在不同温度下具有对应的饱和含水量,因而可用于作为定量的基准,要准确定量,需要一定测试经验。

3. 湿度百分比法

这是英国首先使用的测试水分方法。它不同于其他测试绝对含水量的方法,而是根据水分在油-气两相之间必然建立湿度平衡的原理测试相对湿度。

具体测试方法是将一个半渗透管浸在油中,油中水分透过管子的半透膜进入一个很小的密闭回路;回路管内通有经过干燥的空气,使空气回路内的水蒸气分压不断增加,最终达到与油中水分分压相平衡;此时测出密闭回路中空气的露点,并将校正后的读数显示在仪器表计上。因在变压器中固体绝缘与油之间的界面非常大,可认为两者的相对湿度平衡,且油的相对湿度不受油的种类、运行时间和温度的影响,因此认为测试油的相对湿度可以判断固体绝缘的干燥程度。因此,测量油的这一参数是有意义的。

4. 其他方法

(1) 利用压力计计量的方法。在一个盛有油样品的烧瓶中放入一种试剂(如钙的氧化物)使其与油中水分发生反应,伴随反应释放出气体(氢),通过与烧瓶相连接的压力计管,测出内部气体压力变化,并根据温度进行气体体积校正,计算出水含量。

(2) 测电阻或电容量变化的方法。如瑞士 MICAFIL 公司的 VZ-205 测水仪,是基于水的电阻率远小于油的特点,将一个带渗透膜的探头插入油路中,当油中水分不同时,探头内的电阻值即发生变化,由转换电路显示水量;也有利用水的介电系数($\varepsilon=80$)比油($\varepsilon=2.2$)大的特点,使探头极间的电容量随含水量的不同显示其变化。

利用探头插入测试,适合于在油路中连续监测。用压力计测压力或用探头测电阻或电容的方法对含水量很低的油,很难保证测试准确度。

10.2.2　纸绝缘含水量测量方法

1. 萃取法测纸(板)含水量

取变压器中的固体绝缘样品,一般在变压器放油后进行。取样时要使取出的样品能代表该部位的含水量实际情况,因此要尽量避免外界因素的干扰。对绝缘纸或小于 3mm 厚的纸板,可用刀片、电工刀或剪刀等切割,更厚的纸板要用专门的钻孔刀具。样品量有数克即可。最好在制造中放置专供测试用的样品。所有操作均使用经预先干燥过的金属夹子等工具,不能用手直接接触样品。

样品取出后,立即放进 50mL 或 100mL 干的清洁玻璃注射器内(放样品时抽出注射器芯子)。注射器内抽入一定体积原使用的变压器油,将样品浸泡在内,排除气体和多余的油;将注射器安装针头处用小胶头堵住封好,待测试时用。如无注射器时,也可用干燥的小玻璃瓶代用,瓶内应充满油(体积不能太大)并密封瓶口。

采用萃取法测试。它是基于水在不同的物质中具有不同的分配系数的原理,利用吸水性强的有机溶剂去置换出纸中水分,再用库仑法或其他方法测量溶剂中萃取前和萃取后的水分,将萃取后水分增量被纸样(干燥并脱油的)质量除,并按纸重的百分比计算,即得该被测试样按质量计算的水分百分含量。

萃取容器为预先干燥清洁的 50~100mL 注射器或专用的玻璃瓶。放入萃取容器内的试样应预先在油中用工具切割成碎片,约取 0.5~1g。萃取剂(甲醇或乙醇)用量为 40~50mL 时,萃取过程中进行振荡或搅拌,约需 1~2h 后即可取出溶剂测试含水量。与此同时,还应测定萃取溶剂的原有含水量,并对(干)纸样和萃取剂准确计量,用于计算。

2. 用露点法测定绝缘纸中平均含水量

含有水分的纸与气体接触时,纸中吸附的水分和气相中的水分经迁移和扩散作用,在一定的条件下会达到平衡状态,此时,通过测定密封系统中气体的水分含量,即可推断纸中的含水量。

气体中的水分含量在一定的压力和温度下,会达到饱和值,水蒸气会转化为露或霜,这个温度就是气体的露点。测定气体的露点是得到该气体含水量的简便而又准确的方法之一。

纸绝缘中的水分和气体中的水分达到平衡需要的时间与设备的尺寸、结构及所处的温度有关。通常认为变压器的纸表层潮气和气相中的水分达到平衡的时间需要 6～12h;全部纸绝缘中的水分达到平衡的时间可长达数天或数周。

对充气运输的变压器,通常已有足够长时间的平衡过程,如设备密封良好、油箱内气体始终保持正压而且很少需要补气,则可认为设备内部水分已达到满意的平衡状态。如设备内部虽为正压,但压力太低,不能满足露点仪测试需要,则应补充干燥气体并重新建立平衡。

如充气时间较短,判断是否达到平衡的方法只能是多次测量。若在 12h 内测量值保持不变,则可认为达到了平衡状态。

10.2.3　SF$_6$含水量测量方法

目前国内外对 SF$_6$ 气体绝缘开关中微水含量的监测主要采取"在线抽取样气,离线标准测量"的方式进行。样气含水量主要使用微水仪进行测量,其原理主要有露点法、重量法、电解法、振动频率法、阻容法等。其中,露点法有三种普遍使用的方法:冷镜法、金属氧化法和聚合物法。

1. 冷镜法

该方法可以在很宽的测量范围内取得较高的精度,但由于它的光学测量原理的局限性使其极易受镜面污染物和灰尘的影响,从而影响精度;并且不易区分霜点和露点。为克服上述缺点,测量系统往往附加许多额外设备以提供镜面清洗、防护等功能,造成整套设备比较昂贵。冷镜法往往用于精度要求极高且具有良好的操作、维护条件(如实验室)的情况,而对于大多数在线测量,则维护成本较高。

2. 金属氧化物传感器

该传感器主要用于工业过程控制中的低露点测量。此种测量法在正确使用时可以测得很低的露点,其缺点是长期稳定性差。由于测湿敏元件本身造成的漂移,使得频繁的标定工作必不可少,而且传感器不能在线标定,大多数情况下要送到原厂标定,且标定成本较高。这将会影响日后的准确测量、正常生产,增大了维护工作量。金属氧化物传感器在高湿或冷凝的情况下一旦受损,其功能将无法恢复。

3. 聚合物法

芬兰维萨拉公司是聚合物薄膜测量传感器的首创者,在湿度测量领域有 60 年的实践经验,其利用聚合物薄膜开发的专门用于测量低露点的传感器 DRYCAP&regi 性能稳定,不受凝结水和大多数化学物质的影响,并且由于使用 DRYCAP&regi 的露点仪采用了零点自动校准、增益回归两项专利技术,使得露点仪的露点测量范围宽、精度高、长期稳定性好、性价比极佳。

4. 重量法

该方法为经典的水分基准测量方法。其原理是让一定体积的 SF$_6$ 气体通过事先已称重的颗粒状无水高氯酸镁或五氧化二磷的吸收系统,将水蒸气吸收下来。然后使用精确称重设备称量吸水介质的重量变化,再除以气体体积就得到气体的含水量。这种方法的缺点是具体操作比较困难。为了达到测量精度必须得到足够量的吸收水质量(一般不小于 0.69),这对于低湿度气体异常困难,只有加大样气体积和流量。而样气的体积十分有限,增大流量又会导致测量误差增大。这种方法对试验条件和人员素质要求较高。

5. 电解法

这种方法是我国普遍采用的测量方法。主要是根据电解原理,将被试 SF_6 气体注入电解池,则 SF_6 气体中的水分被五氧化二磷吸收剂吸收并发生电解反应,再根据电解水分所需电量与水分含量之间的关系式进一步确定含水量。这种方法干扰因素少、数据重复率及准确高,在测量微水时更具优越性。但其最大的不足之处在于电解池的效率会随着时间的增加而降低。

6. 振动频率法

根据吸湿性石英晶体吸收的水分质量不同其振动频率不同的特点,让 SF_6 样气和标准气体流经该晶体,因而产生不同的振动频率 f_1 和 f_2。计算两频率之差就可以得到样气的湿度。这种方法在使用前同样要干燥气室,由于需要制备标准样气,所以适合实验室条件。

7. 阻容法

这是一种不断完善的测量方法。利用表面具有氧化薄膜的高纯铝棒与外镀多空的网状金膜之间形成的电容值随样气水分含量的多少而变化的特性测取湿度。这种方法测量量程低、响应速度快,适用于现场和快速测量场合。缺点是精度较差,在使用过程中感湿体极宜受到被测气体的污染,使其性能参数发生变化。即使未受到污染,所用感湿材料也存在衰变,阻容参数随时间的推移而发生变化。

10.3 变压器油微水在线监测系统

10.3.1 基本原理

对变压器油中微水含量实施在线监测时,首先要确定系统要从现场提取哪些特征量。油中水分含量的计量有几种表示方法,如相对饱和度、绝对水分含量都可以用来表示油中水分的含量。一般在实施变压器油中微水含量在线监测时选取相对饱和度作为在线监测的特征量更为全面、合理,能在不同温度下反映出设备绝缘的危害程度。这里介绍的监测系统采用电容式相对湿度传感器作为在线监测用传感器,故相对饱和度是在线监测的一个特征量。

另外,由于温度是影响运行时变压器油中微水含量变化的最重要的因素,以及温度本身对监测油中水分的传感器测量也存在一定的干扰,而且在对变压器油中微水含量进行监测时,要得到油中的水分含量值,也要通过温度来换算,所以温度也是一个必须同时监测的参量。为此,在进行变压器油中微水含量监测时,需要同时监测相对饱和度和温度两个参量。

为了准确测量油中的微水含量,需要将湿度传感器和温度传感器安装在变压器的油流回路中。同时对湿度和温度信号采样,以便能真实地反映油中的微水含量。另外,由于变压器中的水分在油纸绝缘间的流动通常是沿着整个绕组表面进行的,因此,为了更有效地反映变压器内部的温度状况对油中微水含量的影响,在监测变压器油温时,也可以同时监测变压器油的顶层温度与底层温度。如图 10-1 所示为变压器油中微水含量的在线监测原理图,温湿度传感器通过电缆接入二次测量电路,二次测量电路产生的相应转换信号经采集、处理后送入主机进行进一步的数据处理和分析。结合同时测量的温度参数,最终可以得出变压器油中水分含量的具体数值。

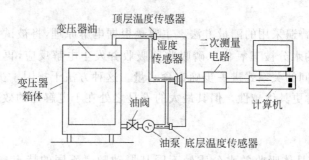

图 10-1 变压器油中微水含量在线监测原理图

10.3.2 湿度传感器及安装

1. 湿度传感器

该监测系统的湿度传感器采用了美国 Honeywell 公司生产的相对湿度传感器 HIH3610。HIH3610 相对湿度传感器是热固聚酯电容式具有信号处理功能的传感器,线性放大输出、工厂标定,独特的多层结构能非常好地抵抗环境的侵蚀,诸如湿气、尘埃、脏物、油及一些化学品。HIH3610 的管脚排列如图 10-2 所示,三管脚的外部结构使得其应用起来非常方便。

其线性的电压输出可使器件直接与控制器或其他器件相连,驱动电流小使它适合于电池供电,HIH3610 的性能指标如表 10-1 所示,并且厂方单独为每只 HIH3610 提供了标定数据。

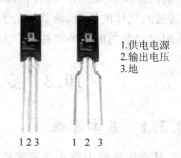

HIH-3610-002 HIH-3610-001
HIH-3610-004 HIH-3610-003

1.供电电源
2.输出电压
3.地

1 2 3   1 2 3

图 10-2 HIH3610 实物图

表 10-1 HIH3610 的参数指标

参　　数	指　　标
RH 精度	±2%RH,0%～100%RH,非凝结,25℃(供电电压=DC5V)
RH 互换性	±5%RH,0%～60%RH,±8%@90%RH
RH 线性	±0.5%RH 典型值
RH 迟滞	±12%的 RH 最大量程
RH 重复性	±0.5%RH
RH 反应时间	30s,慢流动的空气中(1/e@25℃)
RH 稳定性	±1%RH 的典型值,50%RH,5 年内
供电电压	4～9V,传感器在 DC5V 下标定
消耗电流	0.2mA DC5V,2mA 典型值 DC9V
输出电压	$V_{out} = V_{supply}[0.0062(Sensor\%RH)+0.16]$
温度补偿	$RH = (Sensor\%RH)/(10.546-0.0216T)$

186

HIH3610 器件的电压输出对应湿度的通用关系为：
$$V_{out} = V_{supply}[0.0062(Sensor\%RH) + 0.16] \qquad (10\text{-}3)$$
式中，V_{out} 是工作中测得的电压值，V_{supply} 是实测供电电压值，Sensor%RH 是环境温度在 25℃时的相对湿度。

如图 10-3 所示为 HIH3610 输出电压与相对湿度的关系曲线，HIH3610 测量的湿度值还与环境温度有关，故应进行温度补偿，温度补偿关系为：
$$RH = (Sensor\%RH)/(10.546 - 0.0216T)$$
$$(10\text{-}4)$$
式中，RH 为经过温度补偿的湿度值，T 为实际环境温度值（℃）。

因此为获得准确的湿度测量值，还应在湿度测量的同时测量环境温度和供电电压值。为此，该系统中 HIH3610 的供电电压 V_{supply} 选择 4V。

2. 安装

因油中的水分存在三种形态，当油饱和时就会呈现油水乳化态，形成游离水而出现在油中，而油中游离水较多时，就会沉积在变压器箱体底部。所以在实施油中微水含量在线监测时，湿度传感器的响应就应该反映变压器箱体内水分含量可能最多的情况，这样才

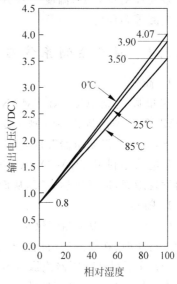

输出电压与相对湿度
（在0℃,25℃和85℃）

图 10-3　$V_{supply}=5V$ 时的输出
电压与相对湿度

能更准确地体现出在线监测的优点。传感器通常是安装在油箱底部阀门处，为了缩短传感器的响应时间以及更真实地反映出油中的微水含量，所以传感器应安装在靠近变压器箱体底部的油流回路位置。

10.3.3　在线监测系统

1. 硬件

电气设备在线监测中，对于非电量参数的测量，测量的成功与否决定于传感器的质量和对感应信号的提取。传感器将规定的被测量转换成可用电信号输出；二次测量电路主要指信号调节和转换电路，即能把传感元件输出的电信号转换为便于处理和控制的有用电信号的电路，包括对传感电信号进行放大、滤波等处理；对于实际在线监测系统，一般采用计算机进行传感器信号采集与处理。

该系统将 HS1101 湿度传感器检测到绝缘油的相对湿度后通过二次测量电路的运放将其转换成电压信号，并通过滤波电路将干扰信号及工频信号滤除，再由模数转换芯片 ADC0808 采集该模拟信号并将其转换成数字信号输入到单片机。最后由单片机通过 RS232 接口传输至计算机。

2. 软件

电气设备在线监测目的是通过对反映电气设备运行状况的各种原始数据进行分析、处理，从而得到关于设备运行情况的真实描述。因此，在线监测的软件设计就显得尤为重要。利用监测采样程序可以自动完成定时采样，实现对传感器的控制和输出信号的读取。在得

到变压器油中微水含量和油温的原始采样数据后，通过软件来对数据作细致的分析与计算，完成数据存储、结果分析等功能，为系统运行人员提供直观、简洁的人机界面。目前，可用于研发上位机监测软件的高级语言工具有很多，如 VC++、LabVIEW、Delphi 等，这些均可编程实现对相对饱和度、温度和水分含量等数据的采样及存储；完成数据分析计算以及采样记录查阅等多种功能。

10.3.4 在线监测系统应用产品案例

1. 简介

这里以捷克 ARS-ALTMANN 集团生产的 SIMMS 为例介绍产品化的应用案例。SIMMS 是一种携带式在线测量变压器固体绝缘含水量的仪器，同时在变压器的正常运行温度下，也可获得变压器管理者所关心的重要参数：油的介电强度 Ud 值和温度负荷曲线。将测量的数据利用 TRACONAL 变压器污染分析软件评估得到变压器的运行参数，以便于及时发现隐患，进行科学决策，从而确保变压器的安全稳定运行。

2. 特点

(1) SIMMS 微水测试仪是在线测量仪器，变压器不必停电，且所有保护不必退出，可安全地进行实时、在线测量，符合智能电网要求。

(2) 除了得到变压器绝缘含水量外，还可获得变压器管理者所关心的、重要运行参数，得到在变压器运行温度下油的介电强度 Ud 和温度负荷曲线。

(3) SIMMS 所测试出来的数据可以进行远程分析评估，操作简单方便。

(4) 在测量过程中，没有油样污染和数值偏差的危险。

(5) 此设备适用范围广，适用于国内外所有的油浸式变压器。

(6) SIMMS 也具有通过计算机进行远方遥控和查询功能。

3. 工作原理及安装

SIMMS 是一个携带式油样和温度诊断装置，没有油样污染和数值偏差的危险。简单连接 SIMMS 到变压器取样点，插入两个温度传感器，从这时开始测量，油样决不暴露在大气中，变压器油从变压器经过 SIMMS 返回到变压器；然后，SIMMS 给出所有的相对于时间的分布图：油中水量 $C_w = C_w(t)$、变压器上部/下部的 $TU = TU(t)$、$Tb = Tb(t)$ 两个温度和 TTS 作为主要的变压器温度（平均）。C_w 和 TTS 两个平均值可以用来精确地计算纤维中的水量，即 $C_p = C_p(C_w, TTS)$。

SIMMS 能够实时、快速地测量出变压器油中的含水量，结合变压器的温度自动计算出变压器绝缘纤维的含水量，纤维含水量应当控制在 2% 以内。如图 10-4 所示为不同程度下变压器油中含水量与绝缘材料含水量的潮气平衡图。

SIMMS 能自动从变压器中抽出油进行测量，测量完成后将油抽回变压器，下次测量时再次抽出变压器油，反复循环。SIMMS 与周围环境隔离，不受外界干扰，并在工作前进行抽真空，测量值更加准确。SIMMS 每两分钟完成一次微水测量，多次测量后自动取平均值。

SIMMS 基本上用于变压器的两个诊断过程：SIMMS-2P 两点连接和 SIMMS-1P 单点油连接。

1) SIMMS-2P

如图 10-5 所示，首先将 SIMMS-2P 连接到两个取样接头，一个在顶部，另一个在底部，

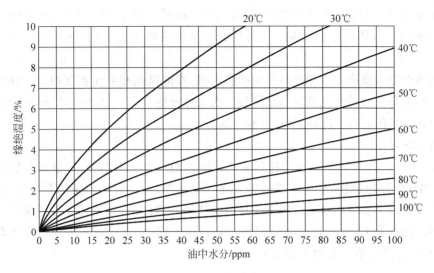

图 10-4　潮气平衡图

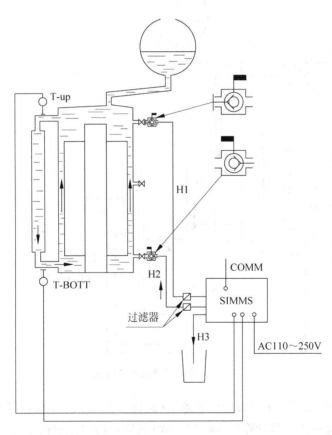

图 10-5　SIMMS-2P 两点连接方式

然后连接软管抽真空避免空气湿度的污染,接着油被连续地经过 SIMMS 装置抽出又返回到变压器。独立的温度传感器装置安装在顶部和底部指定的位置,一旦 SIMMS 安装连接后就启动(30min),变压器顶部(T-up,即变压器上部温度传感器)和底部(T-BOTT,

即变压器底部温度传感器)及油中的水量 C_w(ppm)用时间对数记录下来,在 40min 内得到一个精确的抽点打印决定的信息——看足够的平衡条件是否达到(参见变压器平衡条件检测)。

这个给出的精确度决定于固体绝缘中的含水量,在油纸间相对于温度的水的移动和移动的时滞。峰值负荷时的介电强度和危险负荷能更精确地决定,当在线情况下,这个数据可以直接用笔记本访问获得,作成趋势图并存入文件。

2) SIMMS-1P

如图 10-6 所示,SIMMS-1P 是连接到主油箱中部的一个中间取样点,抽真空软管 H1。SIMMS 周期性地抽出油样,分析它然后把它送回变压器,对小变压器使用非常方便,对于没有内部管线的较大变压器直接接到主油箱的取样也非常方便,温度传感器直接接到主油箱和散热器的连接管上,可以得到变压器的平均温度。同样,也可连接到顶部或底部取样点,仔细分析所存油中的水量的平均水平。

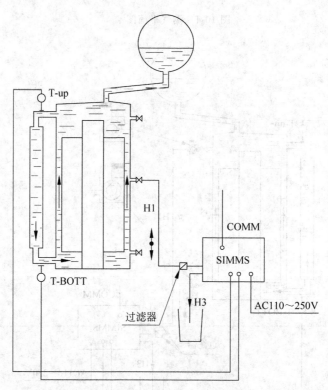

图 10-6　SIMMS-1P 单点连接方式

在测量后,要判断变压器中足够的平衡条件(大约在常温下油中温度 TTS 和水量 C_w)是否达到。评估可通过上位机计算机读取 SIMMS 所完成的测量数据进行;该产品可借助于上位机的 TRACNAL 程序立即进行计算,最终得到尼尔逊图分析绝缘油中平均水量 C_p(%)和变压器温度对油介电强度的损失的影响,以及其他相关的数据分析图。如图 10-7 所示为该产品实际应用的现场连接图。

图 10-7　SIMMS 在变电站 110kV 变压器的现场连接图

第 11 章　　温度的在线监测

11.1　温度监测的方法

温度是最常见的监测量,它是表示物体冷热程度的物理量,是物体分子运动平均动能大小的标志。在设备的运转过程中,温度是最基本的工作性能参数之一,往往可从温度的变化和分布情况得到设备零部件的工作状况。因此,温度监测可及时反映设备的运行工况,为运行人员提供操作依据,从而保证设备安全、经济地运行。

温度测量方法按照感温元件是否与被测介质接触,可以分为接触式与非接触式两大类。

接触式测温的方法就是使温度敏感元件与被测温度对象相接触,使其进行充分的热交换,当热交换平衡时,温度敏感元件与被测温度对象的温度相等,测温传感器的输出大小即反映了被测温度的高低。常用的接触式测温的温度传感器主要有热膨胀式温度传感器、热电偶、热电阻、热敏电阻和温敏晶体管等。这类传感器的优点是结构简单、工作可靠、测量精度高、稳定性好、价格低;缺点是有较大的滞后现象(由于测温时要进行充分的热交换),不方便用于运动物体的温度测量,被测对象的温度场易受传感器接触的影响,测温范围受感温元件材料性质的限制等。

非接触式测温的方法就是利用被测温度对象的热辐射能量随其温度的变化而变化的原理,通过测量与被测温度对象有一定距离处被测物体发出的热辐射强度来测得被测温度对象的温度。常见非接触式测温的温度传感器主要有光电高温传感器、红外辐射温度传感器等。这类传感器的优点是不存在测量滞后和温度范围的限制,可测高温、腐蚀、有毒、运动物体及固体、液体表面的温度,不影响被测温度,缺点是受被测温度对象热辐射率的影响,测量精度低,使用中测量距离和中间介质对测量结果有影响等。

11.1.1　接触式测量

常见的接触式测温的温度传感器主要有将温度转化为非电量和温度转化为电量两大类。而转化为非电量的温度传感器主要是热膨胀式温度传感器;转化为电量的温度传感器主要是热电偶、热电阻、热敏电阻和集成温度传感器等。下面主要介绍转化为电量的温度传感器。

1. 热电偶

热电偶是利用热电效应将被测温度直接转换为电动势,属于能量转换型传感器。其基本原理是将两种不同材料的金属导体(或半导体)串接成闭合回路,当两个节点处于不同温度时,导体在回路中产生与两节点温度差有关的温差热电动势的现象,称为塞贝克效应(温差效应)。根据温差和热电动势的关系(事先绘制成标准曲线)得到待测温度。它是一种点接触式的温度计,能满足温度测量的各种要求,具有结构简单、精度高、范围宽(−269～3000℃)、响应较快、稳定性和重复性较好等特点,且输出信号为电信号,便于远传或信号转换,能用来测量液体、固体以及固体表面的温度,还可用于快速及动态温度的测量。热电偶的缺点是灵敏度低,重复性不好,线性较差。

2. 电阻式

电阻式温度传感器的基本原理是:金属导体电阻率随温度升高而增大,具有正的温度系数。通过温度和高强度的金属丝间的电阻关系来监测温度,常见的有铂金、铜等被广泛地用于电阻式温度传感器。电阻式温度传感器从结构上可分为薄膜式和金属丝绕制的两种,其一般用来测量−200～1000℃的温度,可广泛用作气体温度的测量元件。通常用惠斯登电桥来测定其电阻值,如图 11-1 所示。其中,图 11-1(a)为双线接法,温度敏感元件两端的引出线接在电桥的同一个臂上。这种接法由于对因环境温度变化或通过电流发热而引起的输出线电阻变化没有补偿作用,故存在测量误差;图 11-1(b)为三线接法,温度敏感元件两端的引出线接在电桥相邻的两个臂上,只要引出线的初始电阻和温度特性相同,则由环境或电流引起的引出线附加电阻变化将互相抵消,故不会引入测量误差,在较大温度范围内,电阻式温度传感器具有良好的线性度和较高的测量准确度。它的缺点主要表现在以下几个方面。

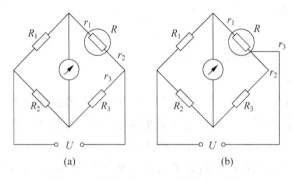

图 11-1 温度敏感元件接入电桥的方法

(1) 灵敏度较低,价格较贵,薄膜式元件的阻值长时间使用后还会产生漂移。

(2) 是一种面接触式温度计,测温部分通常在几毫米到几十毫米之间,对温差大的固体测的是平均温度。

(3) 响应速度慢,对快速变化的温度会产生滞后偏差,故适用于测量稳态温度。

3. 半导体热敏电阻

半导体温敏器件是由以 MnO、CoO、NiO 等金属氧化物为基本成分制成的陶瓷半导体。它的电阻值是温度的函数。常见的热敏电阻包括负温度系数热敏电阻、正温度系数热敏电阻及临界温度系数热敏电阻。其主要优点有灵敏度高、响应快、体积小、成本低,典型的温度测量范围一般为−100～300℃。它的主要缺点是线性度差,需要在测量系统中作修正和补偿,故不能用于精密测量。

4. 温敏二极管和晶体管

由于晶体管 PN 结的正向电压降都是以大约−2mV/℃的斜率随温度变化而变化,而且比较稳定,同时晶体管的基极发射极电压与温度基本上成线性关系,故可利用这些特性来对温度进行测量。在恒定集电极电流条件下，由于温敏晶体管发射结上的正向电压随温度上升而近似线性下降，而且比二极管有更好的线性和互换性，因而得到了快速发展。温敏二极管和晶体管，统称为结型半导体温敏器件，已经实现了商品化。

集成温度传感器的基本工作原理是：把测温晶体管和激励电路、放大电路等集成在一个小硅片上，就构成了集成温度传感器。与其他温度传感器相比较，它具有线性度高（非线性误差约为 0.5%）、精度高、体积小、响应快、价格低等优点；缺点是测温范围窄，一般为 −50~150℃。它已成为半导体温度传感器的主要发展方向之一。商品化的传感器已经广泛用于各种场合。

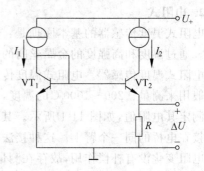

图 11-2　集成温度传感器的工作原理图

如图 11-2 所示是集成温度传感器的工作原理图。图中，Q_1 和 Q_2 是互相匹配的晶体管，I_1 和 I_2 分别是 Q_1 和 Q_2 管的集电极电流，由恒流源供电。则 Q_1 和 Q_2 管的两个发射极和基极电压之差 ΔU 为

$$\Delta U = \frac{k}{q} \ln \left(\frac{I_1}{I_2} \cdot \gamma \right) T \tag{11-1}$$

式中，k——波尔兹曼常数；

$\quad q$——电子电荷量；

$\quad \gamma$——Q_1 和 Q_2 管发射极的面积之比；

$\quad T$——绝对温度，K。

对于确定的传感器，k、q、γ 均为常数，由式（11-1）可知只要能保证 I_1/I_2 的值为常数，则 ΔU 与被测温度 T 成线性关系。这就是集成温度传感器的工作原理。在此基础上可以设计出不同的电路以及不同输出类型的集成温度传感器。

晶体管的基极和发射极间的电压近似地与温度成线性关系，但这种线性关系是不完全的，存在着本征非线性项，而且不同晶体管的电压值还存在分散性，为此，集成化的温度传感器均采用对管差分电路，这种电路可给出直接正比于绝对温度的、理想的线性输出。

5. 光纤温度传感器

根据光纤在传感器中的作用可分为传光型光纤温度传感器和功能型光纤温度传感器。传光型光纤传感器的工作原理是：光源（发光二极管）发出的光，经光纤通过温敏元件，当温度增加时，透射光的强度随温度上升而下降，并且有较好的线性度。通过光探测器（例如雪崩光电二极管）测定透射光的强度，就可以测得该处的温度。光纤温度传感器特别适用于监测处于高电位处或设备内部的温度。如图 11-3 所示为传光型光纤传感器的原理图。

功能型光纤温度传感器功能型也称物性型或传感型，光纤在这类传感器中不仅作为光传播的波导而且具有测量的功能。它是利用光纤某种参数随温度变化的特性作为传感器的主体，即将其为敏感元件进行测温。

图 11-4 给出了三种应用光纤制作温度计的原理图。图 11-4（a）为利用光的振幅变化的传感器，它的结构简单，如果光纤的芯径与折射率随周围温度变化，就会因线路不均匀而使传输光散射到光纤外，从而使光的振幅发生变化，但灵敏度较差。图 11-4（b）是利用光的偏

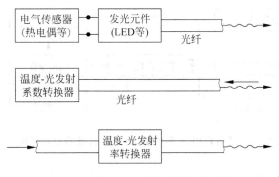

图 11-3　传光型光纤传感器的原理图

振面旋转的传感器。在现有的单模光纤中,压力、温度等周围环境的微小变化均可使光的偏振面发生旋转,偏振面的旋转用光的检测元件能比较容易地变成振幅的变化,这种传感器灵敏度高,但抗干扰能力较差。图 11-4(c)和图 11-4(d)则是利用光的相位变化的光纤温度传感器。

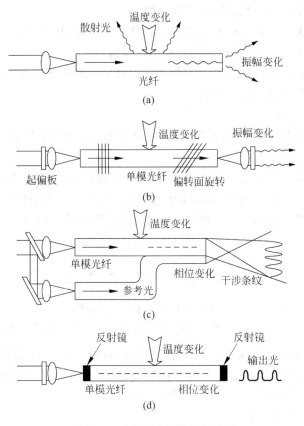

图 11-4　功能型光纤温度传感器

图 11-5 是光相位变化的光纤温度传感器的原理框图,显然,这种传感器的构造复杂,从原理上讲,这种传感器应用了收到的相位发生变化的光与参考光相干涉以形成移动的干涉条纹原理。

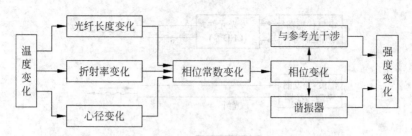

图 11-5　利用光相位变化的光纤温度传感器原理框图

11.1.2　非接触式测温

任何物体受热后都将有一部分热量转变成辐射能（又称为热辐射），温度越高，辐射到周围的能量也就越多，而且两者之间满足一定的函数关系。通过测量物体辐射到周围的能量就可测得物体的温度，这就是非接触式温度测量的测量原理。由于非接触式温度测量是利用了物体的热辐射，故也称为辐射式温度测量。

非接触式温度测量系统一般由以下两部分构成。

（1）光学系统：用于瞄准被测物体，把被测物体的辐射集中到检测元件上。

（2）检测元件：用于把会聚的辐射能转换为电量信号。

非接触式温度传感器按传感器的输入量可分为辐射式温度传感器、亮度式温度传感器和比色温度传感器。下面分别给予介绍。

1. 辐射式温度传感器

辐射式温度传感器分为全辐射温度传感器和部分热辐射温度传感器。

1）全辐射温度传感器

全辐射温度传感器是利用物体在全光谱范围内总辐射能量与温度的关系来测量温度的。由于是对全辐射波长进行测量，所以希望光学系统有较宽的光谱特性，而且热敏检测元件也采用没有光谱选择性的元件。全辐射温度传感器测温系统结构如图 11-6 所示。

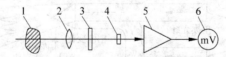

图 11-6　全辐射温度传感器测温系统结构示意图

1—被测对象；2—透镜；3—热屏蔽器；4—热敏元件；5—放大电路；6—显示仪表

图中透镜 2 的作用是把被测物体 1 的辐射聚焦在热敏元件 4 上，热敏元件 4 受热而输出与被测物体温度大小有关的电信号。为了使热敏元件 4 只受到正面来的热辐射而不受其他方向热辐射的影响，采用热屏蔽器 3 对其加以保护。

2）部分热辐射温度传感器

为了提高温度传感器的灵敏度，有时也可根据特殊测量的要求，辐射式温度传感器的检测元件采用具有光谱选择性的元件。由于这些温度检测元件只能对部分光谱能量进行测量，而不能工作在全光谱范围内，所以称这类温度传感器为部分热辐射式温度传感器。常见的部分热辐射温度传感器的检测元件主要有光电池、光敏电阻、红外探测元件等。

下面对红外温度传感器的测温原理作简单介绍。

自然界中的任何物体,只要其温度在绝对零度以上,都会产生红外光向外界辐射出能量。所辐射能量的大小,直接与该物体的温度有关,具体地说是与该物体热力学温度的4次方成正比,用公式可表达为

$$E = \sigma\varepsilon(T^4 - T_0^4) \tag{11-2}$$

式中,E——物体在温度 T 时单位面积和单位时间的红外辐射总量;

σ——斯蒂芬-波尔兹曼常数,$\sigma = 5.67 \times 10^{-8} \text{W/m}^2 \text{K}^4$;

ε——物体的辐射率,即物体表面辐射本领与黑体辐射本领的比值,黑体 $\varepsilon = 1$;

T——物体的温度,K;

T_0——物体周围的环境温度,K。

通过测量物体所发射的 E,就可测得物体的温度。

利用这个原理制成的温度测量仪表叫红外温度传感器。这种测量不需要与被测对象接触,因此属于非接触式测量。红外温度仪表可用于很宽温度范围的测温,从 -50℃ 直至高于 3000℃。在不同的温度范围,对象发出的电磁波能量的波长分布不同,在常温($0 \sim 100$℃)范围,能量主要集中在中红外和远红外波长。

红外温度传感器测温的原理图如图 11-7 所示。

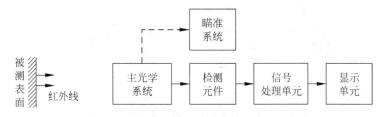

图 11-7　红外温度传感器测温原理图

图 11-7 中,主光学系统有两个作用:①把被测处的红外线集中到检测元件上;②把进入仪表的红外线发射面限制在固定范围内。检测元件把红外线能量转换为电信号。信号处理单元把检测元件输出的信号,用电子技术和计算机技术进行处理,变成人们需要的各种模拟量和数字量信息。显示单元把处理过的信号变成人们可阅读的数字或画面。瞄准系统用于瞄准(或指示)被测部位。有些红外温度传感器不需要瞄准。

2. 亮度式温度传感器

亮度式温度传感器是利用物体的单色辐射亮度 $L_{\lambda T}$ 随温度变化的原理,以被测物体光谱的一个狭窄区域内的亮度与标准辐射体的亮度进行比较来测量温度的。由于实际物体的单色辐射发射系数 ε_λ 小于绝对黑体,即 $\varepsilon_\lambda < 1$,因而实际物体的单色亮度 $L_{\lambda T}$ 小于绝对黑体的单色亮度。由于在温度 T(K)时,绝对黑体的单色辐射亮度 $L_{\lambda T}^*$ 为

$$L_{\lambda T}^* = \frac{c_1 \lambda^{-5}}{\pi} \exp(-c_2/\lambda T) \tag{11-3}$$

式中,c_1——第一辐射常数,$c_1 = 2\pi c^2 h = 4.9926 \text{J} \cdot \text{m}$;

c_2——第二辐射常数,$c_2 = ch/k = 0.014388 \text{m} \cdot \text{K}$;

λ——波长;

c——光速;

h——普朗克常数;

k——波尔兹曼常数。

故实际物体的单色辐射亮度为

$$L_{\lambda T} = \varepsilon_{\lambda T} \cdot L_{\lambda T}^{*} = \varepsilon_{\lambda T} \cdot \frac{c_1 \lambda^{-5}}{\pi} \exp(-c_2 / \lambda T) \qquad (11\text{-}4)$$

从式(11-4)中可以看出物体的单色辐射亮度 $L_{\lambda T}$ 与物体的被测温度 T(K)满足——对应的函数关系,故只要能测得被测物体的 $L_{\lambda T}$ 便能测得物体的被测温度 T(K)。亮度式温度传感器测温系统的结构示意图与图 11-6 相似。

3. 比色温度传感器

光电比色温度传感器是以两个波长的辐射亮度之比随温度变化的原理来进行温度测量的,如图 11-8 所示为光电比色温度传感器的工作原理图。

被测对象 1 的辐射射线经过透镜射到由电机 7 带动的旋转调制圆盘 6 上,在调制盘的开孔上附有两种颜色的滤光片 8 和 9,一般为红、蓝色,把光线调制成交变的。从而使射到光敏元件 3 上的为红、蓝色交变的光线。进而使光敏元件输出与相应的红色和蓝色相对应的电信号。然后把这个信号放大并运算后送到显示仪表 5,得到被测物体的温度(T)。

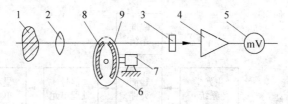

图 11-8 光电比色温度传感器测温系统结构图

1—被测对象;2—透镜;3—光敏元件;4—放大电路;5—显示仪表;6—调制盘;7—步进电机

11.2 温度监测系统的要求

温度监测系统的总体要求可归纳为以下几点。

(1) 系统的投入和使用不应改变和影响一次电气设备的正常运行。

(2) 能自动地连续进行监测、数据处理和存储。

(3) 具有自检和报警功能。

(4) 具有较好的抗干扰能力和合理的检测灵敏度。

(5) 监测结果应有较好的可靠性和重复性,以及合理的准确度。

(6) 具有在线标定其监测灵敏度的功能。

(7) 具有对电气设备故障的诊断功能,包括故障定位、故障程度的判断和绝缘寿命的预测等。

下面举例来说明温度监测系统的要求。

11.2.1 多通道温度巡回检测系统

如图 11-9 所示为多通道温度巡回检测系统框图。该系统采用 MAX1668 型 5 通道智能温度传感器,可同时对 4 路远程温度和 1 路本地温度进行巡回检测及控制。采用 89C51 型低功耗、高性能、带 4KE²PROM 的 8 位 CMOS 单片机,作为测温系统的中央控制器,89C51 的 P1.2、P1.3 引脚输出高、低电平,作为地址选通信号。为了简化电路,89C51 的串行通信接口(TXD 和 RXD)通过 6 片 CD4094 型 8 位位锁存总线寄存器,静态驱动 5 位 LED 显示器(含符号位),显示温度范围是 -55 ~ +125℃,分辨率为 0.1℃,测量误差不超过 ±3℃,测量速率为 3 次/秒。专用一只 LED 数码管显示被测通道。

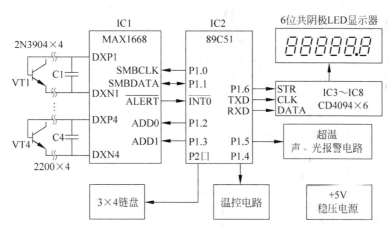

图 11-9   多通道温度巡回检测系统框图

系统采用 +5V 稳压电源供电,使用 3×4 的薄膜键盘。为了提高系统的可靠性,系统采取了软件抗干扰措施。通过声光报警电路实现超温报警功能。

系统基本工作原理是:89C51 首先将操作命令写入 MAX1668 的寄存器中,通知 MAX1668 要做什么工作,然后用读命令读取测温结果并通过 CD4096 将测量结果显示在 LED 显示器上。

显示部分使用 6 只共阴极 LED 数码管。其中,第 1~4 位用来显示温度数据,第 5 位显示符号(正温度或负温度),第 6 位显示正在测量的通道序号。

当 89C51 检测到 MAX1668 的输出为低电平时,就使 P1.5 引脚以 2kHz 的频率连续输出高、低电平,送至超温声、光报警电路,使蜂鸣器发出报警声,发光二极管也同时闪烁发光,从而取得最佳报警效果。与此同时,P1.4 引脚通过温控电路分别去控制各远程通道的温度。

如图 11-10 所示为多通道温度巡回检测系统的主程序流程图。

11.2.2 智能化温度检测系统

如图 11-11 所示为由 MAX6577 和 8051 单片机构成的智能化温度检测系统电路图。MAX6577 输出的与热力学温度成正比的频率信号加至 8051 内部定时器 T_0 端。从 8051 的 TXD 端输出的时钟信号,接 CD4094 的时钟端 CLK,RXD 接串入端(SERIAL)。从 P1.0 口输出选通信号 ST0。CD4094 是 8 位移位存储总线寄存器,用来完成串行/并行数据交换,并驱动 4 位共阴极 LED 数码管显示出被测温度值。该系统可实现功能为:将热力学温度转换成摄氏温度;计算出被测摄氏温度的最大值、最小值和平均值;通过键盘来设定温度的上下限(t_H,t_L),当温度超过 t_H 或低于 t_L 时,发出越限报警信号,再通过继电器对电加

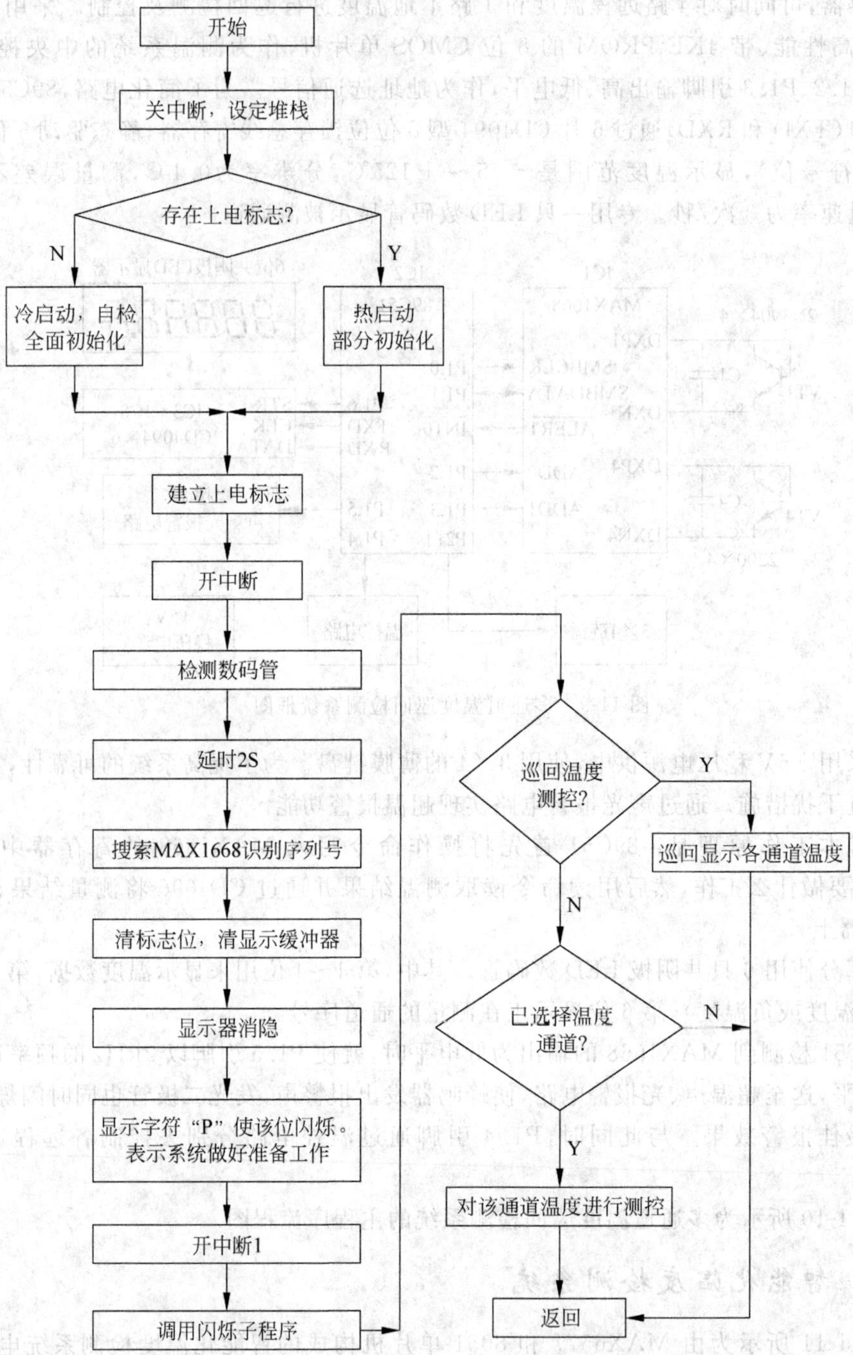

开始

↓

关中断，设定堆栈

↓

存在上电标志？

N ↓ ————— ↓ Y

冷启动，自检
全面初始化 ——— 热启动
部分初始化

↓

建立上电标志

↓

开中断

↓

检测数码管

↓

延时2S

↓

搜索MAX1668识别序列号

↓

清标志位，清显示缓冲器

↓

显示器消隐

↓

显示字符 "P" 使该位闪烁。
表示系统做好准备工作

↓

开中断1

↓

调用闪烁子程序 ←——————

巡回温度
测控？

Y ——→ 巡回显示各通道温度

N ↓

已选择温度
通道？ ——→ N

Y ↓

对该通道温度进行测控

↓

返回

图 11-10　多通道温度巡回检测系统的主程序流程图

热器等执行机构进行温度控制，图中将 TS1 接 GND，TS0 接 U_{DD}，所设定的频率温度系数
$k_f=1Hz/℃$。8051 的外围电路包括晶振电路和复位电路。晶振电路由 12MHz 石英晶体
JT 和电容器 C3、C4 构成。上电自动复位及手动复位电路由电容器 C2、下拉电阻 R 和手动
复位按钮 S_B 组成。

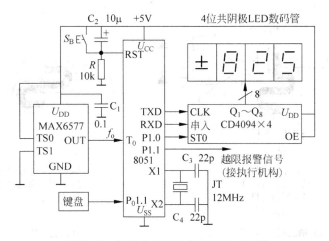

图 11-11　智能化温度检测系统的电路图

11.3　600MW 发电机定子温度在线监测系统

发电机定子绕组温度在线监测具有重要意义。譬如,定子水冷却系统故障(如冷却水中断或流量降低)是发电机常见的故障之一,如果不能在故障早期及时检测出该故障,就会造成重大的经济损失。而发电机定子绕组温度迅速升高是定子水冷却系统故障的最显著征兆。因此,通过对发电机定子绕组温度的有效监测即可在故障早期及时检测出该故障,从而达到减少经济损失的目的。目前国内很多发电机的定子绕组温度监测系统仍然使用传统的温度巡检仪,由于巡检周期长,很难及时检测出定子绕组温度异常。

本节采用光纤传感测温方法——差动式强度型光纤传感测温法,设计一套电力设备温度监测系统。其探测部分由自行设计的差动式强度型光纤传感探头完成,而整个数据采集与处理系统则是基于 MCS-51 型单片机进行设计,具有温度实时显示、超限报警、串行传送数据等功能。

所设计监测系统的性能目标为:①具有在线监测功能;②系统结构简单,性价比高;③可监测温度范围为 $-20\sim120℃$;④系统精度为 1℃。

11.3.1　监测系统的工作原理

在光纤传感技术中,按调制原理分有强度型、频率型、相位型、偏振态型。通常频率型、相位型、偏振态型这几种构成的传感系统结构复杂,而强度型与它们相比则结构简单、成本较低。基于这种思想,采用了一种光纤强度型测温方法——差动式强度型光纤传感测温法,其测温原理如图 11-12(a)所示。

把两个 U 形热双金属片焊接成如图 11-12(b)所示模型,并将它作为感温元件(图 11-12(a)中黑色部分),其一端固定在与待测温度点接触的基座上,另一端则固定于发送光纤上。图 11-12(a)中的 I_o 表示光源 S 的入射光强,I_1 和 I_2 为接收光纤的出射光强,由光电探测器 D_1、D_2 检测出来,$Q(T)$ 表征热源(即待测点)。当待测点温度发生变化时,感温元件将产生直线位移 x,从而推动发送光纤,使其位置随待测点的变化而变化,结果两接收光纤中的光强 I_1 和 I_2 也将发生变化,且二者变化趋势相反(即差动性,在后续信号处理中被用

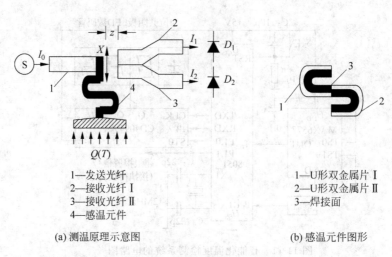

1—发送光纤
2—接收光纤Ⅰ
3—接收光纤Ⅱ
4—感温元件

1—U形双金属片Ⅰ
2—U形双金属片Ⅱ
3—焊接面

(a) 测温原理示意图

(b) 感温元件图形

图 11-12　监测系统工作原理图

来消除光源光强波动的影响),故通过探测变化的光信号就能检测出待测点的温度,此即差动式强度型光纤传感测温法。

热双金属片是由两层(也有两层以上的)膨胀系数不同的金属或合金沿着整个接触面彼此牢固结合的复合材料,其中膨胀系数大的一层称为主动层,而膨胀系数小的一层则称为被动层。它具有随温度变化而改变形状、产生位移和推力的特性。将它一端固定,在常温下,金属片保持平直,受到温度作用时,主动层由于膨胀系数大,其自由伸长大于被动层,又由于这两层材料是彼此牢固地结合在一起,因此主动层的自由伸长受到被动层的牵制,而被动层的自由伸长受到主动层的拉伸,也就是产生了组合力矩使双金属片引起了变形,产生位移和推力,如图 11-13 所示。

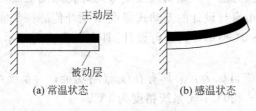

主动层

被动层

(a) 常温状态

(b) 感温状态

图 11-13　热双金属片

11.3.2　系统的整体结构

系统由光源模块、信号检测模块、信号调理模块、单片机应用系统模块 4 部分组成,系统的整体结构如图 11-14 所示。下面分别简要介绍各个模块。

1. 光源模块

该模块由光源和驱动电路构成。

1) 光源

半导体光源是光纤系统中最常用的也是最重要的光源,它利用 PN 结把电能转换成光能。比较其他光源来说,其主要优点是体积小、质量少、可靠性高、使用寿命长、亮度足够、供电电源简单等。

半导体光源又分为半导体发光二极管(LED)和半导体激光器(LD)。二者的发光区都

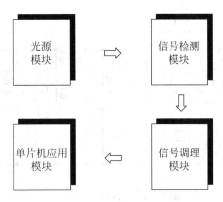

图 11-14　监测系统功能框图

是由直接带隙的Ⅲ—Ⅴ族半导体材料制成的 PN 结构成的。它们的增益带宽高于任何其他媒介,主要由于光子发射是由两个能带间的电子运动所致。但两者在发光机理上和结构上有差异。发光二极管是利用注入有源区的载流子自发辐射复合而发出光子,而激光器则是受激辐射复合发光的。在结构上,后者有光学谐振腔,使复合产生的光子在腔内振荡和放大,前者则没有谐振腔。

二者相互比较,各有特点,表现在以下几个方面。

(1) 半导体发光二极管是非相干光源;半导体激光二极管是相干光源,具有单色性、相干性、方向性好和亮度高的特点,光谱较窄。

(2) 发光二极管谱线宽,很难获得平坦的频谱特性。

(3) 发光二极管的光束发散角较大,与光纤的耦合效率较低,输出光功率相对较低;半导体激光二极管则输出光强及效率较高。

(4) 发光二极管工作稳定,输出功率随温度变化较小,不需要精确的温度控制,驱动电路很简单,模式噪声小,价格便宜;半导体激光二极管则相反。

一般情况下功率光源采用半导体激光器 LD,信号光源采用半导体发光二极管 LED。此处因是光纤强度监测系统,采用半导体激光器 LD 比较合适,但又因所设计的信号检测与处理部分性能较优,从性价比而言,也可选择半导体发光二极管 LED。

因 LED 的驱动电路比较简单,这里不再讨论,下面介绍 LD 的驱动电路。半导体激光器在正常的条件下使用,工作寿命很长,但在不正常的工作条件下,通常会造成性能急剧恶化甚至失效。半导体激光器突然失效的主要原因是由于浪涌击穿。较大的浪涌脉冲,会使半导体激光器瞬时承受过电压而导致 PN 结击穿,在瞬态过电压下的正向过电流所产生的光功率可以使半导体晶体的解理面损伤,如形成空位、层错或局部微晶。若超过半导体激光器最大允许电流 I_{max},即使在数纳秒的时间内,也会使其破坏或受损。

2) 驱动电路

为了避免半导体激光器由于开启和关断电源工作过程中电网波动、仪器附近其他大功率电器开关时产生的冲击,防止半导体激光器两端突然加上阶跃电压,可设计如图 11-15 所示的软启动电路。

稳流电源开机后,工作电压不是突然加到整个稳流电路上,而是在一定的时间内,从零开始逐渐上升到预定值,从根本上保证了半导体激光器不会受到电冲击的影响。其中,网络A 和 B 构成两个 CRC 二型滤波器,防止电流突变;网络 C 构成电压缓升电路。

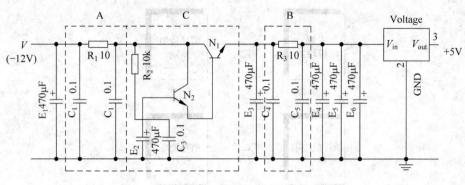

图 11-15　软启动电路

除此之外,因温度的变化、器件本身的老化以及环境等因素,半导体激光二极管的输出光功率易产生波动。为了提高它的输出光功率的稳定度,必须对激光器进行必要的功率控制和温度控制。因此,激光器的驱动电路还应包含具自动温度控制和自动功率控制功能的电路,如图 11-16 所示。

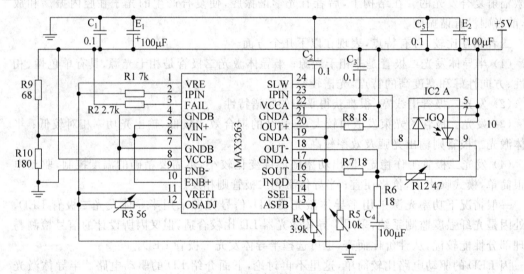

图 11-16　恒亮度控制电路

2. 信号检测模块

该模块由传感探头和光电探测器构成。

1) 传感探头

探头结构如图 11-17 所示。传感器探头由感温元件、发送与接收光纤、固定基座及密闭外罩三个部件组成。

2) 光电探测器

光电探测器是一种光电信息转换器件,它的物理效应通常分为两大类:光子效应和光热效应。光子效应的特点是光子能量的大小直接影响内部电子状态的改变,而光热效应的特点是吸收的光能变为晶格的热运动能量。其中,光子效应的分类及相应常用的检测器件如下。

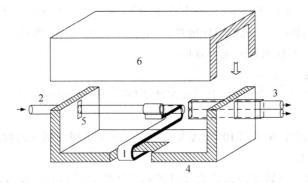

图 11-17　监测探头

1—感温元件；2—发送光纤；3—接收光纤；4—固定基座；5—辅助限位孔；6—密闭外罩

（1）外光电效应：光电管、光电倍增管等。

（2）内光电效应：①光电导型，如光敏电阻等；②光伏型，如光电池、光电（敏）二(三)极管、雪崩光电管等；③其他型。

在光纤检测系统中，目前比较常用的就是结型（也即光生伏特型）探测器，下面简要介绍结型探测器。结型探测器件的结构如图 11-18 所示。

通常在基片（假定为 P 型）的表面形成一个反型层——N 型层，N 型层上做一小的欧姆电极，光投向 N 型层表面，光子在近表面层内激发出电子-空穴对，其中少数载流子-空穴将向前扩散，到达 PN 结区并立即被结电场拉到 P 区，为了使 N 型层内产生的空穴能全部被拉到 P 型区，N 型层的厚度应小于空穴的扩散长度。光子也可能到达 P 型区内，在那里激发出电子-空穴对，其中电子也将依赖扩散及结电场的作用进入 N 型区。所以光子所产生的电子-空穴对被结电场分离，空穴流入 P 区，电子流入 N 区。这样，入射的光能就转变成流过 PN 结的电流，称作光电流。有光照时，若 PN 结外电路接上负载电阻 R_L，如图 11-19 所示，此时在 PN 结内出现两种方向相反的电流：一种是光激发产生的电子-空穴对，在内建电场作用下，形成的光电流 I_D，它与光照有关，其方向与 PN 结反向饱和电流 I_r 相同；另一种是光生电流 I_P，流过负载电阻 R_L 产生电压降，相当于在 PN 结施加正向偏置电压 V，从而产生正向电流 I，故总电流是两者之差。

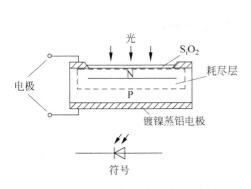

图 11-18　结型探测器件的结构图

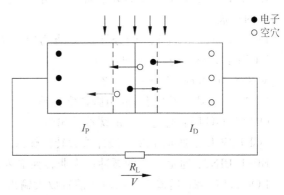

图 11-19　工作原理图

结型光电器件在有光照条件下,理论上有正偏置、零偏置和反偏置三种工作状态。但实践证明,当使用于正偏置时,呈现单向导电性(和普通二极管一样),没有光电效应产生,只有在反偏置和零偏置时,才有明显的光电效应。

3. 信号调理模块

该模块包括组合运算放大电路(由集成芯片 ADL5310 与 AD623 构成)和滤波电路。

1) 运算放大电路

运算电路由集成芯片 ADL5310 与 AD623 构成,下面分别介绍这两种芯片。

(1) ADL5310 芯片。

ADL5310 具有对光电转换的最优化接口和温度特性稳定的对数输出,同时带有可由用户配置的输出缓冲放大器,其对数转换传递函数的斜率和截距均可由用户通过外部电阻来进行调整。其芯片引脚如图 11-20 所示。

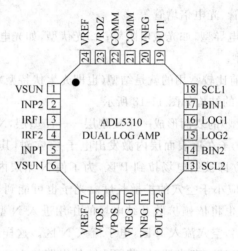

图 11-20　ADL5310 的引脚排列

各引脚功能如下。

VSUN:保护引脚,用来保护 INP1 和 INP2 的输入电流,而且用于自动调整输入总节点的电压。

INP1、INP2:通道 1、2 的分子输入,光电二极管电流 I_{PD1}、I_{PD2} 由此流入,通常连到光电二极管的正极。

IRF1、IRF2:通道 1、2 的分母输入,参考电流 I_{RF1}、I_{RF2} 由此流入。

VREF:2.5V 的参考输出电压。

VPOS:正电源,$V_P - V_N \leqslant 12V$。

VNEG:可调负载电源,此引脚常常接地。

OUT1、OUT2:通道 1、2 的缓冲输出地。

SCL1、SCL2:通道 1、2 的缓冲放大转换输入。

BIN1、BIN2:通道 1、2 的缓冲放大非转换输入。

LOG1、LOG2:通道 1、2 的对数前置放大输出。

COMM:模拟地。

VRDZ:截距转化参考输入,通常情况下接至 VREF,当提供单极输入时也可接地。

ADL5310 属于基本对数变换器,图 11-21 为其单一通道对数放大器的主要原理结构。图中,二极管的电流流经 INP1(IPN2),该节点的电压近似等于临近保护引脚的电压 VSUM(一般在单电源供电情况下,在 ADL5310 中 VSUM 被内置为 0.5V),也就是参考输入 IRF1、IRF2 的电压,它是由 JEFT 型运放的微小失调电压产生的。晶体管 Q1 可将电流转化成相应的对数电压,同理对 Q2 也有。

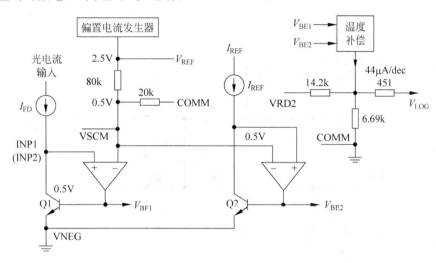

图 11-21　单一通道对数放大器的主要原理结构

接着,送入温度补偿电路中消除温度的影响,即进行先减后除运算,并将电压转换为电流。在考虑极性修正后,再将所得电流在一等效内电阻上转换为电压。

（2）AD623 芯片。

AD623 是一个集成单电源仪表放大器,本文中将用它完成减法运算功能。它能在单电源（3～12V）下提供满电源幅度的输出。AD623 允许使用单个增益设置电阻进行增益编程,以得到良好的用户灵活性。在无外接电阻的条件下,AD623 被设置为单位增益;外接电阻后,AD623 可编程设置增益,其增益最高可达 1000 倍。AD623 通过提供极好的随增益增大而增大的交流共模抑制比（AC CMRR）而保持最小的误差,线路噪声及谐波将由于共模抑制比在高达 200Hz 时仍保持恒定而受到抑制。虽然 AD623 在单电源方式进行优化设计,但当它工作于双电源（2.5～6V）时,仍能提供优良的性能。还具有低功耗（3V 时 1.5W）、宽电源电压范围、满电源幅度输出的特点。AD623 芯片图如图 11-22 所示。

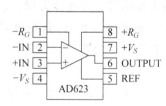

图 11-22　AD623 芯片

其引脚功能如下。

$+R_G$,$-R_G$：外接增益电阻引脚。

$+V_S$,$-V_S$：双极性电源引脚。

$+IN$,$-IN$：差分输入端引脚。

OUTPUT：输出引开脚。

REF：基准电压引脚。

图 11-23 为 AD623 的简化原理图。输入信号加到作为电压缓冲器的 PNP 晶体管上,

并且提供一个共模信号到输入放大器,每个放大器接入一个精确的 $50\mathrm{k}\Omega$ 的反馈电阻,以保证增益可编程。

差分输出为:

$$V_o = \left[1 + \frac{100\mathrm{k}\Omega}{R_G}\right] V_C$$

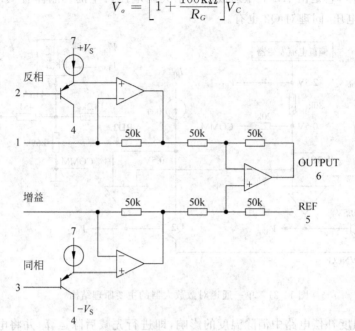

图 11-23 AD623 的简化原理图

将差分电压通过输出放大器转变为单端电压,在本文中 $V_c = V_+ - V_-$,即实现了减法运算及放大功能。6 脚的输出电压以 5 脚的电位为基准进行测量。基准端(5 脚)的阻抗是 $100\mathrm{k}\Omega$。在需要电压/电流转换的应用中仅需要在 5 脚与 6 脚之间连接一只小电阻。

$+V_S$ 和 $-V_S$ 接双极性电源($V_S = \pm 2.5\mathrm{V} \sim \pm 6\mathrm{V}$)或单电源($+V_S = 3 \sim 12\mathrm{V}$,$-V_S = 0$)。靠近电源引脚处加电容去耦,去耦电容最好选用 0.1 的瓷片电容和 10F 的单电解电容。AD623 的增益 G 由 R_G 进行电阻编程,或更准确地说,由 1 脚和 8 脚之间的阻抗来决定。可以由以下公式计算:

$$R_G = 100\mathrm{k}\Omega / (G-1)$$

综上所述,可得到组合运算放大电路图,如图 11-24 所示。

2) 滤波电路

光电探测器输出的微弱信号经前述的运算放大电路后,会出现许多内部噪声,加之存在外部干扰信号,限制通频带是抑制干扰和噪声的一种很有效的方法。可用滤波器抑制噪声,提高输出信噪比。

滤波器一般有低通、高通、带通和带阻 4 种。根据所检测的温度变化情况,可知测量的是低频信号,高频部分应被剔除,故需设计一低通滤波器(截止频率为 50Hz)。能够选用的低通滤波器有多种类型,为了减少滤波器的噪声,选用两个简单的二阶有源低通滤波器进行级联组成四阶低通滤波器,如图 11-25 所示。

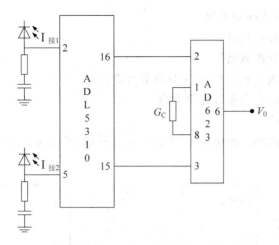

图 11-24　组合运算放大电路图

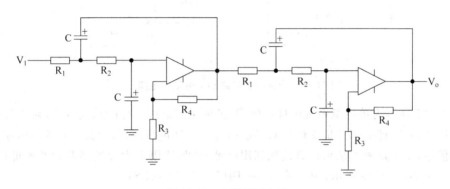

图 11-25　有源滤波电路

4. 单片机应用模块

1) 硬件设计

选择常用的 AT89551 单片机,内核与 8051 相同。它是 ATMEL 公司生产的低功耗、高性能 CMOSS 位单片机,片内含 4KB 的可系统编程的 Flash 只读程序存储器,其器件采用 ATMEL 公司的高密度、非易失性存储技术生产,兼容标准 8051 指令系统及引脚。它集成 Flash 程序存储器既可在线编程(ISP)也可用传统方法进行编程,可灵活应用于各种控制领域。

主要性能参数如下。

(1) 4KB 在线系统编程(ISP)Flash 闪速存储器。

(2) 128×8B 内部 RAM。

(3) 32 个可编程 I/O 口线。

(4) 两个 16 位定时/计数器。

(5) 6 个中断源。

(6) 全双工串行 UART 通道。

(7) 看门狗(WDT)及双数据指针。

(8) 全静态工作模式:0～33MHz。

（9）中断可从空闲模式唤醒系统。

（10）低功耗空闲和掉电模式。

（11）掉电标识和快速编程特性。

（12）灵活的在线系统编程（ISP 一字节或页写模式）。

（13）与 MCS-51 产品指令系统完全兼容。

（14）1000 次擦写周期。

AT89S51 单片机的内部时钟电路如图 11-26（a）所示，系统复位电路如图 11-26（b）所示，采用上电复位方式。

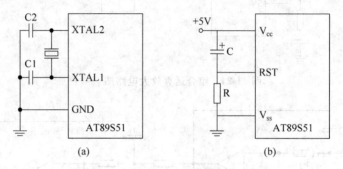

图 11-26　内部时钟电路和上电复位电路

如图 11-27 所示为单片机系统硬件扩展图，扩展主要采用并行的总线方式，对于各芯片的选择采用译码法，即采用地址编码器对系统的片外地址进行译码，以其译码的输出作为芯片的片选信号，采用这种方法可以有效地利用地址空间，适用于大容量多芯片的地址扩展。片选译码电路如图 11-28 所示，图中采用二一四译码器，如 74LS139。

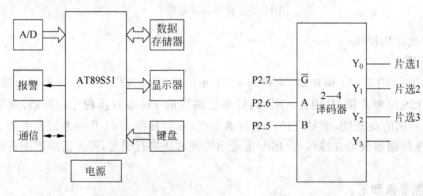

图 11-27　单片机系统硬件扩展图　　　　图 11-28　片选译码电路

2）软件设计

主程序流程如图 11-29 所示。系统初始化后就进行一次信号采集，接下来就顺次完成数据处理，对所得结果的超限判断，做报警、显示、通信处理，这些完成之后就再进行下一次采集，如图 11-29（a）所示。而键盘操作则采用中断形式，当中断被响应后，单片机就从 8279 上读出键码，转入该键号的功能子程序，如图 11-29（b）所示。

因信号采集过程不能被中断，故采集子程序的开始应关闭所有中断源，等信号采集完成后再打开中断源。

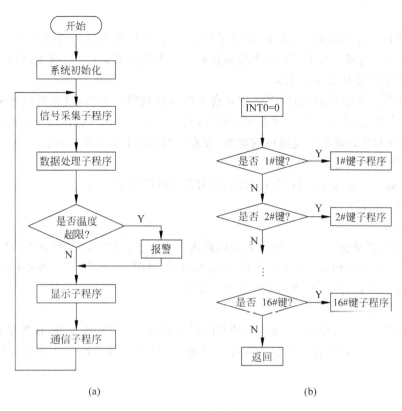

(a)   (b)

图 11-29　主程序流程

3) 抗干扰设计

在实际的应用环境中，单片机控制系统常会遇到各种干扰。要保证其可靠工作，必须进行抗干扰设计，包括硬件和软件两部分。

其中，硬件抗干扰的内容如下。

(1) 电源干扰的抑制。供电系统带来的电源干扰有：过电压、欠电压；浪涌、下陷；尖峰电压等。过电压和欠电压的危害是最严重的，它会破坏单片机应用系统的整个电源部分，导致电源失常。浪涌和下陷使电压的变化快，幅度过大，也会毁坏应用系统。尖峰电压持续时间很短，一般不会毁坏系统，但能使系统逻辑功能紊乱，甚至冲坏源程序，使系统控制失灵。

(2) 印刷电路板抗干扰措施。在单片机应用系统中，印刷电路板是器件、信号线、电源线的高密度集合体，所以印刷电路板设计的好坏对抗干扰能力影响很大，印刷电路的合理设计，可以抑制大部分的干扰。通常采用以下的抗干扰措施。

① 地线、电源线设计。接地线应尽量加粗，使它能通过三倍于印刷板上的允许电流，如有可能地线宽度应在 2～3mm 以上。接地线尽量构成闭环路，而且环路包围的面积越小越好，要单点接地。根据通过的电流，电源线也应尽量加粗，同时使电源线、地线的走向与数据信息传递的方向一致，用来增强系统的抗噪声能力。

② 去耦电容的设计。在各集成器件的电源线和地线间分别接入去耦电容，降低电阻的压降。在印刷板入口处的电源线和地线间分别接入去耦电容，安装电容器时，务必缩短电容

器的引线。

③ 布线设计。在布线时导线间距离要尽量大,导线中信号的频率越高距离应该越大,降低导线间的分布电容。对于印刷板上容易接收干扰的信号线,通过地线来加以屏蔽。印刷板是双面布线,两面线条垂直交叉。

④ 器件布置。在布置器件时,应把相互有关的器件放得近一些,以获得较好的抗噪声效果。光电隔离器、隔离用变压器等有外部引线的器件,通常放在靠近出线端子的地方。而发热较多的器件布置在印刷板易通风的地方,在必要的芯片上加上散热片。

(3) 屏蔽技术抑制电磁干扰。

用金属屏蔽罩或金属外壳包装,再接地,能有效地抑制电磁干扰。

4) 软件抗干扰设计

(1) "指令冗余"。

"指令冗余",就是在一些关键地方人为地插入一些单字节的空操作指令 NOP。当失控的程序执行到某条指令时,由于该指令前面插入两条 NOP 指令,就不会被失控的程序拆散,而会得到完整的执行,从而使程序重新纳入正常轨道。

(2) "软件陷阱"。

"软件陷阱"是一条引导指令,强行将捕获的程序引向一个指定的地址,在那里有一段专门处理错误的程序。例如,处理错误的程序入口地址为 ERR,则下面三条指令即组成一个"软件陷阱":

NOP

NOP

LJMP   ERR

由于"软件陷阱"都安排在正常程序执行不到的地方,故不会影响程序的执行。

(3) 数字滤波。

采用软件滤波技术,可有效提高数据采集精度,去除噪声干扰。

(4) 看门狗技术。

采用看门狗后,程序一旦跑飞出现偏离,定时时间一到,将产生中断申请信号,因而利用中断服务程序就可以让程序返回到起点。

第12章　电阻及阻抗的在线监测

12.1　直　流　电　阻

12.1.1　直流电阻的定义

直流电阻就是元件通上直流电所呈现出的电阻,即元件固有的、静态的电阻。比如线圈,通直流电和交流电,它呈现的电阻是不一样的,通交流电,线圈除了直流电阻外,还有电抗作用,它反映的是电阻和电抗的合作用,叫阻抗。

12.1.2　直流电阻检测

测量直流电阻目的是检查电气设备绕组或线圈的质量及回路的完整性,以发现制造或运行中因振动而产生的机械应力等原因所造成的导线断裂、接头开焊、接触不良、匝间短路等缺陷。另外,对发电机和变压器进行温升试验时,也需根据不同负荷下的直流电阻值换算出相应负荷下的温度值。

1. 测量原理

不同测量直流电阻的仪器原理是不同的,但是它们的基本原理都是建立在欧姆定律的基础之上。即在需要测试的试品上输入一个直流电流,从而测量出它的直流电阻。

直流电阻测试仪是变压器在交接、大修和改变分接开关后,必不可少的试验项目。在通常情况下,用传统的方法(电桥法和压降法)测量变压器绕组以及大功率电感设备的直流电阻是一项费时费工的工作。为了改变这种状况、缩短测量时间以及减轻测试人员的工作负担而研制开发了直流电阻快速测试仪。该测试仪以高速微控制器为核心,采用高速 A/D 转换器及程控电流源技术,达到了前所未有的测量效果及高度自动化测量功能,具有精度高、测量范围宽、数据稳定、重复性好、抗干扰能力强、保护功能完善、充放电速度快等特点。该仪器体积小、重量轻、便于携带。其自检和自动校准功能降低了仪器使用和维护的难度,是测量变压器绕组以及大功率电感设备直流电阻的理想设备,符合国家标准 GB 6587—1986《电子测量仪器环境试验总纲》及 GB 6593—1986《电子仪器质量检定规则》的要求。

变压器直流电阻测量是变压器制造中半成品、成品出厂试验、安装、交接试验及电力部门预防性试验的必测项目,能有效发现变压器线圈的选材、焊接、连接部位松动、缺股、断线等制造缺陷和运行后存在的隐患。

直流电阻测试仪是新一代变压器直流电阻的测试仪器,它能根据不同型号的电力变压器自动选择测试电流,以最快的速度显示测试结果。直流电阻测试仪具有存储、打印、放电指示等功能,内置不掉电存储器,可长期保存测量数据,液晶显示器的采用使得该仪器人机界面良好,是直流电阻测试工作中的首选设备(如图 12-1 所示)。

图 12-1　HSXZR-10A 直流电阻测试仪

直流电阻测试仪是一种高精度宽量程、采用高性能微处理器控制的电阻测试仪。可以测试 $1\mu\Omega\sim3M\Omega$ 的电阻,最大显示 30 000 数。最高测试速度 60 次/秒,测试速度在 15 次/秒,依然可以保证 0.05% 的准确度,并且读数跳动可控制在 3 字以下。标配温度补偿功能,可对电阻进行精确测试。三种电流模式可满足各种苛刻的电阻测试要求。

直流电阻快速测试仪测量变压器绕组的直流电阻是一个很重要的试验项目,在 DL/T 596—1996《电气设备预防性试验规程》中,其次序排在变压器试验项目的第二位。《规程》规定在进行变压器交接、大修、小修、变更分接头位置、故障检查及预试等时,必须测量变压器绕组的直流电阻,其目的如下。

(1) 检查绕组内部导线和引线的焊接质量。

(2) 检查分接开关各个位置接触是否良好。

(3) 检查绕组或引出线有无折断处。

(4) 检查并联支路的正确性,是否存在由几条并联导线绕成的绕组发生一处或几处断线的情况。

(5) 检查层、匝间有无短路的现象。

2. 测量仪器

用于测量直流电阻的仪器有 4 种,下面分别对它们的原理和使用方法进行详细的介绍。

1) QJ23 型携带式直流单臂电桥

测量范围:$1\sim9\,999\,000\Omega$。

基本量程:$10\sim9999\Omega$。

先检查外接检测计接线柱是否短路好,调节指针和零线重合。

如图 12-2 所示,被测电阻接到 R_X 的两接线柱上,适当选择 $A/B\times R$ 的阻值,使按钮 B 和 G 闭合时,检流计没有电流通过,可得:$R_X=A/B\times R$,A/B 的值可以从比例臂上得到,比较臂中的 4 个盘示数就是 R 的阻值。

在测量前要知道 R 的约数,然后选定一个数值,按下 B,然后轻接 G,如果检流计指针向"+"一边偏转,说明被测电阻大于选定数值,反之则小于选定数值,通过调节读数盘即可得到被测电阻。注意:所测电阻中包括引线电阻,因此需要测量引线电阻。

2) QJ44 型携带式直流双臂电桥

测量范围：0.000 01～11Ω。

基本量程：0.01～11Ω。

如图 12-3 所示，将被测电阻按 4 端接线法接到电桥相应的 C1、P1、P2、C2 接线柱上。Q1 开关扳到接通位置，稳定后调节指针和零线重合。使按钮 B 和 G 闭合时，检流计没有电流通过，可得 $R_X=R_3/R_4\times R_N$。

选择行当的倍率，测量方法同单桥。但双桥能够消除引线电阻和接触电阻带来的误差。

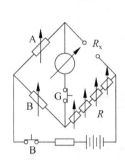

图 12-2　单电桥原理线路图

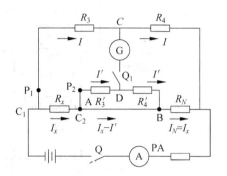

图 12-3　双电桥原理线路图

3) 三鑫 TG3960 感性负载束测欧姆计

电源、可变基准电阻 R_r、可变测量恒流源形成对感性负载 R_x 的充电回路。恒流 L_1 在被测电阻 R_x 和基准电阻 R_r 上分别产生两个不共地电压降 U_x 和 U_R，它们分别经防弧电路和精度保证电路送至信号处理电路后，得到两个共地电压——信号电压 U'_x 和基准压 U'_R 经处理后，由显示电路直接显示测量值。其基本原理图如图 12-4 所示。

测量时，接好电源，将仪器测量的 4 个端子与被测电阻 R_x 接好，抬起测量键，选择合适量程。接电源，抬起消弧键，有状态指示灯的显绿色，显示屏应显示"00000"，有底数时可调节调零电位器。按下测量键，即显示被电阻值。测量完毕后，先抬起测量键，再按下消弧键后进行下次操作或关机。

在测量大的感性负载电阻时，其操作步骤与上述相同。所不同的是感性负载存在电流惯性，需要一段事实上的电流建立时间，所以接通电源后抬起消弧键时，状态指示灯由红变绿或显示屏上显示"C"（或"充电"）消失（时间长短与被测负载电感量大小有关），仪器已完成充电过程，进入测量状态。此时应先调节零点，再按下测量键即可读数。开机状态下需要换相测量时，先抬起测量键，再按消弧键。待消弧指示灯熄灭或显示屏上消弧显示"L"（或"消弧"）消失后，方可摘下卡具进行换相测量或关机，以免电弧伤人或损坏仪器。

4) 3381 变压器直流电阻测试仪

3381 变压器直流电阻测试仪，是为大容量变压器测量直流电阻专门设计的新型仪器。其原理图如图 12-5 所示。

图中，W 代表绕组，R_x 为绕组 W 的直流电阻，当开关 K 闭合时，稳流电源向绕组供电，一开始由于绕组中电感作用电流不能突变，电源工作于非稳定流状态，随着供电时间增加，供电电流逐渐增大，当达到稳流状态时，即 $dI/dt=0$，绕组表现为纯阻性状态，这时测量标

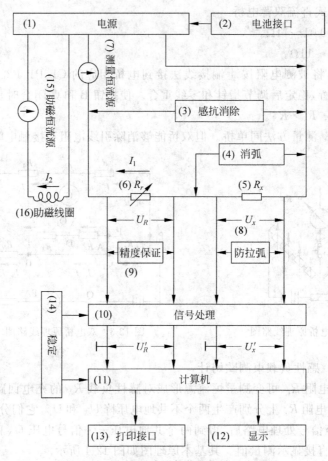

图 12-4　TG 系列感性负载欧姆计基本原理

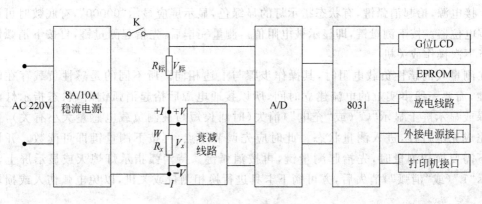

图 12-5　3381 原理图

准电阻 $R_标$ 和绕组 W 两端电位差 $V_标$ 及 V_X 就可知被测绕组的直流电阻 R_X：

$$R_X = \frac{V_X}{V_标} \times R_标 \tag{12-1}$$

绕组测量信号 V_X 范围为 0～20V，为保证测量精度，V_X 先经衰减线路归一到某一范围，这个信号和 $V_标$ 送放大器放大，然后送辊位半双积型 A/D 进行转换，转换结果送进计算机系统。

如图 12-6 所示，设 α_i 为第 i 挡的衰减系数，$\alpha_i = V'_X / V_X$，由式（12-1）得：

$$R_X = V'_X \times \frac{R_标}{\alpha_i} \times \frac{1}{V_标} \quad (12\text{-}2)$$

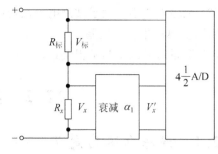

图 12-6　3381 衰减部分原理图

测量按如下步骤进行。

（1）用电源线把仪器与外部 AC220V 电源连接，全电源开关。

（2）为保证测量精度先预热 10min，LCD 后两位为预热时间。

（3）进行工作方式选择，按方式键 LCD 前 4 位显示测量方式。

测量方式表示如下。

① 第一位代表测量状态，共分为三种：1 为普通测试；2 为铁心五柱、低压角接测试；3 为温升测试。

② 第二、三位表示供电电流，共分为 4 种：05 为 5A 电源供电；10 为 10A 电源供电；20 为 20A 电源供电；40 为 40A 电源供电。

③ 第四位代表电源状态，共分为两种：0 为仪器内部稳流电源供电；1 为外扩展电流供电。

（4）启动。

方式选择完毕后按下启动键开始测试，电流指示表头指示充电电流，状态指示表头往右偏代表充电，后两位 LCD 非温升方式时清零，开始记录测试时间，前 4 位 LCD 顺序显示如下。

4.0.0.0——仪器内部自检，如闪烁显示表示仪器自检不合格，应复位重新启动。

5.0.0.0——过渡过程判断，仪器向绕组供电，输出电流未达到选择的稳流时。

6.0.0.n——选择挡位，n 代表挡位，仪器共分为 6 挡。

（5）读取数据。

仪器自动完成选挡后进行电阻测试，前 4 位 LCD 显示阻值，单位为 mΩ，待数据稳定后记录或打印。

（6）复位。

测试完成后按复位键，电流指示表头为零，仪器放电回路工作，放电计时开始，状态指示表头向左偏代表放电，回零代表放电结束。

（7）关机。放电完毕，仪器开关至关。

3. 检测接线及注意事项

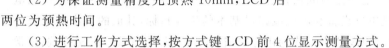

图 12-7　检测基本接线方法

检测基本接线方法如图 12-7 所示。在测量中应该注意以下几点。

（1）在条件允许的情况下应拆除引线进行测量，避免由于引线的存在对线圈电阻造成的影响。

（2）在测量时应让变压器内部处于静止状态，以避免油的流动对测量结果造成较大的误差。

217

第 12 章

（3）试验电流不得大于被测电阻额定电流的 20％，且通过电流时间不宜过长，以避免被测电阻因发热产生较大误差。

（4）测量时被测试品不得接地。

12.2 绝 缘 电 阻

12.2.1 绝缘电阻的定义

加直流电压于电介质，经过一定时间极化过程结束后，流过电介质的泄漏电流对应的电阻称绝缘电阻。绝缘电阻是电气设备和电气线路最基本的绝缘指标，其值的大小能够有效地反映绝缘的整体受潮、污秽以及严重过热老化等缺陷。对于低压电气装置的交接试验，常温下电动机、配电设备和配电线路的绝缘电阻不应低于 $5\mathrm{M}\Omega$（对于运行中的设备和线路，绝缘电阻不应低于 $1\mathrm{M}\Omega/\mathrm{kV}$）。低压电器及其连接电缆和二次回路的绝缘电阻一般不应低于 $1\mathrm{M}\Omega$；在比较潮湿的环境不应低于 $0.5\mathrm{M}\Omega$；二次回路小母线的绝缘电阻不应低于 $10\mathrm{M}\Omega$。I 类手持电动工具的绝缘电阻不应低于 $2\mathrm{M}\Omega$。

影响绝缘电阻的因素有以下几个。

1. 环境温湿度

一般材料的绝缘电阻值随环境温湿度的升高而减小。相对而言，表面电阻（率）对环境湿度比较敏感，而体电阻（率）则对温度较为敏感。湿度增加，表面泄漏增大，导体电导电流也会增加。温度升高，载流子的运动速率加快，介质材料的吸收电流和电导电流会相应增加，据有关资料报道，一般介质在 70℃ 时的电阻值仅有 20℃ 时的 10％。因此，测量绝缘电阻时，必须指明试样与环境达到平衡的温湿度。

2. 测试时间

用一定的直流电压对被测材料加压时，被测材料上的电流不是瞬时达到稳定值的，而是有一衰减过程。在加压的同时，流过较大的充电电流，接着是比较长时间缓慢减小的吸收电流，最后达到比较平稳的电导电流。被测电阻值越高，达到平衡的时间则越长。因此，测量时为了正确读取被测电阻值，应在稳定后读取数值。在通信电缆绝缘电阻测试方法中规定，在充电 1min 后读数，即为电缆的绝缘实测值。但是在实际上，此方法有些不妥，因为直流电压对被测材料加压时，被测材料上的电流是电容电流，既然是电容电流，就与电缆的电容大小有关，电容大需要充电的时间就长，特别是油膏填充电缆，需要的时间要长一些。所以同一类型的电缆，由于长度不一样，且电容大小不一样，充电时间为 1min 时读数显然是不科学的，还需进一步研究和探讨。

3. 电缆自身因素

当电缆受热或受潮时，绝缘材料会发生老化，其绝缘电阻也会随之降低。

4. 测试仪器的准确使用

很多厂家普遍采用高阻计、兆欧表等测试仪器，在工作时，仪器自身产生高电压，而测量对象又是电气设备，所以必须正确使用，否则就会造成人身或设备事故。

使用测试仪器前，首先要做好以下各种准备。

（1）测量前必须将被测设备电源切断，并对地短路放电，决不允许设备带电进行测量，以保证人身和设备的安全。

（2）对可能感应出高压电的设备，必须在消除这种可能性后，才能进行测量。

（3）被测物表面要清洁，以降低接触电阻，确保测量结果的正确性。

（4）测量前要检查仪器是否处于正常工作状态，主要检查其"0"和"∞"两点。兆欧表即摇动手柄，使电机达到额定转速，兆欧表在短路时应指在"0"位置，开路时应指在"∞"位置。

（5）仪器应放在平稳、牢固的地方，且远离大的外电流导体和外磁场。

做好上述准备工作后就可以进行测量，在测量时，还要注意正确接线，否则将引起不必要的误差其至错误。

12.2.2　绝缘电阻测量

测量设备的绝缘电阻，是检查其绝缘状态最简便的辅助方法，绝缘电阻的测试最常用的仪表是绝缘电阻表（俗称兆欧表）。由于选用的兆欧表电压低于被试物的工作电压，因此，此项试验属于非破坏性试验，操作安全、简便。由所测得的绝缘电阻值可发现影响电气设备绝缘的异物、绝缘局部或整体受潮和脏污、绝缘油严重劣化、绝缘击穿和严重热老化等缺陷。绝缘电阻测试是为了解、评估电气设备的绝缘性能而经常使用的一种比较常规的试验类型。通常技术人员通过对导体、电气零件、电路和器件进行绝缘电阻测试来达到以下目的：验证生产的电气设备的质量；确保电气设备满足规程和标准（安全符合性）；确定电气设备性能随时间的变化（预防性维护）；确定故障原因（排障）。

绝缘电阻最大可达 $10^5 \sim 10^6 \, \mathrm{M}\Omega$ 左右。绝缘电阻表的输出电压通常有 $100\mathrm{V}$、$250\mathrm{V}$、$500\mathrm{V}$、$1000\mathrm{V}$、$2500\mathrm{V}$、$5000\mathrm{V}$ 等规格，输出电流随输出电压的升高而减少，$5\mathrm{kV}$ 高压时一般输出电流只有几毫安，对于一般的绝缘材料是足够的，但对于大电容量的试品，如电力电缆、大型发电机定子绕组，则需要大功率的测量仪表。

1. 测量原理

电气设备中的绝缘介质并非绝对不导电。如图 12-8(a)所示方框代表一绝缘试品，一般绝缘材料内部介电强度分布不完全均匀，方框内部代表这类绝缘介质的等效电路。合上开关 K，在绝缘介质的两端施加一定的直流电压 V，微安表指针首先会发生较大偏转，随后指针偏转角度逐步减小并会稳定在一定的角度，微安表所指示的电流变化如图 12-8(b)中的电流曲线 i 所示。通过试品的总电流 i 可以分解成三种电流分量：由绝缘电阻 R 决定的漏电流 i_1、介质内部电压重新分配过程中产生的吸收电流 i_2 和由快速极化产生的电容电流 i_3。其中，漏电流 i_1 是不随时间而改变的纯阻性电流，电容电流 i_3 和吸收电流 i_2 均是按指数规律衰减的容性电流，但电容电流 i_3 衰减时间常数比吸收电流 i_2 衰减时间常数小，所以衰减速度也较快。总体来看，试品的电容量越大，电容电流衰减时间越长；而吸收电流与绝缘介质内部绝缘老化程度有关，如受潮、局部绝缘缺陷等会使吸收变快，吸收电流与时间的关系曲线叫吸收曲线。不同绝缘介质的吸收曲线不同，对同一绝缘介质而言，绝缘状况不同，吸收曲线也不相同。

测量绝缘电阻及吸收比就是利用吸收现象来检查绝缘是否整体受潮，有无贯通性的集中性缺陷，规程上规定加压后 60s 和 15s 时测得的绝缘电阻之比为吸收比，即

$$K = \frac{R_{60}}{R_{15}} \qquad\qquad (12\text{-}3)$$

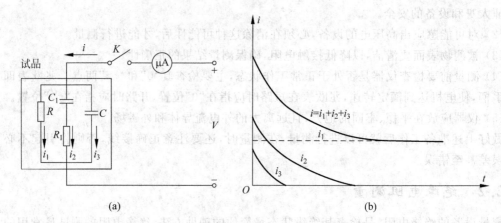

图 12-8　直流电压下流过不均匀介质的电流构成

当 $K \geqslant 1.3$ 时,认为绝缘干燥,而以 60s 时的电阻为该设备的绝缘电阻。

下面以双层介质为例说明吸收现象,如图 12-9 所示。在双层介质上施加直流电压,当 K 刚合上瞬间,电压突变,这时层间电压分配取决于电容,即

$$\left.\frac{U_1}{U_2}\right|_{t=0^+} = \frac{C_2}{C_1} \tag{12-4}$$

而在稳态($t \to \infty$)时,层间电压取决于电阻,即

$$\left.\frac{U_1}{U_2}\right|_{t \to \infty} = \frac{r_1}{r_2} \tag{12-5}$$

若被测介质均匀,$C_1 = C_2$,$r_1 = r_2$,则 $\left.\dfrac{U_1}{U_2}\right|_{t=0^+} = \left.\dfrac{U_1}{U_2}\right|_{t \to \infty}$,在介质分界面上不会出现电荷重新分配的过程。

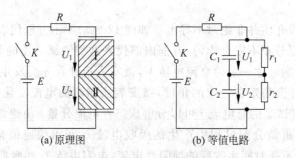

(a)原理图　　　　(b)等值电路

图 12-9　双层介质的吸收现象

若被测介质不均匀,$C_1 \neq C_2$,$r_1 \neq r_2$,则 $\left.\dfrac{U_1}{U_2}\right|_{t=0^+} \neq \left.\dfrac{U_1}{U_2}\right|_{t \to \infty}$。这表明 K 闭合后,两层介质上的电压要重新分配。若 $C_1 > C_2$,$r_1 > r_2$,则闭合瞬间 $U_2 > U_1$;稳态时,$U_1 > U_2$,即 U_2 逐渐下降,U_1 逐渐增大。C_2 已充上的一部分电荷要通过 r_2 放掉,而 C_1 则要经 R 和 r_2 从电源再吸收一部分电荷。这一过程称为吸收过程。因此,直流电压加在介质上,回路中电流将随时间而变化(如图 12-10 所示)。

初始瞬间由于各种极化过程的存在,介质中流过的电流很大,随时间增加,电流逐渐减小,最后趋于一稳定值 I_g,这个电流的稳定值就是由介质电导决定的泄漏电流。与之相应

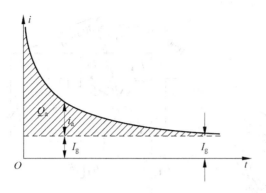

图 12-10　吸收曲线

的电阻就是介质的绝缘电阻,图 12-10 中阴影部分面积表示了吸收过程中的吸收电荷 Q_a,相应的电流称为吸收电流。它随时间增长而衰减,其衰减速度取决于介质的电容和电阻$\left(\text{时间常数为 } \tau = \dfrac{(C_1 + C_2) r_1 r_2}{r_1 + r_2}\right)$。对于干燥绝缘,$r_1$、$r_2$ 均很大,故 τ 很大,吸收过程明显,吸收电流衰减缓慢,吸收比 K 人;而绝缘受潮后,电导增大,r_1、r_2 均减小,I_g 也增大,吸收过程不明显,$K \to 1$。因此,可根据绝缘电阻和吸收比 K 来判断绝缘是否受潮。

2. 测量仪表

测量绝缘电阻的仪表常称为摇表,由于绝缘电阻数值至少在兆欧级以上,所以又称为兆欧表。传统的兆欧表分为手摇式和电动式两种,从外观上看有三个接线端子,它们是 Line端子 L,接于被试设备的高压导体上;Earth 端子 E,接于被试设备的外壳或地上;Guard端子 G,接于被试设备的高压屏蔽环/罩上,以消除表面泄漏电流的影响。图 12-11(a)为手摇式兆欧表外形图,图 12-11(b)是手摇式兆欧表的内部结构,主要由电源和两个线圈回路组成。电源是手摇发电机,处于磁场中的两个线圈——直流线圈和电压线圈相互垂直,组成的磁电式流比计机构。当摇动兆欧表时,发电机产生的直流电压施加在试品上,这时在电压线圈和电流线圈中就分别有电流 I_1 和 I_2 流过,将会产生两个不同方向的转矩 T_1 和 T_2:

$$T_1 = k_1 I_1 B_1(\alpha) \quad T_2 = k_2 I_2 B_2(\alpha) \tag{12-6}$$

其中,$B_1(\alpha)$、$B_2(\alpha)$ 分别为两个线圈所在处的磁感应强度与偏转角 α 之间的函数关系。当两个反向转矩平衡时:

$$k_1 I_1 B_1(\alpha) = k_2 I_2 B_2(\alpha) \tag{12-7}$$

则有:

$$\frac{I_1}{I_2} = \frac{k_2 B_2(\alpha)}{k_1 B_1(\alpha)} = f(\alpha) \quad \text{或} \quad \alpha = f\left(\frac{I_1}{I_2}\right) \tag{12-8}$$

式(12-8)表明,偏转角 α 与两线圈中电流之比有关,故这类磁电式仪表也称为流比计。又因为 $\dfrac{I_1}{I_2} = \dfrac{R_2 + R_x}{R_1 + R}$,已知 R 为标准电阻,R_1 和 R_2 分别为电压线圈和电流线圈的电阻。所以

$$\alpha = f\left(\frac{I_1}{I_2}\right) = f\left(\frac{R_2 + R_x}{R_1 + R}\right) = f'(R_x) \tag{12-9}$$

即得,偏转角 α 与被测电阻 R_x 有一定的函数关系,通过标定,α 角就能反映被测电阻的大

电阻及阻抗的在线监测

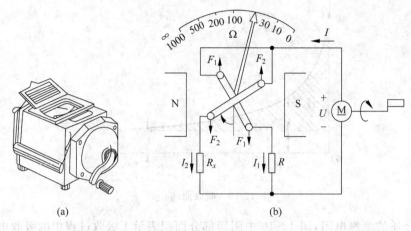

(a) (b)

图 12-11 手摇式兆欧表

小。而且偏转角 α 与电源电压 U 无关,所以手摇发电机转动的快慢不影响读数。

3. 绝缘电阻表的选择与使用

1) 绝缘电阻表的选择

选择绝缘电阻表时,其额定电压一定要与被测电气设备或线路的工作电压相适应。此外,绝缘电阻表的测量范围也应与被测绝缘电阻的范围相吻合。例如,测量高压设备的绝缘电阻,须选用电压高的绝缘电阻表。如瓷瓶的绝缘电阻一般在 $10^4 M\Omega$ 以上,至少需用 2500V 以上的绝缘电阻表才能测量,否则测量结果不能反映工作电压下的绝缘电阻。同样,不能用电压过高的绝缘电阻表测量低电压电气设备的绝缘电阻,以免设备的绝缘性受到损坏。通常,绝缘电阻表的选择可以参考表 12-1 所示。

表 12-1 绝缘电阻表选择参考表

测 量 对 象	被测设备额定电压/V	绝缘电阻表额定电压/V
线圈的绝缘电阻	500V 以下	500
线圈的绝缘电阻	500V 以上	1000
电机绕组绝缘电阻	380V 以下	1000
变压器、电机绕组绝缘电阻	500V 以上	1000～250
电气设备和电路绝缘电阻	500V 以下	500～1000
电气设备和电路绝缘电阻	500V 以上	2500～5000
绝缘子、母线、隔离开关		2500 以上

2) 使用方法和注意事项

兆欧表在工作时,自身产生高电压,而测量对象又是电气设备,所以必须正确使用,否则就会造成人身或设备事故。使用前,首先要做好如下准备。

(1) 使用绝缘电阻表测量设备的绝缘电阻时,须先切断被测设备电源,并对设备接地进行放电,以防发生人身和设备事故。

(2) 被测设备的表面应擦拭干净,以免影响测量结果。

(3) 选用合格的绝缘电阻表,并放置在平稳牢固的地方。

(4) 测量前检查绝缘电阻表指针偏转情况。"L"、"E"两个端子开路,摇动手摇发电机的手柄,使发电机的转速达到额定转速。这时的指针应该指在标尺的"∞"刻度处;然后再将"L"、"E"短接,缓慢摇动手柄,指针应指在"0"位上。

做好上述准备工作后就可以开始进行测量,在测量时,还要注意兆欧表的正确接线,否则将引起不必要的误差甚至错误。

兆欧表的接线柱有三个(如图 12-12 所示),分别标有:L(线)、E(地)和 G(屏)。测量时,L 用导线接被测设备的待测导体部分,E 用导线接设备的外壳或接地,G 根据需要再连接。若当被测绝缘体表面有泄漏电流时,测出的电阻是表面电阻和绝缘电阻的并联值,低于真实绝缘电阻,此时须使用 G 端。例如,测量电缆的绝缘电阻。在电缆表面加一保护环接至 G 端,表面电流就不经过线圈 1 而由电缆表皮经 E 端流回电源负端,消除了表面电流的影响。

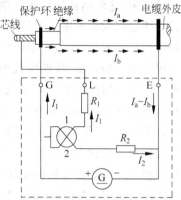

图 12-12 测量电缆的绝缘
电阻的接线图

同时,在使用兆欧表时,还需注意以下事项。

(1) 转动手柄时,转速要均匀,一般为 120r/min,切忌忽快忽慢,摇动 1min 后,待指针稳定下来再计数。测完后先拆去接线,再停止摇动。

(2) 未停止转动前或被测设备未进行放电之前,切勿用手接触导体。

(3) 测量完毕,应对被测设备充分放电,拆线时也不可直接接触连接线的裸露部分,以免发生触电。

(4) 禁止在雷电时或附近有高压导体的设备上测量绝缘。

(5) 应定期校验,以保证测量的准确性。

12.3　接地电阻

12.3.1　接地电阻的定义

电气设备的任何部分与接地体之间的连接称为"接地"。电气设备的接地是指将设备的某一部位通过接地线与接地网进行可靠的金属连接。为保证接地电阻(阻抗)在一定范围内(不同接地类型有不同的要求),一般需要埋设接地网。接地网由角钢、圆钢等构成一定的几何形状,设备、接地线和接地网要可靠连接。

按照接地目的的不同,接地可分为工作接地、保护接地、防雷接地。

工作接地是指电力系统利用大地作为地线回路的接地(如系统中某一点接地),正确的工作接地是电力设备正常工作的基本条件,如三相四线制中变压器中性点接地。保护接地是指为防止电力设备的外壳和不带电的金属部分因绝缘泄漏或感应带电所进行的接地(如电气设备外壳接地)。正确的保护接地是防止触电、保护人身安全的重要措施。防雷接地是指过电压保护装置或户外设备的金属结构的接地,如避雷器的接地、光伏电池组串的金属框架的接地等。接地电阻要求:交流工作接地,接地电阻不应大于 4Ω;安全工作接地,接地电阻不应大于 4Ω;直流工作接地,接地电阻应按计算机系统具体要求确定;防雷保护地的接地电阻不应大于 10Ω；对于屏蔽系统如果采用联合接地时，接地电阻不应大于 1Ω。

接地电阻是指大地对于通过它的电流的阻碍作用，即接地处电气设备与接地点之间的电压与电流之比。也就是电流由接地装置流入大地再经大地流向另一接地体或向远处扩散所遇到的电阻，它包括接地线和接地体本身的电阻、接地体与大地的电阻之间的接触电阻以及两接地体之间大地的电阻或接地体到无限远处的大地电阻。

但值得提醒的是：接地电阻的概念只适用于小型接地网；随着接地网占地面积的加大以及土壤电阻率的降低，接地阻抗中感性分量的作用越来越大，大型地网应采用接地阻抗设计。对于高压和超高压变电所来说，应当用"接地阻抗"的概念取代"接地电阻"，同时建议规程采用接触电压和跨步电压作为安全判据；还应选用轻便、准确的异频测量系统获得接地阻抗的正确结果，以保障人身、设备的安全，利于电力系统的安全运行。接地阻抗是指电力设备的接地极与电位为零的远处间的阻抗，可以用两点的电压与通过接地装置流向大地的电流的比值来测量。它反映的是接地装置对入地电流的阻碍作用的大小。接地电阻大小直接体现了电气装置与"地"接触的良好程度，也反映了接地网的规模。影响接地阻抗大小的因素很多，主要有接地体附近土壤电导率的大小和含水量、接地体的材料形状和埋入深度、电流频率以及电流通过土壤时对其中化合物发生的电解作用等。由于接地阻抗的大小对电力系统的正常运行和人身安全有重大影响，所以接地阻抗的测量属于国家标准强制要求测量的项目。

12.3.2　接地电阻测量的基本原理

接地电阻的测量一般采用伏安法或接地电阻表法，其基本原理如图 12-13(a)所示。在接地极和电流极之间施加工频交流电压 U，就会有电流通过接地极、大地和辅助电流电极构成回路。电流通过接地极向大地四周扩散，在接地极附近形成电压降。由于电流从接地体向四周发散，所以距离接地极越近，电流密度越大，电压降落也最显著，形成如图 12-13(b)所示的电位分布。如果辅助电流极离接地极的距离足够远，就会在它们的中间出现电压降近似为零的区域，该区域的电压分布对应图 12-13(b)中电位分布曲线中间平坦的部分。假设辅助电压极 P 正好位于该区域，电压表和电流表的读数分别为 V 和 I，则接地体 E 的正频接地阻抗为

$$Z = \frac{V}{I} \tag{12-10}$$

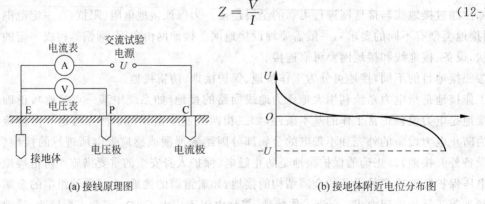

(a) 接线原理图　　　　　　　　　　(b) 接地体附近电位分布图

图 12-13　接地阻抗测量原理

要准确测量接地阻抗,辅助电压电极 P 必须准确找到电位为零的区域。具体方法是:在 E、C 足够远(通常大于接地网对角线长度的 4~5 倍)的情况下,将辅助电压极逐步远离 E 极向 C 极方向移动,当电压表读数基本不变时,该位置就是近似的零电位点。有时为了测准,则采用变电所的出线,达至 E、C 两极距离足够大。

12.3.3　接地阻抗测量方法

测量接地阻抗是接地装置试验的主要内容,现场运行部门一般采用电压-电流表法或专用接地电阻表(俗称接地摇表)进行测量。

用电压-电流表法和接地电阻表测量接地阻抗的接线如图 12-14 所示。

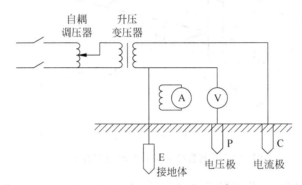

图 12-14　电压-电流表法测量接地阻抗的接线图

接地阻抗计算为:

$$Z = \frac{V}{I} \tag{12-11}$$

式中,Z——接地阻抗,单位为 Ω;

V——电压表测得被测接地电极与电压辅助电极间的电压,V;

I——流过被测接地电极的电流,A。

由于一般低压 220V 由一条相线和一条中性线构成,若没有升压变压器则相线端直接到被测接地装置上,可能造成电源短路。

测量接地阻抗时电极的布置一般有两种,如图 12-15 所示。图 12-15(a)为电极直线布置,一般选电流线 d_{GC} 等于 (4~5)D,D 为接地网最大对角线长度,电压线 d_{GP} 为 0.618d_{GC} 左右。测量时还应将电压极沿接地网与电流极连线方向前后移动 d_{GC} 的 5%,各测一次。若三次测得的阻抗值接近,可以认为电压极位置选择合适。若三次测量值不接近,应查明原因(如电流极、电压极引线是否太短等)。当远距离放线有困难时,在土壤电阻率均匀地区,d_{GC} 可取 2D;当土壤电阻率不均匀时,d_{GC} 可取 3D 左右。图 12-15(b)为电极三角形布置,一般选 $d_{GP} = d_{GC} = (4~5)D$,夹角 $\theta \approx 30°$。测量时也应将电压极前后移动再测两次,共测三次。

在进行接地阻抗测量时,应该注意以下事项。

(1) 测量应选择在干燥季节和土壤未冻结时进行。

(2) 采用电极直线布置测量时,电流线与电压线应尽可能分开,不应缠绕交错。

(3) 在变电站进行现场测量时,由于引线较长,应多人进行,转移地点时,不得甩扔引线。

(4) 测量时拉线阻抗表无指示,可能是电流线断;指示很大,可能是电压线断或接地体

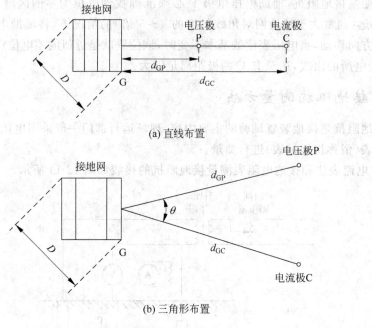

(a) 直线布置

(b) 三角形布置

图 12-15　测量接地阻抗时电极布置图

与接地线未连接；接地阻抗表指示摆动严重,可能是电流线、电压线与电极或接地阻抗表端子接触不良造成的,也可能是电极与土壤接触不良造成的。

（5）对于运行 10 年以上的接地网,应部分开挖检查,看是否有接地体焊点断开、松脱、严重锈蚀现象。

12.4　接触电阻

12.4.1　接触电阻的定义及形成原理

接触电阻是电流流过闭合的接触对时的电阻。主要选用产品有连接器、继电器线束、开关等元件。

接触电阻的产生原因：在电场作用下,物体内部电子的振动与原子内其他物质的振动相互碰撞,而接触点由于是两种物质的接触,自然会有更多的杂质和其他物质,这样接触电阻就会产生。在显微镜下观察连接器接触件的表面,尽管镀金层十分光滑,则仍能观察到 $5\sim10\mu m$ 的凸起部分。会看到插合的一对接触件的接触,并不是整个接触面的接触,而是散布在接触面上一些点的接触。实际接触面必然小于理论接触面。根据表面光滑程度及接触压力大小,两者差距有的可达几千倍。实际接触面可分为两部分：一是真正金属与金属直接接触部分。即金属间无过渡电阻的接触微点,也称接触斑点,它是由接触压力或热作用破坏界面膜后形成的。部分约占实际接触面积的 $5\%\sim10\%$。二是通过接触界面污染薄膜后相互接触的部分。因为任何金属都有返回原氧化物状态的倾向。实际上,在大气中不存在真正洁净的金属表面,即使很洁净的金属表面,一旦暴露在大气中,便会很快生成几微米的初期氧化膜层。例如,铜只要 $2\sim3min$,镍约 $30min$,铝仅需 $2\sim3s$,其表面便可形成厚度

约 $2\mu m$ 的氧化膜层。即使特别稳定的贵金属,由于它的表面能较高,其表面也会形成一层有机气体吸附膜。此外,大气中的尘埃等也会在接触件表面形成沉积膜。因而,从微观分析任何接触面都是一个污染面。

接触电阻一般由收缩电阻、表面膜电阻和导体电阻组成。其中,①收缩电阻是电流在流经接触区域时,从原来截面较大的导体突然转入截面很小的接触点,电流发生剧烈收容现象(或集中现象),此现象所呈现的附加电阻称为收缩电阻或集中电阻。②表面膜电阻是由于接触表面膜层及其他污染物所构成的膜层电阻。从接触表面状态分析;表面污染膜可分为较坚实的薄膜层和较松散的杂质污染层。故确切地说,也可把表面膜电阻称为界面电阻。③导体电阻是实际测量电连接器接触件的接触电阻时,都是在接点引出端进行的,故实际测得的接触电阻还包含接触表面以外接触件和引出导线本身的导体电阻。导体电阻主要取决于金属材料本身的导电性能,它与周围环境温度的关系可用温度系数来表征。

为便于区分,将收缩电阻加上膜层电阻称为真实接触电阻。而将实际测得包含导体电阻的称为总接触电阻。

在实际测量接触电阻时,常使用按开尔文电桥 4 端子法原理设计的接触电阻测试仪(毫欧计),其专用夹具夹在被测接触件端接部位两端,故实际测量的总接触电阻 R 由以下三部分组成:

$$R = R_s + R_f + R_p \tag{12-12}$$

式中,R_s——收缩电阻;

$\quad R_f$——膜层电阻;

$\quad R_p$——导体电阻。

12.4.2 接触电阻测试原理

接触电阻的检验目的是确定电流流经接触件的接触表面的电触点时产生的电阻。如果有大电流通过高阻触点时,就可能产生过分的能量消耗,并使触点产生危险的过热现象。在很多应用中要求接触电阻低且稳定,以使触点上的电压降不致影响电路状况的精度。

接触电阻的测量一般都采用开尔文四线法原理(如图 12-16 所示)。开尔文四线法连接有两个要求:对于每个测试点都有一条激励线 F 和一条检测线 S,二者严格分开,各自构成独立回路;同时要求 S 线必须接到一个有极高输入阻抗的测试回路上,使流过检测线 S 的电流极小,近似为零。

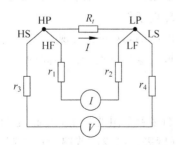

图 12-16　接触电阻的测量开尔文四线法原理图

由于四线法测量接触电阻采用 10mA/100mA 的恒流源,故测量接触电阻的实质是测量微动接触电压。

电阻及阻抗的在线监测

12.4.3 影响接触电阻的因素

接触电阻的阻值主要受接触形式、接触压力、表面状态、接触件材料性质、使用电压和电流、接触电阻在长期工作中的稳定性、温度等因素影响。

1. 接触形式

接触电阻的形式可分为点接触、线接触和面接触三类。接触形式对收缩电阻 R_s 的影响主要表现在接触点的数目上。一般情况下，面接触的接触点数 n 最大而 R_s 最小；接触点数 n 最小而 R_s 最大；线接触则介于两者之间。

接触形式对膜电阻 R_f 的影响主要是看每一个接触点所承受的压力 F。一般情况下，在对触头外加压力 F 相同的情况下，点接触形式 n 最小，单位面积承受压力 F_1 最大，容易破坏表面膜，所以有可能使 R_f 减到最小；反之，面接触的 F_1 就最小，对 R_f 的破坏力最小，R_f 值有可能最大。

表面越平滑的材料，其接触电阻变异就越小。

2. 接触压力

接触压力 F 对收缩电阻 R_s 值和表面膜电阻 R_f 值的影响最大，F 的增加使接触点的有效接触面积增大，即接触点数 n 增加，从而使 R_s 减小。当加大 F 超过一定值时，可使触头表面的气体分子层吸附膜减少到两或三个；当超过材料的屈服压强时，产生塑性变形，表面膜被压碎出现裂缝，从而增加了接触面积，这就使收缩电阻 R_s 因表面膜电阻 R_f 的减小而下降，R_s 和 R_f 同时减小，从而使接触电阻大大下降。相反，当接触不到位、接触触头失去了弹性变形等原因使接触压力 F 下降时，接触面积减小，收缩电阻 R_s 增大，表面膜电阻 R_f 受 F 的破坏作用减弱或不受其影响，从而使表面膜电阻 R_f 增大。同时因 R_f 增大，使接触面积减小，从而使接触电阻增大，二者的综合作用使接触电阻整体上升。接触压力主要取决于接触件的几何形状和材料性能。

3. 表面状态

接触件表面一是由于尘埃、松香、油污等在接点表面机械附着沉积形成的较松散的表膜，这层表膜由于带有微粒物质极易嵌藏在接触表面的微观凹坑处，使接触面积缩小，接触电阻增大，且极不稳定。二是由于物理吸附及化学吸附所形成的污染膜，对金属表面主要是化学吸附，它是在物理吸附后伴随电子迁移而产生的。故对一些高可靠性要求的产品，如航天用电连接器必须要有洁净的装配生产环境条件、完善的清洗工艺及必要的结构密封措施，使用单位必须要有良好的储存和使用操作环境条件。

接触表面的光洁度对接触电阻有一定的影响，这主要表现在接触点数 n 的不同。接触表面可以是粗加工、精加工，甚至是采用机械或电化学抛光。不同的加工形式直接影响接触点数的多少，并最终影响接触电阻的大小。

4. 接触件材料性质

构成电接触的金属材料的性质直接影响接触电阻的大小，比如，电阻率、材料的硬度、材料的化学性质、材料的金属化合物的机械强度等。以我国普遍使用的铜为例，铜有良好的导电和导热性能，其强度和硬度都比较高，熔点也较高，易于加工。因此铜线接头在接触良好的情况下，温度低于无接头部位的温度；但在高温下，其在大气或变压器油中也能氧化，生成氧化亚铜（Cu_2O），其导电性很差，氧化膜厚度随时间和温度的增加而不断增加，接触电阻也成倍地增加,有时甚至使用闭合电路出现断路现象。

因此铜不适合于作非频繁操作电器的触头材料,对于频繁操作的接触器,电流大于150A时,氧化膜在开闭时产生的电弧的高温度作用下分解,可采用铜触头。从整体减小接触电阻的角度看,可在铜上镀银或锡,后两者的优点是电阻率及材料的布氏硬度值小,氧化膜机械强度很低,因此铜件上采取此措施可减小接触电阻。

连接器技术条件对不同材质制作的同规格插配接触件,规定了不同的接触电阻考核指标。如小圆形快速分离耐环境电连接器总规范 GJB 101—1986 规定,直径为 1mm 的插配接触件接触电阻,铜合金≤5mΩ,铁合金≤15mΩ。

5. 使用电压和电流

使用电压达到一定阈值,会使接触件膜层被击穿,而使接触电阻迅速下降。但由于热效应加速了膜层附近区域的化学反应,对膜层有一定的修复作用。于是阻值呈现非线性。在阈值电压附近,电压降的微小波动会引起电流可能二十倍或几十倍的变化,使接触电阻发生很大变化。

当电流超过一定值时,接触件界面微小点处通电后产生的焦耳热作用而使金属软化或熔化,会对集中电阻产生影响,随之降低接触电阻。

6. 接触电阻在长期工作中的稳定性

接触电阻在长期工作中会受到腐蚀作用。

(1) 化学腐蚀。电接触的长期允许温度一般都很低,虽然接触面的金属不与周围介质接触,但周围介质中的氧会从接触点周围逐渐侵入,并与金属发生化学作用,形成金属氧化物,从而使实际接触面积减小,使接触电阻增加,接触点温度上升。温度越高,氧分子的活动力越强,可以更深地浸入金属内部,这种腐蚀作用变得更为严重。

(2) 电化学腐蚀。不同的金属构成电接触时,能够发生这种腐蚀。它使负极金属溶解到电解液中,造成负电极金属的腐蚀。

7. 温度

当接触点温度升高时,金属的电阻率就会有所增大,但材料的硬度有所降低,从而使接触点的面积增大。前者使收缩电阻 R_s 增大,后者使 R_s 减小,结果是两者互为补偿,故接触电阻变化甚微。但是,发热使接触面上生成氧化层薄膜,增加了接触电阻,这种接触电阻可成百成千倍地增大。其氧化速度与触头表面温度有关,当发热温度超过某一临界温度时,这个过程将会加速进行,这就限制了接触面的极限允许温度。否则,将使接触电阻剧增,引起恶性循环。另外,当发热温度超过一定值时,弹簧接触部分的弹性元件会被退火,使压力降低,也会使接触电阻增加,恶性循环加剧,最后会导致连接状态遭到破坏。

12.4.4 接触电阻的问题研讨

1. 低电平接触电阻检验

考虑到接触件膜层在高接触压力下会发生机械击穿或在高电压、大电流下会发生电击穿,对某些小体积的连接器设计的接触压力相当小,使用场合仅为 mV 或 mA 级,膜层电阻不易被击穿,可能影响电信号的传输。故国军标 GJB 1217—1991 电连接器试验方法中规定了两种试验方法,即低电平接触电阻试验方法和接触电阻试验方法。其中,低电平接触电阻试验的目的是评定接触件再加上不能改变物理的接触表面或不改变可能存在的不导电氧化薄膜的电压和电流条件下的接触电阻特性。所加开路试验电压不超过 20mV,而试验电流应限制在 100mA,在该电平下的性能足以满足在低电平电激励下的接触界面的性能。而接触电阻试验目的是测量通过规定电流的一对插合接触件两端或接触件与测量规之间的电阻,而此规定电流要比前者大得多,通常规定为 1A。

2. 单孔分离力检验

为确保接触件插合接触可靠,保持稳定的正压力是关键。正压力是接触压力的一种直接指标,明显影响接触电阻。但鉴于接触件插合状态的正压力很难测量,故一般用测量插合状态的接触件由静止变为运动的单孔分离力来表征插针与插孔正在接触。通常电连接器技术条件规定的分离力要求是用试验方法确定的,其理论值可用式(12-13)表达。

$$F = FN \cdot \mu \tag{12-13}$$

式中,FN 为正压力,μ 为摩擦系数。

由于分离力受正压力和摩擦系数两者制约,故绝不能认为分离力大,正压力就大接触可靠。现在随着接触件制作精度和表面镀层质量的提高,将分离力控制在一个恰当的水平上即可保证接触可靠。在实践中发现,单孔分离力过小,在受振动冲击载荷时有可能造成信号瞬断。用测单孔分离力评定接触可靠性比测接触电阻有效。因为在实际检验中接触电阻件很少出现不合格,单孔分离力偏低超差的插孔,测量接触电阻往往仍合格。

3. 接触电阻检验合格不等于接触可靠

在许多实际使用场合,汽车、摩托车、火车、动力机械、自动化仪器以及航空、航天、船舶等军用连接器,往往都是在动态振动环境下使用。试验证明仅检验静态接触电阻是否合格,并不能保证动态环境下使用接触可靠。往往接触电阻合格的连接器在进行振动、冲击、离心等模拟环境试验时仍会出现瞬间断电现象。故对一些高可靠性要求的连接器,许多设计员都提出最好能 100% 对其进行动态振动试验来考核接触可靠性。最近,日本耐可公司推出了一种与导通仪配套使用的小型台式电动振动台,已成功地应用于许多民用线束的接触可靠性检验。

12.5 短路阻抗

12.5.1 短路阻抗的定义

电力系统在运行过程中,相与相之间或相与地(或中性线)之间发生非正常连接(即短路)时而流过非常大的电流。其电流值远大于额定电流,并取决于短路点距电源的电气距离。例如,在发电机端发生短路时,流过发电机的短路电流最大瞬时值可达额定电流的 10~15 倍。大容量电力系统中,短路电流可达数万安。这会对电力系统的正常运行造成严重影响和后果。

对于三相系统,其发生的短路有 4 种基本类型:三相短路,两相短路,单相对地短路和两相对地短路。其中,除三相短路时,三相回路依旧对称,因而又称对称短路外,其余三类均属不对称短路。在中性点接地的电力网络中,以一相对地的短路故障最多,约占全部故障的90%。在中性点非直接接地的电力网络中,短路故障主要是各种相间短路。

发生短路时,电力系统从正常的稳定状态过渡到短路的稳定状态,一般需 3~5s。在这一暂态过程中,短路电流的变化很复杂。它有多种分量,其计算需采用电子计算机。在短路后约半个周波(0.01s)时将出现短路电流的最大瞬时值,称为冲击电流。它会产生很大的电动力,其大小可用来校验电工设备在发生短路时机械应力的动稳定性。短路电流的分析、计算是电力系统分析的重要内容之一。它为电力系统的规划设计和运行中选择电工设备、整定继电保护、分析事故提供了有效手段。

在电气线路中,由于种种原因相接或相碰,产生电流忽然增大的现象称为短路。其中,相线之间相碰叫相同短路;相线与地线、与接地导体或与大地直接相碰叫对地短路。在短路电流忽然增大时,其瞬间放热量很大,大大超过线路正常工作时的发热量,不仅能使绝缘烧毁,而且能使金属熔化,引起可燃物燃烧发生火灾。

所谓短路阻抗就是用电器短路形成的电阻,如涡流等。通常,变压器的短路阻抗,是指在额定频率和参考温度下,一对绕组中、某一绕组的端子之间的等效串联阻抗 $Z_k = R_k + jX_k$。由于它的值除计算之外,还要通过负载试验来确定,所以习惯上又把它称为短路电压或阻抗电压。短路阻抗是变压器性能指标中很重要的项目,其出厂时的实测值与规定值之间的偏差要求很严。

短路阻抗试验是鉴定运行中变压器受到短路电流的冲击,或变压器在运输和安装时受到机械力撞击后,检查其绕组是否变形的最直接方法,它对于判断变压器能否投入运行具有重要的意义,也是判断变压器是否要求进行解体检查的依据之一。

变压器短路阻抗也称阻抗电压,在变压器行业是这样定义的:当变压器二次绕组短路(稳态),一次绕组流通额定电流而施加的电压称为阻抗电压 U_z。通常 U_z 以额定电压的百分数表示。当变压器满载运行时,短路阻抗的高低对二次侧输出电压的高低有一定的影响,短路阻抗小,电压降小,短路阻抗大,电压降大。当变压器负载出现短路时,短路阻抗小,短路电流大,变压器承受的电动力大。短路阻抗大,短路电流小,变压器承受的电动力小。

12.5.2 变压器短路阻抗与绕组结构的关系

变压器短路阻抗是当负载阻抗为零时,变压器内部的等效阻抗。短路阻抗的电抗分量,即短路电抗,就是绕组的漏电抗。由变压器的理论分析可知,变压器绕组的漏电抗由纵向漏电抗和横向漏电抗两部分组成。一般情况下,横向漏电抗比纵向漏电抗小得多。无论是横向漏电抗,还是纵向漏电抗,其电抗值都是由绕组的几何尺寸所决定的。也就是说,在工作频率一定的情况下,变压器的短路电抗是由绕组的结构所决定的[1],其可由短路阻抗求出。

对于一台变压器而言,当绕组变形、几何尺寸发生变化时,其短路电抗值也要变化。反之,如果运行中的变压器受到了短路电流的冲击,为了检查其绕组是否变形,可将短路前后的短路电抗值加以比较来判断。如果短路后的短路电抗值变化很小,则可认为绕组没有变形;如果变化较大,则可认为绕组有显著变形。所以,有关标准规定,变压器在进行短路试验前后,都要求测量每一相的短路阻抗,并把试验前后所测量的电抗值加以比较,根据其变化的程度,作为判断被试变压器是否合格的重要依据之一。

12.5.3 造成短路的主要原因

造成短路的主要原因有以下几个。

（1）线路老化，绝缘破坏而造成短路。

（2）电源过电压，造成绝缘击穿。

（3）小动物（如蛇、野兔、猫等）跨接在裸线上。

（4）人为的多种乱拉乱接。

（5）室外架空线的线路松弛，在大风作用下发生碰撞。

（6）线路安装过低，与各种运输物品或金属物品相碰造成短路。

12.5.4　短路阻抗的测量方法

由前面分析可见，变压器的短路阻抗是一个很重要的参数。因此，必须掌握短路阻抗的正确测量方法，使测量所得的数据准确可靠。三相变压器短路阻抗的测量方法与变压器的连接组有关。连接组不同，测量方法也不同。现将常见的双绕组三相变压器不同连接组的短路阻抗测量方法介绍如下，而三绕组三相变压器的短路阻抗的测量在双绕组的基础上稍加改动即可，故不作介绍。

1. Yn yn、Yn d 连接组

这两种连接组的测量方法比较简单。测量时，先将二次侧的 a、b、c、o（Ynyn 连接）或 a、b、c（Ynd 连接）短接，分别测量一次侧 AO、BO、CO 各相的短路阻抗，测量仪器所显示的阻抗值就是一次侧各相的短路阻抗值。

$$Z_{AO} = R_{AO} + jX_{AO} \quad Z_{BO} = R_{BO} + jX_{BO} \quad Z_{CO} = R_{CO} + jX_{CO} \qquad (12\text{-}14)$$

2. Yyn、Yy、Yd 连接组

因为这三种连接组的一次侧中性点没有引出，所以不能直接测量每一相的短路阻抗，只能测量两相之间串联的短路阻抗，然后用公式计算每一相的短路阻抗。具体方法如下。

首先，将二次侧的 a、b、c 短接，然后分别测量一次侧的 AB、BC、AC 之间的短路阻抗：

$$Z_{AB} = R_{AB} + jX_{AB} \quad Z_{BC} = R_{BC} + jX_{BC} \quad Z_{AC} = R_{AC} + jX_{AC} \qquad (12\text{-}15)$$

由此求得一次侧每一相的短路阻抗：

$$\begin{cases} Z_{AO} = \dfrac{1}{2}(R_{AB} + R_{AC} - R_{BC}) + j\,\dfrac{1}{2}(X_{AB} + X_{AC} - X_{BC}) \\[2mm] Z_{BO} = \dfrac{1}{2}(R_{AB} + R_{BC} - R_{AC}) + j\,\dfrac{1}{2}(X_{AB} + X_{BC} - X_{AC}) \\[2mm] Z_{CO} = \dfrac{1}{2}(R_{AC} + R_{BC} - R_{AB}) + j\,\dfrac{1}{2}(X_{AC} + X_{BC} - X_{AB}) \end{cases} \qquad (12\text{-}16)$$

3. D_{yn}、D_d 连接组

这两种连接组的一次侧各相绕组相互串联，彼此不能独立存在。为便于求得每一相绕组的短路阻抗，可以测量两相绕组并联的等效短路阻抗，然后用公式计算求得每一相的短路阻抗。具体方法如下。

首先，将二次侧的 a、b、c、o（D_{yn} 连接）或 a、b、c（D_d 连接）短接。然后短接 AB，测量 BC、AC 两相的并联阻抗。再短接 AC，测量 AB、BC 两相的并联阻抗。最后短接 BC，测量 AB、AC 两相的并联阻抗。由此得到以下三组测量值：

$$\begin{cases} Z_{A-BC} = R_{A-BC} + jX_{A-BC} & (\text{短接 BC}) \\ Z_{B-AC} = R_{B-AC} + jX_{B-AC} & (\text{短接 AC}) \\ Z_{C-AB} = R_{C-AB} + jX_{C-AB} & (\text{短接 AB}) \end{cases} \qquad (12\text{-}17)$$

阻抗 Z 的模数如下式:

$$\begin{cases} |Z_{A-BC}| = \sqrt{R_{A-BC}^2 + X_{A-BC}^2} \\ |Z_{B-AC}| = \sqrt{R_{B-AC}^2 + X_{B-AC}^2} \\ |Z_{C-AB}| = \sqrt{R_{C-AB}^2 + X_{C-AB}^2} \end{cases} \qquad (12\text{-}18)$$

将测量所得的等效短路阻抗变为相应的等效导纳值:

$$\begin{cases} Y_{A-BC} = G_{A-BC} - jB_{A-BC} = \dfrac{R_{A-BC}}{|Z_{A-BC}|^2} - j\,\dfrac{X_{A-BC}}{|Z_{A-BC}|^2} \\[2mm] Y_{B-AC} = G_{B-AC} - jB_{B-AC} = \dfrac{R_{B-AC}}{|Z_{B-AC}|^2} - j\,\dfrac{X_{B-AC}}{|Z_{B-AC}|^2} \\[2mm] Y_{C-AB} = G_{C-AB} - jB_{C-AB} = \dfrac{R_{C-AB}}{|Z_{C-AB}|^2} - j\,\dfrac{X_{C-AB}}{|Z_{C\ AB}|^2} \end{cases} \qquad (12\text{-}19)$$

计算每一相的导纳: 因为

$$\begin{cases} Y_{A-BC} = Y_{AB} + Y_{AC} \\ Y_{B-AC} = Y_{AB} + Y_{BC} \\ Y_{C-AB} = Y_{AC} + Y_{BC} \end{cases} \qquad (12\text{-}20)$$

所以

$$\begin{cases} Y_{AB} = \dfrac{1}{2}(Y_{A-BC} + Y_{B-AC} - Y_{C-AB}) \\[2mm] Y_{BC} = \dfrac{1}{2}(Y_{B-AC} + Y_{C-AB} - Y_{A-BC}) \\[2mm] Y_{AC} = \dfrac{1}{2}(Y_{C-AB} + Y_{A-BC} - Y_{B-AC}) \end{cases} \qquad (12\text{-}21)$$

$$\begin{cases} Y_{AB} = G_{AB} - jB_{AB} = \dfrac{1}{2}(G_{A-BC} + G_{B-AC} - G_{C-AB}) - j\,\dfrac{1}{2}(B_{A-BC} + B_{B-AC} - B_{C-AB}) \\[2mm] Y_{BC} = G_{BC} - jB_{BC} = \dfrac{1}{2}(G_{B-AC} + G_{C-AB} - G_{A-BC}) - j\,\dfrac{1}{2}(B_{B-AC} + B_{C-AB} - B_{A-BC}) \\[2mm] Y_{AC} = G_{AC} - jB_{AC} = \dfrac{1}{2}(G_{C-AB} + G_{A-BC} - G_{B-AC}) - j\,\dfrac{1}{2}(B_{C-AB} + B_{A-BC} - B_{B-AC}) \end{cases}$$

$$(12\text{-}22)$$

每一相导纳的倒数即为短路阻抗:

$$\begin{cases} Z_{AB} = R_{AB} + jX_{AB} = \dfrac{1}{Y_{AB}} = \dfrac{G_{AB}}{G_{AB}^2 + B_{AB}^2} + j\,\dfrac{B_{AB}}{G_{AB}^2 + B_{AB}^2} \\[2mm] Z_{BC} = R_{BC} + jX_{BC} = \dfrac{1}{Y_{BC}} = \dfrac{G_{BC}}{G_{BC}^2 + B_{BC}^2} + j\,\dfrac{B_{BC}}{G_{BC}^2 + B_{BC}^2} \\[2mm] Z_{AC} = R_{AC} + jX_{AC} = \dfrac{1}{Y_{AC}} = \dfrac{G_{AC}}{G_{AC}^2 + B_{AC}^2} + j\,\dfrac{B_{AC}}{G_{AC}^2 + B_{AC}^2} \end{cases} \qquad (12\text{-}23)$$

因此将式(12-17)的值代入式(12-19),再将式(12-19)的值代入式(12-22),最后将

电阻及阻抗的在线监测

式(12-22)的值代入式(12-23)就可求得 AB、BC、AC 各相的短路阻抗。其电阻分量和电抗分量分别如式(12-24)所示:

$$\begin{cases} R_{AB} = \dfrac{G_{AB}}{G_{AB}^2 + B_{AB}^2} \\[2mm] R_{BC} = \dfrac{G_{BC}}{G_{BC}^2 + B_{BC}^2} \\[2mm] R_{AC} = \dfrac{G_{AC}}{G_{AC}^2 + B_{AC}^2} \end{cases} \begin{cases} X_{AB} = \dfrac{B_{AB}}{G_{AB}^2 + B_{AB}^2} \\[2mm] X_{BC} = \dfrac{B_{BC}}{G_{BC}^2 + B_{BC}^2} \\[2mm] X_{AC} = \dfrac{B_{AC}}{G_{AC}^2 + B_{AC}^2} \end{cases} \qquad (12\text{-}24)$$

12.5.5　测量仪器的选择

根据测量短路阻抗的技术要求,正确选择测量仪器是保证测量短路阻抗所得数据是否准确的前提条件。现将短路阻抗测量仪器的选择方法介绍如下。

1. 仪器的测量功能

短路阻抗包括短路电阻和短路电抗两部分,其中短路电抗的变化范围是判断绕组是否变形的重要依据。因此,在测量短路阻抗时,测量仪器应同时测量、显示短路电阻和短路电抗两个数值。

2. 仪器的测量范围

由于变压器的短路阻抗与变压器的电压等级、容量和阻抗电压有关,各种型号的变压器的短路阻抗值相差很大,最小值约为数欧姆,最大值约为数千欧姆。因此,用测量仪器测量的电阻和电抗的范围应为 $1\Omega \sim 10\text{k}\Omega$。

3. 仪器的测量误差

有关标准规定,测量短路阻抗的重复性不超过 0.2%。也就是说,等精度测量的标准偏差 $\sigma = 0.2\%$。而等精度测量的极限误差是标准偏差的三倍。若用 $\Delta_{极}$ 表示测量的极限误差,则:

$$\Delta_{极} = \pm 3\sigma \qquad (12\text{-}25)$$

由于短路阻抗是变压器的重要参数,短路阻抗的测量应按精密测量来考虑,测量仪器的误差相对于测量方法的极限误差而言,可以忽略不计。为此,测量仪器的误差必须满足式(12-26):

$$\begin{cases} \Delta_{仪} \leqslant \left(\dfrac{1}{3} \sim \dfrac{1}{10} \right) \Delta_{极} \\[2mm] \Delta_{仪} \leqslant \left(\dfrac{1}{3} \sim \dfrac{1}{10} \right) \div 3\sigma \\[2mm] \Delta_{仪} \leqslant \left(\dfrac{1}{3} \sim \dfrac{1}{10} \right) \times 3 \times 0.2\% \end{cases} \qquad (12\text{-}26)$$

最后得到仪器的测量误差为:

$$\Delta_{仪} \leqslant 0.2\% \sim 0.06\% \qquad (12\text{-}27)$$

4. 选用的测量仪器简介

使用 YY2816 精密电感分析仪,可同时测量、显示被测变压器的短路等效电感 L 和短路等效电阻 R。此仪器的电阻测量范围是 $0.02\text{m}\Omega \sim 330\text{k}\Omega$,误差为 $\pm 0.1\%$;电感测量范围是 $0.5\text{nH} \sim 4\text{kH}$,误差为 $\pm 0.1\%$。相应的电抗范围是 $0.157\text{m}\Omega \sim 1256\text{k}\Omega$。

在使用该仪器测量时，首先根据被测变压器的连接组标号，确定变压器的测量接线方式，将仪器的测量端子与被测点连接好。然后按技术说明书的规定，操作仪器进行测量。除此之外，还应注意以下几点。

（1）测量功能上应设常规测量，以保证测量数据准确。

（2）测试信号频率应选择为 $50\sim60\,\mathrm{Hz}$，与变压器在实际运行中的工作频率一致。

（3）应设定主、副参数(L、R)和等效电路。测量等效电路应设为串联等效电路。

12.6　交流阻抗

12.6.1　交流阻抗的定义

在具有电阻、电感和电容的电路里，对交流电所起的阻碍作用叫作交流阻抗，常用 Z 表示。它是一个复数，实部称为电阻(R)，虚部称为电抗。其中，电容在电路中对交流电所起的阻碍作用称为容抗(X_C)；电感在电路中对交流电所起的阻碍作用称为感抗(X_L)；电容和电感在电路中对交流电引起的阻碍作用总称为电抗。阻抗的单位是欧。阻抗的计算要用向量计算，即

$$Z = \sqrt{R^2 + (X_L - X_C)^2} \tag{12-28}$$

当电源电路给一个电子电路供电时，那么负载电流中可能存在着交流成分，电源电路输出端对这个交流电流(一定额率)将呈现一定内阻，这个内阻叫作交流输出阻抗 Z。交流输出阻抗值越小，则使得通过电源电路的反馈越小。因此，在有些情况下需要测试交流输出阻抗 Z 的大小。

12.6.2　交流输出阻抗的测试

1. 测试电路

测试交流输出阻抗 Z 的电路如图 12-17 所示。图中电阻 R 是辅助测试用取样电阻(使电流转换成电压测试)，电容 C 是隔直电容。

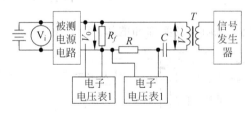

图 12-17　交流阻抗测试电路图

2. 交流阻抗测量技术

交流阻抗测量常用的是正弦波交流阻抗技术、控制电极电流(或电极电势)使其按正弦波规律随时间小幅度变化，同时测量作为其响应的电极电势(或电流)随时间的变化规律。这一响应经常以直接测得的电极系统的交流阻抗 Z 或导纳 Y 来代替。电极阻抗一般用复数表示，即 $Z = Z' - jZ''$(或 $Y = Y' - jY''$)，虚部常是电容性的，因此 Z'' 前用负号。测量电极阻抗的方法总是围绕解决测量实部和虚部这两个成分或模和相位角。下面介绍几种常用

方法。

1) 交流电桥技术

测量交流阻抗的交流电桥如图 12-18 所示。

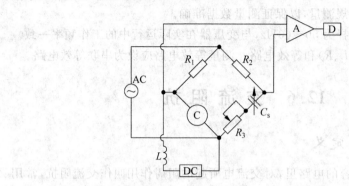

图 12-18　测量交流阻抗的交流电桥

AC—交流电源；DC—直流电源；L—直流隔离电感；C—电解池；

A—放大器；D—检测器；R_1、R_2—固定电阻；R_3—可变电阻；C_s—可变电容

电桥平衡时：

$$Z_C = \frac{R_1}{R_2}\left(R_s + \frac{1}{j\omega C_s}\right) \tag{12-29}$$

式中，ω 为正弦扰动信号的角频率。

2) 利萨如图法

将交流扰动信号及其响应分别输入示波器或函
数记录仪的 x 和 y 通道，可得到利萨如图（如图 12-19
所示）。

电极阻抗 Z 的模 $|Z|$ 和幅角 θ 由式（12-30）计算：

$$|Z| = \frac{y_1}{x_1} \quad \sin\theta = \frac{y_2}{y_1} \tag{12-30}$$

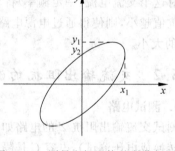

图 12-19　测量电极阻抗的利萨如图

3) 相敏检测技术

相敏检测测量电极系统交流阻抗的实部和虚部框图如图 12-20 所示。

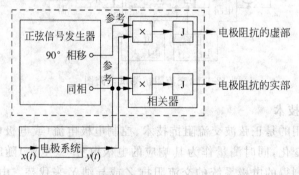

图 12-20　相敏检测测量电极交流阻抗的实部和虚部框图

X—乘法器；J—积分器；$x(t)$—扰动正弦信号；

$y(t)$—电极系统响应信号（电极系统部分包括恒电位仪和电极系统）

相敏检测部件为图中的相关器。同时输入被测信号和与它同频率的参考信号,两信号同相位时,相关器测出电极阻抗的实部;两信号相位差 $90°$ 时,相关器测出电极阻抗虚部。常用作相敏检测部件的有相敏检测器、锁定放大器、频率响应分析器等。

4）选相调辉技术

在扰动信号的 $\pi/2, 3\pi/2, 5\pi/2$ 等相位和 $0, \pi, 2\pi$ 等相位时,分别用示波器测出响应信号的幅度,该幅度分别正比于电极阻抗或导纳的实部和虚部。

5）傅里叶变换测定阻抗频谱技术

如果扰动信号选择合适,将扰动信号 $e(t)$ 和响应信号 $i(t)$ 分别进行傅里叶变换变为频率域函数,则电极阻抗 $Z(\omega) = E(\omega)/I(\omega)$。实际上采用式(12-31)计算:

$$Z(\omega) = \frac{E(\omega) I^*(\omega)}{I(\omega) I^*(\omega)} \tag{12-31}$$

式中,$E(\omega) I^*(\omega)$ 称为互功率谱;$I(\omega) I^*(\omega)$ 称为自功率谱。

用试验测出的电极阻抗(或导纳)来分析电极过程动力学或电极│溶液界面行为时,常利用电极过程等效电路(如图 12-21 所示)。其中,R_1 为电阻极化的欧姆电阻,C_d 为电极与溶液界面层微分电容,R_{CT} 为迁越电阻,R_{WO} 和 C_{WO}、R_{WR} 和 C_{WR} 分别代表反应物和产物的扩散阻抗。

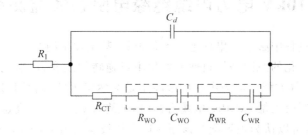

图 12-21　电极过程的等效电路

从试验得到一系列频率下的电极阻抗后,就要进行阻抗频谱分析,求出电极过程等效电路上各元件数值,进而计算电极过程的有关参数(如交换电流 i_0、扩散系数 D)和参量(如双电层微分电容 C_d)。常用的电极阻抗频谱分析方法有三种:①电极阻抗的实部 Z' 和虚部 Z'' 分别对 $\omega^{-1/2}$ 作图,称为兰德尔斯图(如图 12-22 所示)。当无电阻极化时,兰德尔斯图是两条相互平行的直线段,$Z''-\omega^{-1/2}$ 通过坐标原点,$Z'-\omega^{-1/2}$ 在 y 轴的截距等于 R_{CT},两直线的斜率均等于 $\frac{\partial^2 u(x)}{\partial x_j^2}$($c$ 为浓度;$\xi = RT/(n^2 F^2)$;R 为气体常数;T 为绝对温度;F 为法拉第常数;n 为电荷传递反应得失电子数)。②各频率电极阻抗的实部 Z' 对虚部 Z'' 作图得复数平面图,也称奈奎斯特或科尔-科尔图(如图 12-23 所示)。由复数平面图可求得极化电阻 $R_1 R_{CT}$ 和扩散阻抗 $Tf(x) = \lim_{\varepsilon \to 0^+} \int_{|x-y| > \varepsilon} \frac{\Omega(x-y)}{|x-y|^n} f(y) \mathrm{d}y$。半圆顶点 B 的角频率 $\omega_B = 1/C_d R_{CT}$,由 ω_B 可求得 C_d。③阻抗的模对数 $\lg |Z|$ 和相位角对频率的对数作图,称为博德图。

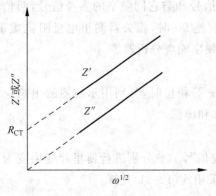

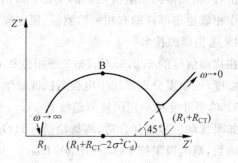

图 12-22　电极过程的兰德尔斯图　　　　　图 12-23　电极交流阻抗的复数平面图

通过电极阻抗频谱和等效电路分析,交流阻抗技术将比其他电化学暂态技术易于给出电极界面和电极过程动力学的各种参数。这个技术在研究电极界面双电层结构、电极上的各种吸附行为、半导体电极(例如掺杂浓度、平带电势)和半导体电极的光电转换行为、金属表面钝化膜和电结晶过程以及其他一些电极表面过程等方面都较其他暂态技术优越。

12.7　10kV 电力电缆绝缘电阻在线监测系统

电力电缆在运行过程中必然会出现绝缘老化现象,甚至发生绝缘击穿,引起供电线路的突发停电事故。绝缘老化的原因是材料性能发生不可逆转的改变,影响老化的因素一般涉及热、电、机械与环境等方面。电力电缆的故障不是突然发生的,而是长期绝缘老化,最终导致击穿。在考虑交联聚乙烯(XLPE)电缆寿命时,把终端头、接头不良这类早期故障和外力破坏等因素排除,就可以认为现场绝缘诊断应以水树枝老化为主,即水树枝老化被认为是造成 XLPE 电缆在运行中被击穿的主要原因。

目前,有多种方法对 XLPE 电缆进行在线监测,但这些方法大多是对电缆绝缘信号的识别性研究,所进行的实验也多为实验室环境下的模拟仿真实验。直流成分法适用于各种电压等级的电缆绝缘系统的在线监测,但杂散电流的干扰和微小电流提取困难等因素使该方法不适合电力系统的实际应用。直流叠加法适用于低压电缆绝缘系统的监测,但不能解决接地方式与直流信号加载之间的矛盾,不适合高压电力系统的实际应用。局部放电法是电缆绝缘老化的有效判别方法,在无法很好地解决电力系统干扰问题时,电力电缆的局部放电试验只能作为电缆产品出厂前质量评定的手段,且局限在屏蔽良好的实验室进行,无法用于现场检测。介质损耗角是电容性设备绝缘检测的主要手段之一,但由于反映的是电缆绝缘性能的整体缺陷水平,无法反映局部电缆绝缘裂化程度,所以其检测精度不高。

本节在上述 XLPE 电缆绝缘在线监测方法的研究基础上,提出基于差频法的在线监测方案,以期更好地实际运用电缆绝缘故障在线监测技术,为电力系统安全、方便、迅捷地排除电缆故障提供依据。

12.7.1　差频法在线监测技术原理及方法

在同时对含水树枝 XLPE 电缆施加两个频率相近或相似呈倍数关系的正弦电压时,检测回路中会有超低频水树劣化特征电流信号产生,据此可对电缆绝缘的水树枝老化状态进行在线诊断,这就是差频监测技术的理论基础。

差频在线监测法的检测方式与直流法相似,在工频交流电下叠加低频电压,观察其对老化电缆的响应程度,并针对目前国内外低频叠加采用不同频段和波形试探的现状,寻求真正能体现电缆老化程度的低频加载信号。如果将 50Hz 工频电压叠加上去,形成的信号会淹没在工频供电的系统中,所以采用 100Hz 左右的低频低压电源供电。该方法可以用在不同电压等级的电缆线上,根据电力电网的实际接线方式,不同的电压等级需要在不同的部位叠加低频信号。10kV 电缆可以采用类似直流叠加法,通过消弧线圈的零序 PT 叠加; 110kV/220kV 电缆可以在电网 PT 二次线圈测开口三角端注入变频恒流信号。该方法的测量原理如图 12-24 所示。

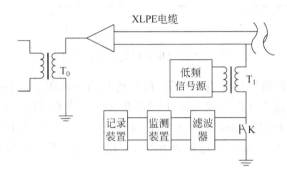

图 12-24　差频监测法原理图

12.7.2　两正弦电压叠加的超低频调幅特性分析

设两个正弦电压表示式分别为:

$$u_1 = U_{1m}\sin(\omega_1 t + \varphi_1) \tag{12-32}$$
$$u_2 = U_{2m}\sin(\omega_2 t + \varphi_2) \tag{12-33}$$

为简单起见,假定两电压的初相位均为 0,且 $U_{1m} > U_{2m}$,两电压的相位及幅值关系用矢量合成方法描述,如图 12-25 所示。

两电压合成后其合成波的幅值变化规律为:

$$U_m(\Delta\omega t) = \sqrt{U_{1m}^2 + U_{2m}^2 + 2U_{1m}U_{2m}\cos(\omega_1 - \omega_2)t} \tag{12-34}$$

从示波器观察,合成电压波有如下规律:

$$U_{SUM} = U_m(\Delta\omega t)\sin(\omega t + \varphi) \tag{12-35}$$

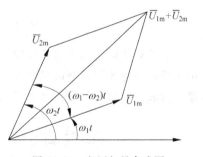

图 12-25　电压矢量合成图

式(12-35)中 U_m 的变化规律由式(12-34)确定。当两电压幅值近似相等时,ω 为两合成电压角频率的平均值,$\omega = (\omega_1 - \omega_2)/2$,差频 $\Delta\omega = |\omega_1 - \omega_2|/2$;当其中一个电压幅值远远大于另一个时,$\omega$ 取电压幅值大的角频率,$\Delta\omega = |\omega_1 - \omega_2|$,$\varphi$ 为合成调幅电压波初值。

当两正弦电压的频率近似相等时,不管幅值差别多大,其基本频率始终为 f,差频仅仅为其合成波包络线的频率。当两正弦电压频率近似为倍数关系时,若两电压幅值相近,则其

基波频率 $f=(f_1+f_2)/2$；若其中一个电压幅值远远大于另一个，则其合成波包络线下的基波频率将以其中较大电压的频率为主。两种情况下的合成电压调制波波形如图 12-26 所示。

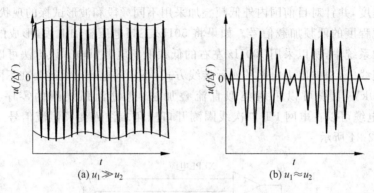

图 12-26　合成电压调制波波形示意图

将一工频电压与一低频信号源进行串联，然后将其加在电阻上（不改变频率特性），采集数据并通过傅里叶变换后可以得到如图 12-27 所示的幅频关系图。由图 12-27 可知，相对于 50Hz 的工频电压，因其为 25Hz 的整数倍，故可以合成频率在 1Hz 以下的较稳定的超低频调幅电压波，其中又以叠加信号源频率为 50Hz 和 100Hz 附近的合成电压幅值最大。

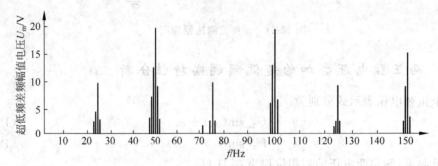

图 12-27　差频叠加电源的幅频关系

基于差频法的电缆绝缘在线监测系统的检测装置主要由调频电源和检测装置构成，电源由工频动力电源和自制调频电源构成。检测装置由采样电路、滤波电路、检波电路和放大电路等构成，装置框图如图 12-28 所示。

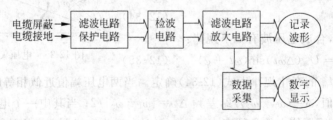

图 12-28　检测装置电路框图

第13章　电容型设备的在线监测

13.1　概　　述

通常绝缘介质的平均击穿场强随其厚度的增加而下降。在较厚的绝缘内设置均压电极,将其分隔为若干份较薄的绝缘,可提高绝缘整体的耐电强度。由于结构上的这一共同点,电力电容器、耦合电容器、电容型套管、电容型电流互感器以及电容型电压互感器等,统称为电容型设备(如图 13-1 所示)。电容型设备是重要的输变电设备,其数量约占变电站设备总量的 40%～50%,在变电站中占有重要地位。它们都可以看成是由若干个电容器相串联而成的绝缘结构(电容型试品)。它们是电力系统中检修数量最大的一类设备,检修项目明确,工作量大。其绝缘故障不仅影响整个变电站的安全运行,同时还危及其他设备及人身的安全,因而实现电容型设备的状态在线监测是非常必要的。

(a) 电流互感器(CT)

(b) 电力电容器

(c) 耦合电容器

(d) 电容式电压互感器(CVT)

(e) 变压器套管

图 13-1　电容型设备

这类设备的特点是高压端对地有较大的等值电容,大约几百皮法至几千皮法。例如,110kV 及以上电压等级的电容套管的电容值多数在 500pF 左右;220kV 及以上电压等级的电容式电流互感器的电容约为 100pF;500kV 电容式电压互感器的电容量约为 5000pF;

110kV 和 220kV 耦合电容器的电容量分别为 6600pF 和 3300pF。可见,110kV 及以上电压等级的电容性设备的高压端对地电容在 500~5000pF 范围内。

对于电容型绝缘的设备,通过对其介电特性的监测,可以发现处于早期发展阶段的缺陷。反映介电特性的参数有介质损耗角正切 $\tan\delta$、电容值 C_X 和电流值 I_X。在设备绝缘的局部缺陷中,由介质损耗引起的有功电流分量 I_r 和设备总电容电流 I_c 之比,对发现绝缘的整体(即包括大部分体积)劣化(如绝缘均匀受潮)较为灵敏,而对局部缺陷(即体积占介质中较小部分的缺陷和集中缺陷)则不易用测 $\tan\delta$ 的方法发现。设备绝缘的体积越大,越不易发现。

测量绝缘的电容 C_X 或流过绝缘的电流 I_X,除能给出有关可引起极化过程改变的介质结构变化的信息(如均匀受潮或严重缺陷)外,还能发现严重的局部缺陷(绝缘部分击穿),但发现缺陷的灵敏度也同绝缘损坏部分与完好部分体积之比有关。

以下介绍几种容性设备电容值监测方法。

13.2　常规在线检测方法

13.2.1　电桥法

基本电路如图 13-2 所示,它与离线试验时的高压电桥法相同,只是另一个桥路由电压互感器提供电源。图中,C_N 是低压标准电容;S_1 是选相开关,用来选择不同相的电压互感器设备;S_2 是切换开关,可选通不同相或同相的不同设备;R_1 是保护电阻,用于 PT_1 短路时限流;R_1,C_1 是移相回路对 PT_1 的角差作校正;PT_2 是被测设备同相的电压互感器,其变比为 $(220kV\sqrt{3})/(100V/\sqrt{3})$,即为 $127kV/58V$;PT_2 是变比为 $58V/100V$ 的隔离用变压器,它是为了解决有的 PT 次级不直接接地,而桥路是需要直接接地而设置的,另外,当 PT_1 的次级电压和 C_X,R_3 桥臂上的电压极性相反时,也可用 PT_2 校正过来;S_3 是在不监测时使设备末屏直接接地;P 是限制过电压的放电间隙、放电管或压敏电阻片;C_4、R_4、R_3。均为低压桥臂。

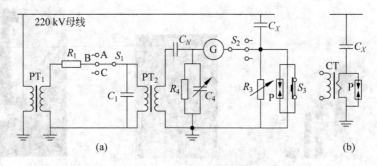

图 13-2　电桥法测 $\tan\delta$ 原理接线图

当电桥平衡,而 $R_4 = 10^4/\pi$,C_4 的单位为 pF 时,有

$$\tan\delta = \omega C_4 R_4 = C_4 \tag{13-1}$$

$$C_X = kC_N \frac{R_4}{R_1} = K\frac{1}{R_3} \tag{13-2}$$

式中，k 为参与平衡的电压互感器 PT_1，PT_2 构成的变比；C_N，R_4 是固定值；$K=kC_NR_4$。

检测前，先调整桥路平衡，即调节 C_4、R_3 使指零议 G 指零，C_4 即等于设备当时的 $\tan\delta$。监测时不再调节 R_3，而只调节 C_4，使 G 指示值最小，此时 C_4 仍等于实时的 $\tan\delta$，而 G 的指示值则相当于实时 C_X 和调试时电容值的差值 ΔC_X，ΔC_X 和 C_4 值可分别接单片机或计算机作存储或记录、打印。

电桥法的优点是较准确、可靠（因为 C_4、R_3、R_4、C_N 均可选择稳定可靠的元件），与电源波形频率无关，数据重复性好。缺点是由于 R_3 的接入，改变了设备原有运行状态，R_4、C_1、R_1、C_4、C_N 接入也增加了 PT_1 发生故障的概率。要选择可靠性高的元件和采取一些安全保护措施。另外，R_3、C_4 的调节需要转换元件而增加了复杂性。也可以用低频电流传感器来替代相应的电阻元件，如图 13-2(b) 所示。图中 CT 是变比为 1∶1 的多匝电流互感器，匝数随 C_X 大小而定，铁心可选用玻莫合金或微晶材料制成。

类似电桥法的还有电流平衡法，如图 13-3 所示。该测量电路省去了标准电容 C_N，而 PT_1，PT_2 的作用与图 13-2 所示相同，其角差仍可用 R_1，C_1 校正，电路平衡条件是 $\dot{I}=\dot{I}_X+\dot{I}_0=0$，即 $\dot{I}_0=-\dot{I}_X$。又因为 $\dot{U}_0=\dot{U}_{R_0}+\dot{U}_{C_0}$ 且 δ 很小，所以 $\dot{I}_X\approx\dot{I}_{C_X}=\omega C_X\dot{U}_X$，$\dot{I}_0\approx\dot{I}_{C_0}=\omega C_X\dot{U}_X=\omega C_0\dot{U}_0$，于是，可得到以下结果：

$$C_X = C_0 U_0/U_X \quad \tan\delta = \tan\delta_0 = U_{R_0}/U_{C_0} = \omega C_0 U_0 \tag{13-3}$$

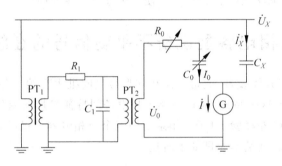

图 13-3　电流平衡法原理接线图

13.2.2　电压电流表法

电压电流表法接线如图 13-4 所示，测量时使用 0.5 级的电压表和毫安表。当外加的交流电压为 U，流过电容器的电流为 I 时，有：

$$I = \omega CU \tag{13-4}$$

故

$$C = \frac{I}{\omega U} \tag{13-5}$$

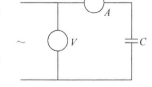

图 13-4　电压电流表法

式中，C 是所测的电容量；I 是电流表值；ω 是电源角频率，$\omega=2\pi f$；U 是电压表值。

在计算中，电力电容器的阻抗为纯电容，而容抗值和电源频率有关，为了计算准确，采用实测的电源频率。

13.2.3 双电压表法

双电压表法接线如图 13-5 所示，由图可推导出计算公式为

$$I_1 = \frac{U_1}{R_1} \tag{13-6}$$

$$I_1 = \frac{U_2}{\sqrt{R_1^2 + X_C^2}} \tag{13-7}$$

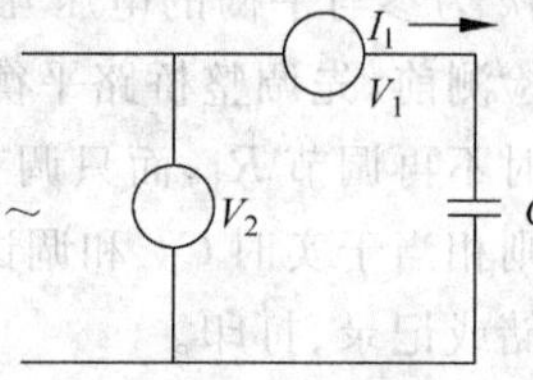

图 13-5 双电压表法

式(13-6)与式(13-7)相等时，则有：

$$C = \frac{1}{2\pi f R_1 \sqrt{\left(\dfrac{U_2}{U_1}\right)^2 - 1}} \tag{13-8}$$

式中，R_1 电压表 V_1 的内阻，$X_C = 1/(\omega C)$。

13.2.4 数字电容表法

数字式电容表，其准确度可达 0.5%。它可以测量电阻、电感和电容，电容值的测量范围为 $0.01 \sim 330\mu F$，可以检测出电容器单元在故障时电容值的变化情况。过去，测量电容值一般多采用电压、电流表法和双电压表法，其接线简单、操作方便，适合现场进行测量。现在大多采用数字电容表，它体积小、携带操作方便，并适合于各种环境。

13.3 三相电容型设备不平衡信号的在线检测

在电力系统中，三相分体设备，通常都是相同型号且同批生产的。各类性能应当基本一致。因此可以利用设备的这一特点，通过检测各相设备间特征参量的差异，来监测设备内部缺陷的发展情况。根据国外经验，对于三相系统中三个单相电容型试品，也可以在线监测其电流或三相不平衡电压。其基本原理如下所述。

13.3.1 几个绝缘特性参数分析

当电容型试品已存在有缺陷后，可近似地用如图 13-6(a)所示的等值电路来表示。为了便于分析当缺陷性质变化时整个试品各绝缘参数的变化规律，将无缺陷部分 C_0 近似地看成损耗极小，以致可以忽略；而用电阻 R 反映有缺陷的那部分的损耗大小。

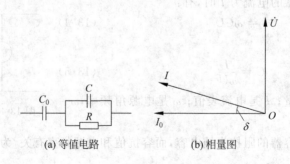

(a) 等值电路　　　　(b) 相量图

图 13-6 有绝缘缺陷的电容型试品

当该试品中没有缺陷时,流过试品的电流为 $\dot{I}_0$,而有缺陷后为 $\dot{I}$,如图 13-6(b)所示。两电流之差为:

$$\Delta \dot{I} = \dot{I} - \dot{I}_0 = \dot{U}(\dot{Y} - \dot{Y}_0) = \dot{U}\Delta \dot{Y} \tag{13-9}$$

此 $\Delta \dot{Y}$ 为有缺陷以后的导纳 Y 与无缺陷时导纳 $\dot{Y}_0$ 之差,而

$$\dot{Y}_0 = j\omega \frac{C_0 C}{C_0 + C} \tag{13-10}$$

$$Y_0 = \frac{j\omega C_0 \left(\frac{1}{R} + j\omega C\right)}{j\omega C_0 + \left(\frac{1}{R} + j\omega C\right)} \tag{13-11}$$

如取 $x = 1/\omega C$,$k = C/C_0$,则式(13-10)和式(13-11)变为

$$\dot{Y}_0 = j\frac{1}{(k+1)x} \tag{13-12}$$

$$\dot{Y} = \frac{xR + j[R^2(k+1) + x^2 k]}{x[R^2(k+1)^2 + x^2 k^2]} \tag{13-13}$$

如运行电压不变,则电流的变化即反映了因出现局部缺陷后总体导纳的变化,即

$$\left|\frac{\Delta \dot{I}}{\dot{I}}\right| = \left|\frac{\Delta \dot{Y}}{\dot{Y}_0}\right| = \left|\frac{\dot{Y} - \dot{Y}_0}{\dot{Y}_0}\right| \tag{13-14}$$

可求得

$$\left|\frac{\Delta \dot{Y}}{\dot{Y}_0}\right| = \frac{x}{kR} \frac{1}{\sqrt{\left(\frac{k+1}{k}\right)^2 + \frac{x^2}{R^2}}} \tag{13-15}$$

在图 13-6(a)的等值电路图中,已假定 C_0 那部分损耗极小而可以忽略;而有缺陷的那部分,因 C 与 R 并联,其介质损耗角正切值为

$$\tan\delta = \frac{1}{\omega CR} = \frac{x}{R} \tag{13-16}$$

代入式(13-15)

$$\left|\frac{\Delta \dot{Y}}{\dot{Y}_0}\right| = \frac{\tan\delta}{k} \frac{1}{\sqrt{\left(\frac{k+1}{k}\right)^2 + \tan^2\delta}} = f_1(\tan\delta) \tag{13-17}$$

由此使整个试品的介质损耗角正切有一增值 $\Delta\tan\delta$,这可由式(13-13)的实部及虚部的比值来求取,即

$$\Delta\tan\delta = \frac{xR}{R^2(k+1) + x^2 k} = \frac{\tan\delta}{k} \frac{1}{\frac{k+1}{k} + \tan^2\delta} = f_2(\tan\delta) \tag{13-18}$$

而有缺陷后,整个试品的电容量也有一变量 ΔC

$$\left|\frac{\Delta C}{C_0}\right| = \left|\frac{\Delta Y_j}{Y_0}\right| = \frac{\tan^2\delta}{k} \frac{1}{\left(\frac{k+1}{k}\right)^2 + \tan^2\delta} = f_3(\tan^2\delta) \tag{13-19}$$

求解式(13-9)、式(13-12)和式(13-13),可得电流增量 $\Delta\dot{I}$ 的相位角 φ 为

$$\varphi = \arctan\left(\frac{k}{k+1}\frac{x}{R}\right) = \arctan\left(\frac{k}{k+1}\tan\delta\right) \qquad (13\text{-}20)$$

一般缺陷占绝缘中的很小体积,故 $C \gg C_0$,$k/(k+1) \approx 1$,则

$$\varphi \approx \arctan(\tan\delta) = \delta \qquad (12\text{-}21)$$

此式表明,$\Delta \dot{I}$ 的相位角恰好是局部缺陷的介质损耗角 δ。

当绝缘内部出现缺陷后,这三个参量($\Delta\tan\delta, \Delta C, \Delta \dot{I}$)是可被测量的。但哪一个对缺陷反应更灵敏?由于 $k/(k+1) \approx 1$,则可得到以下几个关系式:

$$N_1 = \frac{\Delta I/I_0}{\Delta\tan\delta} \approx \sqrt{1+\tan^2\delta}$$

$$N_2 = \frac{\Delta I/I_0}{\Delta C/C_0} = \frac{1}{\tan\delta}\sqrt{1+\tan^2\delta}$$

$$N_3 = \frac{\Delta C/C_0}{\Delta\tan\delta} = \tan\delta$$

缺陷发展的起始阶段,$\tan\delta \ll 1$,则 $N_1 \approx 1$,测量 ΔI 和 $\Delta\tan\delta$ 的灵敏度是一致的;$N_3 < 1$,说明监测 $\Delta\tan\delta$ 比 ΔC 更灵敏;$N_2 \approx 1/\tan\delta$,说明监测 ΔI 比 ΔC 更灵敏。在缺陷发展的后期阶段,$\tan\delta > 1$,$N_2 \approx 1$,则监测 ΔI 和 ΔC 的灵敏度相近;$N_1 > 1$,说明测量 ΔI 比 $\Delta\tan\delta$ 具有更高的灵敏度;$N_3 > 1$,则监测 ΔC 比 $\Delta\tan\delta$ 灵敏。图 13-7 为 $C = 70C_0$ 时计算结果相应的关系曲线。上述分析表明,N_1 和 N_2 的值始终大于 1,故监测电流增长 $\Delta \dot{I}$ 的灵敏度更好些,即与介质损耗因数或电容量变化相比,监测流经绝缘电流的变化对发现绝缘缺陷更为敏感。

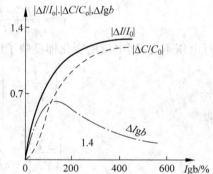

图 13-7 当 70 层串联层中有一层 $\tan\delta'$ 显著增大时,总体 $|\Delta I/I_0|$、$|\Delta C/C_0|$ 及 $\Delta\tan\delta$ 的变化

13.3.2 三相电流之和的在线检测工作原理

如果三相电压平衡,且三相设备的电容及损耗相同,则无电流通过其中性点(如图 13-8 所示);但如果有一项设备出现缺陷,则中性点有电流流过(如图 13-9 所示)。由此,可以从星形接法的中性点接地线上测量由于某相设备绝缘劣化而引起的不平衡电流 $\dot{I}_k$。

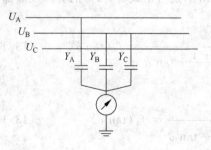

图 13-8 平衡时情况

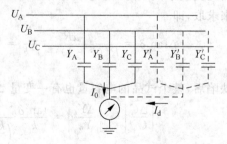

图 13-9 测量三相电流之和的原理图

设三相设备的导纳分别为 Y_A、Y_B、Y_C。事实上,即使三相设备在原始状态下绝缘是完整的,$\dot{I}_k$ 也不会等于零,引起这个不平衡电流的原因有三种。

(1) 因三相设备绝缘的等效导纳的差别,而引起的三相电流不平衡,即

$$\dot{I}_y = (Y_0 + \Delta Y_A)\dot{U}_A + (Y_0 + \Delta Y_B)\dot{U}_B + (Y_0 + \Delta Y_C)\dot{U}_C$$

式中,Y_0 为三相设备绝缘导纳的平均值;ΔY_A,ΔY_B,ΔY_C 为各相导纳与 Y_0 之差。设三相电压是对称的,则

$$\dot{I}_y = \Delta Y_A \dot{U}_A + \Delta Y_B \dot{U}_B + \Delta Y_C \dot{U}_C$$

因三相电源电压不对称而引起的三相不平衡电流为:

$$\dot{I}_u = (U_0 + \dot{U}_A)Y_A + (U_0 + \dot{U}_B)Y_B + (U_0 + \dot{U}_C)Y_C$$

式中,U_0 为电网零序电压。设三相导纳是对称的,则

$$\dot{I}_u = U_0(Y_A + Y_B + Y_C)$$

所以

$$\dot{I}_0 = \dot{I}_y + \dot{I}_u \tag{13-22}$$

(2) 感应电流 $\dot{I}_d$。图中 Y_A',Y_B',Y_C' 表示各相设备对母线、相邻电器及配电装置其他元件间的综合导纳,流过的是各相感应电流。ΔY_{AA},ΔY_{BB},ΔY_{CC} 是各相导纳和三相平均值之差,由于这三个导纳的差异引起三相不对称的感应电流为:

$$\dot{I}_d = \Delta Y_{AA} \dot{U}_A + \Delta Y_{BB} \dot{U}_B + \Delta Y_{CC} \dot{U}_C$$

于是有

$$\dot{I}_k = \dot{I}_0 + \dot{I}_d = \dot{I}_y + \dot{I}_u + \dot{I}_d \tag{13-23}$$

当绝缘有缺陷时,不对称电流增加 $\Delta\dot{I}$,则 $\dot{I}_k' = \dot{I}_k + \Delta\dot{I}$。为能发现缺陷,总的不平衡电流 $\dot{I}_k'$ 应超过设备因电容不对称、电源电压不对称及感应电流所引起的不平衡电流之和 $\dot{I}_k$,二者模的比值即代表了它的信噪比 K,即

$$K = \frac{|\dot{I}_y + \dot{I}_d + \dot{I}_u + \Delta\dot{I}|}{|\dot{I}_y + \dot{I}_d + \dot{I}_u|} \tag{13-24}$$

所以,能否发现缺陷,取决于它们所引起的不平衡电流值和相位与其他因素引起的不平衡电流总和的对比关系。缺陷的发展,可能导致被测电流增加;但若引起的电流相位相反,也能导致被测电流减少。

对于无缺陷的、相同型式的设备,绝缘的导纳差别可达 $\pm 5\%$。考虑到感应电流不平衡程度可能更大,故使用上述方法只能发现导纳变化超过 $10\% \sim 15\%$ 的绝缘故障。只有使被测电流的三相系统对称化,以减小初始不平衡电流总和 $\dot{I}_k$,才能保证该测试方法具有较高的监测灵敏度。对严重不对称的三相系统,可在测量装置中通过调整电路参数来取得系统平衡。

(3) 谐波的影响。由有关文献可知,每相谐波电流总值可达 $15\%\dot{I}_0$,它将增加不平衡电流,降低监测灵敏度,故在监测 $\dot{I}_k$ 时要采取滤波措施。

电容型设备的在线监测

13.3.3 中性点不平衡的电压在线检测

为了补偿临近设备造成的感应电流的影响等,提高信噪比,实际测量的是中性点的不平衡电压。实际检测电路如图 13-10 所示,取每相电流的一部分,由 R_A、R_B、R_C 引出后流经 r。在三相设备正常情况下,先调节补偿电阻,改变 R_A、R_B、R_C 的阻值,以抵消不对称和感应电流所引起的不平衡电流,使正常时三相电流均衡,此时使三相不平衡电压 $U_0 = 0$ 或极小值,当某一相设备出现缺陷时,U_0 将显著增长,可以通过选频电压表来测量 U_0 来判断绝缘状况。其灵敏度比三相不平衡电流法高得多。

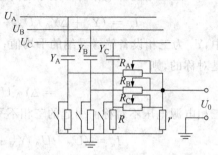

图 13-10　不平衡-补偿法检测

表 13-1 是以 70 层电容层相串联的电容套管为例,假设 A 相设备有局部缺陷为对象得到的选频电压 U_0 的结果。电容量为 800pF,正常情况下 $\tan\delta = 0.3\%$。当某一电容层 $\tan\delta'$ 增大时,各参量均有增长,但以三相不平衡电压增长最为明显。

对比结果表明,当一层缺陷进一步恶化时,$|\Delta C/C_0|$ 和 $|\Delta I/I_0|$ 的变化都不超过 2%,而三相不平衡电压却增大若干倍。因此三相不平衡电压对缺陷的反应远比测量电流或电容灵敏。

表 13-1　选频电压 U_0 的结果

有一层缺陷 tgδ'/%	整个套管的参数			三相不平衡电压 U_0/mV
	tgδ/%	$\lvert\Delta C'/C_0\rvert$/%	$\lvert\Delta I/I_0\rvert$/%	
7.8	0.43	0.008	0.031	8.12
16.8	0.55	0.038	0.063	17.7
28.8	0.701	0.105	0.125	20.8
43.8	0.847	0.224	0.250	43.3
82.8	1.028	0.574	0.595	69.4
123.2	1.029	0.859	0.877	84.8
183.2	0.932	1.105	1.222	100.3
333	0.724	1.324	1.347	105.3

13.4　电容型电流互感器的在线监测系统

电力电容器作为电力系统中重要的无功补偿装置,其运行状态直接影响电力系统的安全稳定运行。在线检测电力电容器介质损耗因数 $\tan\delta$ 可以有效地发现电力电容器的内部缺陷,是评估电力电容器运行状态的重要参数,对电力设备和电力系统的安全和稳定运行具有重要意义。

在电力电容器中,$\tan\delta$ 是一个很小的值,δ 为 0.001~0.020rad,误差的绝对值为 0.001~0.002rad,实际测量计算时很容易因误差而被湮没,因此,准确测量电力电容器的介质损耗因数是关键问题。基于传统快速傅里叶变换(FFT)的谐波分析法,由于硬件环节少、抗干扰能力强,已成为目前电力电容器介损角计算的主要方法。但在利用谐波分析法计算介损角时,由于对连续工频周期信号的截断和非同步采样,会产生频谱泄漏和栅栏效应,从而影响测量精度,因此,需要同步采集电网电压以及电流信号。为此,本节介绍了采用谐波分析法的基于 AD7656 和 TMS320F2812 的电力电容器介质损耗因数在线检测的信号采集系统,实时在线检测电力电容器介质损耗因数,为电力系统的安全稳定运行提供了有效保障,为智能电网和数字化变电站的发展提供了技术支持。

13.4.1 谐波分析法原理及检测系统结构

1. 谐波分析法原理

谐波分析法测量电力电容器介质损耗因数的基本原理:将满足狄里赫利条件的电网电压 U 与流过电力电容器介质的泄漏电流 I 进行 FFT 变换,分为基波分量和各次谐波分量之和,从而得到两个信号的基波,求出两基波相位差,得到电力电容器介质损耗因数。设电压和电流的基波相位角分别为 α_1 和 β_1,则介质损耗因数为

$$\tan \delta = \tan \left[\frac{\pi}{2} - (\beta_1 - \alpha_1) \right]$$

谐波分析法的优点在于:计算结果不受高次谐波的影响。由于以软件分析为主,该法能减小硬件电路造成的误差,不受硬件电路零点漂移的影响,能有效提高测量精度和稳定性。

2. 检测系统结构

为了对电压和电流信号进行同步采集,设计的信号采集系统包括以下几个模块:传感器模块、信号调理模块、AD 转换模块、锁相倍频模块、信号处理模块。系统结构框图如图 13-11 所示。

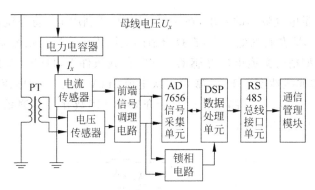

图 13-11　检测系统结构框图

系统的工作过程是:利用电压互感器 PT 将电网高电压转换成 100V 左右的传感器能接收的电压,利用电压传感器和电流传感器采集电压与泄漏电流信号,将采集到的信号送入信号调理电路进行放大滤波后传输给 AD7656 进行模数转换,将转换后的数字信号输入DSP 利用谐波分析法进行数据处理,处理的数据根据需要再经过通信电路传输给远端主控制台。利用锁相电路对信号进行倍频跟踪,与 AD 配合达到电压、电流同步采样的目的。整个检测系统集信号调理、倍频跟踪、模数转换、算法处理于一体,能快速计算介质损耗因数。

13.4.2　AD7656 性能及主控芯片

1. AD7656 性能

AD7656 是 AD 公司推出的一款采用 iCMOS 工艺技术的高集成度且具有 6 通道 16 位逐次逼近 SAR 型自同步高速 AD 转换器,具有性价比高、精度高、能耗低、转换速度快的优点,主要应用于电力监控、仪器控制等系统。

AD7656 具有双极性特性,适合多路同步采集系统需要;双极性模拟输入范围:$\pm 10V$,$\pm 5V$;最大吞吐率为 250×10^3 采样点/秒,在供电电压为 5V、采样速率为 250×10^3 采样点/秒时,功耗为 160mW,比最接近的同类双极性输入 ADC 的功耗低 60%;输入频率为 50kHz 时的信噪比 $R_{SN} = 85dB$;在片内包含一个 2.5V 内部基准电压源和基准缓冲器;AD7656 可处理输入频率达 8MHz 的信号;同时具有高速并行和串行接口,可直接与微处理器(MPU)或数字信号处理器(DSP)连接;在串行接口方式下,AD7656 具有的菊花链特性允许与多个 ADC 和一个串行接口连接。

2. 主控芯片

选用 TMS320F2812 作为本系统的主控芯片,它是 TI 公司生产的一款基于 Flash 的工业级 32 位定点 DSP,其硬件运算能力为 1.5 亿次/秒,带有 $36 \times 16kb$ SRAM、单周期 32×32 位 MAC、$128 \times 16kb$ 的 Flash、16 位外部存储器接口、EVA 和 EVB 两个事件管理器、16 路 12 位 ADC、看门狗定时器、三个 32 位 CPU 定时器、串行设备接口(SPI)、两路串行通信接口(SCI)、一路 CAN 总线、多路 I/O 口和三个外部中断源,芯片核心电压为 1.8V、I/O 电压为 3.3V。

13.4.3　硬件电路设计

1. 传感器模块

电压传感器要满足电气隔离的要求,在检测系统中,要利用 PT 将系统高电压转换成电压传感器能接收的 100V 左右的低电压,选择合适的电压传感器进行信号采集,本系统选择 IIPT303 测量用电流型精密微型电压互感器。在零负载条件下,HPT303 比值差 $\pm 0.1\%$,相位差 $\pm 5'\%$,相位差非线性度小于 $3'$,额定一次电流 3mA,额定二次电流 1mA,隔离耐压 2500V,工作温度 $-50 \sim 65℃$;其测量精度对于介质损耗因数在线检测系统比较合适。电压传感器的应用电路如图 13-12 所示。

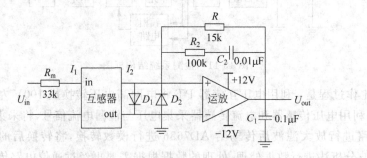

图 13-12　电压传感器应用电路

在图 13-12 中,利用限流电阻 R_{in} 将原边电压信号 U_{in}(PT 二次侧电压)转换为 $0 \sim 3mA$ 电流信号 I_1,通过微型电压互感器将 I_1 转换成 $0 \sim 1mA$ 电流 I_2,调节前置有源运算放大器

的反馈电阻 R_1 得到合适的电压输出，$R_1 = 5k\Omega$ 时，$U_{out} = \pm 5V$，二极管 D_1、D_2 起保护作用，电容 C_2 和电阻 R_2 串联补偿相位差，电容 C_1 用来去耦合滤波。

本系统中的电流信号是毫安级的微弱信号，且电流传感器不能和电路有直接的电气连接。为此，选择一种专为各种高压电力设备绝缘在线检测系统的交流泄漏电流采样设计的单匝穿芯式交流泄漏电流传感器，此传感器能准确检测 $0.1 \sim 700 \text{mA}$ 的工频电流。相位误差$\leq 0.01°$，采用"零磁通技术"自动补偿设计，互感器铁心一直处于"零磁通"状态，保证比值差和相位差的最高精度，且不受温度、振动及磁滞回线的影响，线性度好，稳定性高。电流传感器的接线方式如图 13-13 所示。

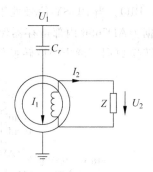

图 13-13　电流传感器接线方式

2. 信号调理模块

由传感器获取的交流电压、电流信号通常是微弱的模拟信号，需要对其进行放大调整，使幅值满足 A/D 采样电路的要求，同时减少干扰。因此，调理电路中放大器的选择主要考虑低噪声和低失调电压。低噪声放大器在测量交流小信号时很有用，因此，本系统选择 OP1177 作为信号调理用的运算放大器。OP1177 具有 $60\mu V$ 最大失调电压值和 $0.7/℃$ 最大失调电压漂移值。信号调理电路如图 13-14 所示。

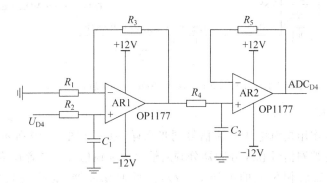

图 13-14　信号调理电路

3. AD 与 DSP 接口模块

TMS320F2812 和 AD7656 的接口电路如图 13-15 所示。本系统选用 AD 并行接口模式，AD7656 采用 +5V 的数字电源（DVCC）和模拟电源（AVCC）供电，VDD 接 +15V，VSS 接 −15V 电源，内部的缓冲器由片上自带的 2.5V 基准电压源供电，AD7657 的每个电源引脚以及参考电压引脚 REFCAPA、B、C 和逻辑电源输入 VDRIVE 都需连接 $10\mu F$ 和 $100nF$ 的去耦电容组成去耦电路。H/S 引脚接地，选择硬件工作模式；SER/PAR 引脚接地，选择并行接口模式；RANGE 引脚接地，选择 $\pm 10V$ 的电压输入范围；W/B 引脚接地，使能字模式；TMS320F2812 的 I/O 口电压为 3.3V，AD7656 要和 TMS320F2812 直接连接，所以 VDRIVE 采用 3.3V 供电。在本接口电路中，经传感器采集并调理后的电压和电流信号连接到 AD7656 的模拟输入引脚。数据输出 D0～D15 直接和 TMS320F2812 的数据线 D0～D15 相连。AD7656 的复位引脚 RESRT 接在 TMS320F2812 的通用输入输出引脚 ADC_RST。使用 TMS320F2812 的外部地址片选管脚 IS 作为 AD7656 的外部片选信号。利用

DSP 的通用 I/O 口 PWM1 控制 AD 的使能信号选择输入端 CONVSTX 启动转换,启动转换后 AD7656 会自动输出 BUSY 信号,AD 的 BUSY 信号连接到 DSP 的外部中断接口 INT1_BIO。当 BUSY 信号处于下降沿时,代表转换全部完成,触发 DSP 进入外部中断,读取数据。AD7656 内部寄存器保存转换后的数据,每向 RD 发一个低电平,读取一个输入通道的转换数据。读出 AD 转换值后,改变 CONVSTX 为低电平信号。

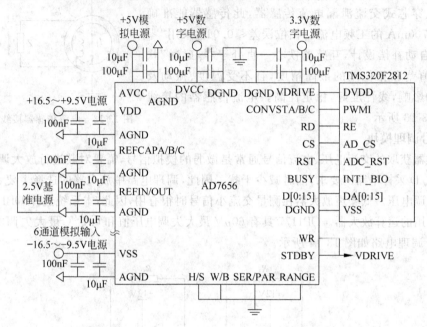

图 13-15　TMS320F2812 和 AD7656 的接口电路

4. 锁相倍频模块

锁相倍频电路的作用是对电压电流信号同步采样,原理如图 13-16 所示。电路的输入信号来自测量系统的被测信号和经分频器分频后输出的反馈信号。二者在鉴相器中进行相位比较,输出正比于二者相位差的电压 $U_d(t)$,经低通滤波器,滤除高频成分得到电压 $U_c(t)$,以此电压作为压控振荡器的控制信号。在控制电压的作用下,压控振荡器的输出信号的频率发生相应变化,输出的信号经分频器分频后,反馈到鉴相器的输入端,构成一个闭合的反馈环路。当反馈信号与输入信号相位差趋于常数、频率差等于零时,锁相环电路趋于稳定状态,电路锁定。压控振荡器的输出频率 $f_{out} = N f_{in}$。

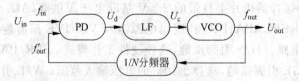

图 13-16　锁相倍频原理图

在进行锁相倍频之前要利用过零比较电路将正弦标准信号 U_{in} 转换成方波信号 f_{in}。选用 CMOS 集成锁相环芯片 CD4046,7 位二进制串行计数器 CD4024 作为分频器进行 128 分频。f_1 的频率为 50Hz,经过 128 倍倍频后,锁相环的输出频率为 50Hz×128＝6.4kHz,锁

相环引脚 VCO_{out} 输出的频率分为两路，一路用以启动 A/D 转换，另一路送入 DSP。当 DSP 检测到该信号的上升沿后，给 AD7656 的片选引脚发出控制信号，使 AD7656 处于工作状态。根据压控振荡器的特性，确定 $R_1 = 150k\Omega$，$R_2 = 110k\Omega$，$C_1 = 1\mu F$，$C_2 = 1nF$。电路如图 13-17 所示。

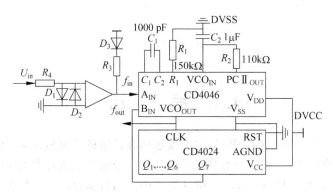

图 13-17　锁相倍频电路设计

13.4.4　软件设计

在本设计中，DSP 控制 AD 数据采集和转换开始，并对采集的数据进行数据处理。为了提高 $\tan\delta$ 的测量精度，在一个周期内采 128 个点，即 50Hz 的工频信号的采样频率为 $50Hz \times 128 = 6400Hz$。换言之，每隔约 $156.3\mu s$ 采集一个点，由 PWM1 给 CONVSTX 一个触发脉冲，启动 AD 转换。主程序采用中断的方式对整个系统进行控制。数据采集使用外部中断方式，当 BUSY 信号处于下降沿时，转换完成，触发 DSP 外部中断，进行中断处理，读取采样数据。将 DSP 读取的数据采用谐波分析法进行数据处理，计算电力电容器的介质损耗因数。系统软件流程图如图 13-18 所示。

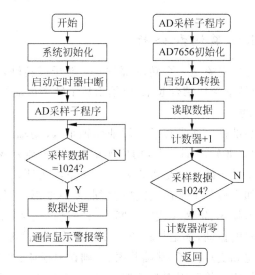

图 13-18　系统软件流程图

电容型设备的在线监测

第 14 章　其他相关参量的在线监测

14.1　振　动

振动的监测是一项十分重要的内容,它不仅包括旋转电机的机械振动,还包括因静电力或电磁力作用引起的振动。例如,全封闭组合电器中,带电微粒在电场作用下对壳体的撞击、变压器内部局部放电引起的微振动。可见振动的强弱范围很广。测量振动有三个参量,即位移、速度和加速度。测量这三个振动参数的是振动传感器。振动传感器又可分为位移传感器、速度传感器、加速度传感器和发声传感器。其中,速度传感器用于低频区最为有效,它用以高频电源在探头上产生磁场,当被测物表面与探头之间发生相对位移时,使该系统的能量发生变化,以此来测量相对位移。速度传感器一般用在 10Hz～1kHz 频率范围内的振动。加速度传感器常用在测量频率较高的振动,特别是对于频率超过 1kHz 的振动。声发射传感器则用于监测更高频率的信号,其频率范围一般为 60～100kHz。

在电气和机械上发生异常情况时,振动也会发生变化。例如,轴承不同心或磨损,容易引起电机转子偏心,运转中会引起定子振动。汽轮发电机转子长而直径相对小,很有可能产生强迫扭振。这种扭振很可能是因为电的扰动产生的,例如,输电线路相间短路颤声道轴力矩而引起的振荡,振动可使大轴产生疲劳而损坏。故振动的监测对电机而言是十分重要的诊断内容。

14.1.1　旋转机械振动监测和分析

旋转机械振动测试的主要对象是一个转动部件——转子或转轴,在进行振动测量和信号分析时,也总是将振动与转动密切结合起来,以给出整个转子运动的某些特征。

1. 旋转机械的振动问题

转子是旋转机械的核心部件。通常转子是用油膜轴承、滚动轴承或其他类型轴承支承在轴承或机壳、箱体及基础等非转动部件上,构成所谓的"转子-轴承系统"。一台旋转机械能否可靠地工作主要决定于转子的运动是否正常。大量事实表明,旋转机械的大多数振动故障与转子直接相关。比如由质量不平衡、转轴的弯曲或热变形、轴线不对中、油膜涡动及振荡、润滑油中断、推力轴承损坏、轴裂纹或叶片断裂、径向轴承磨损、部件脱落、动静部件接触和不均匀气隙等原因引起的振动,都是与转子直接有关的振动故障。当然,也有少部分故障是与非转动部件有关。比如支承损坏、基础共振、基础材料损坏、机壳不均匀热膨胀,以及机壳固定不妥和各种管道作用力等原因引起的振动,均属于与非转动部件有关的振动故障。有资料估计,旋转机械的 80% 以上的振动故障是由转子不平衡、轴线不对中和轴承不稳定这三类原因引起的。显然,这三类原因均属于与转子直接有关的故障。

既然大多数振动故障是与转子直接有关，而且当这些故障出现时，转子振动状态的变化要比非转动部件的振动变化敏感得多。因此，直接测量转子的振动状态应能获得更多的有关故障的信息，这比测量轴承座或机壳等非转动部件的振动要更为全面、可靠。曾有人在一台 50MW 汽轮发电机组高压缸轴承座（椭圆瓦油膜轴承）上测得峰-峰振幅为 0.03～0.04mm，同时测得转子轴颈相对于轴瓦的峰-峰振幅达 0.4～0.5mm。如果以轴承座的振幅为依据，则该轴承座的振级是允许的，但是经打开轴瓦检查，发现轴瓦上局部合金表面已被磨损。一些事例表明，某些与转子有关的振动故障，比如油膜不稳定振动或叶片损坏引起的不平衡振动等，有时反映在轴承座等非转动部件上的振动变化并不十分明显，如果不是直接测量转子的振动，这些故障易被忽略。

2. 旋转机械振动测试系统

旋转机械振动测试系统如图 14-1 所示。测试系统分为两部分：一部分为传感器测量系统，包括各种振动传感器及其专用测量电路（如转速整形、低通滤波、电荷放大等），其作用是将旋转机械的振动变换为具有归一化灵敏度的电压信号；另一部分为信号采集与分析系统，它的作用在于将原始振动信号通过 A/D 转换，成为数字信号经由计算机按要求进行分析处理，从不同角度为状态监测、故障诊断、动平衡或其他试验研究日的提供必要的信息。

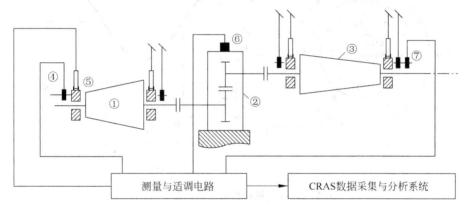

图 14-1　旋转机械振动测试框图
①—汽轮机；②—齿轮增速箱；③—压缩机；④—电涡流传感器
⑤—速度传感器；⑥—加速度传感器；⑦—光电传动器

传感器是监测装置的"眼"和"耳"，它关系到整个测试与分析结果的可靠性和准确性。如果传感器测量系统不能真实地提供振动信号，将致使各频率振动幅值和相位上有较大的歪曲，或者由于测点部位选择不当致使遗漏某些重要信息，即使后续有较高级的分析与处理设备，也难以获得可靠的信息。旋转机械振动测试中常用三种类型传感器：惯性式速度传感器、压电式加速度传感器和不接触的电涡流式位移传感器。与它们配套的专用测量电路分别为积分放大器、电荷放大器和前置器。测得的振幅分别为 mm/s、mm/s^2 或 g 及 mm 或 μm。速度振幅采用有效值，加速度振幅采用单峰值，位移振幅采用峰-峰值。在 10～1000Hz 的频段内速度均方根值相同的振动被认为具有相同的振动烈度。

旋转机械振动信号分析与数据处理的内容非常丰富，其基本内容包括基频检测、频谱分析、波形分析（各种幅值的检测及相关分析等）及趋势分析。基频振动是指旋转机械振动信号中与转速同频率的振动分量。旋转机械的实际振动不可能是单一频率的简谐振动，它或

其他相关变量的在线监测

多或少包含基频之外的其他频率分量。基频检测的目的就是从总的振动中提取基频振动的幅值及相位。频谱分析则是从频域分析总的振动中的各种频率分量,以及各频率分量随转速或负荷等因素的变化情况,它是进行故障诊断的重要依据。随着计算机技术的发展,以微处理机为控制器的旋转机械在线状态监测系统得到了推广和应用。随着计算机存储容量和内存的不断扩大,使得长时间的实时采集数据、实时分析数据成为可能,为故障诊断和分析提供了重要的依据。

1) 相位的确定

在旋转机械振动测试中,相位是指基频振动相对于转轴上某一确定标记的相位落后。设转轴端面如图 14-2(a) 所示。在转轴本体上某一确定位置设立一标记线 K';另外,在固定平面上也设置一固定标记 K。并且约定固定刻度盘从定标记 K 起始,刻度值按逆转向增加;轴本体上的刻度从动标记 K' 起始,刻度值按顺转向增加。设每当动标记 K' 转至定标记 K 的瞬时给出一脉冲信号,则这一序列脉冲信号即作为该旋转机械各点振动相位的参考,如图 14-2(b) 所示,这一脉冲信号一般称为键相信号。

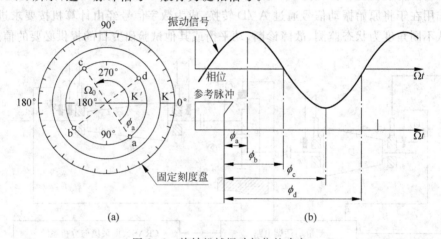

图 14-2　旋转机械振动相位的确定

为了获得相位参考脉冲信号,可采用电涡流传感器或光电传感器。本系统采用的是光电传感器。当用光电传感器时,要求在轴表面上动标记 K' 处沿轴向涂上(或粘上)一反射窄带,其余部分为黑区,或者相反。如果用电涡流传感器提供脉冲信号,则要求在动标记 K' 处铣出一条几毫米的键槽,或在轴上沿轴向粘上一条 0.5~1.0mm 厚的金属窄带。由于键槽或反射带具有一定的宽度,因此脉冲信号也有一定的宽度,而且脉冲上升时间也不是无限短,如图 14-3 所示。这时,需将脉冲信号进行整形处理,并选择脉冲的前沿或后沿作为触发的参考,将脉冲信号整形为持续时间极短的尖脉冲。前、后沿触发所得的相位值的差别视脉冲信号的宽度大小而定。当脉冲的宽度相对于一转动周期甚小时,这一差别也随之减小。

2) 转轴径向相对振动的测定

转轴径向相对振动(简称轴振动)是指圆轴横截面中心(也称轴心)相对于轴承座在某一半径方向的振动。实际上不能直接测量到轴心的振动,通常以所能测到的圆轴的转动表面在某一半径方向的振动,作为轴心在该方向的振动。轴振动的测定是分析转轴振动状态的重要依据,特别是对于油膜轴承,由于轴颈与轴瓦之间留有一定的间隙以形成油膜,因此在多数场合,轴颈处轴振动通常要比轴承座的振动大,有时甚至大数倍至十几倍。这时,轴的径向相

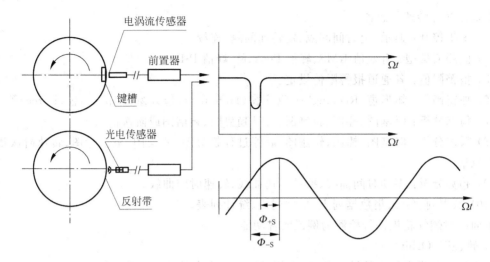

图 14-3　用电涡流传感器或光电传感器提供相伴参考脉冲信号

对振动就足以为分析轴的振动故障提供主要信息,而不一定需要再测量轴的径向绝对振动。

　　用不接触式电涡流传感器测量轴振动的装置如图 14-4 所示。图 14-4(a)上的装置是用固定卡将两个涡流传感器安装在轴瓦侧面两个选定的相互垂直的半径方向上。传感器的电缆视具体情况可以从轴承座下半部和出线孔引出,或从图上所示的特制密封接头中引出。利用图 14-4(a)装置,可以测定转轴在两个正交方向的轴振动,进而可以将这两个轴振动合成得到轴心在其横截面内的相对运动轨迹,即轴心轨迹。图 14-4(b)是将装有电涡流传感器的专用测量盒拧入轴承盖上特别加工的测量孔内,以实现对轴振动的测量。

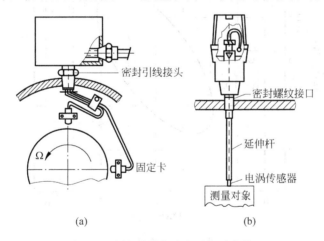

(a)　　　　　　　　　　　(b)

图 14-4　测量转轴径向相对振动的装置

3. 旋转机械状态在线监测软件

　　旋转机械状态在线监测软件是振动分析的重要环节,系统的功能强大直接关系到监测判断成功与否。目前,随着计算机的发展以及操作系统、开发软件平台的不断更新,从 DOS 版、Windows XP 版,发展到 Windows Vista 版。系统的主要功能应该包含如下几部分。

　　(1) 采集方式:内部(FFT 等带宽)、外部(整周期转速跟踪)。

　　(2) 转速传感器:内部方式可以加转速也可不加;外部方式必须加转速传感器。转速传感器采用光电转速传感器。

(3) 采集控制：监示、定时间间隔、定转速间隔、连续。

(4) 监测值类型：有效值 RMS、峰值 Peak、峰-峰值 P-P。

(5) 报警限值：各通道报警限值设定。

(6) 加窗函数：矩形窗（Rectangle）、汉宁窗（Hanning）、指数窗（Exp）、力窗（Force）等。

(7) 稳态分析：时基图、棒图、轨迹图、每日趋势图、频谱图或阶次谱图。

(8) 瞬态分析：时基图、棒图、轨迹图、启停过程趋势图、波德图、极坐标图、转速阶次谱图和全息谱。

(9) 趋势分析：振动时间曲线、振动转速曲线、转速时间曲线。

(10) 数据列表：采集数据列表、事件列表、统计列表。

下面以对燃气轮机进行检测为例说明各功能。

1) 轨迹图（Orbit）

轴心轨迹是指在给定的转速下，轴心相对于轴承座在其与轴线垂直平面内的运动轨迹。可以测定转轴在两个正交方向的轴振动，进而可以将这两个轴振动合成得到轴心在其横截面内的相对运动轨迹，即轴心轨迹。得到转子运动轨迹后，可以分析不平衡、不对中、摩擦、油膜振荡、转轴涡动、机械松动等机械故障，如图 14-5 所示。

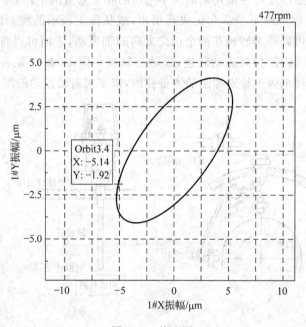

图 14-5　轨迹图

2) 频谱图及阶次谱图

旋转机械振动的频率分析是诊断振动原因的最主要方法之一。当采用内部方式采样即固定采样频率采样时，分析频率范围是恒定的，这种情况下的频率分析（功率谱、功率谱密度、能量谱以及均方根谱）如图 14-6 所示。为了获取阶次谱图，可以采用外部采样方式，以转速信号作为参考进行整周期采样的情况下，旋转一个周期中取得的样本数正好等于 FFT 块大小（32、64、128、256）。此外，由于存在一个键相脉冲信号作为相位基准，每次采集所得到的一个周期信号的相位都是相同的。对它们进行 FFT 计算后,振动信号的基频(即转动频率)在频谱图的第 1 根线上(第 0 根线为直流分量),二倍频分量在第 2 根谱线上……因此,这种整周期采样振动信号的频谱称为阶次谱。如果每转取 32 个点则可分析到 16 阶振动分量,每转取 64 个点可分析到 32 阶振动分量……阶次谱分析是旋转机械特有的谱分析方法,属于特征分析的一种。因为旋转机械振动的原因往往是与转子振动有关的,因此,振动的特征也与工频分量或其整数倍有关。阶次分析对于旋转机械振动诊断是一个有力的工具。

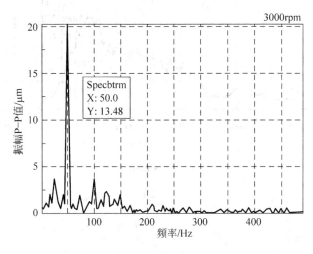

图 14-6　频谱图

3) 波德图(Bode)和极坐标图(Polar)

波德图是描绘基频振动的幅值及相位随转速变化的两条曲线(如图 14-7 所示),有时也称为不平衡响应图。极坐标图又称为奈奎斯特图,是以各转速下基频幅值为径向的模,以相位为径向的幅角,在极坐标平面上绘制的曲线。所以,极坐标图实际上就是基频振动的复数振幅随转速变化的向量端图,如图 14-8 所示。波德图由于是以转速为横坐标,因此从幅值曲线易于确定临界转速值,并可由曲线上的半功率带宽粗略估计该临界转速下的阻尼比,P_1、P_2 称为半功率点,其宽度为半功率带宽,r_1、r_2 为半功率点转速、r_m 为振幅最大值 H_m 处的转速,H_m 阻尼比 $\xi \approx (r_2 - r_1)/2r_m$,但其形状受轴弯曲或跳动影响较大。极坐标图突出振幅与相位的相互变化关系,其开头不受轴弯曲或跳动影响,任何弯曲或跳动的存在只表示为一个初始矢量。极坐标图在动平衡时常被用来确定转子上不平衡质量分布的方位角。

4) 三维频谱图

三维频谱图又名级联图、谱阵图、瀑布图,它是以转速、时间等作为第三维绘制的频谱曲线集合。波德图和奈奎斯特图都受升降速度的限制,升速或降速太快会使分析的误差较大。然而,在转速变化时能经常观察频谱的某几个分量的动态变化过程,这正是动态级联谱图的优点之一。如图 14-9 所示,三维频谱图能较清晰地显示各倍频分量随转速的变化情况。为了适应旋转机械在转速变化情况下进行频率分析的特殊要求,采用跟踪阶次的外采样技术可以得到以转速的阶次为横坐标的频谱图,在阶次频谱图上各阶分量呈平行线,如图 14-10 所示。

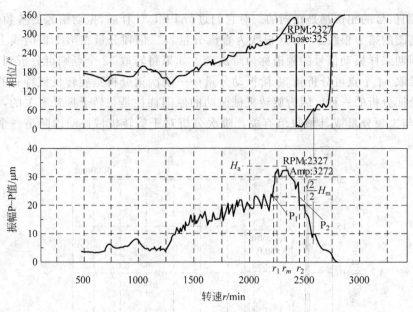

图 14-7　波德图

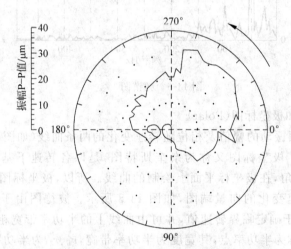

图 14-8　极坐标图

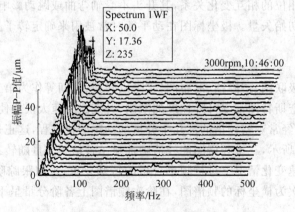

图 14-9　三维频谱图

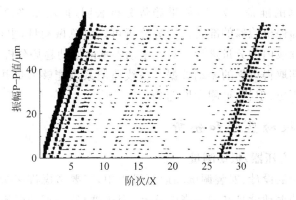

图 14-10　阶次频谱图

5）全息谱图

全息谱图是另一种动态级联谱,由许多椭圆组成,椭圆的直径是该阶的振动幅值,倾角是相位,如图 14-11 所示。

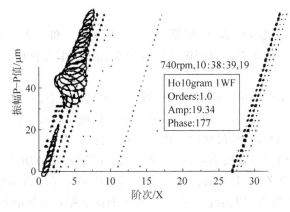

740rpm,10:38:39,19

Ho10gram 1WF
Orders:1.0
Amp:19.34
Phase:177

图 14-11　全息谱图

4. 振动趋势分析

趋势分析是另外一种广泛用来近似地确定机器状况的方法,用于确定一台机器是否处于正常状态,或者是否出现恶化。所有的机器都不例外,都会因为一个不太重要的缺陷处于某一振级水平。然而,在那些没有出现重大机械故障的地方,振级会在一段长时期内相对地保持稳定。相反,如果出现重大机械故障,这些故障会使机器的机械状况恶化,那么相应振级会随着机械状态和恶化过程的时间而发生变化。例如,一个转动体的不平衡可能在轴承上产生超过其允许承受的力,因此,轴承很可能会在较短的时间内开始磨损,并且随着时间的延续进一步恶化,当然结果是明显地增加振级。因此,通过对机器的周期性(每日、每周等)振动检查,并在趋势图上标出数据,机械状态就会一目了然。如果振级表示正常,这种趋势图会保持相对平缓。

经常会发生这样的情况,某机器虽然振动水平较高(低于报警值),但在相当长的时间内变化很小,这种情况可以认为机器是正常的。如果在一个长时间内振动有缓慢增加的趋势,那么对已经检测到的数据进行曲线拟合并延伸下去可找到达到报警值的时间。在这段时间到来之前可以做好维修的准备。另外,如果趋势分析表明,振动水平急剧变化(增大或减小),那么应该做好立即停机检修的准备。趋势分析可以对总振动量,也可以对它的某一阶分量或者对某一窄带频段内的分量进行。对于滚动轴承的振动趋势分析还使用峭度。振动趋势分析的依据是定期取得可靠的振动数据。在线监测系统能够采集并存储大量的数据,以备判断机械状态的历史、现状、推测发展趋势。

14.1.2 变压器振动监测和分析

1. 油浸式电抗器(变压器)振动测量

在电抗器(变压器)的设计、安装调试和运行过程中,需要考虑许多参数的影响,其中设备在运行条件下产生的振动就是其一。当电抗器(变压器)发生振动时不仅会产生噪声,造成环境噪声污染,而且当电抗器(变压器)长期处于强烈振动或共振状态时,就会缩短使用寿命,甚至造成设备损坏。因此,测量、评价和控制电抗器(变压器)的振动具有重要意义。为客观评价电抗器(变压器)在运行过程中的振动状况,采用科学规范的方法对其振动进行测量十分必要。

1) 振动产生机理

110kV 及以上电压等级电抗器(变压器)主要分为油浸式和干式。干式结构形式较为简单,且器壁振动很小,一般不会影响到设备运行安全,因此,本文仅研究油浸式电抗器(变压器)的振动问题。

变压器本体的振动主要是由于硅钢片的磁致伸缩引起的铁心振动和负载电流引起的绕组振动。所谓磁致伸缩就是铁心励磁时,沿磁力线方向硅钢片的尺寸要增加,而垂直于磁力线方向硅钢片的尺寸要缩小,这种尺寸的变化称为磁致伸缩。

对于已经叠压成形的变压器铁心,因磁致伸缩引起的铁心振动加速度信号基频成分与空载电压值的平方呈线性关系,且铁心振动加速度信号的基频是空载电压基频的二倍。另外,因铁心磁致伸缩的非线性以及沿铁心内框和外框的磁通路径长短的不同等原因,铁心振动频谱中除了基频外,还包含高次谐波成分。

2) 电抗器(变压器)主要结构形式

110kV 及以上电压等级电抗器(变压器)器壁结构形式多样,归纳起来,电抗器(变压器)的油箱壁结构可简化成如图 14-12 所示 4 种形式。其中图 14-12(d)是圆柱形电抗器,油箱壁上无加强筋。

3) 测点布置

(1) 测点布置原则。

一般情况下,振动较大的地方在侧面油箱壁上,而加强筋和底面振动相对较小,但是在进行振动测量时,也应对加强筋上测点进行测量,原因是:加强筋的振动一般反映的是电抗器(变压器)整体的振动;底面振动反映的是电抗器(变压器)与基础之间的连接稳定性问题,这两处的振动如果较大,同样会威胁到设备的运行安全。

(2) 确定测点数目。

因为电抗器(变压器)的主体大小、结构形式不尽相同,各个厂家生产的产品也各具特点。因此,在确定测点数目时,不能单一地按变压器的大小来进行测点数目的确定和布设,应当考虑加强筋与油箱壁的相互关系。

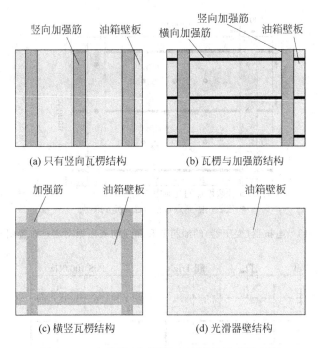

(a) 只有竖向瓦楞结构　　　　　　(b) 瓦楞与加强筋结构

(c) 横竖瓦楞结构　　　　　　　　(d) 光滑器壁结构

图 14-12　电抗器(变压器)表面结构形式示意图

　　加强筋将油箱壁分割为若干矩形单元,同时各加强筋也可以看作矩形单元面,可定义一个长度变量 L,该变量同时限制单元面的长和宽,通过测量各单元的具体尺寸,确定每个单元面上的测点的数目。为保证能够测量到每个单元的最大振动量,各单元面的几何中心应保证一个测点。根据各单元长、宽尺寸确定在长方向、宽方向上的测点数目(如表 14-1 所示)。

表 14-1　单元长方向、宽方向上的测点布置数目

油箱壁、加强筋的长(宽)尺寸 L/mm	测点数目/个	油箱壁、加强筋的长(宽)尺寸 L/mm	测点数目/个
$L \leqslant 200$	0	$2000 < L \leqslant 3000$	3
$200 < L \leqslant 1000$	1	$L > 3000$	4
$1000 < L \leqslant 2000$	2		

　　振动测点编号应按照电抗器(变压器)的侧面油箱壁、侧面加强筋、油箱底部、油箱底部加强筋分别进行编号。必要时,在已查明或预计振动较大的部位可适当增加振动测点数目。

　　取图 14-12(b)作为测点布置的讨论对象。对于竖向加强筋($L_x = 300\text{mm}$,$L_y = 2500\text{mm}$),依据表 14-1 的规定,横向布置一个测点,竖向布置三个测点;对于横向加强筋($L_y = 100\text{mm} \leqslant 200\text{mm}$),不布置测点;对于油箱壁单元面($L_x = 1500\text{mm}$,$L_y = 800\text{mm}$),依据表 14-1 规定,横向布置两个测点,竖向布置一个测点,几何中心增加一处测点。测点布置示意图如图 14-13 所示。

　　4) 其他要求

　　(1) 测振仪器的选用。

　　由图 14-14 频谱分析得知,振动动态信号主要分量为 100Hz,同时存在幅度较小的50Hz、200Hz 分量。分析认为,激振力为 100Hz 的电磁力,时域信号为单纯的正弦波。因此

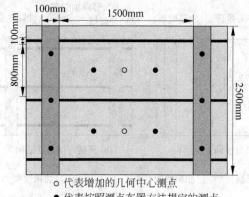

○ 代表增加的几何中心测点
● 代表按照测点布置方法规定的测点

图 14-13　电抗器(变压器)的油箱壁和加强筋表面振动测点布置图

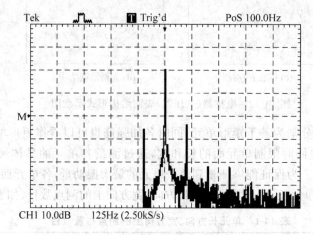

图 14-14　电抗器油箱壁振动频谱

整个测量系统的测量频率及动态范围应满足振动测量的要求。国内生产的便携式振动测试仪测量频率基本在 5Hz 以上,测量频率范围应能达到 5~3000Hz,动态范围应大于 100dB。

(2) 测量量的选取。

测量量主要有振动位移、振动速度、振动加速度。其中,振动位移和振动速度多应用于低频的振动测量,较适合电抗器(变压器)低频振动的特性。在已颁布的电抗器(变压器)设计规程中,都用的是振动位移量。振动位移量选取峰-峰值作为测量量,通过对某 750kV 电抗器的振动测量数据可以看出最大峰-峰值为 317μm,说明电抗器(变压器)结构的振动位移相对较小,且现阶段各电抗器(变压器)厂家均在减振降噪方面采取了更为先进的技术,电抗器(变压器)的油箱壁振动呈普遍下降趋势,为了方便起见,建议采用的振动位移单位为 μm。

(3) 设备运行负荷要求。

电抗器选择在最高运行电压及额定频率下进行测量。变压器选择在满负荷额定冷却条件工况下进行测量。变压器投运后一般很难达到满负荷运行,在验收性质的测量时,应至少保证在额定负荷 80% 以上进行测量。

2. 基于振动测量变压器故障诊断

电力变压器铁心或绕组发生位移、松动或变形时,测得振动信号与正常状态下的振动信号相比有高频成分出现,原来一些频率的幅值也会发生变化,且铁心或绕组位移、松动或变形越严重,出现的高频成分越多,一些频率的幅值变化也就越大。变压器铁心或绕组发生故障时,振动信号的能量分布也会发生变化。目前,诊断铁心或绕组是否发生故障的方法有:①将测量得到的时域波形与正常状态下的时域波形相比较,若某处幅值出现明显的增加或抖动,说明变压器有异常状况出现;②将得到的振动信号进行快速傅里叶变换,得到其幅频特性曲线。在振动信号的幅频特性曲线下,相对于正常状态下的振动信号,主频或谐波分量幅值若出现明显变化,则可以认为绕组或铁心可能存在故障。

对试验变压器负载工况下的振动进行监测试验,选用电容作为负载。监测系统接线图如图 14-15 所示。考虑不同状态下 5% 的随机测试噪声,图 14-16 为副边电压、电流分别为 20kV、0.008A 时的变压器振动信号时域波形图和频谱图。若采用时域信号来判断,由于随机测试噪声的存在,由图 14-16(a)显然无法确定变压器是否发生故障。若对时域信号进行频谱分析,如图 14-16(c)所示,对不同故障状态下变压器的频谱图进行比较,通过观看各谐波分量幅值是否有比较明显的变化来判断变压器是否存在故障,为此,必须确立各种故障特征频谱图。

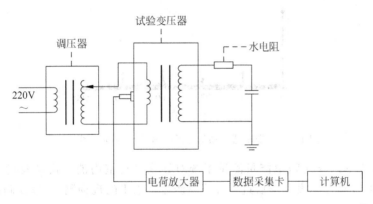

图 14-15　变压器振动监测示意图

14.1.3　大跨越导线测振及监测技术

微风振动容易引起架空线路导线的线股疲劳断股,尤其是在大跨越上,该问题一直威胁着输电线路的安全运行。因为距离大、悬挂点高、水域开阔等特点,使得风输给导线的振动能量大大增加,导线振动强度远较普通距离严重。一旦发生疲劳断股,将给电网安全运行带来严重危害,给国民经济造成重大损失。通常仅换线工程本身的损失就高达数百万元,因此大跨越导线的防振工作一直被广大科研工作者所关注。而建立一套完整的室内测振试验室与室外现场监测系统就显得尤为重要。

许多国家在 20 世纪 60 年代就开展了导线振动的能量研究,通过测定导线自阻尼和阻尼器功率特性等来选择合理的消振方案。CIGRE/IEEE 输配电委员会推荐"导线自阻尼测量导则"和"单导线风振阻尼器特性测量导则"。但是,风激振动是一个非常复杂的理论问题,制约因素非常多,比如挂高、风速、风向、地形、间隔棒及导线振幅、频率等。因此,大跨越

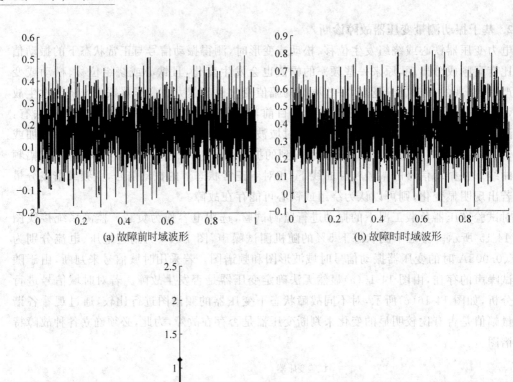

(a) 故障前时域波形　　　　　　　　　　(b) 故障时时域波形

(c) 频谱图

图 14-16　变压器振动信号的时域波形与频谱图

工程中除了要建立室内导线阻尼能量测试系统对导线进行室内消振模拟及优选防振方案外,还必须加强对线路在架设完毕后进行导线风激振动水平的现场测试,以便确认防振措施的有效性及工程的安全性。

1. 室内测振技术

1) 自阻尼测量

采用功率法来测试导线的自阻尼特性的原理图如图 14-17 所示。其中,1 为信号发生器,产生频率能连续可调的正弦信号;2 为功率放大器,供给足够大的功率以推动激振器 3;4 为力传感器,检测激振器输给导线 11 的激振力,并把这个正弦的机械力转换成正弦的电信号;5 为加速度传感器,检测该点的运动加速度,并把加速度信号转换为电信号;力和加速度信号分别经电荷放大器 6、7,并归一化处理后,其输出的电压信号就是激振力和加速度的值,加速度电压信号再经过积分器 8 积分后变成速度信号;然后再把力和速度信号同时输入功率表 9,功率表的输出就是激振器输入导线的功率大小;同时,力和加速度信号分别输入示波器 10 的 x 轴和 y 轴,调节 1 的频率,从示波器中可以确定导线是否处于共振状态;12 为重型夹具;13 为水泥阻力墩。

在用功率法测量导线自阻尼时,需要注意以下问题。

(1) 用电磁振动台振动时,它的低频特性不好,最好采用衰减法来补充。

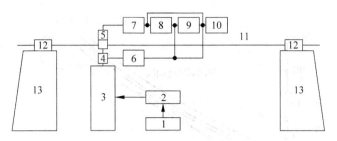

图 14-17　功率法测量导线自阻尼原理图

（2）电磁振动台的动圈加上夹具的质量较大，会影响振动台所处的半波长度，表现出局部阻尼的作用。

（3）信号通道之间的相角越小越好，最好为 0°。

（4）由于导线自阻尼很小，谐振时速度变化率很大，严格稳定在谐振状态十分困难。

（5）力传感器和加速度传感器必须有良好的线性、频率相应特性及可重复性。

2）速度和振幅的测量

导线振动时，加速度传感器随着导线作加速运动，将其输出的感应信号经电荷放大器的归一化处理后，通过积分器积分，从峰值电压表读出该点的振动速度。将该速度值除以振动角频率即得该点的振幅。

3）风能平衡点和输入风能的确定

大跨越导线风振强度与输入风能的大小有关，也与导线自阻尼及消振措施性能优劣有关。风能曲线有 Diana and Falco 曲线、Farquharson 曲线和 Slethei 曲线等，对输入风能曲线的选取进行了计算和分析。

式（14-1）为 Diana 风能曲线拟合成为以相对全振幅（Y/D）为自变数的解析函数：

$$W/M = 82.4 \left[\begin{array}{c} 1 - 0.577(Y/D)^2 + 0.283\,75(Y/D)^4 \\ -0.061\,875(Y/D)^6 \end{array} \right] [0.314\,98(Y/D)^{5/3} - 0.000\,035] D^4 f^3$$

$$(14-1)$$

式中，W/M 为单位长度导线所吸收的风的功率；Y 为振动的振幅峰值；D 为导线外径；f 为导线振动的频率。

日本人提供的 Slethei 风能曲线的解析表达式，也是相对全振幅的函数为：

$$W/M = 16.2 C_L D^4 f^3 [(Y/D) + 0.6(Y/D)^2] \tag{14-2}$$

$$C_L = \frac{1.7}{1 + 0.07(1-V)^2} \tag{14-3}$$

$$f = 0.185 \frac{V}{D} \tag{14-4}$$

式中，V 为风速（m/s）；C_L 为风速 V 的函数。

按照式（14-1）～式（14-4）绘制出了 Diana 曲线与 Slethei 曲线对比图（如图 14-18 所示）。为了安全起见，选用 Diana 风能曲线。将导线自阻尼特性曲线经过坐标变换后，绘制到风能曲线上，得到的两曲线交点，即为该频率下的能量平衡点及相应平衡的振幅值，再把交点的位置反算到导线自阻尼特性曲线的坐标系中。安全起见，将功耗值乘以三倍作为以后输给导线的风能值。

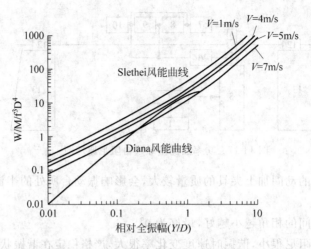

图 14-18　Diana 曲线与 Slethei 曲线的对比

4）应变的测量

消振措施的消振性能优劣是由线夹出口、花边出口和防振锤夹头出口处导线上的动弯应变来确定的。对于具体某点的应变的测量方法如下。

A、B、C、D 表示贴在导线外层股线的 4 片等值应变片（如图 14-19 所示），其连接线路图如图 14-20 所示，信号源 1 将 1kHz 的信号输入应变片桥中，输出信号再经过相敏检波放大器 2，滤去了 1kHz 的信号，在动态电阻应变仪 3 中记录振动频率一致的应变信号。测到的是某一个谐振频率下的某一个特定振幅的应变值。

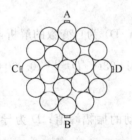

图 14-19　应变片安装位置

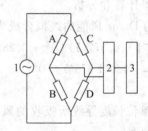

图 14-20　应变片桥连接方法

2. 室外监测技术

对于现场监测技术，加拿大生产的 PAVICA 型输电线路测振仪（如图 14-21 所示）是国内目前现场监测的唯一解决方案，其特点是自动化程度高、可编程、安装方便、测试结果可以直接从屏幕读出，也可以很好地和计算机进行数据通信。它记录的数据是被测点的振幅，根据被测点振幅和应变的关系，确定该点的可允许振幅的范围，若有数据超出该范围，则判断导线消振效果不佳。导线的振动与风速有关，根据气象局提供的当地气象条件，选择风速比较稳定，且风向最好与导线相垂直，温度变化小的季节进行现场测试。现场测试时，选择线夹出口处和防振锤夹头处的振幅，或者根据用户提供的要求，

图 14-21　PAVICA 型输电线路测振仪

选择被测点。该仪器可以用来验证现场消振方案的有效性,功能的可扩展性不强。

由于 PAVICA 测振仪是采用蓄电池供电的结构,用定时开启的工作方式达到省电的效果,无法进行长期实时监测;其采集数据存储在自身的存储器内,只能在验证期结束后才能得到,无法实时地反映导线的振动情况。

目前,在高压隔离的条件下实现长期供电有多种可供选择的方案,加上低功耗无线传输技术的发展,完全可以结合国外仪器的特点,开发可长期实时监测的测振系统。

1) 高压条件下的供电方案

目前针对架空导线的监测产品,多是采用太阳能供电。此类产品的特点是功耗小、重量轻、结构简单,还没有用于导线振动测量。太阳能供电的最大缺点是受天气条件制约,无法完成诸如长期无日照条件的测量,也决定了其输出功率必须在蓄电池容量和天气条件下作出取舍。所以单纯地采用太阳能供电的方式不是特别理想。而架空线本身就是用于不间断传输电能的载体,可从中取出一部分电量用于导体运行状况监测。此外,风能供电也是最近流行起来的技术,尽管受到天气影响,却可以为持续供电提供额外的保障。综上所述,可确定将采用多种供电方案相结合或择优选择的方式,力争使供电系统的输出功率高于监控仪器的消耗功率。

2) 高压条件下的测量方案

架空线振动测量的基础理论由 IEEE 委员会在 1965 年给出,该标准采用测量弯曲幅度的物理量,并且可以推算出导线端部两个被测点的相对位移,以反映出整根导线的振动状况。PAVICA 测振仪正是采用了这种测量标准。在线振动测量应采用机械传动装置结合压电晶体组成的传感器将振动信号转变为电压信号,再经过采集电路滤波,转换为数字信号进行后续处理,处理结果采用无线传输方式传递至低压端,再进行调配。

14.2 紫 外 光

随着电力工业的发展和电网负荷需求的提高,特高压长距离输电技术在我国快速发展,电压等级越来越高,750kV 的输变电技术已在西北电网投入运用。目前国内外 500kV 电压等级及以下的验电技术较为成熟,而且使用范围较广,经验也较为丰富。但随着电压等级的升高,安全距离要求越大,验电杆的长度和挠度难以满足要求,操作不方便,甚至导致安全事故。即便在更低电压等级的高压输变电系统中,长绝缘杆也由于其操作不方便影响了验电工作的效率。传统的长杆上套装电压互感器的方法已经难以满足输电系统发展的要求,急需一种更加方便、安全、高效的验电技术。

采用灵敏性紫外传感器可以测量高压设备的电晕放电中的放电脉冲。本文根据高压设备电晕放电中的紫外脉冲的功率密度与高压设备表面电场强度的关系,通过采用更高灵敏度的日盲型紫外管测量设备远处点的紫外脉冲数量,通过其功率密度判断设备表面电场,结合测量得到的环境参数,包括温度、湿度和大气压,从而判断设备是否带电。本节通过基于紫外脉冲检测的非接触式特高压验电仪来说明。

14.2.1 方法原理

高压输电设备因制造工艺所限表面并不光滑,布满微小突起。加压后,突起周围会形成强电场。当这些突起附近的电场强度超过空气的击穿场强(30kV/m)时,就会发生电晕放电。研究表明,绝缘子电晕放电的概率与外加电压之间的关系近似符合正态分布的统计规律,且与绝缘子周围环境密切相关,在不同电压下,绝缘子的起晕概率为

$$f(U) = (1/\sqrt{2\pi}\sigma)e^{-(U-U_C)^2/\sigma^2} \qquad (14\text{-}5)$$

式中,U 为外加电压;U_C 为 50% 起晕电压,反映多次施加电压时,绝缘子有 50% 的周期产生电晕放电的电压值;σ 为方差,即 50% 起晕电压的离散程度。式(14-5)表明当高压设备带电与不带电时,即其外加电压 U 分别为 0 与相电压时,其起晕概率不同,因此其电晕放电中的紫外脉冲数量不同。当外加电压为 0 时,没有电晕放电。

高压设备放电时,其电晕脉冲中的日盲区紫外脉冲的强度与功率密度取决于其表面的电场强度,电场强度越大,紫外脉冲的功率密度越大,反之亦然。当把高压设备看作紫外光的辐射源时,由于光的直线传播特性,其功率密度随着辐射半径(传播距离)增大而减小,当辐射半径足够大时,紫外脉冲的功率密度将减小至零。当检测位于地面时,被检测设备的辐射半径主要由其高度决定,对于有些被检测设备,其紫外脉冲辐射半径可以达到 30m 左右。紫外脉冲的功率密度较小,测量较难。本方法中采用高灵敏度的紫外探头可以检测出高压设备电晕放电中的日盲区紫外脉冲,判断高压设备是否带电。当检测出来的数量大于传感器所处环境的背景噪声时,则认为设备带电,否则为不带电,从而在地面实现非接触式验电。

14.2.2 紫外验电仪

基于上述方法研制的非接触式紫外验电仪结构框图如图 14-22(a)所示,其实物图如图 14-22(b)所示。紫外检测器的核心器件是紫外传感器 HAMAMATSU 公司的 R2868。该传感器的通道工作波段采用日盲区 UV-C 中的 185～260nm 波段,可有效避免太阳光的干扰,灵敏度达 5000 脉冲数/分钟。

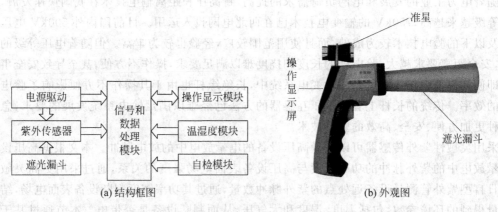

(a) 结构框图   (b) 外观图

图 14-22 紫外验电仪

当检测仪启动之后,系统首先通过自检模块进行自检,确定系统是否处于稳定工作状态以及检测背景噪声,确保检测结果准确。进入工作状态后,遮光漏斗对准被检测设备,采集待检测设备电晕放电中的紫外光,经紫外传感器之后,光信号转换成电信号,发送给信号和

数据处理模块。同时温湿度模块将测量得到的温湿度参数传送给信号和数据处理模块,数据处理模块根据测量的数据进行分析,并在显示模块显示检测结果。验电仪采用干电池供电,通过电源驱动模块对电压进行转换后为系统供电。遮光漏斗的主要作用是选择光源方向,避免在检测某一相设备时其他线路的干扰,确保检测结果的准确性。

仪器采用金属喷涂屏蔽壳进行电磁屏蔽,并且针对传感器外围单独采用铜皮屏蔽,以确保验电仪在强电场下能够正常工作。

14.2.3 试验与结果分析

如图 14-23 所示为试验现场。测量线路设备之前,对当地环境噪声、不带电体以及停电设备进行测量,在没有火光、钨灯等人工光源影响下,仪器测量的脉冲数为 0。对正在运行的带电设备的测量,获得设备放电的紫外脉冲数,验电时可以根据未知带电情况设备的放电脉冲数与背景噪声进行对比以确定其带电情况。测量位置均在地面(安全距离之外)。试验中取不同电压等级的线路为检测对象,以维修时需要进行验电的设备或设备连接点为检测点,进行验电试验,每个检测点进行三次重复试验,每次检测时间为 30s,取三次测量的平均值为被检测点的紫外脉冲数量,判断被检测对象是否带电。为了更

图 14-23 试验现场

好地表征放电脉冲分布,纵坐标的刻度表现为 2 的指数。

在某主变到 I 线路间隔之间每相选择 7 个测点进行检测,7 个测点分别是主变出线与GIS 开关间(GIS 套管处)、GIS 开关套管与高抗连接点、高抗与刀开关之间(高抗套管处)、隔离开关与 I 线接连处(刀开关侧)、I 线与阻波器间(线路避雷器均压环)、出线塔与 1 号塔线路上、1 号塔绝缘子悬挂处,分别编号为 1~7 号。图 14-24 为冬季试验结果,图 14-25 为夏季试验结果。

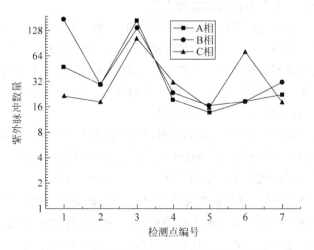

图 14-24 I 线设备 30s 紫外脉冲数量(11 月)

其他相关参量的在线监测

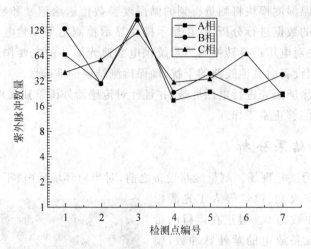

图 14-25　Ⅰ线设备 30s 紫外脉冲数量(6 月)

冬季和夏季两次测试结果表明,冬季与夏季的放电规律一致,冬季放电强的位置在夏季依然强,同一设备夏季放电强于冬季。6 月相对于 11 月气温高、湿度大,高压设备的放电概率更大;湿度大,加剧了放电程度。但是无论冬季还是夏季都能有效进行验电。

14.3　光声光谱

研究物质能谱特性的最有效最方便的方法之一是光谱法,普通的光谱技术是利用分光仪器和光电接收其测量物质的吸收光谱。但是许多有机和无机材料,如粉末、无定形的化合物、污迹、不透明物体、油类及各种生物样品都具有极强的光散特性,因而都不便或很难用上述光谱方法进行研究。随着激光技术和纤维光学的发展,提出了需要解决吸收系数在 $10^{-5}\,\mathrm{cm^{-1}}$ 以下的光学材料的测量问题,普通的光谱光度法在这种测量范围内已不适用。近年来发展了一种称作"光声光谱方法"的新光谱技术,特别适用于上述各种样品的测量工作,它能得到用常规光谱技术不能得到的各种样品的吸收光谱。

光声光谱(PAS)是基于光声效应的新兴光谱技术。光声光谱仪是由光源、测量室和数据处理系统三个主要部分构成。测量室是仪器的核心,它是由微音器及样品盒组成,具有很高的检测灵敏度。这种仪器已被用于检测禁带跃迁的极微弱信号以及非线性光谱学和无辐射跃迁等分析方面。光声光谱技术,目前正以广泛的应用潜力而受到人们的重视,已成为物理、化学、生物、医药等方面研究分析的有用工具。

对于固体光声光谱仪器来说,被吸收到试料内部作周期性强度调制的光能,其中一部分作为热量释放出来,而另一部分扩散到固体表面的热量在同气体耦合的界面上产生周期性的膨胀和收缩。用微音器检测由此产生的气体压力波,所测出的信号不仅包含试料的光学性质,并且还包含其热学性质。这样就把光声信号划分成充分反映物质光学性质和根本不反映物质光学性质的两种类型。后一种类型的信号,一般是用以"声塞"表示固体表面热扩散的气体膨胀的一维模型进行分析。但这种分析忽略了测量室内压力波的传播、声速以及声速的过渡变化的影响。对于上述影响因素的理论及三维模型的研究,是关系到新型光声光谱技术发展的重要研究课题。目前,利用提高调制频率的方法解决光声信号饱和现象,在理论上虽然已经解决,但在试验方面因测量灵敏度的降低而未获得实际应用。为了提高检测灵敏度,现已提出采用电子计算机数据处理技术、阿达玛变换和傅里叶变换光谱技术以及研制新型传感器的方案。为了克服采用电容式微音器的光声光谱仪所具有的局限性,人们又研制了压电陶瓷光声光谱仪(简称PZT-PAS)。美国贝尔试验室的Pateel博士,最近已经把这类仪器应用于光谱学的研究。另外,还有人将此类仪器应用于对吸光系数小的光学物质的检测。

光声信号有两种形式:一种是由消散的热声产生的;另一种是由没有消散的热弹性过程产生的。一般采用气体微音器的固体光声光谱仪只能测量前一种信号,而压电陶瓷光声光谱仪可对上述两种信号任意进行选择测量。压电陶瓷光声光谱仪与气体微音器式光声光谱仪相比较,其优点是:①频带宽;②可使用的温度范围大($-20\sim30℃$);③即使在真空中也可使用;④压电陶瓷表面经适当处理可使所有的溶剂不被腐蚀。

光声光谱技术另一值得重视的应用是光声显微镜。这种显微镜在本质上同超声显微镜很相似。由于光声显微镜能够观测到用光学显微镜所不能看到的物质内部形态,所以在电子工业中可用它来检测晶格缺陷或瑕疵。另外,在医学方面,可用它来进行癌组织的早期诊断。

14.3.1　光声光谱技术的物理机制

放在密闭容器里的样品,当受到光照射后,样品的分子吸收光能且被吸收的光能通过非辐射消除激发的过程使吸收的光能(全部或部分)转变为热。相当于样品被入射光加热,热流向容器内周围的气体传播,就产生了压强。如果照射的光束经过周期性的强度调制,则容器内气体的压强也将按同样的频率周期变化,因而产生声信号,此种信号称为光声信号。光声信号的频率与光调制频率相同,其大小正比于样品吸收的光能量,可以用高灵敏度的微音器或压电换能器接收,其强度和相位则决定于物质的光学、热学、弹性和几何特性,即,容器内样品经过强度调制的单色光照射后能产生与斩波器同频率的声波,这一现象称为光声效应。

在光声效应的检测中,检测的是被物质所吸收的光能与物质相互作用以后产生的声能。由于光声效应中产生的声能直接正比于物质吸收的光能,而不同成分的物质在不同光波波长处出现吸收峰值,因此当具有多谱线(或连续光谱)的光源以不同波长的光束相继照射样品时,样品内不同成分的物质将在与各自的吸收峰相对应的光波波长处产生光声信号极大值,由此得到光声信号随光波波长改变的曲线称为光声光谱。因为只有被吸收的光能才转换为光声信号,所以光声光谱图与吸收光谱是相吻合的,可以用它对样品的组分进行分析,这就是光声光谱技术。在照射的光强比较弱的情况下,光声效应满足线性关系,即声信号强度与光强成正比,因此光声光谱技术对物质的结构和组分是非常敏感的。该技术广泛用于气体及各种凝聚态物质的微量甚至痕量分析。由于它的检测灵敏度高,特别是由于它对样品材料及形状没有限制,可以用于气体、固体和液体的微量分析,从而成为传统光谱技术的有力补充。

14.3.2　气体中的光声效应

气体中的光声效应可以分为三步,如图 14-26 所示。气体吸收特定波长的调制光(调制频率在声波范围内)光子,处于激发态;样品气体通过分子间碰撞以热的方式释放吸收的能量,使得气体受热(具有周期性);受热气体膨胀产生热声波(频率与调制光源频率相同)。

气体中产生热声波的大小与气体吸收的光能量以及气体膨胀传播的边界有关。在光声气体探测系统中,气体处于设计的光声腔体中,通过设计光声腔体的结构可以提高气体的灵敏度。

对于某种气体,有着自己特定的吸收波谱,通过选择调制光源的波长,从而使得只有某种特定气体产生较大吸收,也就是只有这种气体吸收光能量产生热声波,从而可以通过检测热声波的大小来判定该气体的浓度,同时也实现了气体探测的高选择性。气体吸收的能量与气体在该波长处的吸收系数以及光源强度和气体浓度相关,产生热声波的大小与气体吸收的热量成正比,通过正确选择光源可以实现探测系统的高选择性、高灵敏度。

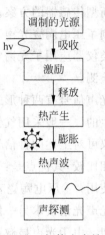

图 14-26　气体光声效应

光声光谱技术的气体检测系统如图 14-27 所示。试验中,主要用到的仪器有激光光源(或普通单色光源)、斩波器、充有被测吸收气体和装有检测器(微音器)的光声池(样品池)、锁相放大器和数据采集系统。光声光谱气体检测原理是利用气体吸收一强度随时间变化的光束而被加热时所引起的一系列声效应。激光光束经斩波器调制后,入射到装有样品气体的密封光声池中。根据分子光谱理论,每种气体有着自己特定的吸收波谱,通过选择调制光源的波长,从而使得只有某种特定气体产生较大吸收,也就是气体分子可以吸收特定频率的入射光光子而激发到高能态,通过自发辐射跃迁与无辐射跃迁回到低能态。在这个过程中,能量转化为气体分子的平移和转

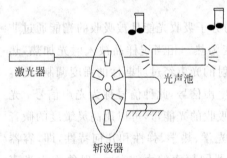

图 14-27　光声光谱气体检测的
系统装置示意图

动动能,导致了气体温度的升高,热能增加。在其他条件不变时热能的增加和气体浓度成确定关系。如果对入射光进行光强调制(或频率调制),密闭吸收池内气体温度便会呈现出与调制频率相同的温度变化,进而导致池内压力也随之周期性变化,产生压力波。该压力波被装在池壁上的微音器(麦克风)所检测,由微音器输出的光声电压信号和斩波器送出的参考信号一起送到锁相放大器进行同步相关测量,其结果由记录仪一一记录并显示。也就是说,试验中测量压力的变化就可测得气体的浓度,这就是气体浓度光声检测理论。

气体的光声光谱检测原理如图 14-28 所示。气体分子吸收特定波长的入射光后由基态跃迁至激发态,一部分处于激发态的分子与处于基态的分子相碰撞,吸收的光能通过无辐射弛豫过程转变为碰撞分子之间的平移动能(即气体的 V2T 传能过程),表现为气体温度的升高。在气体体积一定的条件下,温度升高,气体压力会增大。如果对光源进行频率调制,气体温度便会呈现出与调制频率相同的周期性变化,进而导致压强周期性变化,微音器感应这

一变化并将其转变为电信号,供外电路检测分析。气体 V2T 传能过程所需时间,取决于气体各组分的物理化学特性。一般情况下,处于激发态的气体分子的振动动能经无辐射弛豫转变为碰撞分子之间的平移动能的时间非常短暂,远低于光的调制周期,因此可近似认为 V2T 传能过程是瞬时完成的。此时,光声信号的相位与光的调制相位相同,而光声信号的强度与气体的体积分数及光的强度成正比。光的强度一定时,根据光声信号强度就可以定量分析出气体的体积分数。

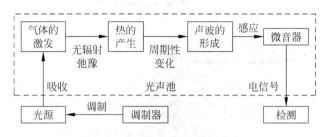

图 14-28　气体光声光谱检测原理

可以说光声光谱技术对气体的检测,是利用光声现象检测吸收物浓度的一种无背景的光谱测量技术,是间接吸收光谱技术的一类重要分支。

14.3.3　光声光谱技术在电气设备 SF₆ 气体检测中的应用

六氟化硫(SF_6)气体由于具有良好的绝缘性能和灭弧性能,在电力设备中得到日益广泛的使用。而且 SF_6 电力设备还具有占地少、重量轻、维护工作量少等优点,更加速了它在多种电力设备上代替绝缘油的趋势。当然,作为一种气体绝缘介质和灭弧介质,其工作状态很大程度上能体现并影响所在电力设备的运行状态。所以,日常工作中会对电力设备中的 SF_6 气体进行一些项目的检测,如水分含量、分解产物、泄漏检查等。

由于光声光谱检测技术具有灵敏度高、选择性好、检测速度快、范围宽,可实现连续测量且性能稳定等优点,所以该技术在 2002 年左右已经被应用于对电力设备绝缘油中气体组分含量的测定。同样是对气体进行检测,那么应用光声光谱技术对 SF_6 气体进行检测也应该有着良好的应用前景。

1. 仪器装置

如图 14-29 所示,光源产生的宽带入射光经抛物镜聚焦后,被以恒定速率转动的调制光盘进行频率调制,通过转动滤光盘片选定某个滤光片,对入射光线进行过滤,让与某种分子的特征吸收频率一致的光线透过并进入光声池,处于光声池中的这种分子吸收入射光能量后进入激发状态,又马上释放能量退激至低能态,从而产生微小的压力波动。光声池两侧的微音器检测到这些微小的压力波并输出电信号,信号的强弱与该种气体分子的含量成正比,从而完成对该气体的定量过程。

2. 具体应用

1) 水分含量测试

电力设备内的水分主要来源有:①充入的 SF_6 气体本身含有的水分;②设备制造、安装过程中带入的水分;③设备出现渗漏所入侵的水分。如果设备内的水分过大,将会导致设备内部的绝缘性能下降,影响灭弧,并会与 SF_6 气体的分解产物发生反应,产生对固体有

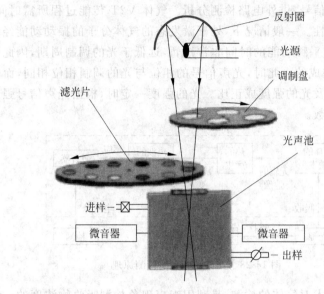

图 14-29　原理图

机材料和金属有腐蚀作用的产物,从而缩短设备寿命甚至造成故障而引起电网事故。所以我国对 SF_6 电力设备内的水分含量控制比较严格,是日常预防性试验的必备项目。

现在对电力设备中 SF_6 气体水分的测试主要使用镜面式露点法和阻容式露点法。前者准确,可达±0.1℃,但耗时长,受测试范围环境温度影响很大。后者测试时间短,但准确度较差。只能保证±2℃,且传感器会随时间和污染物的增加而出现衰退。

水分在设备的 SF_6 气体中是以水蒸气的形态存在的。要采用光声光谱技术检测水蒸气的含量,且要保证良好的灵敏度,必须首先找到对应于水蒸气的红外吸收特征频谱区域。图 14-30 是水蒸气及其他一些气体的红外吸收谱图。图中纵坐标是吸光度,横坐标为波数。

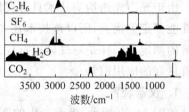

图 14-30　水蒸气及一些气体
的红外吸收谱

从图 14-30 中可见,水蒸气在 $3500cm^{-1}$ 及 $1500cm^{-1}$ 附近有强烈的吸收峰群,而 SF_6 气体在 $1560cm^{-1}$ 处也有较强的特征吸收峰,会对水蒸气的测定产生干扰。所以选 $3500cm^{-1}$ 作为测试所用的吸收特征频率,以排除 SF_6 的干扰,同时使得入射单色光的频率即使有少量变动,也不会对测试结果产生严重的影响。

为保证测试有较高的准确度,需要被测气体在光声池中处于静止状态,造成测试中无法依靠气样的流动以冲洗测试管路来降低原吸附在管路上水分对测试的影响。为解决这个问题,必须通过在测试前以一定流量的气体样品冲洗测试气路,以保证测试时在光电池中的气样尽量接近处于电力设备中的状态。而且测试必须以尽量快的速度进行,以降低光声池的池壁材料对气样中水分的吸附所带来的影响。

相对于露点法和阻容法,使用光声光谱法测试 SF_6 气体中的水分不容易出现检测器被污染的问题,也不会由于外界温度变化的影响,产生测试范围降低的问题。而且测试时间可缩短至低于30s,远低于以速度见称的阻容法所需的3min,不仅提高了测试效率,减少对 SF_6 气体的损耗。凭借目前的技术和制造工艺,光声光谱法测试 SF_6 中水分的精度可以达到±0.4℃或更优,完全符合国家标准对现场测试仪器的要求。

2)分解产物含量测试

SF₆气体本身的化学性质是极为稳定的,但如果电气设备中出现大电流开断或是由于故障的出现而产生放电,会使得SF₆分解并与H₂O、O₂杂质反应而产生SOF₂、SO₂、HF等一系列的分解产物,对这些分解产物的含量进行测定,不仅能对电气设备的运行状态进行评估,而且可以定位故障部位,为故障种类和严重程度的判断提供参考。图14-31是SF₆气体部分分解物产生关系图。

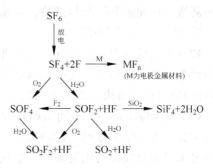

图14-31 SF₆气体部分分解物
产生关系图

目前,用于测试SF₆气体分解物含量的方法有电化学法、化学比色法、色谱法、动态离子法和红外法等。其中,化学比色法灵敏度低、耗气量大,不容易检出隐患。色谱法、红外法灵敏度高,但对测试环境要求高,只适合实验室使用。动态离子法选择性、稳定性差,检测室容易遭受污染,灵敏度一般。电化学法是目前应用最广泛的方法,这种方法灵敏度高,最低检测浓度可低于1ppm,反应速度快,环境适应性好,但其所使用的传感器寿命短,一般在两年左右,可以检测的气体主要是SO₂、HF和H₂S,而对更重要的气体组分SOF₂、SO₂F₂、SF₄、SOF₄和CF₄则无能为力。

理论上来说,只要找到混合气样中各组分不受干扰的特征吸收光谱,就能应用光声光谱法对各组分的含量进行高效的测定。那么对存在于SF₆气样中的各种分解产物,是否能找到互不干扰的特征吸收光线频率呢?表14-2中列出了SF₆气体及其部分分解产物的一些红外特征吸收峰的频率。通过选定标示有下划线的特征频率作为入射光线的频率,基本上就可以保证各气体组分的测定不会产生相互干扰的情况。

表14-2 部分气体红外特征吸收峰的频率

气　　体	波数/cm⁻¹	气　　体	波数/cm⁻¹
SO₂	419、494、497、500、503、506	SF₄	532、730
SOF₂	530、808	CF₄	1283、2186
SO₂F₂	539、544、552	HF	369、3644
SOF₄	570、752	SF₆	610、860、950、1260、1560

通过选用适当的光源,以及在滤光盘片上设置与各被测气体组分特征吸收峰频率相符的滤光片,就可以通过一次试验实现对多个组分的测定。目前已经有个别厂家制造出可一次性测定10种SF₆气体分解物的光声光谱分析系统,这10种分解产物除了包括表14-2中列出的几种外,还包括S₂F₁₀、SiF₄和H₂S,而且对各组分的最小测量值都基本可达到0.1ppm,其中对CF₄的最小测量值达到了0.01ppm。通过对这些分解产物的测定,不仅能对电气设备的故障进行定位,还可以通过SO₂F₂/SOF₂比值结合S₂F₁₀含量来判断故障属于电弧放电、火花放电还是电晕放电,也可通过考察CF₄、H₂S等特征气体的含量来判断故障是否涉及固体绝缘。

容易看出,使用光声光谱法对SF₆气体分解产物进行测试具有测定组分多,效率、灵敏度高,能为故障情况的判断提供足够的依据等优点,其综合性能是其他测试方法远不能及的。当然,由于需要测定的组分增多,对检测器的设计、制造难度提高,成本也随之上涨,还必须考虑 HF 组分对光学玻璃材质及检测器金属材质的腐蚀所带来的影响。以上这些因素都是制造光声光谱 SF_6 分解产物测试系统所需要考虑的。

3) SF_6 气体泄漏测试

抽取电气设备中表面附近的空气进行 SF_6 含量检测,就能判断设备是否存在泄漏及泄漏的严重程度。使用光声光谱技术可以轻松实现上述功能,但要使测定达到令人满意的程度,还必须考虑和解决以下两个问题。

(1) 由于检测是一个不间断的过程,要求样品必须是流动通过光声池的。但快速流动的气体会产生一定的振动,对检测器的工作带来严重干扰。而要提高测试样品的代表性,又必须要求以相对较高的流量来抽取空气样品。要解决这样的矛盾,可以在光声池样品的进口和出口之间加装气体旁路,通过阀门控制旁路和光声池中的气体流量比例,保证气样以较低的流量(最好能保持层流的状态)流过光声池,从而降低气体流动给测试带来的干扰,保证仪器的灵敏度。

(2) 空气中含有大量的水蒸气并且含量波动很大,会给测试带来两方面的影响:①大量的水蒸气会改变光声池中背景气体的平均分子量,使得检测器信号响应偏离出厂设置,带来误差;②水蒸气在红外区有广泛的吸收谱线,会对 SF_6 的测定带来干扰。要把以上两个因素对 SF_6 测定的影响降低,首先可以在光声池的进样管上装设干燥器,吸收空气样品中的水蒸气,同时在系统中设置交叉校正补偿,以提高测试的准确性和可靠性。

参考文献

1. 国家电网公司生产技术部. 国家电网公司设备状态检修规章制度和技术标准汇编[M]. 北京：中国电力出版社，2008.

2. 成永红. 电力设备绝缘监测与诊断[M]. 北京：中国电力出版社，2001.

3. 中华人民共和国电力行业标准，现场绝缘实施导则(DL474.1)[S].

4. 张祥魁等. 在线监测技术在电力设备中的应用[J]. 河北电力技术，2010，29(3).

5. 史保壮等. 变电站高压设备在线监测与诊断技术展望[J]. 广东电力，1998，(3).

6. 严璋. 电气设备在线监测技术[M]. 北京：中国电力出版社，1995.

7. 陈化钢. 电气设备预防性试验方法[M]. 北京：中国电力出版社，2001.

8. 王川波. 高压电气绝缘及测试[M]. 北京：中国电力出版社，1993.

9. 蓝之达. 电气绝缘试验[M]. 广东：高等教育出版社，2002.

10. 孙才新. 重视和加强防止复杂气候环境及输变电设备故障导致大面积事故地安全技术研究[J]. 中国电力，2004，37(6)：1-8.

11. 邱昌容，王乃庆. 电工设备局部放电及测试技术[M]. 北京：机械工业出版社，1994.

12. R T Harrold. Acoustic waveguides for sensing and locating electrical discharge in HV powertransformers and other apparatus[J]. IEEE. PAS，March/April. 1979，98(2)：449-457.

13. Barry H Ward. A survey of new techniques in insulation monitoring of power transformers[J]. IEEE Electrical Insulation Magazine，2001，17(3)：16-23.

14. 王国利. 电力变压器局部放电检测技术的现状和发展[J]. 电工电能新技术，2001，20(2)：52-57.

15. 司文荣，李军浩等. 局部放电光测法的研究现状与发展[J]. 高压电器，2008，44(3)：261-264.

16. 贾瑞君. 关于变压器油中溶解气体在线监测的综述[J]. 电网技术，1998，22(5)：49-55.

17. 宋克仁等. 高压变压器在线局部放电测量[J]. 高电压技术，1992，18(1)：40-44.

18. Judd M D，Cleary G P，Bennoch C J. Applying UHF partial discharge detection to powertransformers[J]. Power Engineering Review，IEEE，Aug. 2002，22(8)：57-59.

19. 郭俊，吴广宁，张血琴等. 局部放电检测技术的现状和发展[J]. 电工技术学报，2005，20(2)：29-35.

20. 孙才新，唐炬等. 检测 GIS 局部放电的内置传感器的模型及性能研究[J]. 中国电机工程学报，2004，24(8)：89-94.

21. 唐炬，侍海军等. 用于 GIS 局部放电检测的内置传感器特高频耦合特性研究[J]. 电工技术学报，2004，19(5)：71-75.

22. F Marangoni，J P Reynders，and P J de Klerk. Investigation Into the Effects of Different Antenna Dimensions for UHF Detection of Partial Discharges in Power Transformers[C]. 2003 IEEE Bologna PowerTech Conference，June 23-26，Bologna，Italy.

23. 唐炬，朱伟等. 检测 GIS 局部放电的超高频屏蔽谐振式环天线传感器研究[J]. 仪器仪表学报，2005，26(7)：705-709.

24. 王国利，郑毅，郝艳捧等. 用于变压器局部放电检测的超高频传感器的初步研究[J]. 中国电机工程学报，2004，22(4)：154-160.

25. 王伟，唐志国，李成榕等. 用 UHF 法检测电力变压器局部放电的研究[J]. 高电压技术，2003，29(10)：32-34.

26. C S Chang，J Jin，C Chang，T Hoshino，M Hanai，N Kobayashi. Separation of corona using wavelet packet transform and neural network for detection of partial discharge in gas-insulated substations[J].

IEEE Transactions on Power Delivery,2005,20(2):1363-1369.

27. 李剑,宁佳欣,金卓睿,王有元,李淏. 变压器局部放电在线监测超高频 Hilbert 分形天线研究[J]. 电力系统自动化设备,2007,27(6):31-35.

28. 王昌长等. 在线监测电力设备局部放电的电流传感器的研究[J]. 电工技术学报,1990,5.

29. 朱德恒,谈克雄. 电绝缘诊断技术[M]. 北京:中国电力出版社,1999.

30. 杨永明. 电力变压器局部放电在线监测中干扰识别和抑制方法的研究[D]. 重庆:重庆大学,1999.

31. 唐炬,宋胜利,孙才新等. 局部放电信号在变压器绕组中传播特性研究[J]. 中国电机工程学报,2002,22(4):91-96.

32. 李华春,周作春,陈平. 110kV 及以上高压交联电缆系统故障分析[J]. 电力设备,2004,25(8):9-13.

33. 吴广宁. 电气设备状态监测的理论与实践[M]. 北京:清华大学出版社,2005.

34. 覃剑,王昌长,邵伟民等. 特高频在电力设备局部放电在线监测中的应用[J]. 电网技术,1997,21(6):33-36.

35. 孟延辉,唐炬,许中荣等. 变压器局部放电超高频信号传播特性仿真分析[J]. 重庆大学学报,2007,30(5):70-74.

36. 孙才新,许高峰,唐炬等. 检测 GIS 局部放电的内置传感器模型及性能研究[J]. 中国电机工程学报,2004,24(8):89-94.

37. 卓金玉. 电力电缆设计原理[M]. 北京:机械工业出版社,1999.

38. 张晓星,唐炬,孙才新等. 一种用于 GIS 超高频检测的滤波器[J]. 高电压技术,2005,31(5):27-29.

39. 唐炬. 组合电器局放在线监测外置传感器和复小波抑制干扰的研究[D]. 重庆:重庆大学博士学位论文,2004.

40. 王昌长,李福祺,高胜友. 电力设备的在线监测与故障诊断[M]. 北京:清华大学出版社,2006.

41. D Aschenbrenner,H G Kranz. On line PD Measurements and Diagnosis on Power Transformers[J], IEEE Transactions on Dielectrics and Electrical Insulation,2005,12(2):206-222.

42. 贾瑞君. 关于变压器油中溶解气体在线监测的综述[J]. 电网技术,1998,22(5).

43. 中能电力科技开发公司. 变压器油中主要故障气体在线监测. 1997.

44. 郭俊,吴广宁,张血琴等. 局部放电检测技术的现状和发展[J]. 电工技术学报,2005,(202):29-35.

45. M Hoof,R Patsch. Pulse-Sequence Analysis:A New Method for Investigation the Physics of PD-induced Aging[J]. IEE Proc. -Sci. Meas. Technol. ,January 1995,142(1):95-101.

46. 杨丽君,廖瑞金,孙才新,李剑,梁帅伟. 油纸绝缘老化阶段的多元统计分析. 中国电机工程学报,2005,25(18):151-156.

47. 李剑. 局部放电灰度图像识别特征提取与分形压缩方法的研究[D]. 重庆:重庆大学博士学位论文,2001.

48. 苏鹏声,王欢. 电力系统设备状态监测与故障诊断技术的分析[J]. 电力系统自动化,2003,27(1):61-65.

49. 张东进. 变电站设备绝缘在线监测系统的研究与应用[J]. 电力设备,2004,5(7):23-26.

50. DL/T 596—1996 电力设备预防性试验规程[S]. 北京:中国电力出版社,1997.

51. 黄盛洁,姚文捷,马治亮,李化. 电气设备绝缘在线监测和状态维修[M]. 北京:中国水利水电出版社,2004.

52. 王楠,陈志业,律方成. 电容型设备绝缘在线监测与诊断技术综述[J]. 电网技术,2003(8).

53. 黄盛杰等. 电气设备绝缘在线监测和状态维修[M]. 北京:中国水利水电出版社,2004.

54. 孙才新,陈伟根,李剑,廖瑞金. 电气设备油中气体在线监测与故障诊断技术[M]. 北京:科学出版社,2003.

55. 库钦斯基. 高压电器设备局部放电[M]. 北京:水利电力出版社,1984.

56. 罗勇芬,李彦明,刘丽春. 变压器局部放电的超声波和射频联合检测技术的现状和发展[J]. 变压器,2003,40(12):28-30.

57. 俞鑾根.局部放电理论研究和测量技术的新进展[J].电世界,1997,(4):4-6.

58. 王延年.基于单片机的铂电阻高精度温度测控系统[J].电子测量技术,2006,29(4).

59. Pradhan S sen S. An improved lead compensation technique for three-wire resistance temperature detectors[J]. IEEE Trans. on Instrumentation and Measurement,1999,48(5).

60. 苏鹏声,汪小明,曹海翔.大型发电机定子绕组局部放电在线监测系统的研究[J].电工电能新技术,2000,(2):49-52.

61. G C Stone. Partial discharge-part Ⅶ:partial techniques for measuring PD in operating equipment[J]. IEEE Electrical Insulation Magazine,1991,7(4):9-16.

62. 冯复生.大型汽轮发电机近年来事故原因及防范对策[J].电网技术,1999,23(1):74-78.

63. 刘立生,邱阿瑞.高压电机局部放电在线监测方法[J].电工电能新技术,1999,(3):23-27.

64. 黄成军.局部放电在线监测及其在大型电机中的应用[J].大电机技术,2000,(6):33-38.

65. B A Lioyd,S R Campbell,G C Stone. Continuous on-line partial discharge monitoring of generator stator winding[J]. IEEE Trans on Energy Conversion,1999,14(4):1131-1137.

66. 张毅刚,郁惟镛,黄成军等.发电机局部放电在线监测研究的现状与展望[J].高电压技术,2002,(12):32-35

67. IEEE Std 1434—2000. IEEE Trial-Use Guide to the Measurement of Partial Discharges in Rotating Machinery[J]. IEEE Power Engineering Society,2000,4:1-67.

68. GBT 20833—2007. 旋转电机定子线棒及绕组局部放电的测量方法及评定导则[J].中国国家标准化管理委员会,2007,1:1-35.

69. 王颂,吴晓辉,袁鹏,梁永春,李彦明.局部放电超高频检测系统标定方法的研究现状及发展[J].高压电器,2007,(01).

70. 董永贵.传感技术与系统[M].北京:清华大学出版社,2003.

71. 孙才新,罗兵,顾乐观,赵文麒,赵贤政,邹景行.变压器局部放电源的电-声和声-声定位法及其评判的研究[J].电工技术学报,1997,(05).

72. 程养春.发电机定子绝缘局部放电非接触式在线监测方法的研究[D].北京:华北电力大学工学博士学位论文,2005.

73. 编委会.互感器制造技术[M].北京:机械工业出版社,2005.

74. 李秋明,张卫.实用电气试验技术[M].北京:机械工业出版社,2011.

75. 刘迎春,叶湘滨.现代新型传感器原理与应用[M].北京:国防工业出版社,1998.

76. 程鹏,俘来生,吴广宁等.大型变压器油中溶解气体在线监测技术进展[J].电力自动化设备,2004,24(11):90-93.

77. 孙才新,周渠,杜林,唐炬.变压器油中微水含量的实时测量[D].高电压技术,1998,24(1):64-66.

78. 中国电力科学研究院.GB 7252—2001变压器油中溶解气体分析和判断导则[S].北京:中国标准出版社,2001.

79. 王伦宾.基于分布传感技术的变压器油色谱在线监测技术应用研究[D].重庆:重庆大学,2004.

80. 刘波,姜丰.基于光声光谱技术的变压器故障在线监测系统设计[J].计算机测量与控制,2010,18(4):759-762.

81. 操敦奎.变压器油中气体分析诊断与故障检查[M].北京:中国电力出版社,2005.

82. 陈伟根,孙才新.变压器局部放电与油中气体浓度的对应关系[J].重庆大学学报,2000,23(4):86-89.

83. 钱旭耀.变压器油及相关故障诊断处理技术[M].北京:中国电力出版社,2006.

84. 许坤,周建华等.变压器油中溶解气体在线监测技术发展与展望[J].高电压技术,2005,31(2):30-33.

85. 孙才新,周渠,杜林,唐炬.变压器油中微水含量的实时测量[J].高电压技术,1998,24(1):64-66.

86. 黄志文.卡尔·费休滴定仪在测定聚酯切片微量水分中的应用[J],聚酯工业,1996,(4)21-24.

87. 陈长琦,朱武,干蜀毅,方应翠,王先路.微量水分测试的谱分析方法[J],合肥工业大学学报(自然科学版),2001,24(5):917-920.

88. Y DU,A V Mamishev,B C Lesieutre,M Zahn and S H Kang. Moisture Solubility for Differently Conditioned Transformer Oils[J]. IEEE Transactions on Dielectrics and Electrical Insulation,October 2001,8(5)：805-811.

89. 胡雨龙.六氟化硫绝缘开关气体中微水含量在线监测原理与方法的研究[D],重庆：重庆大学硕士学位论文,2002.

90. 甘德刚. 变压器油中微水含量在线监测系统研究[D].重庆：重庆大学硕士学位论文,2006.

91. 黄继昌.传感器工作原理及应用实例[M].北京：人民邮电出版社,1998.

92. 单成祥.传感器的理论与设计基础及其应用[M].北京：国防工业出版社,1999.

93. 冯英,传感器电路原理与应用[M].成都：电子科技大学出版社,1997.

94. 谢廷贵,杨锦赐.电容式聚酰亚胺薄膜湿度敏感器的研究[J].厦门大学学报,1995,34(4)：557-561.

95. 谢琼,杨文,常爱民,康健,湿度传感器用聚酰亚胺材料亚胺化工艺研究[J].应用化工,2003,32(6)：20-22.

96. J Mecher. Dielectric Effects of Moisture in Polyimide[J]. IEEE Transaction on electrical insulation, 1989,24(1)：31-38.

97. Mehmet Dokmeci,Khalil Najafi. A High-Sensitivity Polyimide Capacitive Relative Humidity Sensor for Monitoring Anodically Bonded Hermetic Micropackages[J]. Journal of Microelectromechanical System, 2001,10(2)、(6)：197-204.